Lois de la nature et raisons du cœur

Publications Universitaires Européennes
European University Studies
Europäische Hochschulschriften

Série XX
Philosophie

Series XX Reihe XX
Philosophy
Philosophie

Vol./Band 710

PETER LANG
Bern · Berlin · Bruxelles · Frankfurt am Main · New York · Oxford · Wien

Lydia Jaeger

Lois de la nature et raisons du cœur

Les convictions religieuses dans le débat épistémologique contemporain

PETER LANG
Bern · Berlin · Bruxelles · Frankfurt am Main · New York · Oxford · Wien

Information bibliographique publiée par «Die Deutsche Bibliothek»
«Die Deutsche Bibliothek» répertorie cette publication dans la «Deutsche Nationalbibliografie»; les données bibliographiques détaillées sont disponibles sur Internet sous ‹http://dnb.ddb.de›.

ISSN 0721-3417
ISBN 978-3-03911-425-2

Editions scientifiques internationales,
Bern, Berlin, Bruxelles, Frankfurt am Main, New York, Wien, 2007
Hochfeldstrasse 32, Postfach 746, CH-3000 Bern 9
info@peterlang.com, www.peterlang.com, www.peterlang.net

Table des matières

Avant-propos

S'interroger sur le rôle que jouent les convictions religieuses dans la discussion épistémologique contemporaine, paraît à première vue une démarche surprenante, en décalage avec les canons habituels de l'enquête académique. L'absence de renvois explicites au divin est souvent considérée comme faisant partie intégrante de la démarche scientifique moderne, de sorte que l'on parle de l'athéisme méthodologique des sciences de la nature. De même, les débats contemporains en philosophie ne font guère intervenir – au moins en surface – les convictions que les uns et les autres adoptent en matière de religion. La tradition laïque de la société française exclut en particulier la théologie des disciplines académiques abordées dans l'espace public universitaire. Le présent travail ose braver l'interdit qui pèse encore trop souvent sur les recherches interdisciplinaires et qui tend à rejeter la religion hors du champ de l'enquête intellectuelle. Au centre de l'étude se trouve le rôle que peuvent jouer les convictions religieuses dans les approches qu'adoptent aujourd'hui les épistémologues pour rendre compte de l'ordre naturel, et en particulier du concept scientifique de loi: dans quelle mesure les options religieuses d'un penseur influencent-elles les choix qu'il fait quand il élabore sa conception de l'ordre cosmique ? En outre, il faudra voir si la force des arguments avancés en faveur des différentes positions varie en fonction de la vision globale du monde.

Ne faut-il pourtant pas craindre qu'une étude du rôle des convictions religieuses dans le débat épistémologique contemporain n'aboutisse qu'à un résultat négatif, ne puisse que constater l'absence d'influences significatives ? Il est indéniable que le climat intellectuel actuel rend scientifiques et philosophes réticents à faire référence à leurs croyances religieuses dans l'arène des débats académiques ; la plupart du temps, on considère que celles-ci appartiennent à la sphère du privé, sans pertinence pour les investigations intellectuelles. Tout au plus on attribue à de telles convictions un caractère anecdotique: elles peuvent intervenir dans la biographie personnelle du chercheur, sans pour autant jouer de rôle dans le débat des idées et infléchir le cours des arguments conceptuels échangés.

Entreprendre des recherches sur les interactions entre religion et épistémologie dans un champ de débat donné implique alors le pari contraire: que de telles interactions existent et soient conceptuellement intéressantes. Le pari ne revient pourtant pas à *postuler* de telles influences; tout au long de l'étude, l'échec du projet de recherche constitue un aboutissement permis. Il ne s'agit donc pas de poser *a priori* les interactions; la recherche devra plutôt montrer, par sa fécondité, que la question posée est pertinente.

Le projet de recherche entrepris se voit cependant encouragé par les développements récents en épistémologie. Certes, au milieu du vingtième siècle, le positivisme logique prédominait le champ de la réflexion philosophique, avec son dédain pour toute démarche qui ne répondait pas à d'étroits critères de sens; du coup, il excluait de l'investigation philosophique la métaphysique, la religion, voire l'histoire des idées. Mais depuis, des voix se sont levées pour revendiquer un rôle, même souvent perçu comme prédominant, aux présupposés et à la vision globale qu'adopte un chercheur en préalable de sa recherche. Ne citons ici que Michael Polanyi, Thomas Kuhn et Paul Feyerabend[1]. Ce changement se fait sentir jusque dans les écrits des héritiers du positivisme logique: les philosophes analytiques d'aujourd'hui sont devenus beaucoup plus conscients de l'insertion de toute construction théorique, la science incluse, dans un contexte historique, social, voire religieux. De toute manière, se désintéresser de l'histoire culturelle n'empêche pas d'en faire partie, comme le remarque Hilary Putnam[2].

1 Michael POLANYI, *Personal knowledge: towards a post-critical philosophy*, 1958, Thomas S. KUHN, *La structure des révolutions scientifiques*, 1983 (éd. originale 1962), et Paul FEYERABEND, «Explanation, reduction and empiricism», 1962. David C. LINDBERG, «Conceptions of the scientific revolution from Bacon to Butterfield: a preliminary sketch», dans *Reappraisals of the scientific revolution*, sous dir. D. C. LINDBERG, R. S. WESTMAN, 1990, pp. 15-17, décèle une évolution parallèle en histoire des sciences: contre le positivisme prédominant, les travaux d'Edwin A. BURTT (p. ex. *The metaphysical foundations of modern science*, 1924) et d'Alexandre Koyré (1892-1964) mettaient en mouvement la reconnaissance du rôle crucial de présupposés métaphysiques, voire religieux, dans la révolution scientifique au XVIIe siècle.

2 Hilary PUTNAM, «Convention: a theme in philosophy», *Realism and reason*, 1983, p. 180. Cf. Pascal ENGEL, *La dispute: une introduction à la philosophie analytique*, 1997, p. 129.

Le renversement de la tendance prédominante est si marqué que la reconnaissance de facteurs contextuels peut aujourd'hui donner lieu à la crainte que des formes plus ou moins effrénées de relativisme anéantissent toute norme de recherche rationnelle. Là encore le projet de recherche mis en œuvre ici doit progresser sans crispation et rester ouvert à l'éventualité de découvrir une dépendance si radicale par rapport aux présupposés que le dialogue argué entre philosophes de persuasions différentes se voit compromis. Soulignons pourtant qu'en même temps, on n'a nullement besoin d'opter pour le relativisme en matière de connaissance pour admettre des interactions entre les différents champs d'investigation que sont la science, la philosophie et la théologie. Au contraire, celui qui préfère ignorer de telles interactions se rend d'autant plus vulnérable aux intégrismes et biais idéologiques. Ce n'est que par une investigation lucide que l'on peut espérer arriver à distinguer entre les usages légitimes et illégitimes de la religion en épistémologie, et vice-versa. L'étude de cas proposée ici cherche alors à tester à quel degré les options philosophiques et scientifiques dépendent de la vision globale du monde et veut ainsi contribuer à élucider les interactions existant entre ces différents champs du savoir.

Quelques mots sur le vocabulaire employé: j'ai suivi, autant qu'il existe, l'usage courant en ce qui concerne la traduction des termes techniques du vocabulaire analytique[3]. Parfois, cet usage se soucie davantage de la proximité avec le terme correspondant anglais que de l'élégance du style; il m'a néanmoins paru prudent de ne pas innover en la matière. Le terme d'épistémologie est employé, comme il est devenu usuel en français, pour la philosophie des sciences, alors qu'en anglais *epistemology* désigne la théorie de la connaissance. Quand le texte parle de science sans autre précision, il s'agit toujours des sciences de la nature des temps modernes. La science «moderne» désigne la science telle qu'elle est pratiquée à la suite des bouleversements du dix-septième siècle que l'on en est venu à désigner comme la révolution scientifique. Pour la physique en place depuis la formulation de la théorie de la relativité et de la mécanique quantique, l'adjectif «contemporain» sera employé. Appliqué à

3 On peut se reporter plus particulièrement à la liste que fournit Catherine Chevalley dans Bas C. VAN FRAASSEN, *Lois et symétrie*, prés. et trad. C. CHEVALLEY, 1994, pp. 55-60, ainsi qu'aux ouvrages de Pascal ENGEL, par exemple *La dispute: une introduction à la philosophie analytique*, 1997.

l'épistémologie, cet adjectif renvoie à une époque encore plus récente: au centre du présent travail se trouve le débat «contemporain» autour de la notion de loi de la nature, dont plusieurs ouvrages clés ont été publiés au cours des années 80 du siècle dernier[4]. Le flux continu de publications consacrées à ce thème montre d'ailleurs que le débat continue à être vivant[5]. Pour désigner le thème clé de l'étude, j'évite de parler de lois naturelles et emploie systématiquement l'expression de lois de la nature, ou de lois tout court, pour éviter la confusion avec l'usage juridique dans le sens du droit naturel.

Quand j'en ai connu l'existence, j'ai cité la traduction française d'ouvrages de langue étrangère. Les sources anglaises dépourvues de traduction française ont été traduites par Marie-Odile Capdeville; j'ai traduit moi-même les textes écrits en d'autres langues. Pour ne pas alourdir les notes, j'omets en général d'indiquer la langue originelle, que l'on devine facilement à partir du titre.

Le présent ouvrage est issu de recherches que j'ai entreprises dans le cadre de ma thèse de doctorat à la Sorbonne. Ma plus vive reconnaissance s'adresse à tous ceux qui ont contribué, de diverses façons, à sa réalisation. Il y a d'abord le directeur de ma thèse, Michel Bitbol, sans lequel ce projet de recherche n'aurait jamais vu le jour. Après m'avoir encouragée à me lancer dans le projet, il m'a accompagnée au long du processus. Son groupe de recherche, localisé au Centre de recherche en épistémologie appliquée à Paris, a permis que la rédaction de la thèse ait été une expérience moins solitaire que ce qui est trop souvent d'usage dans les sciences humaines. Le directeur du Département d'histoire et de philosophie des sciences de l'Université de Cambridge, Peter Lipton, m'a introduite dans l'univers de la philosophie anglo-saxonne contemporaine. L'accueil généreux que son département, ainsi que le Tyndale House, m'ont régulièrement réservé à Cambridge, a profondément marqué mes recherches. De

4 Par exemple David M. ARMSTRONG, *What is a law of nature?*, 1983; Nancy CARTWRIGHT, *How the laws of physics lie*, 1983; et Bas C. VAN FRAASSEN, *Laws and symmetry*, 1989.

5 Ne citons que Nancy CARTWRIGHT, *The dappled world: a study of the boundaries of science*, 1999; John CARROLL (dir.), *Readings on laws of nature*, 2004; John FOSTER, *The divine lawmaker: lectures on induction, laws of nature, and the existence of God*, 2004; Max KISTLER, *Causalité et lois de la nature*, 1999; et Marc LANGE, *Natural laws in scientific practice*, 2000.

nombreux échanges avec John Brooke, Daniel Hillion, Max Kistler, Stephan Leuenberger, Cyrille Michon, Peter Mittelstaedt, Paul Teller et Jitse van der Meer ont enrichi mes recherches. L'avantage de travailler sur des auteurs contemporains consiste dans la possibilité d'entrer en contact avec eux, au-delà de la lecture de leurs écrits. David Armstrong, Nancy Cartwright et Bas van Fraassen m'ont accordé le privilège d'échanges prolongés. Le secours de Marie-Odile Capdeville, infatigable dans ses relectures du manuscrit, m'a été particulièrement indispensable. Je dois à mes collègues et au conseil d'administration de l'Institut Biblique de Nogent-sur-Marne (Val de Marne) de m'avoir accordé l'espace de liberté nécessaire pour mener à bien la rédaction de ma thèse, en parallèle avec mes charges pédagogiques et administratives dans notre école. Ma gratitude va également à la John Templeton Foundation qui a soutenu par une allocation de recherche une partie de ce travail. *Last but not least*, ce travail doit beaucoup plus à ma famille, mes amis et mes étudiants qu'il n'y paraît en surface.

Introduction

Comme c'est le cas pour les fouilles archéologiques, il n'est pas possible, avant de commencer l'enquête, d'en garantir la fécondité; seuls les résultats justifieront après coup le choix de l'angle particulier qu'a privilégié l'investigation. Néanmoins, il existe plusieurs raisons qui amènent à penser que le concept de loi est un lieu prometteur pour engager des recherches sur les interactions possibles entre convictions religieuses et débats épistémologiques.

Il y a d'abord le fait que pour beaucoup, la découverte et la formulation des lois de la nature est une tâche centrale de la science. Cette caractérisation de l'entreprise scientifique, bien qu'elle soit aujourd'hui une évidence ou presque, est pourtant d'origine récente; on l'a adoptée plus ou moins en même temps que la science moderne elle-même, au dix-septième siècle. La naissance du concept scientifique moderne de loi est en particulier liée à l'abandon des formes substantielles. Alors que dans la physique aristotélicienne, le comportement des objets découle de leur nature inhérente, la vision mécaniste les considère gouvernés par des lois qui leur sont imposées. Le traité de Descartes, *Le monde*, publié à titre *posthume*, est particulièrement limpide à ce niveau: le concept de loi intervient pour remplir le vide laissé par son rejet préalable des concepts scolastiques[1]. Dans la mesure où le concept de loi de la nature a pris naissance en même temps que la démarche scientifique moderne elle-même et qu'on s'y réfère souvent quand on la décrit, on peut alors conjecturer qu'il est d'une manière ou d'une autre lié aux particularités de cette science.

Ensuite, les considérations théologiques surgissent assez spontanément quand on parle de lois de la nature. Car les lois font penser au législateur, en l'occurrence Dieu. L'utilisation de catégories juridiques en rapport avec les phénomènes naturels s'inscrirait alors, au moins au départ, dans

1 *Le Monde ou Traité de lumière*, [163?], chap. VI, *Œuvres de Descartes*, éd. C. Adam, P. Tannery, vol. XI, 1909, pp. 34s.

un contexte théologique donné. Plusieurs auteurs considèrent plus particulièrement que la vision judéo-chrétienne du monde, avec sa doctrine de la création *ex nihilo*, favorisa le rejet des formes aristotéliciennes, au profit des lois de la nature[2]. Certes, il ne peut s'agir de réduire les causes de cette transition aux seules influences théologiques. Il est pourtant significatif qu'une historienne comme Jane Ruby, qui attache un soin particulier à faire ressortir d'autres apports (comme les usages similaires de la métaphore en logique et mathématiques), admet l'importance de l'arrière-plan théologique chez les auteurs dont les écrits fondèrent durablement la vulgarisation de la notion. En particulier, elle arrive à la conclusion qu'«étant donné la méthode de Descartes et la place de Dieu dans sa pensée, il est probable qu'il réinventa l'emploi du terme ‹loi› (*lex*) en partant de l'idée de législation divine[3].»

Les connotations théologiques de la métaphore sont si évidentes que divers auteurs ne veulent pas les limiter au contexte de naissance du concept, mais considèrent qu'elles gardent leur pertinence jusqu'à nos jours – et ceci en dépit du fait qu'il n'est plus d'usage de se référer au Législateur divin dans le discours scientifique. Même si l'âge d'or de la théologie naturelle est certainement révolu, d'aucuns continuent à proposer des preuves théistes de type physico-théologique, et les lois de la nature y figurent en première ligne: on les invoque comme appui de la croyance dans le Créateur[4]. Mais l'interprétation théologique n'est pas réservée aux philosophes favorables à la foi en Dieu. On la retrouve chez certains philosophes athées qui, du coup, y voient une raison de rejeter le concept ou de lui trouver un remplacement. Norman Swartz formule le rapprochement d'une manière expéditive: «La théorie selon laquelle les

2 Ainsi p. ex. Colin GUNTON, *The triune Creator: a historical and systematic study*, 1998, *passim;* Francis OAKLEY, *Omnipotence, covenant, and order: an excursion in the history of ideas from Abelard to Leibniz*, 1984, p. 55; John R. MILTON, «The origin and development of the concept of the ‹laws of nature›», *Archives européennes de sociologie* XXII, 1981, p. 187.

3 Jane E. RUBY, «The origins of scientific law», *Journal of the History of Ideas* XLVII, 1986, p. 358.

4 *Cf.* p. ex. John FOSTER, *The divine lawmaker: lectures on induction, laws of nature, and the existence of God*, 2004; Richard SWINBURNE, *The existence of God*, 2004², chap. 8; *cf.* Paul CLAVIER, *Dieu sans barbe: vingt et une conversations instructives et amusantes sur la question très disputée de l'existence de Dieu*, 2002, pp. 76-79.

lois physiques *gouvernent* le monde est le vestige de l'ancienne théorie surnaturelle d'après laquelle Dieu parlait et la nature obéissait[5].» Les lois de la nature servent d'*ersatz* moderne pour Dieu; Swartz propose alors une approche humienne radicale qui se passe de tout aspect nomologique[6].

Les connotations théologiques probables du concept de loi laissent penser qu'il fournit un lieu de recherche prometteur pour celui qui veut mettre en lumière des interactions entre épistémologie et convictions religieuses. Cette observation est pourtant contrebalancée par la pudeur avec laquelle on traite en général les croyances religieuses dans les débats épistémologiques actuels[7]. Il n'est pas lieu ici de s'interroger sur les causes de cette pudeur, même si l'on peut en signaler certaines. Dans l'Europe de la science naissante, les rivalités entre différentes dénominations chrétiennes exigeaient une grande retenue, si des chercheurs de convictions religieuses divergentes voulaient collaborer[8]. Les arguments de théologie naturelle disparurent du discours scientifique au fur et à mesure que se relâchait la pression sociale qui imposait aux scientifiques de montrer que leur travail ne s'opposait pas à la foi[9]. La séparation kantienne entre le savoir et le croire impliqua une stricte séparation entre pratique scientifique et croyance religieuse. La classe naissante des scientifiques professionnels chercha à gagner une plus grande autonomie en se libérant de la

5 «A neo-Humean perspective: laws as regularities», dans *Laws of nature: essays on the philosophical, scientific and historical dimensions*, sous dir. F. WEINERT, 1995, p. 69. Les remarques de A. J. AYER, *The concept of a person: and other essays*, 1963, pp. 210s, vont dans le même sens.

6 SWARTZ, pp. 85-90. L'article résume son *The concept of physical law*, 1985.

7 Même si paradoxalement Dieu n'est nullement absent du discours ni des scientifiques, ni des philosophes contemporains. Ces mentions se veulent, très souvent, simples métaphores; mais ne pourrait-on pas y voir un signe que le raisonnement humain a besoin de se reporter à ce qui le dépasse? *Cf.* François EUVÉ, «Les images de Dieu chez les savants», *Christus* 185, 2000, pp. 46-54.

8 Comme le souligne, pour la Royal Society, Paul WOOD, «Methodology and apologetics: Thomas Sprat's History of the Royal Society», *British Journal for the History of Science* XIII, 1980, p. 19.

9 Pour la géologie de la deuxième moitié du XIXe siècle: John H. BROOKE, «The natural theology of the geologists: some theological strata», dans *Images of the earth*, sous dir. L. J. JORDANOVA, R. S. PORTER, 1979, pp. 39-64.

tutelle de l'Eglise[10]. Certaines nouvelles découvertes scientifiques s'opposèrent aux interprétations habituelles des textes bibliques et remirent ainsi en cause leur autorité… On pourrait aisément prolonger la liste pour tenter d'expliquer un phénomène aussi complexe que la sécularisation de la pensée occidentale en rapport avec la science, au cours des temps modernes.

La quasi-absence des convictions religieuses de la scène des débats universitaires publics pourrait mettre en péril le projet poursuivi ici. En tout cas, elle exige des méthodes de recherche plus fines qu'à d'autres époques: établir des rapprochements entre convictions théologiques et scientifiques, disons au Moyen Age ou encore au dix-septième siècle, peut paraître plus évident que de mener à bien la même entreprise pour des auteurs contemporains. En même temps, le tabou qui pèse souvent aujourd'hui sur toute référence au religieux rend le projet d'autant plus stimulant. Car si on réussit à trouver des interactions entre convictions religieuses et approches de la science, il est probable qu'elles ne sont pas de convenance, mais qu'elles jouent un rôle conceptuel irremplaçable. En ce qui concerne plus particulièrement la notion de loi de la nature, ses connotations théologiques probables (au moins à l'origine) créent une tension avec la pudeur qui frappe d'interdit le religieux dans le débat philosophique actuel. La juxtaposition de ces deux orientations divergentes fait de ce concept un lieu d'enquête particulièrement prometteur pour celui qui cherche à exhumer des influences réciproques entre les différentes pratiques humaines que sont la religion, la philosophie et la science.

Une raison supplémentaire amène à espérer la fécondité du concept de loi dans le cadre de notre investigation: on constate un embarras certain devant cette notion. Il est d'ailleurs peut-être possible de le rapporter aux connotations théologiques du concept, devenus problématiques. Quoi

10 Frank M. TURNER, «The Victorian conflict between science and religion: a professional dimension», *Contesting cultural authority: essays in Victorian intellectual life*, 1993, pp. 171-200; Colin A. RUSSELL, «The conflict metaphor and its social origins», *Science and Christian Belief* I, 1989, pp. 3-26. La préface de la célèbre historiographie qu'Andrew D. WHITE a publiée, en 1896, est significative à ce niveau (*A history of the warfare of science with theology in Christendom*, 1960, pp. vi-xii). Elle montre comment sa vision belliqueuse des rapports entre science et foi chrétienne a pris son origine au milieu des difficultés d'établir l'enseignement des sciences hors du contrôle des dénominations chrétiennes respectives.

qu'il en soit des raisons de cet embarras, la notion continue à donner lieu à un débat intense. Car, malgré l'usage courant de l'expression «lois de la nature» par les scientifiques et le grand public, la notion est soumise depuis fort longtemps à la critique épistémologique. Certains penseurs, et non des moindres, contestent même l'existence de lois indépendantes de la pensée. Ainsi Kant et ses héritiers considèrent que l'entendement superpose ses structures aux sensations et permet ainsi l'expérience de phénomènes réguliers. De même au vingtième siècle, Ludwig Wittgenstein remet en cause la nécessité «naturelle» qui s'attache d'ordinaire aux concepts légaux[11]. Il n'existe alors pas surprenant qu'il n'existe pas d'unanimité parmi les épistémologues contemporains sur ce que sont les lois de la nature et pourquoi la nature y «obéit». Les auteurs témoins choisis pour notre enquête le montreront clairement. L'un d'eux fait même figure de penseur sceptique quand il demande: «Y a-t-il des lois de la nature?[12]»

Le débat autour de la notion démontre à l'évidence qu'elle ne fait pas partie aujourd'hui de l'arrière-plan conceptuel incontesté de la pratique scientifique. Ce fait rend précaire sa place au sein de cette pratique: il est possible de penser la science sans mobiliser les «lois de la nature» – ou au moins sans en adopter un compte rendu commun. Manifestement on peut «faire» de la science, sans arriver à un consensus préalable quant à l'existence et au rôle, dans la recherche scientifique, de l'ordre naturel. Certes, une telle situation apporte son lot de frustrations pour l'épistémologue. Sa construction théorique n'est assurée à aucun moment; de nombreux paradoxes et énigmes la traversent et la fragilisent. Pourtant, cette précarité comporte avec elle un avantage indéniable pour notre enquête: l'instabilité même du concept de loi empêche qu'il se fossilise; le cadre conceptuel auquel il cherche à contribuer est trop peu fini pour ne constituer que l'arrière-fond sur lequel s'exerce la pratique. Du coup, les controverses vives facilitent la mise en lumière des présupposés le structurant, alors que leur rôle est trop vite refoulé quand les concepts ne posent plus question.

11 «Philosophie 1932-33», § 15, *Les cours de Cambridge 1932-1935*, établis par A. AMBROSE, trad. de l'anglais E. RIGAL, 1992, pp. 28-30; *Tractatus logico-philosophicus*, 1922, § 6.3 - § 6.372, trad. de l'all. P. KLOSSOWSKI, 1988, pp. 98-102.

12 Il s'agit de Bas C. VAN FRAASSEN, qui choisit la question comme titre pour une section de son livre *Lois et symétrie*, 1994.

Le présent ouvrage porte son attention sur l'époque contemporaine. Ce choix présente des avantages évidents. Non des moindres est le fait que l'étude ne requiert pas la compétence d'historien, nécessaire pour franchir les distances conceptuelles et sociologiques qui nous séparent d'époques précédentes. De même, on peut s'attendre à ce que les idées débattues soient directement pertinentes pour notre situation actuelle. Car on ne saurait que déplorer comme perversion de la philosophie l'approche qui la réduirait à une discipline historique et qui ne poserait plus la question de la vérité et du sens des doctrines avancées. Certes, un minimum de recul historique aide à mener une étude bien informée. Dans la question qui nous préoccupe, ce recul est assuré par le fait que plusieurs des textes clés remontent aux années 80 du siècle dernier. Alors qu'ils font intégralement partie du paysage «actuel» du débat, on a donc eu le temps de prendre la mesure de leurs forces et faiblesses.

Tout en reconnaissant les avantages d'une étude qui s'inscrit pleinement dans l'activité philosophique en cours, prenons garde à la myopie périlleuse des «modernes»: ce n'est pas la nouveauté et encore moins la date récente de publication qui décident de l'intérêt d'une conception. Le choix du débat contemporain autour de la notion de loi n'implique donc nullement la mise à l'écart des auteurs classiques. Régulièrement, la réflexion s'élargira pour gagner en profondeur par le dialogue établi avec les voix importantes du passé. De cette façon, l'investigation des auteurs choisis sur la scène contemporaine permettra de relier les préoccupations modernes à plusieurs des problèmes «éternels» en philosophie.

Le privilège de celui qui travaille sur un débat contemporain est de pouvoir entrer en contact avec les protagonistes. Vérifier auprès d'un auteur l'interprétation de sa pensée est un garde-fou précieux pour toute étude philosophique. Dans le contexte de la présente étude, cette démarche est particulièrement à propos. Pour l'un ou l'autre des auteurs témoins, ce fut le moyen principal d'obtenir des renseignements sur ses convictions religieuses qui n'apparaissent guère à la surface de ses textes publiés. Plus fondamentalement, la recherche de contact personnel avec les auteurs s'est inspirée de la conviction que l'interaction entre religion, science et épistémologie ne se joue pas simplement sur le plan de positions conceptuelles: ce sont des sujets connaissants et agissants, qui vivent les tensions et opèrent l'intégration des différents modes d'interaction humaine avec le réel[13]. Alors il n'est pas approprié de chercher une classification systématique de toutes les positions possibles dans le débat contemporain autour de la notion de loi[14]; l'étude doit plutôt tenir compte de la posture individuelle que différents auteurs y adoptent. Ainsi seulement on peut dépasser les schématisations simplificatrices et commencer à rendre compte des rapports entre science, épistémologie et religion, dans toutes leurs complexités réelles. Pouvoir ajouter aux textes publiés des lettres, des conférences, voire des rencontres personnelles, est à ce moment un atout précieux pour découvrir des personnes «en chair et en os» et non de simples systèmes philosophiques[15]. Bien entendu, une réserve déontologique s'impose: les penseurs étudiés ne sont pas de simples «auteurs», mais des personnes dont l'intimité demande à être respectée – et ceci d'autant plus qu'elles sont, sauf exception, en vie. C'est pourquoi les communications privées n'ont été incluses que lorsqu'il m'a semblé que la personne n'en serait pas gênée[16].

Comment la sélection d'auteurs s'est-elle opérée? L'étude cherche à inclure les épistémologues qui sont les figures marquantes dans le débat contemporain concernant le concept de loi. Evidemment, il ne peut pas être question d'établir un classement d'épistémologues, établi sur la base de critères objectivement vérifiables. Certaines administrations académiques s'y essaient pour asseoir la fécondité d'un chercheur; mais ce n'est pas une litote de dire que les savants eux-mêmes ne s'y retrouvent que très

13 *Cf.* l'accent dooyeweerdien sur l'«ego» comme lieu de rencontre des différents champs de connaissance (p. 19 ci-dessous).

14 On trouve deux classifications (différentes) dans Michael ESFELD, *Einführung in die Naturphilosophie*, 2002, pp. 85-94, et dans Friedel WEINERT, «Laws of nature – laws of science», dans *Laws of nature: essays on the philosophical, scientific and historical dimensions*, sous dir. F. WEINERT, 1995, pp. 26-52.

15 Suivant l'auteur, les occasions de rencontre ont été plus ou moins favorables; le lecteur s'en rendra compte en filigrane de l'étude. David Lewis est décédé en 2001, quand mes recherches en étaient encore à leur début; le contact avec des personnes qui l'avaient connu a remédié, en partie, à ce manque.

16 Cette formulation prudente vient du fait qu'il aurait été fastidieux, voire impossible, d'obtenir la permission explicite pour chaque cas en particulier. Je me suis alors limitée à demander aux auteurs leur accord général. Parfois, j'ai dû lire leur silence comme signe d'assentiment. Quand l'information me paraissait sensible, j'ai toujours pris le soin de vérifier auprès de la personne concernée si elle était d'accord avec son inclusion dans le présent travail.

peu. Les quatre auteurs retenus n'ont pourtant pas été choisis au hasard. J'ai essayé de discerner les voix dominantes en combinant trois critères: la quantité de leur travail publié sur les lois de la nature, la fréquence avec laquelle ils sont cités par d'autres épistémologues et l'originalité de leur position. De cette manière, chaque auteur offre un exemple de l'interaction des convictions religieuses avec la réflexion philosophique; mais en même temps, le travail constitue *une* étude de cas complexe, en ce qui concerne le rôle des croyances religieuses en épistémologie, où la combinaison d'un critère thématique (c'est-à-dire la notion de loi), d'un critère temporel (c'est-à-dire l'époque contemporaine) et d'un critère qualitatif (c'est-à-dire l'influence) permet de délimiter le cas.

Il peut être utile de signaler que le choix n'a pas pris en compte la question de savoir si un auteur affiche des convictions religieuses. Ainsi j'ai pris un risque certain, car il n'était nullement assuré au départ de pouvoir trouver des renseignements suffisants. L'étude de cas s'avère d'autant plus pertinente, car aucune prédominance n'est donnée aux auteurs «religieux», ce qui n'aurait que biaisé l'étude. Au contraire, elle s'inscrit dans un univers dont est bannie, la plupart du temps, toute référence au religieux. Les interactions entre science, épistémologie et religion, quand on les décèle, revêtent alors une signification toute singulière.

La mise en œuvre des trois critères, en vue d'asseoir l'importance du travail épistémologique – ampleur de textes publiés, fréquence de renvois et originalité –, a amené à choisir quatre auteurs: David Armstrong (né en 1926), David Lewis (1941-2001), Nancy Cartwright (née en 1944) et Bas van Fraassen (né en 1941)[17]. Même s'il est sans doute impossible de prouver qu'ils sont les auteurs les plus importants sur la scène actuelle, il paraît assez consensuel de voir en eux des chefs de file dans le débat contemporain concernant la notion de loi[18]. De plus, ils dialoguent régulièrement

17 L'ordre dans lequel ils sont présentés est quelque peu arbitraire. J'ai tâché de les ranger, de la conception qui fait appel aux ressources ontologiques les plus étendues, jusqu'à l'approche la plus sceptique.

18 Signalons en comparaison deux autres sélections: ESFELD, chap. VII, réserve un traitement de choix à Cartwright, les réalistes qui s'appuient sur des universaux pour expliquer les lois de la nature (dont Armstrong) et Lewis. Bas VAN FRAASSEN, *Lois et symétrie*, 1994 (éd. originale 1989), sélectionne, comme cibles de sa critique, Lewis (chap. 3), un groupe d'auteurs faisant intervenir les mondes possibles (Robert Pargetter, Storrs McCall, Peter Vallentyne, chap. 4) et le groupe des réalistes (chap. 5).

entre eux[19], ce qui permet de bien saisir les contrastes de leurs positions respectives. Bien entendu, la sélection ne porte pas de jugement de valeur sur leur importance pour l'épistémologie en général. Autrement, on pourrait s'étonner de l'exclusion d'autres épistémologues influents, comme par exemple Hilary Putnam, pour n'en nommer qu'un parmi bien d'autres. Mais quand il s'agit des discussions actuelles de la notion de loi, il ne me semble pas trop risqué d'affirmer que les quatre épistémologues retenus sont les auteurs par rapport auxquels les autres intervenants (dont il ne s'agit pas de minimiser l'apport) se situent.

Le connaisseur des discussions contemporaines s'étonne peut-être de l'absence d'un nom: ma sélection n'inclut pas Saul Kripke. L'interprétation que Kripke proposa de certaines lois physiques comme des vérités nécessaires *a posteriori* continue à exercer l'imagination de nombreux épistémologues[20]. Deux raisons expliquent cette omission: d'un côté, je dois avouer ne pas bien voir en quoi sa proposition, bien qu'elle soit ingénieuse, éclaire la pratique scientifique[21]. De l'autre côté (et plus objectivement), Kripke n'a plus guère publié depuis une vingtaine d'années, pour des raisons d'ordre personnel[22]. Il est donc justifié de ne pas le retenir parmi les épistémologues examinés ici.

---

18 Il n'est pas étonnant de ne pas trouver Cartwright parmi les auteurs traités, car sa position à ce moment fut essentiellement sceptique, comme en témoigne le titre de son ouvrage *How the laws of physics lie*, 1983. Van Fraassen n'avait donc pas de raison de l'inclure dans son panorama, à visée déconstructionniste.

19 N'en citons que trois exemples: en 1993, *Philosophy and Phenomenological Research* LIII, pp. 413-444, réunit Armstrong, Cartwright, John Earman et van Fraassen autour de l'ouvrage de ce dernier, *Lois et symétrie;* la *Festschrift* pour Armstrong *Ontology, causality and mind*, sous dir. J. BACON, K. CAMPBELL, L. REINHARDT, 1993, comporte un article de Lewis, avec la réponse d'Armstrong (pp. 23-42); la *Festschrift* pour D.H. Mellor *Real metaphysics*, sous dir. H. LILLEHAMMER, G. RODRIGUEZ-PEREYRA, 2003, comporte des articles d'Armstrong et de Lewis, dans lesquels ils discutent les vues de l'autre (pp. 12-42).

20 L'ouvrage fondateur fut *La logique des noms propres*, 1982 (première éd. en anglais *Naming and necessity*, 1972).

21 *Cf.* Rom HARRÉ, *Varieties of realism*, 1997, pp. 337-341.

22 Une exception notable est «Russell's notion of scope», *Mind*, CXIV, 2005, pp. 1005-1037.

Les quatre auteurs retenus écrivent en anglais. Sans minimiser l'apport d'autres traditions linguistiques, le choix reflète, me semble-t-il, le fait que le centre de gravité du débat se situe aujourd'hui dans la philosophie anglophone, qu'elle soit américaine, australienne ou anglaise[23]. Mais on aurait tort de penser que cette discussion du concept de loi soit sans pertinence pour la philosophie de langue française. Car aucune philosophie nationale ne doit se couper d'autres traditions philosophiques, et encore moins du débat international, même si une autre langue y prédomine. La discussion de la notion de loi est aujourd'hui largement menée à l'intérieur de, ou au moins en dialogue avec, ce que l'on en est venu à appeler la philosophie analytique (même si bien entendu, le débat est antérieur à cette manière de pratiquer la philosophie)[24]. Ce fait explique sans doute en grande partie la place prépondérante que les auteurs anglophones prennent dans ce débat. Car à la suite de l'émigration de plusieurs penseurs vers les Etats-Unis, devant la menace nazie, la philosophie analytique est devenue, dans l'esprit de beaucoup, synonyme de la philosophie anglophone, voire américaine. On constate néanmoins que la tradition analytique connaît aujourd'hui un retour à la vitalité en Europe continentale. La France n'en fait pas exception; sa communauté philosophique compte en son sein nombre de penseurs qui interagissent avec la philosophie anglo-saxonne et s'intéressent aux thèmes qui sont chers à cette dernière, dont la notion de loi[25].

Quand on aborde l'investigation de chacun des auteurs, la problématique de notre étude suggère une répartition assez naturelle en trois étapes: il s'agit de décrire avec précision, tour à tour, la conception des lois de la

23 Comme son nom l'indique, Bas van Fraassen est d'origine néerlandaise; il a émigré au Canada à l'âge de 15 ans et est aujourd'hui basé à Princeton.

24 Pascal ENGEL, *La dispute: une introduction à la philosophie analytique*, 1997, pp. 31, 212s, considère que la philosophie analytique se caractérise aujourd'hui non par une quelconque unité doctrinale, mais par son style. *Cf. ibid.*, pp. 25-31, et Sandra LAUGIER, *Recommencer la philosophie: la philosophie américaine aujourd'hui*, 1999, pp. 5-59, pour l'histoire de ce courant.

25 En ce qui concerne cette notion, citons en particulier Max KISTLER, *Causalité et lois de la nature*, 1999. Pour la philosophie analytique de langue française en général, on peut se référer à Pascal ENGEL (dir.), *Précis de philosophie analytique*, 2000, et à Pascal ENGEL (dir.), *Philosophie analytique, Cahiers de Philosophie de l'Université de Caen* XXXI-XXXII, 1997-1998, qui publie les actes du premier colloque de la SOPHA, la Société de philosophie analytique.

nature qu'il adopte, ses convictions religieuses et les éventuelles interactions que l'on décèle entre ces deux domaines. Ce plan de base tripartite se verra pourtant modifié au gré des investigations, pour épouser au mieux la pensée de chaque auteur. Car pour que la troisième étape comparative acquière toute la profondeur voulue, il n'est pas suffisant de mettre côte à côte, pour chaque auteur, sa notion de loi et ses convictions religieuses. Il est indispensable d'écouter attentivement la reconstruction de la notion adoptée, pour en saisir les contours précis et mesurer la force des arguments avancés. C'est cette écoute elle-même qui devra nous permettre de déceler des motifs religieux surgissant (parfois sous forme de présupposés tacites) dans le débat. Par là seulement nous échapperons à la tentation d'opérer des rapprochements conceptuels superficiels, qui seraient inopérants dans la pensée de l'auteur étudié. Que le lecteur ait alors la patience de suivre les trajectoires d'argumentation qui paraissent parfois internes au débat épistémologique, sans rapport direct avec la question du rapport entre foi et philosophie. Seule une telle patience fera ressortir leurs interactions dans toute leur profondeur.

Bien entendu, l'analyse profitera également de ce que chacun des auteurs dit explicitement sur ses convictions religieuses. Là encore, il n'est pas opportun de restreindre trop le champ d'investigation. A côté de thèmes proprement religieux, la charpente de son projet philosophique plus large, sa vision du monde nous serviront de guide précieux pour saisir les articulations entre science, épistémologie et religion. Ce domaine d'études élargi s'avère en particulier nécessaire pour comprendre dans quelle mesure la science et l'épistémologie qui en fournit le compte rendu informent la posture religieuse adoptée. Dans certains cas, elles assument le rôle d'*ersatz* de la religion – rôle qui est rarement avoué ouvertement et demande donc à être dégagé au-delà des déclarations explicites d'un auteur sur ses convictions religieuses.

Il convient de signaler une restriction du travail qui ne se justifie pas d'abord méthodologiquement, mais que dicte le souci de maintenir à l'étude des limites maniables: elle ignore les complications qu'introduisent les lois probabilistes, sauf dans quelques cas où les problèmes qu'elles suscitent me paraissent importants pour l'évaluation générale du compte rendu de la notion de loi. Ce choix n'est pas sans conséquences pour la pertinence de l'étude en ce qui concerne la physique contemporaine, dans la mesure où la mécanique quantique (dans sa formulation standard) introduit le hasard objectif au niveau fondamental. Le débat autour de la notion de loi précède pourtant la physique du vingtième siècle, et il me semble possible d'asseoir les forces et faiblesses des positions adoptées dans la discussion actuelle, sans prendre en compte systématiquement les considérations probabilistes. L'étude garde donc distincts, autant que possible, les problèmes que suscite la notion de loi et ceux liés à la probabilité.

Chapitre premier

Religion et épistémologie: quelques réflexions méthodologiques

> L'ordre magnifique, la beauté et la prévoyance qui éclatent de toutes parts dans la nature sont seuls capables de produire la croyance en un sage et puissant *auteur du monde.*
>
> Emmanuel KANT, «Préface de la seconde édition», *Critique de la raison pure.*

1. Autour de la définition de la religion

Avant de nous engager dans l'étude des quatre auteurs témoins, nous devons encore nous assurer d'être au fait sur les contours des partenaires qu'il s'agit de mettre en rapport, dans l'investigation de chaque épistémologue individuellement. Parmi ceux qui sont en jeu – la science, l'épistémologie et la religion –, c'est sans doute le troisième qui nécessite le plus d'attention dans le contexte qui est le nôtre. Certes, il n'est pas plus facile en soi de définir la science ou l'épistémologie que la religion. Mais dans le cadre de notre enquête, le débat épistémologique, et avec lui la pratique scientifique sur lequel il porte, sont clairement délimités par un thème – le concept de loi – et par un espace professionnel: les mécanismes de contrôle mis en œuvre pour les postes et publications académiques permettent d'en identifier les acteurs. En revanche, la religion pose question. Car il n'est pas à propos de la limiter à des pratiques exercées dans le cadre d'institutions traditionnellement considérées comme religieuses et à des convictions en rapport avec la confession de foi de telles institutions. Si on le faisait, on en exclurait sans doute la majorité des philosophes aujourd'hui engagés dans le débat. Même ceux qui ont une pratique communautaire aisément repérable comme «religieuse», se défendent la plupart du temps de la faire intervenir dans les débats[1].

Il s'avère donc nécessaire d'adopter une vision suffisamment large de la religion, qui puisse s'appliquer même à des personnes qui ne «pratiquent» pas de religion selon les critères sociologiques courants. En même temps, il ne faut pas élargir le champ du religieux au point qu'il ne serait plus clairement délimité. Nous devons plutôt rechercher des critères qui ne sont pas trop étroitement dépendants des religions institutionnalisées, tout en distinguant la religion d'autres modes d'existence humains.

Qu'est donc la religion? On pourrait désespérer devant la tâche de trouver une réponse qui recouvre les différents phénomènes désignés couramment par ce nom, tant les formes que prend le fait religieux sont diversifiées. Pourtant, nous sommes souvent amenés à poursuivre nos investigations en l'absence de définition qui décrirait l'«essence» d'un concept. Il peut suffire de le désigner par un ensemble de traits. Même si dans un cas concret, l'un ou l'autre d'entre eux faisait défaut, nous pourrions toujours constater l'«air de famille» qui provient de la présence des traits restants.

On se bercerait néanmoins d'illusions si on espérait donner une définition du religieux qui serait indépendante de la vision globale du monde que l'on adopte. Car le regard (ou l'absence de regard) que l'on porte sur la religion en constitue justement un élément crucial[2]. Le projet de recher-

1 Citons-en un exemple plus ancien, mais parlant: le plaidoyer de Pierre DUHEM, en réponse à l'accusation que son obédience catholique interviendrait dans son compte rendu de la science. Son article «Physique de croyant» a d'abord été publié dans *Annales de Philosophie Chrétienne* LXXVII, oct./nov. 1905, t. I, pp. 44ss, 133ss, avant de figurer en annexe dans la seconde édition de *La théorie physique: son objet – sa structure*, 1914[2], pp. 413-472. Un des auteurs clés du débat contemporain, qui est également catholique, Bas VAN FRAASSEN, se réclame explicitement du refus de Duhem de concéder un rôle aux présupposés métaphysiques en science («Science, materialism, and false consciousness», dans *Warrant in contemporary epistemology*, sous dir. J. KVANGIG, 1996, pp. 149-181; *The empirical stance*, 2002, p. 255, n. 27).

2 La dépendance de la notion de religion par rapport aux paradigmes conceptuels plus larges constitue un objet d'étude à part entière. Ainsi Peter HARRISON consacre sa monographie *‹Religion› and the religions in the English Enlightenment*, 1990, à la tournure très particulière qu'a prise le concept à partir de la fin du XVIIe siècle. De fait, Harrison considère que les changements introduits sont si significatifs que le concept moderne est né à ce moment-là.

che poursuivi ici est-il alors voué à l'échec – avant même d'avoir pu être mis en œuvre – faute de caractérisation universellement acceptable de la religion? Ce serait mettre la barre trop haut, car des définitions indiscutables (et indiscutées) sont bien rares en philosophie. En dernière analyse, aucune enquête philosophique ne peut prétendre être idéologiquement neutre[3]. Sans chercher à fournir une définition libre de tout présupposé, assignons-nous donc la tâche plus modeste d'indiquer les lignes de force qui organisent la conception du religieux à la base de cette étude. Alors que des considérations systématiques déterminent les contours de cette conception, c'est la fécondité de l'étude qui montrera *a posteriori* si le choix initial a été judicieux dans le contexte de la problématique examinée.

Il faut relever en premier lieu que notre enquête accepte le fait religieux comme un mode d'existence humain propre. L'Occident moderne est probablement unique dans l'histoire de l'humanité en ce qui concerne la difficulté qu'il a à accorder une place à l'expérience religieuse. Les diverses tentatives qui visent à réduire la religion à d'autres aspects de la vie humaine sont autant d'expressions de ce malaise. Dans l'impossibilité de nier la pratique religieuse, qui reste importante pour une grande partie de l'humanité, l'homme moderne cherche à l'expliquer. Une stratégie, pour atteindre ce but, consiste à ramener la religion à d'autres pratiques humaines qui paraissent plus acceptables à la sensibilité actuelle. Pourtant, de telles définitions réductionnistes évacuent en règle générale ce qui fait le propre du fait religieux.

N'en donnons qu'un exemple: R. B. Braithwaite proposa dans son *Eddington Lecture* de 1955 «une vision empiriste de la nature de la croyance religieuse». Pour lui, la religion se compose principalement de deux éléments: une dimension morale, qui consiste à adopter l'intention d'agir selon certains principes, et une dimension narrative, qui consiste à raconter certaines «histoires», comme par exemple, pour le chrétien, la vie de Jésus ou le Jugement dernier. S'y ajoute, au moins dans les «religions plus évoluées», une dimension émotive: le croyant est appelé non

3 Jean-Paul WILLAIME, «La religion: un lien social articulé au don», *Revue du MAUSS* XXII, 2003, p. 251, n. 6, souligne que l'absence de définition universellement acceptée, n'empêche pas non plus une législation réglementant certains aspects du fait religieux.

seulement à réformer son comportement extérieur, mais à adopter certains sentiments. La question de la vérité factuelle n'est essentielle pour aucun de ces trois éléments. On peut en particulier tenir les histoires pour fictives, sans que cela nuise à la fonction de celles-ci, qui est d'apporter une motivation supplémentaire pour l'effort moral que fournit le croyant[4].

On peut remettre en cause telle ou telle composante du compte rendu de Braithwaite. Beaucoup de croyants en refuseraient probablement l'attitude anti-réaliste; le rapport à l'histoire factuelle est en particulier fondamental pour les religions bibliques. Il n'est pas non plus évident que toute religion engendre un code de conduite[5]. Mais ce qui frappe avant tout quand on lit la leçon de Braithwaite, c'est qu'il semble aveugle au caractère proprement *religieux* de la religion; on ne peut lui faire justice quand on la réduit à une combinaison de conduite morale, de narration et d'émotions. De fait, l'empirisme logique de Braithwaite l'oblige à exclure ce que beaucoup de croyants considèrent spontanément comme étant au centre de leur foi: le rapport au «divin» – même si les traditions religieuses conçoivent selon des modalités divergentes la Réalité qui dépasse radicalement le monde perceptible. Comme Braithwaite exige d'une proposition, pour qu'elle ait du sens, qu'elle – ou éventuellement le fait de l'employer[6] – ait des conséquences empiriquement vérifiables, il conçoit la réalité divine sur le modèle d'êtres existants dans le monde accessible aux sens[7]. Il n'est alors pas surprenant qu'il cite avec approbation Matthew Arnold, quand ce dernier compare Dieu à «une sorte de Lord Shaftesbury infiniment amplifié et amélioré», et la Trinité à trois Lord Shaftesbury de ce type[8]. Il va sans dire

4 R. B. BRAITHWAITE, «An empiricist's view of the nature of religious belief», Eddington Lecture 1955, 1955, pp. 21-24, 26s, 32.

5 Marc SHERRINGHAM, *Introduction à la philosophie esthétique*, 1992, p. 99, mentionne l'exemple bien connu des Grecs pour qui le divin était au-delà du bien et du mal: «Pour la pensée grecque, l'alternative semble se situer entre l'immoralisme capricieux des dieux mythologiques et l'amoralisme souverain d'un principe premier. Toute la philosophie antique va rester prisonnière de ce paradoxe platonicien: la perfection divine exclut l'action et la volonté.»

6 Cette concession est nécessaire pour ne pas tenir pour dépourvues de sens toutes les propositions morales, desquelles Braithwaite rapproche les propositions religieuses (BRAITHWAITE, pp. 9-11).

7 *Ibid.*, pp. 11, 25.

8 *Ibid.*, pp. 24s, qui renvoie à Matthew ARNOLD, *Literature and dogma*, 1873, pp. 306s.

qu'une telle comparaison ne donne pas la moindre insinuation de la transcendance divine. Comme la méthodologie de Braithwaite l'amène à évacuer ce qui distingue justement le «Tout-Autre» du monde naturel, on doit conclure qu'elle est inutile, ou pire risible.

Au lieu de laisser une méthodologie réductionniste travestir le fait religieux, il convient d'en reconnaître le caractère propre. Comme le nota l'éminent historien des religions que fut Mircea Eliade:

> Un phénomène religieux ne se révélera comme tel qu'à condition d'être appréhendé dans sa propre modalité, c'est-à-dire d'être étudié à l'échelle religieuse. Vouloir cerner ce phénomène par la physiologie, la psychologie, la sociologie, l'économique, la linguistique, l'art, etc. [...] c'est le trahir; c'est laisser échapper justement ce qu'il y a d'unique et d'irréductible en lui, nous voulons dire son caractère sacré. Certes [...], il n'y a pas de phénomène uniquement et exclusivement religieux. La religion étant chose humaine, elle est de ce fait, et chose sociale, et chose linguistique, et chose économique – car on ne conçoit pas l'homme en dehors du langage et de la vie collective. Mais il serait vain de vouloir expliquer la religion par une de ces fonctions fondamentales qui définissent, en dernière instance, l'homme[9].

Aucune caractérisation adéquate de la religion ne peut donc faire l'économie des concepts appartenant eux-mêmes à la sphère religieuse; elle sera, dans ce sens, nécessairement circulaire. Un exemple parlant en est fourni par ce que Mircea Eliade discerne être l'élément commun de «toutes les définitions données jusqu'à présent du phénomène religieux»: «Chaque définition oppose, à sa manière, le *sacré* et la vie religieuse au *profane* et à la vie séculaire[10]» – le sacré et le profane étant eux-mêmes des notions hautement religieuses. La même observation s'applique évidemment aux caractérisations de la religion qui renvoient à Dieu, ou plus vaguement au divin. On peut en conclure que la religion se désigne plus qu'elle ne se définit: nous savons ce qu'est le fait religieux parce que nous en connaissons des exemples dans notre propre vécu ou parmi ceux qui nous entourent.

Une fois la religion acceptée comme un mode particulier de vivre dans le monde, en quoi le concept du sacré peut-il contribuer à la compréhension que nous en avons? Rudolf Otto, au début du vingtième siècle, l'avait

9 *Traité d'histoire des religions*, 1990, p. 11.

10 *Ibid.*, p. 15. La Torah désignait déjà comme une tâche essentielle des prêtres de «distinguer entre le sacré et le profane, entre l'impur et le pur» (Lv 10.10).

décrit comme le «*mysterium tremendum*», cette «écrasante supériorité de puissance» qui provoque chez l'homme, «le *sentiment d'effroi* [...] devant le *mysterium fascinans*, où s'épanouit la parfaite plénitude de l'être.» Pour décrire l'expérience religieuse, Otto utilisait le terme de «numineux» (du latin *numen*, qui désigne la divinité, ou encore la volonté divine et la majesté): «Le numineux se singularise comme quelque chose de *ganz andere*, de radicalement et totalement différent: il ne ressemble à rien d'humain ou de cosmique; à son égard, l'homme éprouve le sentiment de sa nullité, celui de ‹n'être qu'une créature›[11].» Certes, Mircea Eliade souligne avec raison que la dimension irrationnelle ne peut pas contenir l'expérience du sacré; le sacré se définit d'abord par l'opposition au profane – opposition qui se décline selon des modalités fort diverses[12]. Pourtant la séparation d'avec le profane ne signifie-t-elle pas justement que l'homme rencontre dans le sacré le «Tout Autre», la Transcendance qui lui rappelle sa petitesse et sa dépendance radicale? S'il faut alors se garder de lire la description d'Otto dans un sens limitatif, son *mysterium tremendum* semble bien capter un aspect fondamental de la posture religieuse.

Au-delà de cette première détermination, on peut chercher à décrire le fait religieux à travers divers traits qui lui appartiennent, sans que l'on ait la prétention d'en épuiser ainsi l'essence. Pour garder le champ d'enquête

11 Mircea ELIADE, *Le sacré et le profane*, 1994, pp. 15s, en résumant les thèses de Rudolf OTTO, *Das Heilige*, Breslau, 1917.

12 *Le sacré et le profane*, p. 16. De même, E. DURKHEIM, *Les formes élémentaires de la vie religieuse*, Paris, PUF, 1960 (première éd. 1912), cité par Michel BITBOL, «La compréhension de la nature et le sacré», dans *Science, mythes et religions en Europe*, 2000, p. 131. Bitbol mentionne les étymologies de mots désignant le sacré dans différentes langues; elles pourraient corroborer les connotations de réalité originelle, d'effroi et de force (*ibid.*). Hélas, l'étymologie est d'un recours hasardeux pour établir le sens d'un mot (et encore plus pour celui d'un concept). En particulier, il n'est pas possible d'appuyer l'idée de séparation sur la racine hébraïque *q d sh.* On conteste aujourd'hui qu'elle soit dérivée d'une racine à deux lettres (*q d:* «couper»; R. Laird HARRIS, Gleason L. ARCHER, Bruce WALTKE (dir.), *Theological wordbook of the Old Testament*, 1980, pp. 786s). L'emploi des mots de cette famille, dans la Bible hébraïque, oriente vers un sens premier d'appartenance: est sacré ce qui appartient à la sphère du culte rendu à Dieu. Un emploi caractéristique se trouve dans le livre des Nombres: puisque les fils de Coré ont présenté leurs cassolettes devant l'autel du Seigneur, on considère ces ustensiles comme saints – bien que leur acte soit né d'une rébellion contre la loi divine (Nb 17.3 [16.38]).

aussi ouvert que possible, il convient de ne pas restreindre inutilement le champ des caractéristiques dont on tient compte. Quelques restrictions s'imposent pourtant, tant les répercussions de la religion sont tentaculaires dans le vécu humain. Ainsi la religion est traitée ici en tant que posture de l'individu. Car c'est bien ici qu'elle trouve son point d'ancrage dans l'expérience humaine et qu'elle entre en interaction avec d'autres pratiques humaines, comme la science ou la philosophie. A cet égard, je suis l'analyse de Herman Dooyeweerd qui voit dans l'«ego» le point focal unifiant les différents aspects de l'existence (logique, spatiale, esthétique...)[13]. Alors il ne peut être question d'examiner l'influence de la religion sur des positions épistémologiques *in abstracto;* elle se joue dans la pensée et le vécu de personnes réelles. Cela ne veut pas dire que des rapports conceptuels soient absents ou négligeables. Mais il faut faire attention à l'«incarnation» d'options philosophiques et religieuses, de peur de passer à côté du facteur humain, crucial dans ce contexte. L'étude de cas en tient compte dans la mesure où elle n'examine pas de liste de comptes

13 *A new critique of theoretical thought*, vol. I, 1953, p. 5; *In the twilight of Western thought: studies in the pretended autonomy of philosophical thought*, 1975, p. 7; *cf.* Jitse VAN DER MEER, «The actor in the interaction of science and religion: an application of Dooyeweerd's anthropology to the study of religion and science», dans *Contemporary reflections on the philosophy of Herman Dooyeweerd: a supplement to the collected works of Herman Dooyeweerd*, sous dir. D. F. M. STRAUSS, M. BOTTING, 2000, pp. 185-196. La théorie de la connaissance dooyeweerdienne propose un compte rendu très complet sur la manière dont le choix religieux de l'être humain influence l'ensemble de sa pensée théorique. Sans décrire l'ensemble de sa vision systématique, signalons que Dooyeweerd voit les présupposés religieux exercer leur contrôle «au moyen d'une triade d'idées transcendantales». Cette triade concerne l'unité des divers aspects de l'expérience, le moi comme «point de référence central» et «cette double relation centrale du moi avec les autres moi et avec l'Origine absolue» («La nouvelle tâche d'une philosophie chrétienne», *Revue Réformée* X, 3, 1959, p. 67). Toute la pensée reçoit son orientation de la manière dont on conçoit ces trois idées. Dans le vocabulaire de Dooyeweerd, le terme «idée de loi» désigne la conception particulière qu'un penseur (ou toute une époque) adopte de la triade. L'expression en est venue à désigner l'école de pensée dooyeweerdienne (en anglais «cosmonomic idea», *ibid.*, p. 68; *In the twilight of Western thought*, p. 52, et *A new critique...*, 1953-58, vol. I, pp. 68s).

rendus de la notion de loi, mais met à sa base quatre auteurs témoins. Elle fait interagir leurs textes et, autant que possible, leurs paroles et des éléments biographiques les concernant.

Privilégier l'individu comme lieu où religion et science exercent leurs influences mutuelles ne revient pourtant pas à nier d'autres aspects du fait religieux, même s'ils ne reçoivent pas de traitement propre. Les aspects communautaires que revêt souvent la pratique religieuse sont traités comme dérivés du pôle individuel: la présente étude ne s'interroge pas, par exemple, sur le rôle que les institutions religieuses, comme les Eglises, jouent en tant que telles dans la recherche scientifique. De même, les traits retenus pour décrire la religion n'incluent pas les aspects que le croyant perçoit, sinon comme la cause, du moins comme le fondement de son adhésion à la religion: révélations divines, expériences mystiques… Il les «reçoit», les vit comme venant d'ailleurs, même si certaines traditions cherchent cet «ailleurs» dans les profondeurs de l'être humain lui-même. Ces aspects n'apparaissent dans la présente étude que par le biais de leur réception par le sujet: en tant qu'ils ont des répercussions sur sa posture religieuse, qu'ils déterminent ses convictions et sa pratique religieuses.

En ce qui concerne le pôle individuel de la religion, je propose de combiner des aspects relevant à la fois de la croyance, de l'attitude et de la conduite, même s'il n'est pas possible de démontrer dans chaque cas que les trois dimensions soient présentes. C'est justement l'avantage des définitions basées sur l'«air de famille» que de pouvoir en identifier des instances même quand tous les traits ne sont pas réunis (ou ne peuvent pas être décelés). L'enquête met l'accent sur les «dogmes», ce que le fidèle croit sur l'être et la structure de la réalité – problématique et méthodologie choisies y obligent. D'un côté, le débat épistémologique actuel autour de la notion de loi est, par sa nature même, un débat d'idées et amène donc à privilégier l'aspect théorique, par rapport à la pratique ou encore l'attitude intérieure du philosophe. De l'autre côté, l'investigation procède essentiellement par l'étude des textes épistémologiques qu'ont écrits les quatre auteurs choisis. Les renseignements autobiographiques s'y font rares, alors que ce sont d'abord ceux-ci qui permettent d'identifier les attitudes et les conduites. Certes, je me suis efforcée d'aller au-delà des écrits philosophiques, d'y ajouter, autant que possible, des textes autobiographiques ou encore de rencontrer personnellement les auteurs[14]. Pour chacun d'eux, on pourra donc poser la question des différentes dimensions du religieux; mais les *convictions* religieuses, au sens d'un contenu conceptuel, reçoivent un traitement de faveur.

En ce qui concerne les croyances religieuses, le «divin» y joue un rôle prépondérant, même s'il peut revêtir des formes très variées. Le divin, c'est justement cette réalité sacrée qui délimite la sphère religieuse et l'oppose au profane. Il n'est alors pas surprenant que la foi dans des êtres «sur-naturels» soit souvent vue comme une des caractéristiques les plus centrales de la religion[15]. Notons pourtant que le domaine sacré peut, dans certaines traditions religieuses, englober tout ce qui existe; le panthéisme, en particulier, divinise l'ensemble du monde. La distinction entre le sacré et le profane se joue alors à un niveau plus subtil: le divin n'est «sur»-naturel que dans le sens du regard différent que pose le croyant sur le monde. La distinction de Spinoza entre la *natura naturans* et la *natura naturata* en constitue sans doute la formulation philosophique la plus rigoureuse à l'intérieur de la philosophie occidentale. Dans son adaptation du panthéisme spinoziste à la science moderne, Einstein fonde la «religion cosmique» sur l'émerveillement devant l'ordre naturel, qui nous amène à désirer «éprouver la totalité de l'Etant comme un tout parfaitement intelligible[16].» Elle s'oppose au regard areligieux, qui ne sait pas voir le mystère dans «cet ordre suprême et [...] cette Beauté inaltérable[17].»

Même s'il est alors un sens dans lequel on peut qualifier le divin panthéiste de «sur»-naturel, il faut reconnaître qu'il est quelque peu surprenant d'utiliser ce vocable dans le contexte d'une vision qui, justement, fait

14 A certains moments, le respect pour les personnes, en particulier celles qui sont en vie, m'a amenée à taire des renseignements personnels qui auraient pu apporter un éclaircissement supplémentaire. Il est arrivé que l'on m'ait demandé explicitement de ne pas citer telle ou telle remarque faite en privé, jugée trop intime par l'auteur.

15 Ainsi William P. ALSTON indique la «foi dans des êtres surnaturels (dieux)» comme premier de ses neuf critères qui permettent ensemble de désigner la religion («Religion», dans *The encyclopedia of philosophy*, sous dir. P. EDWARDS, 1967, vol. VII, p. 141.

16 «Religion et science», 1930, *Comment je vois le monde*, 1979, pp. 17s. Pour l'héritage spinoziste dans la pensée d'Einstein, *cf.* L. JAEGER, *Croire et connaître: Einstein, Polanyi et les lois de la nature*, 2005[2], pp. 154-158.

17 «Comment je vois le monde», EINSTEIN, p. 10.

du monde, de la nature, son dieu. D'autres efforts pour caractériser le «divin», concept religieux par excellence, méritent alors notre attention. Roy Clouser en propose un candidat particulièrement prometteur: «*Le divin est tout ce qui est réel de façon inconditionnelle, indépendante.* C'est tout ce qu'on croit ‹juste là›. Par contraste, l'existence de tout ce qui n'est pas divin dépend en dernier ressort (d'une partie au moins) de ce qui est tenu pour divin.» Ce compte rendu réussit à couvrir un champ assez large de conceptions du divin – du Dieu biblique en passant par le Brahman-Atman jusqu'au Tao[18]. Il se pose bien entendu la question de savoir si le bouddhisme connaît une réalité divine qui correspond à la définition de Clouser. Mais cette question se double d'une autre, à savoir si le bouddhisme n'est pas justement le paradigme d'une religion qui se passe des dieux. Clouser lui-même considère que le Nirvana y assume le rôle de la réalité non dépendante[19]. On peut en tout cas considérer que sa définition met en lumière un aspect important du concept du divin.

La caractérisation du divin que propose Clouser se révélera opportune à divers moments de l'enquête. Sa tournure métaphysique en rend d'autant plus facile le maniement dans le contexte du débat d'idées. N'oublions pourtant pas qu'ici, l'ontologie se double nécessairement d'axiologie: dire qui ou ce qu'est l'être *suprême*, c'est à la fois se prononcer sur le réel et dire quelque chose sur l'échelle des valeurs. La vraie religion dépasse alors la métaphysique, car elle inclut la réponse adéquate de l'homme à cette croyance: une description totalement détachée, purement théorique, du divin ne peut guère prétendre être religieuse. On peut d'ailleurs se demander si une telle divinité areligieuse existe dans la réalité ou si elle n'est pas plutôt une vue de l'esprit, impossible à soutenir pour l'être humain, justement en raison de ses inclinations religieuses. La religion englobe donc une dimension d'engagement personnel, d'attitude propre-

18 Roy CLOUSER, *Knowing with the heart: religious experience and belief in God*, 1999, p. 21. *Cf.* Auguste LECERF, *Introduction à la dogmatique réformée*, 1931, vol. I, p. 221, pour une définition proche, qui de plus, distingue différents degrés dans la radicalité avec laquelle on conçoit la non-dépendance divine.

19 CLOUSER, pp. 180s, n. 13; *cf.* p. 179, n. 9. Nagarjuna, le fondateur de la «voie du milieu» à l'intérieur du bouddhisme Mahâyâna au IIe siècle de notre ère, constitue une exception possible (*ibid.*, p. 181, n. 13). *Cf.* la discussion de l'agnosticisme bouddhique p. 30 ci-dessous.

ment religieuse. D'aucuns décrivent le noyau d'une telle attitude comme «Kreaturgefühl», la conscience de dépendre fondamentalement du divin[20]. Paul Tillich (1886-1965) voit en Dieu l'objet de la «préoccupation ultime[21]». William Alston préfère donner une liste de sentiments: «crainte révérencielle, sensation de mystère, sentiment de culpabilité, adoration», qui s'inscrivent dans des contextes rituels et doctrinaux spécifiques[22]. Encore une fois, il n'est guère nécessaire de choisir; l'attitude religieuse étant une posture fondamentale de l'homme, toute description en reste partielle. Suivant le cas, les différents comptes rendus peuvent nous avertir utilement du caractère religieux que revêt éventuellement l'attitude d'un philosophe étudié.

En ce qui concerne la troisième dimension de la religion à mentionner ici – la pratique –, elle peut prendre des formes variées. Il y a d'abord les rites au sens strict. Il s'agit d'actes, plus ou moins élaborés, qui suivent des schémas standardisés et auxquels une vertu religieuse est reconnue: cérémonies, sacrifices, formules mantriques, etc. La plupart des religions débordent pourtant le domaine strictement rituel et orientent également les autres domaines de la vie. De fait, il paraît difficile de concevoir un système de pensée qui propose une certaine conception de la réalité ultime, sans qu'elle ait de répercussions sur l'idée que se fait l'homme de sa propre place dans l'univers et de la relation qu'il doit (ou ne doit pas) entretenir avec le divin. De même, la conception que l'homme a de lui-même influencera à son tour son comportement, même si toutes les religions n'engendrent pas un code moral au sens étroit du terme.

20 CLOUSER, p. 55; LECERF, p. 171. *Cf.* la description du «numineux» qu'adopte Rudolf Otto (cité ci-dessus, p. 18). F. D. E. Schleiermacher (1768-1834) voyait l'essence de la religion dans le «sentiment de dépendance absolue». Historiquement, on peut voir, dans l'approche de Schleiermacher, la ré-interprétation libérale de l'accent sur l'expérience personnelle dans le réveil piétiste; mais contrairement à ce dernier, Schleiermacher coupe l'expérience religieuse de ses racines doctrinales. Il n'évite alors pas le piège d'une conception appauvrie de la religion.

21 Traduction que retient Fernand CHAPEY du terme clé de la pensée tillichienne «ultimate concern»; il propose également «intérêt dernier», «souci de l'absolu» (Paul TILLICH, *Le courage d'être*, 1967, p. 58, n. 4).

22 ALSTON, p. 141.

Bien que les rituels s'inscrivent souvent dans une pratique communautaire et semblent alors l'apanage de religions institutionnelles, les orientations d'action plus générales, nées de conceptions religieuses, ne présupposent pas nécessairement un tel cadre. Cette deuxième forme que peut prendre la «pratique» religieuse est donc particulièrement pertinente dans le contexte de notre étude, puisque plusieurs des auteurs choisis se tiennent éloignés de toute institution religieuse. Notons également que l'attention portée sur la dimension pratique de la religion s'accorde facilement avec la tendance récente qui consiste à faire une plus grande place aux pratiques en historiographie des sciences, alors que jusque-là l'accent tombait souvent sur les constructions théoriques qu'elles engendrent[23]. Bien entendu, il ne s'agit pas d'opposer théorie et pratique, ni en religion, ni en science. La dimension théorique, conceptuelle, constitue dans les deux cas un élément important, voire indispensable, de la pratique respective. Une approche multidimensionnelle de la religion, comme de la science, offre alors la perspective la plus prometteuse pour mener à bien l'étude des interactions entre science, épistémologie et religion.

2. L'athéisme: la mise en cause de la religion

La question de la définition de la religion se pose d'ordinaire face à l'extrême diversité des traditions et pratiques religieuses. La difficulté de décrire le fait religieux est alors liée à la peine que l'on a à dégager de celles-ci des éléments communs. Les considérations ci-dessus ont pourtant montré qu'il ne s'agit pas d'une mission impossible. Même s'il faut résister aux définitions réductionnistes ou limitatives, il existe des aspects commun à partir desquels on peut fournir un compte rendu qui mette en valeur l'«air de famille» des différentes religions et qui respecte le caractère propre de l'expérience religieuse.

23 John H. Brooke, «Religious belief and the content of the sciences», dans *Science in theistic contexts: cognitive dimensions*, sous dir. J. H. Brooke, M. J. Osler, J. M. van der Meer, *Osiris* XVI, 2001, pp. 6-14.

Resituons néanmoins la question. Tous les auteurs étudiés ici se meuvent à l'intérieur de l'univers conceptuel que constitue l'Occident moderne. Sans vouloir nier d'autres influences, on doit reconnaître que les traditions monothéistes, en contact avec la Bible, lui ont fourni l'apport religieux le plus significatif. Plus spécifiquement, notre enquête montrera qu'aucun des auteurs ne se réclame d'une religion orientale. Le défi auquel nous devons faire face est alors moins la diversité des expressions religieuses, que la remise en cause radicale qu'en constitue l'athéisme.

Faut-il considérer que l'athée échappe aux catégories religieuses, qu'il est a-religieux? Ou l'athéisme constitue-t-il lui-même une conviction religieuse? La réponse à ces questions dépend avant tout de la définition que l'on adopte pour la religion. Il serait plus en ligne avec les intentions et la rhétorique habituelle de l'athéisme de l'exclure du champ du religieux; car il cherche justement à nier le bien-fondé de la religion. La présente étude choisit néanmoins l'option opposée: les convictions «religieuses» englobent ici les inclinations athées. La raison en est d'abord stylistique: ce choix nous évite des formules lourdes comme «la religion et/ou l'athéisme». Mais il existe également des considérations qui font penser que ce choix n'est pas de simple convenance; malgré son refus de la religion, l'athéisme garde suffisamment de ressemblance avec elle, pour en justifier l'inclusion dans cette catégorie.

Si l'on se concentre dans un premier temps sur la dimension conceptuelle de la religion, on peut indiquer deux raisons qui amènent à inclure l'athéisme dans le domaine religieux. En accord avec l'étymologie du mot, l'a-théisme est justement la négation du divin, le refus de reconnaître une réalité au-delà du monde perceptible[24]. Il constitue par là-même une hypothèse sur la (non-)existence du divin, hypothèse qui appartient au

24 Il n'est pas facile de formuler précisément en quoi consiste ce refus. Denys TURNER, *How to be an atheist*, 2002, p. 33, montre qu'il est insuffisant d'affirmer que «Dieu» n'existe pas, tant que le concept de Dieu est défini en partant des objets de ce monde (et quelles autres ressources l'athée a-t-il à sa disposition?). Car les traditions monothéistes l'ont dit depuis longtemps, en refusant l'idolâtrie (*cf.* Adolphe GESCHE, «Le christianisme comme athéisme suspensif: réflexions sur le *Etsi Deus non daretur*», *Revue Théologique de Louvain* XXXIII, 2002, pp. 187-210). L'argument ontologique tente de prouver que même une définition négative («quelque chose de tel que rien ne se peut penser de plus grand», ANSELME DE CANTORBÉRY, *Proslogion*, 1077/78, chap. II, trad. B. PAUTRAT, 1993, p. 41) entraîne l'athée dans la contradiction.

champ des convictions religieuses. On peut ensuite pousser l'analogie plus loin et faire remarquer que l'athéisme répond à la définition de la religion fournie par Clouser; car il lui est impossible de ne pas contenir la croyance à une réalité existant d'elle-même, qui ne doive sa réalité à rien d'autre et explique tout ce qui existe. De fait, en refusant un fondement transcendant, l'athéisme s'oblige à trouver l'explication ultime à l'intérieur du monde, à en diviniser une partie ou un aspect: «En supposant qu'il [c'est-à-dire le monde matériel] renferme en lui-même le principe de son ordre, nous affirmons en réalité qu'il est Dieu[25].» Ce qu'on choisit comme «cause première» est variable selon les penseurs; des candidats célèbres sont la matière (pour le matérialisme) et les perceptions (pour l'empirisme de type positiviste)[26]. Mais peu importe ses contours précis, tout *système* athée comporte une réponse ultime au mystère de l'existence.

En ce qui concerne les autres dimensions de la religion – non seulement croyance, mais également (au moins) attitude et pratique –, on peut de nouveau examiner les rapports que l'athéisme entretient avec elles selon deux axes, l'un négatif, l'autre positif. Déjà par son refus de la religion, l'athée préconise *ipso facto* des réponses précises dans le domaine de l'attitude et de la pratique religieuses. Il refuse l'adoration du «Tout-Autre», il n'accepte pas de laisser guider sa vie par le respect pour le sacré. Dans ce sens, l'attitude et la pratique qu'il adopte ne sont pas simplement a-religieuses, mais anti-religieuses – et relèvent du coup, paradoxalement, du domaine religieux.

Mais l'athéisme n'est pas seulement «religieux» dans ce sens limité. Positivement, les visions athées du monde transfèrent souvent la charge existentielle et émotive que porte traditionnellement la religion, vers d'autres domaines. Le communisme à la soviétique en constitue un exem-

25 David HUME, *Dialogues sur la religion naturelle*, 1779, 4e partie, trad. M. MALHERBE, 1997², p. 123.

26 Epicure est le penseur paradigmatique du matérialisme. Au contact de la physique moderne se pose pourtant la question de savoir ce qui compte pour matériel – une question qui est loin d'avoir une réponse évidente (*cf.* pp. 101s ci-dessous). En ce qui concerne le statut «divin» des perceptions pour certains penseurs, CLOUSER, p. 179, n. 10, fournit des citations éclairantes d'Ernst Mach et de John Stuart Mill (qui, plus précisément, postule des «possibilités permanentes de sensation» comme premières).

ple particulièrement élaboré, en allant jusqu'à proposer une eschatologie dans laquelle le prolétariat (ou le parti qui le représente) assume le rôle messianique. La pratique communautaire qui y est associée englobe (au moins dans ses prétentions) la totalité de la vie des camarades. Le transfert peut également prendre des formes plus subtiles. On doit en particulier se demander si les sciences de la nature ne fournissent pas d'*ersatz* religieux pour plus d'un de nos contemporains. Ceux qui fondent sur elles leur approche de la vie en font «une vision du monde, chargée d'étiologie, de cosmologie, d'anthropologie, de psychologie, de téléologie et d'eschatologie, accompagnées d'attitudes caractéristiques envers la connaissance, le mystère et la morale[27].» *La science pour salut* et *L'évolution pour religion* – les titres des deux livres de Mary Midgley ne pourraient guère dénoncer plus clairement l'exploitation religieuse de la science moderne[28]. Les personnes proches de l'activité scientifique sont les premières à être exposées à cette tentation, en sorte que l'étude des quatre auteurs choisis veillera à examiner si et dans quelle mesure ils investissent la science de mission religieuse.

Reste pourtant une issue pour celui qui cherche à échapper à toute interprétation religieuse de la réalité: repousser les questions auxquelles ordinairement de telles interprétations tentent de répondre. Plus spécifiquement, il peut s'opposer à l'inclination à chercher des explications ultimes, à proposer un fondement dernier de la réalité. Plus que l'athéisme dogmatique, c'est sans doute l'agnosticisme qui offre la promesse d'une vision du monde effectivement areligieuse. Dans la tradition occidentale, Sextus Empiricus, au troisième siècle, fait figure de penseur sceptique par excellence, avec ses slogans: «Je suspends mon assentiment», «Je ne détermine rien», car «à tout argument s'oppose un argument égal»[29]. Un tel scepticisme radical coupe court à toute recherche d'explication ultime. Il a l'avantage d'être philosophiquement cohérent; car contrairement au

27 Thomas DIXON, «Theology, anti-theology and atheology», *Modern Theology* XV, 1999, p. 324; *cf.* p. 299.

28 *Science as salvation: a modern myth and its meaning*, 1992, et *Evolution as a religion: strange hopes and stranger fears*, 1985.

29 *Esquisses pyrrhoniennes*, sec. 22s, 27, 1997, pp. 163, 169.

scepticisme courant, qui affirme imprudemment que l'on ne peut rien savoir, cette variété de scepticisme suspend tout jugement, même celui concernant le bien-fondé de l'attitude sceptique elle-même.

L'agnosticisme pur impose une discipline extrême à la pensée; vouloir le transposer du plan intellectuel au plan des attitudes et comportements ne fait qu'accroître la difficulté d'en maintenir la radicalité. Au lieu d'englober tous les domaines de la connaissance dans le scepticisme, d'aucuns le limitent alors spécifiquement à la dimension religieuse[30]. On peut à ce propos renvoyer au débat, à bien des égards paradigmatique, qui opposa en 1948 l'épistémologue positiviste Bertrand Russell au jésuite Frederick Copleston sur les ondes de la BBC. Le déroulement de la discussion montre clairement que le désaccord entre les deux protagonistes ne porte pas seulement sur les réponses à apporter, mais tout autant sur les questions qu'il est pertinent de poser. Ainsi, quand Copleston demande: «Diriez-vous que nous ne pouvons ou ne devrions même pas soulever la question de l'existence […] de l'univers entier?», Russell lui réplique: «Oui, je ne pense pas que cela ait le moindre sens[31].» En suivant une stratégie similaire par rapport à l'ensemble des questions auxquelles la religion apporte une réponse, le sceptique évite l'interprétation

30 Un tel agnosticisme même limité peut se révéler plus difficile à maintenir en pratique que l'on ne pourrait penser au premier abord. Par rapport au sujet qui nous occupe, on doit remarquer la fâcheuse tendance, chez bon nombre d'auteurs modernes, d'investir les lois de la nature d'attributs divins. Alors que le chrétien Robert Boyle insista sur le fait que «‹la Nature› n'est pas un ‹agent indépendant›, mais un ‹système de règles›» (R. HOOYKAAS, *Religion and the rise of modern science*, 1972, p. 18, en citant *A free inquiry into the vulgarly received notion of nature*, 1682), trop souvent les lois de la nature sont traitées comme absolues, éternelles et toutes-puissantes, comme l'explication ultime des phénomènes naturels (Ilkka PYYSIÄINEN, «‹God› as ultimate reality in religion and in science», *Ultimate Reality and Meaning* XXII, 1999, pp. 115s; Herman BAVINCK, *The philosophy of revelation*, Stone lectures, Princeton Theological Seminary, 1908-1909, 1963, pp. 103-105; *cf.* Vern S. POYTHRESS, «Why scientists must believe in God: divine attributes of scientific law», *Journal of the Evangelical Theological Society* XLVI, 2003, pp. 111-123)

31 B. RUSSELL, F. C. COPLESTON, «A debate on the existence of God», 1948, dans *The existence of God: a reader*, éd. J. HICK, 1964, pp. 173s. Russell précise qu'il se considère agnostique et non athée (p. 167).

religieuse de la réalité, sans devoir argumenter en faveur d'une position spécifique en ce qui concerne le divin, fût-ce la négation athée de son existence[32].

L'agnosticisme en matière de religion s'approche sans doute autant que possible d'une vision authentiquement areligieuse. Sans en préjuger la pertinence intellectuelle et la fécondité pratique, l'étude l'englobera pourtant dans les convictions «religieuses». Même si l'on ne peut pas imputer des hypothèses métaphysiques épaisses à l'agnosticisme – comme c'est le cas pour l'athéisme –, ce choix d'inclusion peut toujours prendre appui sur le fait qu'il ne présente pas non plus de position «neutre»: il intervient dans un contexte dans lequel les différentes options religieuses existent. Ne pas en choisir une, comme cherche à le faire l'agnostique, revient *ipso facto* à un positionnement déterminé, ainsi que le remarqua William James: «Le scepticisme n'équivaut [...] point à l'abstention; c'est le choix d'un risque d'une nature particulière. *Mieux vaut risquer la perte de la vérité qu'une chance d'erreur*, telle est la position exacte de celui qui vous interdit la foi. Il joue activement son jeu tout comme le croyant [...] Duperie pour duperie, qui nous prouve que la duperie par l'espoir soit plus pernicieuse que la duperie par la crainte[33]?» L'agnostique hérite, par le simple fait de s'inscrire dans l'histoire humaine, de traditions religieuses qui réclament, tour à tour, son adhésion. S'y soustraire par la suspension du jugement, revient de fait à poser un choix religieux. Il est un sens dans lequel le comportement de l'animal est authentiquement areligieux; mais cette voie est inaccessible à l'homme. Il sait s'interroger devant les mystères de l'existence, et il fait partie d'une humanité qui y a répondu, entre

32 Le kantisme offre peut-être l'effort le plus systématique de combiner la connaissance scientifique avec l'agnosticisme métaphysique et religieux. Il est pourtant très discutable de considérer Kant comme un penseur areligieux: Dieu joue non seulement un rôle central au cours de sa phase pré-critique, mais il continue à assurer un rôle-pivot dans les critiques. En tant qu'idée de la raison, il permet de penser l'unité de l'expérience et de fonder la morale. En particulier, Kant milite contre le naturalisme (Brigitte FALKENBURG, «Kants Naturalismus-Kritik», dans *Warum Kant heute?: systematische Bedeutung und Rezeption seiner Philosophie in der Gegenwart*, sous dir. D. H. HEIDEMANN, K. ENGELHARD, 2004, pp. 177-206).

33 «La volonté de croire», 1896, *La volonté de croire*, trad. L. MOULIN, 1918, p. 47.

autres, sur le mode religieux. Du coup, même l'agnostique le plus résolu ne peut se soustraire à sa dignité d'assumer une position religieuse – fût-ce l'indécision.

Il n'est alors pas paradoxal que l'agnosticisme puisse devenir partie intégrante d'une démarche consciemment religieuse. Certains penseurs juifs dissocient radicalement la croyance dans les dogmes traditionnels, et même dans l'existence de Dieu, de la pratique des rites religieux. Ainsi, Peter Lipton transfère l'empirisme constructif de Bas van Fraassen sur le terrain de la religion: le fidèle s'immerge dans l'univers narratif de sa tradition religieuse pour orienter sa pratique, sans qu'il affirme la vérité factuelle des récits et dogmes[34]. La «voie du milieu» du bouddhisme Mahâyâna, enseignée par Nagarjuna au deuxième siècle de notre ère, offre un exemple religieux particulièrement pur de la suspension du jugement. N'en citons que le verset qui ouvre son *Traité du milieu:*

> Où que ce soit, quelles qu'elles soient
> Les choses ne sont jamais produites
> A partir d'elles-mêmes, d'autres,
> Des deux ou sans cause[35].

Le «vide», terme technique bouddhique, signifie justement que les choses ne sont jamais comme une quelconque conception le prétendrait. L'abstinence de toute explication devient alors un moyen pour entrer en contact expérimental avec le «Tout-Autre», qui se soustrait à toute conceptualisation. Le scepticisme devient ainsi ouverture à l'expérience religieuse. A l'intérieur de la tradition chrétienne, des penseurs influencés par le néo-platonisme exaltent la docte ignorance comme degré suprême de la conscience religieuse. A la suite du pseudo-Denys l'Aréopagite (vers 500), ils défendent la théologie apophatique: il ne nous est pas permis de savoir qui est Dieu; seul nous reste à dire ce qu'il n'est pas.

34 «Science, religion and truth», Eddington memorial lecture, Cambridge, 20 février 2001.

35 NAGARJUNA, *Traité du milieu*, chap. I, 1, trad. G. DRIESSENS, 1995, p. 29. Pour la traduction du titre de l'ouvrage, *cf.* Jay L. GARFIELD, *The fundamental wisdom of the middle way: Nâgârjuna's Mûlamadhyamakakârikâ: translation and commentary,* 1995, p. 87; pour le concept du «vide», *cf. ibid.,* pp. 88s.

Ainsi, l'agnosticisme occupe, dans certaines approches du religieux, une place centrale. Certes, il n'est pas toujours aisé de distinguer un tel scepticisme «engagé» de cette autre variante qui cherche à se soustraire à une vision religieuse quelconque; car les deux renoncent à toute affirmation ontologique sur le transcendant. Il n'est alors pas exclu de voir la théologie négative aboutir, en fin de compte, à «l'athéisme formel»[36], même si elle maintient une *attitude* singulièrement différente devant le mystère de l'existence: au lieu de ce que le monde se dresse devant nous «dans un ‹juste là› russellien brut, dépourvu de sens, [...] l'existence vient à nous en pur cadeau[37].» Il est tentant de lire dans l'ambivalence même de l'agnosticisme un signe de son caractère foncièrement religieux: l'agnosticisme mystique ressemble-t-il peut-être si étrangement au scepticisme qui se prétend areligieux, puisque ce dernier n'échappe finalement pas non plus à la posture religieuse?

3. Le facteur religieux en (philosophie des) sciences – pièges à éviter

S'interroger sur les interactions entre religion et science n'est pas une préoccupation récente. De fait, elle remonte (au moins) à la naissance de la science moderne. L'affaire de Galilée n'est pas un incident isolé en ce sens: progressistes et défenseurs de la science aristotélicienne, croyants et sceptiques s'accordaient pour reconnaître que la nouvelle science devait s'articuler par rapport à la vision que la religion proposait du monde. Pour schématiser ce que furent des débats traversés de tensions et de détours inattendus, on peut dire que l'alliance, vieille de plus de 300 ans, entre aristotélisme et théologie chrétienne en constitua le point focal. Pour ceux qui l'acceptèrent, il fallait choisir entre la nouvelle science et la foi chrétienne; ceux qui la refusèrent ne rejetèrent pas pour autant l'idée selon laquelle l'activité scientifique avait une pertinence religieuse. Bien au contraire, les pères de la science moderne proposèrent couramment des

36 Claude BRUAIRE, «Au procès de Dieu», *Revue de Théologie et de Philosophie* IV, 1973, p. 292.

37 TURNER, *How to be an atheist*, p. 37.

comptes rendus intégrant religion et science[38]. On aurait tort de considérer que de telles synthèses seraient nées de la seule pression sociale, pour justifier le nouveau paradigme scientifique. Même si une part de rhétorique n'est pas à exclure, l'activité des chercheurs s'inscrivait dans une vision intégrée. Le fait que l'on parlait de «philosophie naturelle» et que le terme de science n'avait pas encore pris son sens moderne restrictif, n'est pas, à ce propos, une simple affaire de vocabulaire[39]. Ne pensons qu'à la célèbre déduction cartésienne de la conservation de la quantité de mouvement à partir de la constance de l'action divine[40]. Certes, tous n'acceptaient pas de faire aussi ouvertement appel à des considérations théologiques pour démontrer des thèses scientifiques; mais on était encore loin de revendiquer la dichotomie entre savoir et croire. Quand Newton écrit: «Je n'imagine point d'hypothèses», il n'exclut pas pour autant la théologie de la physique. De fait, la fameuse remarque est précédée de plusieurs pages au fil desquelles il explique sa conception de Dieu, activement présent dans le monde[41]. C'est justement la forte conviction qu'il a de la liberté du Créateur qui l'amène à rejeter la méthodologie cartésienne qu'il juge trop rationaliste. Au lieu d'imaginer des hypothèses, il faut se laisser guider par l'expérience; car «Dieu peut créer des particules de Matiere de differentes grosseurs & figures en differents nombres, [...] & peut-être même de differentes densités & de differentes forces; & diversifier par là les Loix de la Nature, & faire des Mondes de differentes especes en differentes parties de l'Univers[42].»

38 En ce qui concerne Galilée, Kepler, Boyle et Newton, on peut se reporter à L. JAEGER, *Pour une philosophie chrétienne des sciences,* 2000, pp. 21-36.

39 Margaret OSLER, «Mixing metaphors: science and religion or natural philosophy and theology in early modern Europe», *History of Science* XXXVI, 1998, pp. 91s.

40 *Principes de la philosophie*, 1681[4], § 36, *Œuvres de Descartes*, éd. C. ADAM, P. TANNERY, 1956-57, vol. IX-2, p. 84.

41 «Scholie général», *Principes mathématiques de la philosophie naturelle*, 1726, trad. Mme la Marquise du CHASTELLET, 1759, vol. II, pp. 175-179.

42 *Traité d'optique*, 1722, Livre III, qu. 31, pp. 491s. *Cf.* Edward B. DAVIS, «Newton's rejection of the ‹Newtonian world view›: the role of divine will in Newton's natural philosophy», *Science and Christian Belief* III, 1991, pp. 115-117.

Les physico-théologies du dix-septième peuvent paraître étrangères, voire étranges, quand on les compare à la pratique scientifique actuelle. Mais gardons-nous du mythe de la science «neutre». Comme le note Ernan McMullin:

> On pourrait être tenté de penser que les principes régulateurs de type métaphysique, au sens large, ne jouent plus de rôle dans les sciences naturelles. Pourtant, un simple moment de réflexion sur les débats actuels en matière de théorie des particules élémentaires, de théorie quantique des champs, de cosmologie, devrait nous prévenir que c'est loin d'être le cas. Il est vrai que les principes ne sont peut-être pas aussi ouvertement métaphysiques qu'ils l'étaient fréquemment à l'époque de Newton; mais la distinction relève du degré et non du genre[43].

On ne peut alors que saluer le regain d'intérêt (au moins dans la littérature anglophone) que les études des interactions entre science et religion rencontrent ces dernières années, après le tabou que le positivisme logique avait imposé. Ian Barbour proposa, dans ses *Gifford lectures* de 1989, une classification qui est devenue une référence pour de nombreux travaux dans ce champ d'investigation. Il distingue quatre types fondamentaux de la manière d'envisager et de vivre les rapports entre science et théologie: conflit, indépendance, dialogue et intégration[44]. Bien que de tels schémas soient souvent une aide précieuse pour s'orienter dans un domaine fort complexe, il convient d'y voir plutôt le point de départ que l'aboutissement de l'enquête. En particulier, toute classification des rapports possibles entre science et religion doit s'enrichir de l'étude détaillée de la pratique réelle des chercheurs engagés sur le «terrain».

Fort heureusement, des études historiques minutieuses ont été entreprises et permettent de voir non seulement ce que *doivent* être ces rapports, selon l'avis des scientifiques, épistémologues et théologiens, mais ce qu'ils *ont été*, à travers les différentes époques de la quête scientifique et de la réflexion épistémologique à son propos. Loin de conforter une image simpliste, «une érudition sérieuse en histoire des sciences a révélé un rapport si extraordinairement riche et complexe entre science et religion par le passé qu'il est difficile de soutenir des thèses générales. La vraie leçon s'avère être la complexité[45].» Il est alors bon de

43 *Newton on matter and activity*, 1978, p. 127.

44 *Religion in an age of science*, vol. 1, 1990, chap. I.

45 John H. BROOKE, *Science and religion: some historical perspectives*, 1991, p. 5.

reconnaître que les rapports entre science, épistémologie et religion sont aussi variés et multicolores que l'histoire de leurs influences réciproques est longue.

Des travaux récents se sont efforcés de décrire les éléments marquants du paysage complexe que forment les interactions de ces trois champs du savoir humain[46]. Ici, on peut donc se limiter aux aspects qui s'appliquent directement à notre étude de cas, à savoir le débat épistémologique sur la notion de loi. Commençons par énumérer quelques complications qui risquent d'entraver l'enquête, avant de baliser des chemins que l'on peut néanmoins espérer emprunter.

Une première difficulté, celle-ci fondamentale, a déjà été mentionnée: toute enquête sur les interactions entre science, épistémologie et religion dépend des conceptions que l'on a de ces divers domaines. Ce constat est vrai non seulement pour celui qui chercherait une définition «essentialiste», qui capterait la nature du domaine respectif, mais encore pour celui qui se contente – comme nous le faisons – de conceptions basées sur l'«air de famille», reconnaissant un faisceau de traits qui en constituent ensemble la physionomie. Certes, se concentrer sur le débat épistémologique contemporain facilite notre tâche: nous n'avons pas à tenir compte des changements que les concepts ont subi au cours du temps. Différentes époques tracent différemment les frontières entre les divers champs du savoir humain, de sorte que d'aucuns vont jusqu'à voir les catégories mêmes de science et de religion menacées d'anachronisme dans les études historiques, par exemple, du dix-septième[47].

46 Les travaux de John BROOKE, professeur émérite de science et religion à l'Université d'Oxford, fournissent une des contributions les plus précieuses; p. ex. «Religious belief and the natural sciences: mapping the historical landscape», dans *Facets of faith and science*, sous dir. VAN DER MEER, vol. I, pp. 1-26, et «Religious belief and the content of the sciences», dans BROOKE, OSLER, VAN DER MEER, pp. 3-28. *Cf.* les réponses de Stephen J. WYKSTRA, «Have worldviews shaped science?: a reply to Brooke», dans *Facets...*, sous dir. J. VAN DER MEER, vol. I, 1996, pp. 91-111, et «Religious beliefs, metaphysical beliefs, and historiography of science», dans BROOKE, OSLER, VAN DER MEER, pp. 29-46.

47 BROOKE, *Science and religion...*, pp. 7s, et «Religious belief and the natural sciences...», p. 3.

Mais il reste vrai qu'aucune étude de cas, aussi circonscrite qu'elle soit, n'est neutre par rapport aux conceptions des partenaires en dialogue. N'en donnons qu'un exemple: dans une étude mettant en perspective mécanique quantique, (néo-)kantisme et bouddhisme, Michel Bitbol opte pour une approche résolument pragmatiste, non conceptuelle, des divers champs d'investigation que constituent la science, la philosophie et la religion. Il propose de «considérer une théorie ou un système de pensée comme un opérateur interne à un réseau de pratiques, plutôt que comme un ensemble clos de vérités.» Il en découle une visée particulière, en ce qui concerne l'intégration recherchée entre les trois domaines:

> Dans cette perspective, établir une triple relation entre la physique moderne, une philosophie de la connaissance néokantienne, et la dialectique Madhyamaka n'implique pas qu'on essaie de mettre en évidence leur éventuel isomorphisme. Tout ce qu'il est question de montrer est qu'en tant qu'opérateurs locaux, ils s'accordent assez bien pour être articulés en un opérateur d'ordre supérieur prétendant à un domaine d'action global[48].

En comparaison à un tel projet, notre étude part consciemment d'une conception de la religion (et de la science) qui englobe la dimension ontologique. Certes, il est avantageux, pour une enquête portant sur plusieurs auteurs, d'avoir une vision pluridimensionnelle des champs de connaissance en question. On augmente ainsi la probabilité d'en capter les aspects que les auteurs respectifs valorisent. Mais l'ouverture d'esprit, nécessaire à la réussite de l'enquête, n'est pas la seule raison de ne pas tout miser sur les considérations pragmatiques. La différence de perspective renvoie à une profonde divergence entre la dialectique de la «voie du milieu» du bouddhisme et les confessions de foi chrétienne: alors que l'on peut lire celle-là comme une thérapie anti-métaphysique – «le médecin bouddhique est irrécupérable par quelque cosmo-théologie que ce soit[49]» –, celles-ci emploient sans détour des catégories portant sur l'être. Il est impossible qu'une divergence aussi fondamentale n'influence pas la mise en perspective des

48 «L'unité organique des opérateurs de connaissance: la mécanique quantique, Kant, et le Madhyamaka», dans *De la science à la philosophie: y a-t-il une unité de la connaissance?*, sous dir. M. Cazenave, 2005, p. 479; *cf.* «A cure for metaphysical illusions: Kant, quantum mechanics and the Madhyamaka», dans *Buddhism and science*, sous dir. B. A. Wallace, 2003, p. 334.

49 «L'unité organique des opérateurs de connaissance», p. 476.

rapports entre science, épistémologie et religion. Mieux vaut alors avouer cette dépendance que de se bercer dans l'illusion d'un point de vue de «nulle part». Ce qui compte avant tout, c'est de rendre explicite, autant que possible, la perspective adoptée. Par là, on peut espérer que des approches divergentes pourront néanmoins se féconder mutuellement.

La meilleure réponse à la première difficulté – dépendance par rapport aux conceptions adoptées de la religion et de la science – consiste donc, me semble-t-il, à l'endosser franchement (comme aiment dire nos amis philosophes anglophones: «to bite the bullet», à «prendre le taureau par les cornes»). Cette réponse n'invaliderait l'étude que si on était encore sous l'enchantement du mythe de neutralité. La deuxième difficulté doit au contraire nous inciter à la vigilance, pour ne pas y céder: quand on mène une enquête sur l'influence du facteur religieux, on peut facilement oublier l'influence qu'exercent d'autres paramètres et ainsi confondre choix méthodologique et description exhaustive du réel. Ce n'est pas parce que l'on a choisi de se concentrer sur un élément que l'influence des autres s'évanouirait. Alors que certains facteurs internes à la pratique scientifique – comme l'activité expérimentale – interviennent trop massivement pour que l'on soit tenté de les écarter, d'autres facteurs extra-scientifiques ne s'imposent pas avec la même évidence et l'on doit veiller à ce que la problématique choisie ne conduise pas à les éclipser.

Le remède le plus efficace devant cette difficulté est sans doute de se rappeler régulièrement que les convictions religieuses se trouvent au centre de l'étude non pas parce qu'elles seraient le seul facteur extra-scientifique, mais parce qu'elles constituent un élément parmi d'autres influences qui interviennent dans l'élaboration des concepts scientifiques. Il se révèle alors important d'être en mesure de pouvoir distinguer d'autres facteurs le rôle que joue l'engagement religieux du chercheur. Que l'on ne rêve pas de trouver des critères généraux qui permettraient d'opérer parfaitement la démarcation. Il convient plutôt de s'appliquer à discerner, dans chaque situation particulière, les parts qu'y prennent les différents éléments – l'esprit de finesse sait souvent mieux faire que ce que la (non-)disponibilité de règles explicites laisserait espérer[50].

50 Michael POLANYI, *Personal knowledge: towards a post-critical philosophy*, 1958, pp. 49ss.

Notons pourtant que l'interaction probable entre différents facteurs risque de compliquer la reconnaissance sélective de l'influence religieuse. Il est envisageable, par exemple, qu'un auteur adopte une certaine conception des lois pour des raisons sociologiques: supposons que dans son laboratoire, tous s'accordent pour rejeter l'existence d'universaux. Même si par ailleurs sa pratique religieuse (disons un catholicisme sous forte influence thomiste) ne l'y prédispose pas, il résistera alors à toute analyse des lois qui fait intervenir des universaux. L'appartenance à un groupe peut ainsi annuler l'influence que la religion pourrait exercer.

La troisième difficulté provient du choix de la problématique, qui ne met pas deux partenaires en face, mais trois: science, épistémologie et religion. D'une façon, c'est inévitable dès que l'on commence à s'intéresser aux rapports entre religion et science: l'épistémologie étant la réflexion systématique sur la science, elle ne pourrait manquer au rendez-vous quand on se met à penser les interactions entre ces deux disciplines. Il convient néanmoins de mesurer la distance d'avec la pratique scientifique «sur le terrain» qu'implique notre étude de cas. Notre objectif premier n'est pas d'examiner l'usage du concept de loi dans la pratique quotidienne des laboratoires. De fait, les auteurs examinés ici n'y participent pas directement.

Se pose donc la question de savoir dans quelle mesure les réflexions épistémologiques des divers auteurs sont en décalage par rapport à la réalité de l'activité scientifique. A plusieurs moments, l'enquête s'intéressera à la distance que peut introduire la systématisation épistémologique, par rapport à la science des laboratoires. Les conclusions auxquelles l'étude aboutira devront alors être qualifiées en fonction de la distance constatée et ne pourront pas avoir la prétention de s'appliquer en toute généralité aux rapports entre religion et «science». Mais la plupart du temps, l'investigation comparera la religion d'un côté, à la science et à l'épistémologie de l'autre, sans ignorer que le deuxième partenaire de dialogue se décline de fait en plusieurs dimensions d'abstraction. De toute manière, comme les constructions théoriques font partie intégrante de l'activité du scientifique, aucune science n'est totalement exempte de composante épistémologique, même si la proportion en est variable. D'ailleurs, la complexité interne de la religion n'est certainement guère moindre: ce concept englobe, comme nous l'avons vu, pratiques, attitudes et affirmations métaphysiques, dont certaines portent justement sur la pratique religieuse – en analogie avec les constats épistémologiques quant à l'activité scientifique.

La quatrième difficulté surgit quand on prend au sérieux les différences qui permettent de distinguer les discours scientifique, épistémologique et religieux: ne sont-elles pas trop prononcées pour établir des liens judicieux entre ces différentes approches? On admettrait éventuellement que les convictions religieuses facilitent ou compliquent l'élaboration de nouvelles théories scientifiques. Mais elles y interviendraient de manière anecdotique et n'appartiendraient pas à la méthodologie scientifique en tant que telle. Les rapprochements entre les différents domaines se joueraient dans la biographie de l'individu, mais n'auraient pas de pertinence conceptuelle.

Une stratégie de réponse en deux temps est la plus apte à surmonter cette quatrième difficulté. D'abord il s'agit de résister au cloisonnement des divers modes d'existence humaine, qui lui est sous-jacent. Ces modes se rencontrent dans la conscience individuelle et la pratique communautaire. Exiger une séparation radicale reviendrait à élever la schizophrénie en idéal épistémologique. Tenir en particulier le soi-disant contexte de découverte comme impertinent quant à la justification des théories scientifiques, revient à prolonger de fausses dichotomies positivistes. Dans un deuxième temps, il est nécessaire de préciser comment des «jeux de langage» distincts peuvent renvoyer l'un à l'autre, sans que leur distinction s'en voie niée. Pour y parvenir, il faudra élaborer des modèles d'interaction qui dépassent les simples relations d'implication logique. Comme l'observe Mary Hesse, «ceux (à l'instar des philosophes) dont le travail est logique et argument sont trop enclins à négliger le fait qu'il peut y avoir de très importants liens tendanciels ou plausibles entre des idées, qui sont moins qu'une implication stricte, mais qui influencent fortement la pensée et qu'on n'exorcise pas simplement en faisant remarquer qu'elles ne sont pas logiquement concluantes[51].»

Plusieurs voies s'offrent à nous pour accomplir cette tâche. Nous y reviendrons bientôt, une fois finie la revue des principaux obstacles sur notre chemin. Mentionnons pourtant tout de suite deux pistes, la première

51 «Reductionism in the sciences: some reflections on part 1», dans *Reductionism in academic disciplines*, sous dir. A. R. PEACOCKE, 1985, p. 108.

puisque nous ne nous y attarderons pas, la deuxième puisqu'elle pose un problème particulier. La première prend son origine dans une réflexion sur les métaphores. Comme tout domaine discursif, la science et avec elle l'épistémologie, les emploie abondamment. D'ailleurs, l'expression «lois de la nature» en est un exemple, car il est plus que vraisemblable qu'elle soit née d'un transfert des domaines juridique et/ou théologique vers la description des phénomènes naturels. Alors qu'une conception courante ne voit dans la métaphore qu'une simple figure de style, ou encore une astuce que mettent les langues naturelles en œuvre pour pallier au manque de mots, plusieurs auteurs considèrent que le procédé de transfert transporte un réel contenu cognitif[52]. S'il est ainsi, le contenu même des sciences se voit infléchi de l'emploi de nombreuses expressions ayant pris leur origine dans un contexte religieux. L'emploi de métaphores dans un domaine, pris dans un autre, permet alors d'établir des ponts entre les deux[53].

Une deuxième piste, pour mettre en perspective religion et science, passe par la notion de *Weltanschauung*. On cherche, par ce biais, à dépasser l'attitude concordiste (ou encore conflictuelle) qui se concentre sur la question de savoir si les résultats scientifiques s'accordent ou s'opposent aux convictions religieuses. Même s'il ne peut pas s'agir d'écarter cette dernière question avant d'en avoir instruit le dossier, il faut reconnaître qu'elle ne peut capter qu'un aspect très restreint des rapports entre science, épistémologie et religion. De fait, elle se montre trop limitée dès que l'on se rend compte que les théories scientifiques sous-déterminent les croyances religieuses et vice-versa, de sorte qu'une théorie donnée peut s'accorder avec tout un éventail de convictions religieuses, si l'on se borne à en exiger la simple compatibilité. Thomas Huxley (1825-1895), peu enclin par ailleurs à défendre la foi chrétienne, faisait remarquer que sa

52 Mary HESSE, «The explanatory function of metaphor», dans *Logic, methodology and philosophy of science*, sous dir. Y. BAR-HILLEL, 1965, pp. 249-259, et «The cognitive claims of metaphor», *Journal of Speculative Philosophy* II, 1988, pp. 1-16; Janet M. SOSKICE, *Metaphors and theological language*, 1985, *passim*.

53 OSLER, pp. 101-107; *cf.* Wolfhart PANNENBERG, «God and nature», *Toward a theology of nature: essays on science and faith*, 1993, p. 65. Jitse VAN DER MEER, «The engagement of religion and biology: a case study in the mediating role of metaphor in the sociobiology of Lumsden and Wilson», *Biology and Philosophy* XV, 2000, pp. 669-698, met en œuvre cette approche dans une étude de cas biologique.

psychologie épiphénoménaliste[54] était compatible avec (une certaine forme de) la théologie chrétienne. Il invoqua en particulier la doctrine de la prédestination pour affirmer que l'orthodoxie pouvait s'accorder avec l'idée que les hommes soient des «automates conscients»[55].

La médiation par le biais de la vision du monde permet d'élargir les modes d'interaction que l'on prend en compte entre différents champs de connaissance[56]. Nous verrons sous peu sous quelles formes cette médiation peut se jouer. Mais avant de construire positivement un compte rendu, il est nécessaire de s'apercevoir des problèmes spécifiques que pose le recours aux «visions du monde». Le terme, ou plutôt son équivalent allemand *Weltanschauung*, fut très certainement forgé par Kant dans sa *Critique de la faculté de juger.* Bien qu'apparemment, Kant ne l'ait utilisé qu'une seule fois[57], l'expression devint rapidement un terme clé pour tous ceux qui s'attachaient à faire ressortir le rôle de «l'ensemble des croyances qui sont à la base de toute pensée et de toute action humaine et qui les façonnent[58].» Quand Thomas Kuhn mettait l'accent sur les «paradigmes», déterminant l'activité scientifique à une époque donnée, on peut y lire un triomphe à retardement du kantisme sur le positivisme logique. Peter Lipton qualifie alors Kuhn de «Kant-sur-des-roues[59]», car contrairement au kantisme originel, les paradigmes kuhniens ne sont pas *a priori* et changent avec le temps.

54 Cette conception considère que les états psychologiques sont un «épiphénomène» des états physiologiques, c'est-à-dire que les premiers accompagnent toujours les seconds, sans contribuer d'aucune façon à leur apparition et leur évolution.

55 DIXON, p. 322.

56 La démarche d'Ernan MCMULLIN en présente un exemple particulièrement net: il considère que les convictions théologiques n'interviennent pas sur le plan des données «scientifiques», bien qu'elles jouent un rôle dans la construction d'une vision du monde plus large, dont la science est *un* élément constitutif («Evolution and special creation», *Zygon* XXVIII, 1993, p. 304).

57 David K. NAUGLE, *Worldview: the history of a concept*, 2002, pp. 58s. Le passage en question se trouve dans la *Critique de la faculté de juger,* 1790, livre II, § 26, trad. A. RENAUT, 1995, p. 236 (*Akademieausgabe*, vol. V, p. 255, ligne 2).

58 Peter HESLAM, *Creating a Christian worldview: Abraham's Kuyper's Lectures on Calvinism*, 1998, pp. 88s. *Cf.* James OLTHUIS, «On worldviews», *Christian Scholar's Review* XIV, 1985, p. 153, n. 3.

59 Cours «Philosophy of Science», Université de Cambridge, 10 mars 2000.

Depuis, des voix se sont pourtant levées pour critiquer l'utilisation des *Weltanschauungen*, sous quelque forme précise que ce soit. Les critiques s'alimentent principalement de deux sources, dont les orientations sont presque diamétralement opposées: d'un côté, on résiste au relativisme qui a souvent marqué ceux qui mettaient en œuvre l'idée de vision du monde. Il suffit de se rappeler, à ce propos, les interminables discussions pour savoir dans quel sens on pouvait admettre que les paradigmes kuhniens soient «incommensurables». De l'autre côté, on en est venu à se méfier du caractère englobant d'une *Weltanschauung*. Le vocable à la mode «post»-moderne sert à évoquer la suspicion que rencontre de nos jours tout schéma à prétention universelle. Frederick Suppe remarque ainsi laconiquement: «Aujourd'hui, les vues basées sur les *Weltanschauungen* [...] ne sont plus moribondes. Ce sont des artefacts dans le musée de l'histoire de l'épistémologie[60].»

Nous aurons intérêt à prendre à cœur ces mises en cause sévères du recours aux visions du monde. Notre discernement sera faussé si nous nous appuyons, pour saisir les rapports entre science et religion, sur des conceptions trop inadéquates. Gardons pourtant notre sang-froid tant vis-à-vis de ceux qui brandissent la menace du relativisme que face aux pressions de l'ultramodernité. En ce qui concerne les premiers, il peut suffire pour l'instant de souligner que le relativisme n'est *pas* une conséquence inéluctable des *Weltanschauungen*. Il est possible d'accorder une place aux présupposés dans l'entreprise épistémique, sans verser dans le relativisme. En ce qui concerne les remises en cause «post»-modernes, rappelons d'abord que les grandes questions auxquelles une *Weltanschauung* cherche à répondre restent toujours d'actualité: Quelle est la réalité ultime? Quelle place l'homme occupe-t-il dans l'ensemble de ce qui existe? Comment articuler les différentes pratiques humaines? Comment orienter la vie en société? Ensuite, on doit faire justice à la forte pulsion humaine qui cherche à arriver à une vision intégrée de la réalité. Il est simplement inexact que nous nous satisfassions d'ordinaire d'une image du monde fortement morcelée. On doit s'attendre à ce que la tendance à construire un *système* de pensée soit encore plus forte chez les épistémologues,

60 «Evaluation of models for interaction between metaphysical beliefs and the natural sciences: the post-*Weltanschauungen* era», dans *Facets...*, sous dir. VAN DER MEER, vol. I, p. 269.

car ils sont justement portés vers des disciplines (la science et la philosophie) qui se caractérisent par l'effort de réflexion structurée. Il serait alors étonnant que les quatre auteurs choisis pour notre étude de cas échappent à la règle.

En même temps, on manquerait de lucidité si on voulait nier que la pensée de chacun soit traversée d'incohérences plus ou moins amples. Ces incohérences restent souvent inconscientes. En ce qui concerne les lois de la nature, on peut par exemple envisager le cas où un auteur choisit une certaine position en imitant un autre philosophe, sans se rendre compte que ce choix l'entraîne dans un conflit avec ses convictions plus fondamentales, philosophiques et/ou religieuses. Mais il y a également des contextes dans lesquels on peut volontairement maintenir des incohérences. Tel est par exemple le cas lorsqu'un auteur s'attache fortement à certaines convictions religieuses qu'il sait pourtant incompatibles avec les données scientifiques. Une telle attitude n'est pas nécessairement irrationnelle, s'il a de bonnes raisons pour maintenir son engagement religieux ou encore s'il possède des indices qui suggèrent la fragilité de ses connaissances scientifiques.

Une source très différente d'incohérence volontaire entre en jeu quand un auteur cherche à dissimuler ses convictions personnelles. Par le passé, la pression sociale portait à taire d'éventuelles vues hétérodoxes, voire athées. Les vues anti-trinitaires de Newton, qui apparaissent clairement dans ses manuscrits privés, en fournissent un exemple célèbre; le savant réussissait à rester «fellow» du Trinity College de l'Université de Cambridge, position qui demandait l'adhésion à la foi anglicane[61]. De nos jours, l'ambiance intellectuelle générale rend la plupart des scientifiques et philosophes réticents à parler de leurs croyances religieuses. Non seulement cette retenue rend souvent difficile l'obtention de renseignements

61 BROOKE, «Religious belief and the content of the sciences», dans BROOKE, OSLER, VAN DER MEER, p. 27, qui renvoie à Stephen D. SNOEBELEN, «Newton as heretic: the strategies of a Nicodemite», *British Journal for the History of Science* XXXII, 1999, pp. 381-419. Plusieurs antagonistes dans le développement de la théorie de l'évolution mettaient en œuvre une tactique comparable (BROOKE, «Religious belief and the content of the sciences», p. 21, pour Robert Chambers et Charles Darwin).

fiables et suffisamment étoffés sur leur pratique religieuse, mais encore des chercheurs peuvent taire des influences religieuses sur leurs idées épistémologiques, alors qu'ils en sont conscients.

Il ne peut exister de stratégie globale qui nous mettrait à l'abri contre des difficultés qu'introduisent les incohérences – conscientes ou non. Mais il s'avère utile de se souvenir qu'en toute vraisemblance, aucune corrélation rigide n'existe entre les convictions religieuses d'un auteur et son approche des lois de la nature. Ainsi on évitera des simplifications qui ne pourraient que fausser l'enquête. Face à la complexité, la combinaison de deux stratégies paraît l'approche la plus prometteuse: d'un côté, il convient de faire appel aux affirmations explicites d'un auteur quant aux influences mutuelles entre science, religion et épistémologie. De cette manière, on évitera des rapprochements gratuits, qui partiraient de similitudes superficielles, mais n'auraient pas informé la pensée de l'auteur en profondeur[62]. De l'autre côté, on ne peut pas faire l'économie d'une analyse *conceptuelle.* Car il n'est pas à exclure qu'à certains moments, nous comprenions mieux la pensée d'un auteur qu'il la comprend lui-même: on n'est pas toujours le mieux placé pour remarquer les intégrations réussies et les zones de tensions dans sa propre conception du monde. Bien entendu, il faut veiller à ce que l'emploi de catégories étrangères à l'univers de pensée de l'auteur n'en déforme pas l'interprétation. La «présomption d'innocence» nous conduit à privilégier les grilles de lecture qui permettent de donner de la pensée d'autrui une image cohérente et en accord avec ses affirmations explicites sur les rapports entre différents domaines du savoir. Mais il ne s'agit que d'une présomption; nous devons maintenir la liberté de vérifier par nous-mêmes si la réalité de l'action d'un auteur s'accorde véritablement avec son projet. A certains moments de l'enquête, nous serons ainsi amenés à interpréter certains aspects de son œuvre à rebrousse-poil de ses déclarations d'intention.

Ces réflexions nous amènent à adopter de la *Weltanschauung* une conception moins monolithique, moins englobante que certains emplois ont pu le suggérer par le passé. La vision du monde, dans des cas concrets,

62 Pour établir un lien causal, une simple similitude entre une conception scientifique et une vue religieuse ne suffit pas – même quand l'auteur la constate lui-même (BROOKE, «Religious belief and the content of the sciences», pp. 25s, pour un parallèle entre christologie arienne et théorie de la gravitation chez Newton).

peut comporter des zones de friction, voire être fragmentaire: il n'est pas à exclure qu'un penseur applique des principes régulateurs conflictuels dans différents domaines. Le concept garde pourtant sa pertinence pour rendre compte du rôle de présupposés implicites, voire inconscients, dans la réception de tout «fait». Même partielles et incohérentes, les visions du monde restent un outil précieux pour articuler les interactions entre religion, épistémologie et science[63].

4. Le facteur religieux en (philosophie des) sciences – chemins à emprunter

Ne nous laissons pas décourager: même s'il est important d'être conscient des rapports différenciés entre science, épistémologie et religion, il est possible d'indiquer des pistes qui en permettent une approche au moins partiellement systématique. Certes, l'exploration des quatre auteurs témoins suivra une méthodologie que l'on pourrait qualifier à prédominance «empirique»: sans poser à l'avance des convictions très fermes sur les possibles, et encore moins sur les «bons» rapports entre ces trois champs du savoir, nous tâcherons de découvrir et de décrire au plus près, dans chaque cas, la physionomie des rapports entre science, épistémologie et religion. Les réflexions qui précèdent font attendre des interactions complexes – trop complexes pour espérer les capter dans des modèles simples. En particulier, il n'est certainement pas suffisant de chercher à *définir* le propre de ces trois activités humaines, pour en déduire leurs interactions. On doit instruire des cas concrets, si l'on veut approfondir la compréhension des rapports existants.

63 Certains auteurs distinguent entre «vision du monde» et «image du monde», le premier terme désignant les croyances fondamentales sur l'ensemble de la réalité, le deuxième les conceptions qui concernent plus spécifiquement les structures du monde physique (Howard J. VAN TILL, Robert E. SNOW, John H. STEK, Davis A. YOUNG, *Portraits of creation: biblical and scientific perspectives on the world's formation*, 1990, p. 15, n. 3, en suivant HOOYKAAS, p. 16). J'emploie pourtant les deux termes comme synonymes, en reconnaissant qu'une vision du monde comporte en général plusieurs niveaux dont la généralité varie.

En même temps, des principes directeurs sont nécessaires pour nous guider dans notre recherche. Une étude empirique qui essaierait de procéder sans aucune présupposition théorique se paralyserait par là-même. Il faut savoir où regarder pour voir quoi que ce soit. Face à une épistémologie unilatéralement empiriste, Karl Popper (1902-1994) soulignait déjà le rôle irremplaçable de convictions théoriques fournissant le cadre à l'investigation scientifique. Depuis, la prise de conscience n'est allée qu'en s'accentuant[64]. Certes, de telles présuppositions restent, au moins jusqu'à un certain point, ouvertes à la révision; le progrès de l'enquête peut les remettre en cause. L'(in-)fécondité servira plus spécialement de critère pour déterminer leur pertinence. Il n'en est pas moins vrai qu'une étude empirique ne peut faire l'économie de l'effort qui vise à structurer le champ de l'enquête.

De nouveau, on ne doit pas se faire d'illusions: de telles présuppositions dépendent à leur tour de la vision du monde plus large que l'on adopte. N'en rappelons que l'exemple déjà mentionné de l'étude des interactions possibles entre bouddhisme, kantisme et mécanique quantique: la visée anti-métaphysique d'une certaine forme de bouddhisme, ainsi que d'une certaine interprétation de la mécanique quantique, a des répercussions notables sur les contours du rapprochement recherché[65]. De fait, la science et la religion sont des éléments si constitutifs d'une image du monde, qu'il ne peut en être autrement. L'enquête se révèle alors partiellement circulaire: la vision que l'on a de la science, de l'épistémologie et de la religion influence ce que l'on s'attend à trouver quant à leurs interactions, ce qui influence à son tour la conception que l'on adopte de ces différents champs de connaissance. Mais cercle ne signifie pas – en tout cas pas toujours – cercle vicieux. L'étude qui suivra aura à le démontrer. Pour réussir cette tâche, il vaut mieux rendre explicites, autant que possible, les stratégies d'enquête mises en œuvre: se rendre compte des présuppositions formant le cadre de l'investigation est le premier pas vers leur dépassement, si celui-ci se révélait opportun.

64 Alan F. CHALMERS, *Qu'est-ce que la science? Récents développements en philosophie des sciences: Popper, Kuhn, Lakatos, Feyerabend*, 1987, chap. 3.

65 BITBOL, «L'unité organique des opérateurs de connaissance», p. 479 (cité ci-dessus p. 35).

En accord avec l'accent (non exclusif!) mis sur l'analyse conceptuelle, la méthodologie mise en œuvre ici s'intéresse en particulier à l'influence des convictions religieuses sur les conceptions scientifiques, en l'occurrence le concept de loi de la nature. Elle part de la conviction augustinienne que la foi sous-tend toute entreprise de connaissance – selon le célèbre leitmotiv de l'évêque d'Hippone: *nisi credideritis, non intelligetis* – «si vous ne croyez pas d'abord, vous ne pourrez pas comprendre.» Cette intuition augustinienne a ensuite été élaborée dans les travaux de ce que l'on en est venu à nommer le courant de pensée «néo-calviniste». Partant du rôle fondateur de la foi, ce renouveau de la pensée réformée cherche à rendre celle-ci fructueuse pour les diverses sphères de la société. Le champ étendu des activités du principal instigateur de ce mouvement, Abraham Kuyper (1837-1920), reste paradigmatique à ce propos: il fut non seulement pasteur et professeur de théologie, mais encore journaliste, fondateur de l'Université libre d'Amsterdam et premier ministre des Pays-Bas[66].

On peut dire que les développements épistémologiques dans la deuxième partie du vingtième siècle ont confirmé l'intuition augustinienne. Le deuxième Wittgenstein avait déjà souligné le soubassement pragmatique qui sous-tend toute pratique argumentative; car «toute confirmation ou infirmation prennent déjà place à l'intérieur d'un système. Et assurément ce système n'est pas un point de départ plus ou moins arbitraire ou douteux pour tous nos arguments; au contraire il appartient à l'essence de ce que nous appelons un argument. Le système n'est pas tant le point de départ des arguments que leur milieu vital [*Lebenselement*][67].» D'où l'importance, dans l'élaboration de mon savoir, de ce que je reçois d'autrui: «Apprendre repose naturellement sur croire[68].» Les travaux de Michael Polanyi ont préparé la voie, au milieu du siècle, au dépassement de la dichotomie entre savoir (science) et croire (morale, arts, religion), grâce à la reconnaissance de l'engagement personnel du sujet humain dans tout acte de connaissance[69].

66 HESLAM, chap. 3.

67 *De la certitude*, § 105, trad. de l'all. J. FAUVE, 1976, p. 51; *cf.* § 343, p. 89: «Si je veux que la porte tourne, il faut que les gonds soient fixes.»

68 *Ibid.*, § 170, p. 63.

69 Michael POLANYI, «Faith and reason», *Journal of Religion* XLI, 1961, pp. 244s; *Personal knowledge*, 1958, p. 286. On doit pourtant se demander si Polanyi, dans sa propre conception de la religion, a su éviter la dichotomie que dénonce la visée première de sa théorie de la connaissance (JAEGER, *Croire et connaître*, pp. 68-72).

A partir des années 1960, des travaux d'historiens de la science – n'en mentionnons que Kuhn – ont définitivement sonné le glas de toute épistémologie qui voudrait nier l'influence de présuppositions générales, dépassant le strict cadre d'hypothèses scientifiques singulières.

Parmi les différentes propositions d'épistémologie post-positiviste, le «triple réseau de justification» de Larry Laudan, faisant interagir théories, méthodes et buts cognitifs, me paraît des plus pertinents, pour développer un modèle du rôle des convictions religieuses en science et dans la réflexion philosophique à son propos. Comparé à des modèles de justification plus hiérarchisés, celui de Laudan admet des interactions mutuelles entre les différents niveaux et fournit ainsi une image plus riche et nuancée du rôle qu'assument les valeurs générales dans l'activité scientifique.

Laudan développe son modèle en prolongement de ce qu'il appelle le «modèle hiérarchique de justification», dont il tient Popper, Carl Hempel (1905-1997) et Hans Reichenbach (1891-1953) pour les principaux représentants. Dans ce modèle plus ancien, trois niveaux sont distingués: faits, méthodes et valeurs. Si au cours de l'exercice de la science, un désaccord se creuse à un niveau, le modèle stipule que les scientifiques font appel au niveau supérieur. Ainsi, une divergence quant à l'évaluation des faits peut se résoudre en faisant intervenir des réflexions méthodologiques; de même, un désaccord concernant les méthodes à mettre en œuvre nécessite, pour sa résolution, le recours aux valeurs[70].

Aussi utile que soit ce modèle en tant que point de départ pour réfléchir sur la pratique scientifique, il présente la faiblesse de n'admettre que les influences à sens unique, du niveau supérieur au niveau inférieur suivant. De la sorte, des désaccords sur le plan des valeurs ne semblent pas admettre de procédures rationnelles pour leur résolution[71]. Laudan fait pourtant remarquer que des contraintes rationnelles existent en ce qui concerne le niveau axiologique; de plus, de telles contraintes proviennent souvent des niveaux inférieurs. Ainsi, on s'accorde habituellement à bannir les «valeurs utopiques», c'est-à-dire les valeurs dont «nous n'avons pas la moindre idée sur la façon de mettre en pratique une quelconque action ou

70 Larry LAUDAN, *Science and values: the aims of science and their role in scientific debate*, 1984, pp. 23-27.

71 *Ibid.*, p. 41.

d'adopter une quelconque stratégie qui serait capable de les réaliser[72].» De même, nous refusons en général les valeurs dont nous savons qu'elles contredisent les meilleures de nos pratiques disponibles. Ainsi, autour de 1800, beaucoup de scientifiques abandonnèrent l'interdiction empiriste qui cherchait à exclure les entités inobservables des théories scientifiques. Ce changement épistémologique trouvait sa source principale dans le constat que diverses branches scientifiques avaient adopté des théories qui faisaient fi de cette restriction. «Cet épisode illustre combien l'existence d'un large accord sur les théories scientifiques que l'on reconnaît comme meilleures peut jouer un rôle déterminant dans la résolution des différences entre penseurs, quant aux buts que ceux-ci déclarent poursuivre[73].»

De même, quand des efforts prolongés ne réussissent pas à produire des théories scientifiques en accord avec une certaine valeur, on en conclut souvent qu'il vaut mieux renoncer à cette dernière[74].

Il est donc nécessaire d'abandonner la hiérarchisation trop rigide entre théories, méthodes et valeurs, si l'on veut s'approcher de la pratique scientifique, telle qu'elle est réellement vécue. C'est pourquoi Laudan propose son «triple réseau de justification», dans lequel les trois niveaux agissent mutuellement l'un sur l'autre: les théories imposent des contraintes aux méthodes et les méthodes doivent justifier les théories; les méthodes sont appelées à montrer que les valeurs soient réalistes et les valeurs doivent justifier les méthodes; enfin, on souhaite que les théories et les valeurs soient en harmonie les unes avec les autres[75].

72 *Ibid.,* p. 51. Laudan compte également parmi les valeurs utopiques des valeurs dont nous ne pouvons pas fournir de définition claire; la simplicité en est un cas notoire (p. 52). Polanyi offre pourtant un compte rendu qui explique comment de telles valeurs peuvent réguler l'activité scientifique, même si aucune définition explicite n'est disponible (*Personal knowledge*, pp. 6, 172, 307s).

73 Laudan renvoie en particulier aux théories gravitationnelle et chimique de George Lesage, aux théories neurophysiologiques de David Hartley et à la théorie de la matière de Roger Boscovitch (LAUDAN, pp. 57-59).

74 *Ibid.*, pp. 60s, en se référant en particulier à l'idéal d'«accessibilité conceptuelle», remis en cause par John Locke et Pierre Maupertuis, qui faisaient remarquer que l'action de contact cartésienne était un concept aussi obscur que la gravitation newtonienne.

75 *Ibid.*, p. 63, en particulier ill. 2.

Quand on cherche à élargir le modèle proposé par Laudan, pour y faire figurer explicitement les convictions religieuses[76], il est naturel de loger ces dernières au niveau axiologique. On les comprend ainsi comme un cas spécifique des valeurs, des principes les plus généraux qui orientent la recherche scientifique. La théorie de la connaissance polanyienne distinguait jadis entre conscience subsidiaire et conscience focale; cette distinction peut nous aider à comprendre comment les croyances religieuses peuvent contribuer effectivement à l'élaboration des conceptions scientifiques, sans y figurer explicitement la plupart du temps: dans l'acte de connaissance, nous nous «reposons sur» elles, tout en «appliquant notre effort à» décrire les phénomènes naturels[77].

Deux précisions s'imposent pourtant, si l'on cherche à obtenir sur cette voie un modèle qui décrive d'une manière adéquate le rôle de la religion en matière de conceptions scientifiques. Il convient d'abord de ne pas comprendre la désignation «axiologique» dans un sens restrictif; car il n'est pas acquis d'avance que l'apport de la religion qui intéresse dans le contexte de la science se réduise à la question des valeurs. Le compte rendu qui soustend notre étude résiste aux inclinations réductionnistes et accepte de la religion une conception multidimensionnelle. Quand on réfléchit à la manière dont religion et science s'influencent mutuellement, il serait hasardeux de n'en retenir que la dimension axiologique, au sens strict du terme. Dans la mesure où les théories scientifiques sont avant tout des constructions conceptuelles, la dimension ontologique de la religion pourrait se

76 Il me semble que l'inclusion des convictions religieuses constitue un réel élargissement du modèle de Laudan. Stephen J. WYKSTRA, «Should worldviews shape science?: toward an integrationist account of scientific theorizing», dans *Facets...*, sous dir. VAN DER MEER, vol. II, p. 166, n. 22, affirme que Laudan est le seul philosophe post-positiviste qui a étudié l'apport spécifique de la religion dans ce contexte. Les passages auxquels il renvoie restent pourtant très sommaires et appellent à être élaborés (Larry LAUDAN, *La dynamique de la science*, 1977, pp. 77-80, 227-229).

77 Dans le vocabulaire polanyien, «to rely on» et «to attend to»; *cf.* Christopher B. KAISER, «Scientific work and its theological dimensions: toward a theology of natural science», dans *Facets...*, sous dir. VAN DER MEER, vol. I, p. 232. Cette application constitue une adaptation de la théorie de la connaissance polanyienne. Car dans sa proposition originelle, la conscience subsidiaire concerne les détails (p. ex. les perceptions individuelles) intégrés, dans la conscience focale, en une *gestalt* qui fait sens (JAEGER, *Croire et connaître*, pp. 29-31).

révéler importante et imposer des contraintes au niveau du contenu même des théories[78]. Ce rôle est certainement encore accentué du fait que notre étude ne se limite pas aux théories «au premier degré»: le concept de loi de la nature fait plutôt partie d'une couche interprétative surajoutée à leur fonction descriptive et prédictive première dans la pratique quotidienne des laboratoires. On doit alors s'attendre à ce que le contenu conceptuel d'une vision religieuse y intervienne plus sensiblement que dans la forme particulière que prend la formulation de telle ou telle loi.

Ensuite, il est probable qu'il faille maintenir une certaine hiérarchisation, pour rendre compte du rôle de la religion dans l'activité scientifique. Car les convictions religieuses ne constituent pas n'importe quel élément dans la vision qu'un individu a du monde. Par leur nature même, elles occupent une place particulièrement stratégique. Ce que nous croyons sur Dieu, sur la visée ultime de la vie humaine et sur les rapports que l'homme doit entretenir avec le divin influence notre façon d'être dans le monde, d'une manière plus fondamentale que, par exemple, si nous croyons que la théorie de la relativité fournit un outil adapté pour décrire l'espace-temps physique ou si l'induction est un procédé utile en science.

Bien entendu, il ne s'agit pas d'abandonner un des principaux avantages qui avaient recommandé le modèle de Laudan dans un premier temps: qu'il permette de tenir compte d'interactions réciproques. Il n'est pas suffisant de mettre au jour l'influence des convictions religieuses en science; il faut encore tenir compte du choc en retour des résultats et conceptions scientifiques sur la religion. De nombreuses biographies – de scientifiques professionnels et d'amateurs – comportent des traces de changements religieux opérés sous la pression de la science. Pour ne citer qu'une époque: d'aucuns abandonnèrent la foi chrétienne orthodoxe, face aux nouveaux paradigmes géologiques et biologiques du dix-neuvième siècle[79].

78 Ainsi les «créationnistes» américains actuels considèrent que les premiers chapitres de la Genèse contiennent des renseignements scientifiques. Peu importe ce que l'on pense du bien-fondé de cette lecture du texte sacré, leur exemple montre que l'on ne doit pas ignorer l'import conceptuel d'ordre religieux en science, si l'on se fixe comme objectif la description des interactions existant dans des cas concrets, entre ces domaines.

79 John H. BROOKE, «The history of science and religion: some Evangelical dimensions», dans *Evangelicals and science in historical perspective*, sous dir. D. N. LIVINGSTONE, D. G. HART, M. A. NOLL, 1999, p. 32-35.

L'impact religieux de la science peut aller, dans quelques cas, jusqu'à lui conférer un statut religieux propre: la science a joué et joue encore le rôle d'*ersatz* de la religion, pour certains individus ou même pour des communautés entières; ne pensons qu'au matérialisme «scientifique» que revendiquait le communisme ou encore à l'exploitation de la théorie de l'évolution dans certains systèmes racistes. Même si, dans de nombreux cas, il faut y voir – et dénoncer – la récupération idéologique de la science, il n'empêche que, dans la conscience individuelle et collective, la direction de l'influence exercée peut aller de la science à la religion. Bien entendu, l'usage «totalitaire» de la science n'est pas le seul possible, dans le domaine religieux. La restriction méthodologique de la science à des procédés d'investigation objectivants, ainsi que son ouverture principielle à la révision, peuvent amener à ne reconnaître dans la science qu'un accès partiel et provisoire à la réalité, et prédisposer ainsi une personne à accueillir favorablement l'expérience religieuse – l'empirisme constructif de van Fraassen en fournira un exemple[80]. Mais dans d'autres cas, le contact avec la science opère dans un sens diamétralement opposé; notre étude sera alors particulièrement attentive à l'éventuelle dimension religieuse dont les pratiques et résultats scientifiques peuvent être investis.

Il n'en reste pas moins vrai que la religion garde un pouvoir d'intégration et d'orientation existentielles qui semble bien supérieur à celui d'autres domaines de la vie humaine et qui, du coup, lui confère un statut privilégié quant aux interactions qui les lient entre eux. Les exemples d'influences en sens inverse ne constituent pas de contre-exemples à ce constat. Le rôle d'*ersatz* religieux qu'assume la science à certains moments se voit justement, entre autres, à la charge existentielle dont elle est investie. Dès que l'on reconnaît la particularité de la religion, au sein des autres pratiques humaines, on doit s'attendre à trouver des rapports asymétriques entre religion et science: les convictions religieuses, par leur nature même, fournissent les constituants ultimes de la vision du monde – même quand elles ont été informées au préalable par l'activité scientifique.

80 *Cf.* pp. 318-321 ci-dessous.

Ces précisions apportées – primo ne pas restreindre les convictions religieuses aux simples valeurs, secundo leur concéder un rôle «fondamental» – le «triple réseau de justification» que propose Laudan offre un modèle commode pour penser le rôle que peut jouer la religion dans la pratique scientifique. Bien entendu, nous n'avons accompli qu'un pas sur un chemin qui pourrait se révéler bien long et tortueux. Car il reste encore à décrire quelles formes détaillées peuvent revêtir les interactions entre religion et (réflexion philosophique sur la) science. Néanmoins, étant donné la complexité des rapports que les études historiques ont mise en lumière, on ne peut que saluer le pas accompli. Celui qui souhaite aller plus loin ne doit sans doute pas s'attendre à progresser beaucoup plus dans la représentation *systématique* des interactions possibles. Il est plus probable que l'on ait à se contenter d'une liste non exhaustive de leurs diverses formes précises.

Ce n'est pas le but ici de dresser une carte aussi complète que possible des différentes formes d'interactions entre convictions religieuses et conceptions scientifiques. La tâche assignée est plus modeste: procéder à une étude de cas, en l'occurrence le débat épistémologique autour de la notion de loi. Certes, on peut espérer en tirer des conclusions plus générales, mais il faut toujours garder à l'esprit l'étendue limitée des données prises en compte. La limitation ne provient pas seulement de la concentration (inévitable) sur une thématique particulière; mais encore la problématique et la méthodologie choisies orientent, comme nous l'avons déjà remarqué, l'attention vers la dimension conceptuelle des interactions entre religion, épistémologie et science. Là encore, on ne doit pas regretter le choix d'une optique spécifique, qui seul rend possible l'étude détaillée. Comment espérer autrement aller au-delà des lapalissades et avancer dans la compréhension des rapports complexes entre les différents domaines de la connaissance?

Restriction méthodologique n'équivaut pourtant pas à prétention réductionniste. L'attention particulière que l'étude porte aux *convictions* religieuses ne signifie donc pas que les autres aspects des interactions soient tenus pour non pertinents. Quand cela s'avère possible, ils seront pris en compte. De cette façon, l'examen d'un des épistémologues témoins donnera une place de choix aux *attitudes:* en accord avec son analyse de l'empirisme en termes de posture, Bas van Fraassen privilégie, dans son approche du religieux, la dimension d'engagement existentiel, par rapport au contenu conceptuel[81]. En ce qui concerne l'influence de la religion en tant que *pratique*, on peut tirer profit d'études historiques récentes, qui s'inspirent de l'intérêt grandissant qu'on porte à la pratique des scientifiques, au-delà des constructions théoriques auxquelles elle donne lieu. Ces études ont révélé des croisements multiformes et parfois inattendus. Il est assez connu que de nombreux défenseurs de la nouvelle science – Francis Bacon (1561-1626), Marin Mersenne (1588-1648) et Robert Boyle (1627-1691), pour n'en nommer que trois – inscrivaient l'approche expérimentale dans une vision religieuse: l'homme doit avoir recours à l'expérience, car sa raison limitée ne peut pas deviner *a priori* comment Dieu a fait le monde. De même, nombreux étaient ceux qui interprétaient en termes théologiques les idéaux comme l'élégance et la symétrie qu'ils cherchaient à mettre en œuvre dans leur recherche. Ainsi, quand Kepler réussit à déduire ce que l'on en est venu à appeler sa troisième loi, il confessa être «transporté dans une extase indicible devant le spectacle divin de l'harmonie céleste[82].» D'autres rapprochements surprennent peut-être davantage: ainsi, l'historiographie récente tend à faire ressortir la continuité entre la pratique exégétique quant aux prophéties bibliques et les recherches scientifiques chez Newton. Ou encore on observe des parallèles entre des pratiques de propagation d'idées religieuses et scientifiques[83]. De telles associations insolites nous avertissent de ce qu'il convient de ne pas trop légiférer en matière d'interactions entre science, épistémologie et religion: à l'image de la méthode expérimentale dans les sciences de la nature, il faut partir à la rencontre du «concret», pour progresser dans notre compréhension des liens entre les différents champs de connaissance. Il est alors temps de nous plonger dans l'examen des auteurs choisis, pour déceler quelles sont les relations entre science, épistémologie et religion mises en œuvre chez chacun d'eux.

81 «Against transcendental empiricism», dans *The question of hermeneutics: essays in honor of Joseph J. Kockelmans*, sous dir. T. J. Stapleton, 1994, p. 312; «Response: Haldane on the future of philosophy», *New Blackfriars* LXXX, 1999, pp. 180s. *Cf.* pp. 318-321 ci-dessous.

82 Brooke, «Religious belief and the content of the sciences», dans Brooke, Osler, van der Meer, pp. 7s.

83 *Ibid.*, pp. 9-12. Thomas Huxley appelait lui-même ses interventions en faveur du scientisme des «sermons laïcs» (*ibid.*, p. 12).

Chapitre 2

David Armstrong: les lois comme relations entre universaux

> […] comme le dit parfois Quine, l'homme vit de pain et de science naturelle.
>
> Sandra LAUGIER, *Du réel à l'ordinaire: quelle philosophie du langage aujourd'hui?*

1. Les universaux au secours des lois de la nature

Qu'est-ce qu'une loi de la nature? Pourquoi la nature lui «obéit»-elle? Telles sont les questions qui forment le point de départ de la réflexion philosophique sur ce concept. En s'inspirant de David Hume, certains épistémologues ont tenté d'apporter une réponse d'une simplicité trompeuse: Une loi est identique à une régularité universelle. Nombreuses sont les difficultés pour quiconque identifie ainsi l'essence d'une loi. La plus célèbre est certainement l'incapacité de cette approche à distinguer les lois des affirmations qui sont vraies par accident[1]: il est très probablement vrai que toutes les sphères d'or, passées, présentes et futures, ont un diamètre inférieur à un kilomètre – l'univers ne contient sans doute pas assez d'or, pour fabriquer une sphère aussi grande. Cette vérité accidentelle est pourtant à distinguer d'une autre affirmation générale de la même forme: toutes les sphères d'uranium ont un diamètre inférieur à un kilomètre. La raison en est cette fois-ci physique, ou nomologique, c'est-à-dire qui provient des lois de la nature; elle se trouve dans l'instabilité de cet élément. Quiconque identifie une loi simplement à une régularité universelle n'a

1 Peter LIPTON, «All else being equal», *Philosophy* LXXIV, 1999, p. 156, souligne qu'il faut comprendre ce terme au sens large. Alors que, par exemple, la généralisation que «tout article rédigé par Michael Redhead est incisif» n'est pas une loi (de la nature), il existe une raison pour sa vérité; elle ne relève pas du hasard.

pas de ressources à sa disposition pour faire justice à cette différence qui paraît, intuitivement au moins, s'imposer.

L'incapacité à distinguer entre régularités nomologiques et accidentelles n'est pas le seul handicap de la conception humienne[2] orthodoxe. D'autres difficultés existent et sont largement discutées dans la littérature. Elles trouvent, en fin de compte, leur origine commune dans le fait que l'identification simple entre lois et régularités universelles ne réussit pas à capter la force modale que contient le concept de loi. Une loi ne décrit pas des faits qui se produisent simplement, sans raison particulière, mais confère un certain caractère de nécessité aux événements – au moins telle est l'intuition irréductible de tous ceux qui refusent de suivre la simplicité humienne.

Face à ce constat, on peut chercher à améliorer l'approche humienne, sans pour autant en abandonner l'idée fondamentale: on comprend toujours une loi comme une régularité universelle, mais une régularité universelle d'un certain type. Deux grandes directions s'ouvrent alors pour un tel ajustement; toutes deux peuvent revendiquer Hume comme source d'inspiration[3]. Ceux qui choisissent une solution «subjectiviste» du problème considèrent que la différence entre une loi et une simple coïncidence à l'échelle cosmique réside dans notre attitude épistémique. Comme le formule Nelson Goodman: «Ce n'est pas parce qu'une proposition est une loi qu'on l'utilise pour effectuer une prédiction, mais c'est parce qu'elle est utilisée pour faire une prédiction qu'on l'appelle loi[4].» Ceux qui choisissent une solution «objectiviste» considèrent qu'une loi occupe une place particulière dans le système des régularités décrites par la science. Seule la deuxième voie offre une piste prometteuse pour les épistémologues à inclination réaliste[5]. Car quiconque cherche à fonder la pratique scientifique sur les traits du monde

2 Le qualificatif «humien» est utilisé sans souci historique; je ne tenterai pas de répondre à la question de savoir si Hume était humien lui-même.

3 John EARMAN, «Laws of nature: the empiricist challenge», dans *D.M. Armstrong*, sous dir. R. J. BOGDAN, 1984, p. 191.

4 *Faits, fictions et prédictions*, 1984, p. 43.

5 Le terme «réaliste» est d'une ambiguïté notoire. Il peut, de fait, désigner des positions pratiquement opposées l'une à l'autre. Il convient, en particulier, de distinguer son usage philosophique traditionnel – le réalisme à l'égard des universaux – du réalisme «scientifique», c'est-à-dire de la question de savoir si la science permet (ou au moins essaie d'élaborer) une représentation véridique du monde tel qu'il est en lui-même. Je n'ai pas su éviter d'employer le terme dans ces deux sens, en espérant que le contexte précise lequel retenir dans chaque cas.

ne peut accepter la première voie qu'à la condition que notre attitude épistémique trouve une base objective dans la nature même des régularités considérées. Mais pourquoi dès lors ne pas asseoir l'analyse du concept de loi directement sur ces caractéristiques des régularités elles-mêmes? David Lewis offre certainement la version la plus élaborée d'une théorie humienne modifiée dans cette direction. Sans anticiper sur la discussion de son approche dans le chapitre suivant, on doit reconnaître que beaucoup considèrent qu'il n'a pas réussi le pari d'une analyse humienne du concept de loi.

On peut donc s'attendre à ce que d'autres réalistes cherchent à réformer l'approche humienne de manière plus radicale. Le philosophe australien David Armstrong (né en 1926) a apporté au débat contemporain une version particulièrement remarquée. En étant venu à rejeter l'identification des lois aux régularités universelles peu après 1971[6], il a par la suite élaboré en détail l'idée que les lois de la nature puissent s'expliquer par des relations entre universaux[7]. Fred Dretske[8] et Michael Tooley[9] avancèrent, à peu près en même temps et indépendamment les uns des autres, des propositions similaires. L'accord entre penseurs d'arrière-plan assez différent n'a pu que conforter la conviction que les universaux peuvent apporter un secours précieux dans la compréhension des lois de la nature[10].

L'idée en elle-même n'est pas nouvelle. Dans un certain sens, Platon la suggère déjà dans le *Phédon*[11]: deux propriétés d'objets particuliers sont liées par une loi à cause d'une relation entre les universaux correspondants.

6 C. B. MARTIN, «Power for realists», dans *Ontology, causality and mind: essays in honour of D. M. Armstrond*, sous dir. J. BACON, K. CAMPBELL, L. REINHARDT, 1993, p. 176.

7 D'abord développé dans le dernier chapitre de son *Universals and scientific realism*, 1978, la conception des lois est thématisée dans *What is a law of nature?*, 1983. En plus de divers articles, Armstrong y revient dans les chapitres 15 et 16 de son *A world of states of affairs*, 1997. (Les publications d'Armstrong sont indiquées par leur titre, parfois abrégé, dans les renvois ultérieurs à l'intérieur de ce chapitre.)

8 «Laws of Nature», *Philosophy of Science* XLIV, 1977, pp. 248-268.

9 «The nature of laws», *Canadian Journal of Philosophy* VII, 1977, pp. 667-698. Le réalisme d'Armstrong est plus modéré que celui de Tooley; ce dernier admet l'existence d'universaux sans instances.

10 Armstrong fit la connaissance de Michael Tooley lors d'une conférence en Australie et découvrit à cette occasion la proximité de leurs comptes rendus respectifs (D. M. ARMSTRONG, «Self-profile», dans BOGDAN, p. 46, sans indication d'année).

11 102-107.

Aristote fait descendre, pour ainsi dire, sur la terre de l'univers matériel les universaux du ciel des idées: pour lui, leur existence se résume à leurs instances dans des objets particuliers. Mais l'idée fondamentale ne change pas: le comportement d'un objet provient de son essence, c'est-à-dire de la somme des propriétés qui font de lui le type d'objet qu'il est.

Armstrong part, dans son analyse du concept de loi, de la ferme conviction qu'il n'est pas suffisant de comprendre une loi de la nature comme une simple régularité. En fait, pratiquement la moitié de son *Qu'est-ce qu'une loi de la nature?* est consacrée à la critique de l'analyse humienne du concept. Pourtant, il ne jette pas le bébé avec l'eau du bain: il retient des humiens l'idée qu'une loi doit (*ceteris paribus*) impliquer la régularité. Contre les humiens, il considère pourtant qu'on ne peut se contenter de la régularité. Il faut, entre autres, trouver une certaine nécessité pour fonder le raisonnement inductif et pour que la loi puisse servir d'explication aux faits observés[12].

Certains comptes rendus du concept de loi se contentent de postuler une telle nécessité. Hélas, un tel postulat ne nous permet guère d'éclairer la nature de la nécessité impliquée[13]. Armstrong cherche donc à déduire la nécessité nomologique d'autres aspects de la réalité. On perçoit plus aisément la solution à envisager quand on se rend compte qu'un certain nombre des défauts de l'analyse humienne proviennent du fait qu'elle ne confère pas de cohésion suffisante aux faits constatés. Une loi, pour un humien, est la somme de ses instances. Du coup, elle n'explique ni ne fournit d'appui à l'encontre du scepticisme inductif[14]. Les lois sont pourtant, dans la rencontre du scientifique avec le monde, un principe unificateur important[15]. Cette visée d'unité n'a pas de place dans l'analyse

12 *What is a law of nature?*, pp. 40s, 52-59, 78, 102, 103s.

13 *Ibid.*, p. 87. Armstrong affirme en outre qu'une telle analyse n'aide pas à surmonter les paradoxes de la confirmation. L'argument ne me semble pas pertinent, dans la mesure où Armstrong utilise l'inférence matérielle pour construire les paradoxes de la confirmation dans le cadre de l'analyse nécessitariste (*ibid.*, p. 88) (comme il l'avait fait plus tôt pour l'analyse humienne, *ibid.*, pp. 41-46), alors qu'il emploie, sans autre justification, une notion d'inférence plus intuitive, pour laquelle les paradoxes de la confirmation ne se posent pas de la même manière, quand il les examine dans le contexte de sa propre théorie nomologique (*ibid.*, pp. 102s).

14 *Ibid.*, pp. 40s, 52ss.

15 *Cf. A world of states of affairs*, p. 266.

humienne. Armstrong ressuscite alors l'ancienne idée, qui fait appel aux universaux pour unir le multiple: «Pour que ce soit une loi que F soit G, il faut *nécessairement* que F soit G, dans un certain sens de ‹nécessaire›. Mais quelle est la base dans la réalité, le vérifacteur[16], la base ontologique d'une telle nécessité? Je propose qu'on ne puisse le trouver que dans *ce qu'est un F* et dans *ce qu'est un G*[17].»

Le noyau de la proposition d'Armstrong exerce un attrait certain: comment comprendre autrement qu'elle ait pu se maintenir à travers de nombreux siècles? On ne peut pas se contenter d'assembler les différentes occasions où une certaine régularité se manifeste. Ce n'est même pas suffisant de doter chaque succession entre cause et effet d'une nécessité particulière à chacune de ces occasions. Pour vaincre le scepticisme inductif et permettre l'affirmation de contrefactuels, il faut un lien de nécessité *collectif*, qui est en fait *le même* dans les diverses manifestations: «Car dans ce cas, et seulement dans ce cas, nous pouvons dire que *le fait d'être F* nécessite d'*être G* et, *pour cette raison*, chaque individuel F doit être un G. Mais cela revient à dire que la nécessité impliquée dans une loi de la nature est une relation entre des universaux[18].»

Armstrong ne se contente pas de formuler l'intuition attrayante qui inspirait déjà Platon dans le *Phédon;* il s'efforce de rendre intelligible le lien de nécessité nomologique qui unit des universaux. Conscient des critiques qui lui ont été adressées, il tente de construire soigneusement cette notion, dans son *Un monde d'états de choses*, en l'insérant dans le cadre plus large d'une ontologie d'états de choses[19]. L'hypothèse fondamentale de celle-ci est que «le monde, tout ce qu'il y a, c'est un monde d'états de choses.» Un état de choses consiste soit dans le fait qu'un objet particulier a une certaine propriété, soit dans une relation entre au moins deux

16 C'est-à-dire l'élément de la réalité en vertu duquel une proposition est vraie (*cf.* p. 112 ci-dessous); en anglais: «truthmaker». J.-M. Monnoyer propose comme autre traduction, moins précise: «facteur de vérité» (D. ARMSTRONG, «Vérifacteurs pour des vérités modales», trad. J.-M. MONNOYER, *Revue de métaphysique et de morale* IV, 2002, p. 491, n. du trad.; cet article est la première traduction en français d'un texte d'Armstrong: J.-M. MONNOYER, F. NEF, «Introduction», *Revue de métaphysique et de morale* IV, 2002, p. 449).

17 *What is a law of nature?*, p. 77.

18 *Ibid.*, p. 78.

19 *A world of states of affairs*, pp. 224-227. *Cf. What is a law of nature?*, pp. 86-99.

particuliers[20]. Armstrong part, pour construire le concept de loi, d'une succession entre deux états de choses. Il ajoute le lien de cause à effet (entre états de choses individuels)[21] – élément dont il maintient, contre Hume, qu'il peut être observé dans certaines situations particulièrement favorables, comme la pression ressentie par notre corps et la conscience des effets de nos actes volontaires[22].

Dans l'ontologie des états de choses, il est possible de décrire cette situation non plus en termes d'états de choses individuels, mais en termes de types d'états de choses: deux types d'états se suivent, un type d'états en entraîne un autre. La dernière étape de l'argument consiste à postuler une relation directe entre les deux types d'états[23]; cette relation est elle-même un état de choses de deuxième degré, liant entre eux les deux universaux qui représentent ces types d'états[24]. Armstrong considère que cet état de choses est lui-même un universel (complexe), qui assure la validité de la régularité universelle correspondant à la loi[25]. Comme Armstrong partage

20 *A world of states of affairs*, p. 1.

21 L'admission de relations causales singulières, propres à une succession particulière de cause à effet, corrige la théorie antérieure dans *What is a law of nature?*: «Cause et effet particuliers sont sujets à [...] des lois de la nature fortes. Mais la causalité n'est pas essentiellement nomologique. Cause et loi ne sont liées que *de facto*» (D. M. ARMSTRONG, Adrian HEATHCOTE, «Causes and laws», *Noûs* XXV, 1991, p. 66).

22 Evan FALES, *Causation and universals*, Londres, Routledge, 1990, chap. 1, cité dans *A world of states of affairs*, p. 212; D. M. ARMSTRONG, «Going through the open door again: counterfactual versus singularist theories of causation», dans *Reality and Humean supervenience: essays on the philosophy of David Lewis*, sous dir. G. PREYER, F. SIEBELT, 2001, pp. 171s. William James avait déjà argué que les relations, dont la causalité, sont données dans notre expérience immédiate (*Radical empiricism and a pluralistic universe*, 1912, Essay II, III, VI, cité dans *A world of states of affairs*, pp. 93s).

23 J'avoue ne pas bien saisir en quoi le postulat d'une relation entre les universaux constitue une étape à part, dans l'exposé d'Armstrong. Car comment comprendre qu'un *type* d'état en cause un autre, sans présupposer une telle relation?

24 L'universel n'est-il rien d'autre qu'un type d'états de choses? Armstrong lui-même hésite devant cette question (communication privée, 9 déc. 2004, Aix-en-Provence).

25 Dans *What is a law of nature?*, Armstrong avait limité la discussion à une relation entre deux propriétés (naturelles) affirmées du même objet, car il était enclin à penser que toutes les lois puissent être réduites à cette forme (pp. 153-155). Dans *A world of*

avec la tradition humienne le rejet de relations logiques entre entités distinctes[26], il émet l'hypothèse que les lois sont les seules relations irréductibles entre universaux[27].

2. Le naturalisme

Le compte rendu qu'Armstrong donne des lois de la nature s'inscrit dans une construction philosophique qui impressionne par l'ampleur des domaines qu'elle cherche à réunir en un système cohérent. Elle gagne sa cohésion des convictions naturalistes qu'Armstrong met en œuvre dans des branches philosophiques aussi variées que le sont l'ontologie, la philosophie de l'esprit, la philosophie de la connaissance et l'épistémologie[28]. On peut voir dans la résolution même de construire un système, dont témoignent abondamment ses écrits, une conséquence de son naturalisme à caractère réductionniste; la volonté d'aboutir à un système unifié y est inhérente. Ainsi Armstrong invoque, à l'encontre du dualisme cartésien, le dégoût de comptes rendus fragmentaires: «Personne, ou dans tous les cas,

---

states of affairs, il admet des formes de loi plus élaborées et du coup plus proches de la pratique scientifique. Il concède également que la notation adoptée dans le premier livre, pour désigner la loi – N(F,G) avec F et G comme propriétés – prête à confusion (*A world of states of affairs*, pp. 228s). Puisqu'il admet maintenant des lois liant des propriétés de particuliers différents, une loi de la forme N(F,F) devient possible; il s'agit d'un cas où la propriété d'un particulier cause la même propriété dans un autre (par exemple dans une part temporelle différente du même objet; *ibid.*). Dans *What is a law of nature?*, la relation de nécessitation est irréflexive, c'est-à-dire N(F,F) est exclu; mais il faut comprendre que là, N reliait les propriétés du *même* particulier (p. 156).

26 *Cf.* pourtant *A world of states of affairs*, p. 199, où il concède, comme exception, un lien logique entre la conjonction de plusieurs états de choses et leur totalité (considérée comme un état de choses d'un ordre plus élevé).

27 *What is a law of nature?*, p. 84.

28 Armstrong utilise des images frappantes pour évoquer le rôle structurant que le naturalisme occupe dans sa vision du monde: «Le naturalisme est comme mon club de football»; «le naturalisme obtient ma loyauté; il est mon ticket de loterie» (communication privée, 9 déc. 2004, Aix-en-Provence; confirmée dans un courriel du 23 janvier 2005).

aucun penseur systématique, n'aime réellement un dualisme. C'est une offense à l'esprit d'économie intellectuelle. C'est infiniment mieux si nous pouvons trouver un simple ensemble de principes qui puissent expliquer tous les phénomènes[29].»

Armstrong s'inscrit dans un courant que l'on en est venu à appeler le «matérialisme australien». Deux Anglais, travaillant dans le département de philosophie de l'Université d'Adelaïde, Ullin T. Place et John J. C. Smart, posèrent les jalons d'une combinaison de réalisme, de matérialisme et de naturalisme, qui caractérise un certain nombre de philosophes travaillant sur le cinquième continent[30]. Armstrong a fourni lui-même, à plusieurs reprises, une présentation concise des contours de son naturalisme[31]. Il se fonde sur une approche qu'il qualifie d'empiriste: le monde de notre espace-temps sert de base à la connaissance; la science (naturelle) constitue la voie royale pour y accéder[32]. La science elle-même se situe en prolongement du sens commun: Armstrong se réclame du philosophe britannique George E. Moore (1873-1958), qui préférait le sens commun aux raisonnements philosophiques, en cas de conflit[33].

29 *The mind-body-problem: an opinionated introduction*, 1999, p. 10; *cf. ibid.*, p. 77, et «Consciousness and causality», dans D. M. ARMSTRONG, Norman MALCOLM, *Consciousness and causality: a debate on the nature of mind*, 1984, p. 163.

30 D. M ARMSTRONG, «C. B. Martin, counterfactuals, causality, and conditionals», dans *Cause, mind, and reality: essays honoring C. B. Martin*, sous dir. J. HEIL, 1989, p. 7; Howard SANKEY, «Introduction», dans *Causation and laws of nature*, sous dir. H. SANKEY, 1999, p. xi.

31 «Naturalism, materialism and first philosophy», 1977, *The nature of mind*, 1980, pp. 149-165; *Universals and scientific realism*, chap. 12; «Metaphysics and supervenience», *Crítica* (Mexique) XLII, 1982, pp. 3-18; «Can a naturalist believe in universals?», dans *Science in reflection*, sous dir. E. ULLMANN-MARGALIT, *Boston Studies in the Philosophy of Science* CX, 1988, pp. 103-122; «A naturalist program: epistemology and ontology», Eleventh annual Romanell lecture on philosophical naturalism, *Proceedings and Addresses of The American Philosophical Association* LXXIII, 2, novembre 1999, pp. 77-89.

32 «The nature of mind», 1966, *The nature of mind*, pp. 1-4; «Epistemological foundations for a materialist theory of the mind», 1973, *ibid.*, pp. 38ss; «Naturalism, materialism and first philosophy», p. 150; «Metaphysics and supervenience», p. 3.

33 «Against ‹Ostrich› nominalism: a reply to Michael Devitt», *Pacific Philosophical Quarterly* LXI, 1980, p. 441; «Discussion: reply to van Fraassen», *Australasian Journal of Philosophy* LXVI, 1988, pp. 227s; *A world of states of affairs*, p. 5.

Mais le naturalisme ne se contente pas de reconnaître un monde extérieur, accessible à nos sens. La prédominance donnée à la science le pousse à postuler que rien d'autre n'existe: «Le monde, la totalité des entités, n'est rien de plus que le système spatio-temporel[34].» Ainsi sont exclues non seulement l'âme cartésienne et des divinités transcendant l'espace-temps, mais aussi l'interprétation de type platonicien des entités peuplant le discours théorique, comme les universaux, les nombres ou les mondes possibles. Même si Armstrong reconnaît que le naturalisme n'est pas prouvé, il pense qu'il constitue une thèse bien assurée, en fait mieux que la thèse d'après laquelle le monde se compose d'état de choses[35]. Celui qui cherche à fonder le monde contingent dans un être nécessaire poursuit trop loin la recherche d'explications[36]. Il invoque la théorie néo-darwinienne comme explication plausible de «l'impression dominante d'une intention et d'un but extérieurs que donnent les êtres vivants». De même, il espère que «le fait apparemment remarquable que notre localisation ait permis l'émergence de la vie pourra se justifier» de façon purement immanente; à ce propos, il renvoie à «des spéculations cosmologiques informées» qui cherchent à établir l'existence d'autres univers que le nôtre, ou plus exactement d'autres régions de l'espace-temps, aujourd'hui déconnectées de la nôtre et dans lesquelles les constantes fondamentales seraient différentes[37].

34 *A world of states of affairs*, p. 5.

35 *Ibid.*, p. 7. Sa position a-t-elle évolué? Dans *What is a law of nature?*, p. 9, publié 14 ans plus tôt, il considère que le réalisme est un postulat métaphysique plus plausible que l'«actualisme», c'est-à-dire le postulat d'après lequel seuls les propriétés et universaux, actualisés dans notre monde, existent. L'actualisme n'est qu'une autre formulation, à l'aide du langage des états de choses, du présupposé naturaliste.

36 *What is a law of nature?*, p. 159. Dans «Epistemological foundations for a materialist theory of the mind», pp. 38ss, Armstrong précise pourtant que, pour lui, aucune affirmation religieuse n'est certaine, même pas celle que Dieu n'existe pas.

37 *A world of states of affairs*, p. 7. Cette explication du principe anthropique repose, au fond, sur le principe de plénitude, qui avait dominé les théories modales d'Aristote jusqu'à Thomas d'Aquin: «Aucune possibilité véritable ne peut rester à toujours sans réalisation» (Simo KNUUTTILA, «Time and modality in scholasticism», dans *Reforging the great chain of being: studies of the history of modal theories*, sous dir. S. KNUUTTILA, 1981, p. 163, *cf.* p. 235), de sorte que notre univers, aussi peu probable qu'il puisse être, doit néanmoins exister. Sa simple *possibilité* sert ainsi à expliquer son *actualité*.

Il est important de comprendre qu'Armstrong tient le naturalisme pour une thèse reconnue comme vraie *a posteriori*. La thèse que rien d'autre n'existe que notre espace-temps n'est pas une posture que l'on adopte avant de s'engager dans l'examen scientifique du monde; elle découle plutôt de ce dernier. En défense du naturalisme, le philosophe australien «avance une unique, très puissante ligne d'argument qui constitue une difficulté pour» toutes les entités que d'aucuns postulent au-delà de l'espace-temps. Cet argument prend la forme d'un dilemme: d'un côté, il est difficile de concevoir comment de telles entités pourraient causer des effets dans notre monde; de l'autre, nous ne pouvons rien savoir sur elles si une telle interaction causale n'existe pas[38]. En ce qui concerne la première partie de l'argument, Armstrong n'ignore pas que certains ont pensé que ce qui se trouve au-delà de l'espace-temps influence les événements dans le monde sensible: dans le *Phédon*, les formes agissent comme des causes, Descartes postule une interaction entre âme et corps, et le troisième monde de Popper (les productions de l'esprit humain) influence le deuxième de la psychologie, qui à son tour agit sur le premier que les sciences de la nature décrivent[39]. De même, «par le passé, les penseurs religieux considéraient que Dieu intervenait librement dans l'univers spatio-temporel[40].»

Armstrong fait remarquer que de telles interactions soulèvent des difficultés conceptuelles, que leurs avocats ont parfois reconnues eux-mêmes (comme c'était le cas pour Descartes). Pourtant, ces difficultés conceptuelles ne sont pas décisives pour établir le naturalisme. Pour respecter le caractère *a posteriori* de son naturalisme, il doit chercher à s'appuyer sur la science: «Il me semble que le développement des sciences naturelles suggère très fortement que la Nature, le système spatio-temporel, *est un système causalement replié sur lui-même*. [...] Bien

38 «Naturalism, materialism and first philosophy», p. 152; pour un résumé de l'argument: «Metaphysics and supervenience», p. 4, n. 2.

39 Karl R. POPPER, *L'Univers irrésolu: plaidoyer pour l'indéterminisme*, 1984, pp. 93-97, 130-136.

40 «Naturalism, materialism and first philosophy», p. 153.

entendu, cette proposition ne peut pas être prouvée de façon absolue. Mais dans l'état actuel de la connaissance scientifique, elle a l'allure d'un pari prometteur[41].»

Armstrong ne précise pas davantage en quoi consistent les données scientifiques qui indiquent que rien en dehors de l'espace-temps n'y interfère. En le lisant, on a l'impression que cette conviction fait tellement partie de la vulgate dans son environnement intellectuel, qu'il n'éprouve pas le besoin de développer l'argument plus en détail. Etre convaincu du contraire semble faire cause commune avec les superstitions d'un âge préscientifique. Ainsi il affirme que «même ceux qui croient encore en un Dieu transcendant hésitent de plus en plus à croire qu'il agit sur la Nature de cette façon[42].» Il va sans dire qu'une telle affirmation n'est vraie qu'à l'intérieur d'une certaine communauté culturelle. Quand on élargit son regard à l'ensemble de l'humanité, il n'est certainement pas risqué d'affirmer que la majorité des croyants (et peut-être même des hommes tout court) continuent à croire à l'intervention de forces spirituelles dans la nature. Entendre Armstrong affirmer le contraire révèle à quel point sa stratégie argumentative s'inscrit dans un univers intellectuel donné. On peut alors parier que le contexte du matérialisme australien explique pourquoi Armstrong éprouve si peu le besoin d'approfondir en quoi la science montre qu'aucune influence causale extra-mondaine n'existe.

Une fois posé le fait que d'éventuelles entités en dehors de l'espace-temps n'interviennent pas dans notre monde, la deuxième étape de l'argument consiste à les rejeter comme redondantes, au nom du rasoir d'Occam. La mise en œuvre de cette deuxième étape présuppose, bien

41 *Ibid. Cf.* «Metaphysics and supervenience», p. 3. Dans «On metaphysics», *Quadrant* XXI, n° 7, juillet 1977, p. 68, Armstrong indique un argument *a priori* que son professeur à Sydney, John Anderson, avançait en faveur de la seule existence de l'espace-temps: ceux qui tiennent à des entités au-delà de ce domaine ne savent pas de quoi ils parlent dans la mesure où nous sommes incapables d'en parler sans avoir recours à un langage spatio-temporel. Il «trouve difficile d'estimer la force ultime de cet argument», bien qu'il «pense qu'il a réellement une considérable force de persuasion.» Sur Anderson, *cf.* «Self-profile», pp. 6-8; «Black swans: the formative influences in Australian philosophy», dans *Rationality and irrationality*, Proceedings of the 23rd International Wittgenstein-Symposium, 2000, sous dir. B. BROGAARD, B. SMITH, 2001, pp. 12-14.

42 «Naturalism, materialism and first philosophy», pp. 154s.

entendu, que seule la capacité causale d'une entité justifie d'en postuler l'existence distincte – et Armstrong lui-même reconnaît que cette supposition pourrait être erronée[43]. Armstrong met néanmoins en œuvre la stratégie qui y correspond et qu'il appelle l'«argument à partir de la survenance»: si on peut montrer que certaines entités surviennent sur une base ontologique, on peut en conclure qu'elles n'existent pas pour elles-mêmes[44]. Face à Dieu, à l'âme cartésienne, aux nombres et aux modalités (construits de manière platonicienne), etc., Armstrong fait donc sienne la célèbre réponse de Laplace à Napoléon: «Sire, je n'avais pas besoin de cette hypothèse»[45] – même s'il dit avoir plus de respect pour les philosophes qui croient en l'âme et en Dieu que pour ceux qui postulent des entités abstraites, au-delà de l'espace-temps[46].

3. Le physicalisme

La prédominance du langage spatio-temporel pour décrire notre monde – le seul qui existe pour Armstrong – suggère déjà quelle est la science qui doit servir à le caractériser: le philosophe australien élabore le naturalisme dans le sens d'un projet réductionniste. Pour lui, la physique décrit, de manière complète, tout ce qui existe. Cette thèse laisse ouverte la perspective de devoir compléter convenablement la physique actuelle; la thèse intègre ainsi un «flou et [une] imprécision […] certains[47]». On pourrait craindre que cette imprécision ne vide le présupposé physicaliste de tout

43 Discussion à la suite de son exposé «Truthmakers for negative truths and truths for mere possibility», lors du colloque *Vérités et vérifacteurs: 20 ans après*, Aix-en-Provence, 9 décembre 2004.

44 «Metaphysics and supervenience», p. 4. Comme la notion de survenance joue un rôle structurant dans la philosophie de Lewis, nous aurons à y revenir dans ce cadre (*cf.* pp. 152-159 ci-dessous).

45 «Can a naturalist believe in universals?», p. 104. L'anecdote est rapportée par Victor Hugo (*Choses vues 1847-1847* [*sic*], cité par Paul Clavier, *Dieu sans barbe: vingt et une conversations instructives et amusantes sur la question très disputée de l'existence de Dieu,* 2002, p. 155.

46 «Metaphysics and supervenience», p. 17.

47 *A world of states of affairs*, p. 6.

son contenu[48]. Armstrong, pour sa part, ne s'en montre guère impressionné; la physique actuelle est suffisamment élaborée pour que l'on puisse déceler quels élargissements potentiels seraient contraires à son esprit. Un exemple serait le vitalisme en biologie, qui postule une force «vitale», non réductible aux forces physico-chimiques, pour expliquer l'organisation des êtres vivants[49].

Armstrong concède que ce postulat réductionniste est moins bien assuré que le naturalisme. Mais cette faiblesse relative n'a guère d'autres raisons que logiques: il faut être naturaliste pour être physicaliste[50], de sorte que la plausibilité de ce deuxième postulat ne pourra excéder celle du naturalisme. Le philosophe australien affiche une grande confiance dans la physique non seulement future, mais bien encore dans son état actuel. Il considère, par exemple, que «le comportement des objets physiques ordinaires, tous les phénomènes physiques que pourrait observer quelqu'un comme Thalès, sont très bien expliqués, et de façon complète, dans notre physique actuelle[51].» On soupçonne que la force de persuasion d'une telle phrase ne réside que dans l'emploi ambigu du terme «physique»: considérer que la physique explique les phénomènes *physiques* ne nous oblige nullement à accepter le réductionnisme. Dès qu'on renonce à cette restriction, on est en droit de douter bien plus de la déclaration d'Armstrong: la physique actuelle explique-t-elle vraiment tous les aspects du comportement des êtres vivants et de la vie mentale et affective des êtres humains (sans aucun doute déjà familiers à Thalès)?

On trouve ailleurs, sous sa plume, pareil glissement argumentatif. Dans un article écrit avec Adrian Heathcote, on trouve d'abord la thèse du «physicalisme minimal», qui affirme que «les propriétés non relationnelles des objets macroscopiques sont le résultat de l'arrangement des objets microscopiques avec les propriétés que possèdent ces micro-objets.» Les auteurs considèrent que cette thèse est relativement peu controversée, et ils ont probablement raison tant qu'on en donne une interprétation littérale. Beaucoup de ceux qui tiennent à l'émergence irréductible de phénomènes

48 D. Hugh MELLOR, Tim CRANE, «There is no question of physicalism», 1990, dans D. H. MELLOR, *Matters of metaphysics*, 1991, p. 85.

49 *Universals and scientific realism*, vol. I, p. 127.

50 Au moins aussi longtemps que l'on considère que la physique ne renie pas les catégories spatio-temporelles (*cf.* p. 101 ci-dessous).

51 *A world of states of affairs*, p. 8.

biologiques pourraient y souscrire. Dans le paragraphe suivant, cette thèse relativement innocente se transforme pourtant (et sans que soit signalée la transition) en postulat réductionniste fort: la physique microscopique y acquiert un pouvoir explicatif global. Si le comportement humain résiste à une telle description, c'est simplement parce qu'«une analyse pleinement réductionniste risque d'être toujours au-delà de ce que nous pouvons effectivement calculer[52].»

Pourtant, le projet d'explication physicaliste de la conscience humaine se heurte à plusieurs obstacles qui ont bien l'air de barrières infranchissables. La question de savoir comment réconcilier, avec une description scientifique, la liberté d'action qu'éprouve l'homme, exerce depuis fort longtemps l'ingéniosité des philosophes. De même, il n'est nullement assuré que la science naturelle ait des ressources suffisantes pour expliquer la rationalité: si les lois physico-chimiques déterminent seules le fonctionnement de la pensée, fait-il encore sens de parler d'arguments *valides* (ou invalides) qui décident de la vérité (ou de la fausseté) d'une proposition[53]? Les triomphes indubitables de la neurophysiologie ne doivent pas nous induire en erreur: des difficultés formidables persistent même quand il s'agit de comprendre «le passage du niveau neurologique à la conscience primaire, à la simple expérience vécue. La science neurophysiologique parvient en effet à exhiber de remarquables concomitances entre comptes rendus d'expériences et configurations neuronales, mais rien qui ressemble de près ou de loin à ce qu'on attend couramment d'une *explication* des uns par les autres[54].» Armstrong lui-même reconnaît

52 «Causes and laws», pp. 70s.

53 POPPER, pp. 69-72.

54 Michel BITBOL, *Physique et philosophie de l'esprit*, 2000, p. 16. *Cf.* Clark GLYMOUR, «A mind is a terrible thing to waste – critical notice: Jaegwon Kim, *Mind in a physical world*», *Philosophy of Science* LXVI, 1999, pp. 468s. En philosophie analytique, on discute de ce passage problématique à l'aide de l'expérience de pensée de «Marie qui-sait-tout» (Frank JACKSON, «What Mary didn't know», *Journal of Philosophy* LXXXIII, 1986, pp. 291-295; *cf.* Pascal ENGEL, *La dispute: une introduction à la philosophie analytique*, 1997, p. 169). Un rappel historique n'est peut-être pas sans intérêt: au XIXe siècle existait un groupe de penseurs qui avaient résolument rejeté le christianisme, mais qui s'opposaient au naturalisme scientifique; en effet, ils étaient convaincus qu'il ne peut pas rendre compte de la richesse de l'expérience humaine (Frank M. TURNER, *Between science and religion: the reaction to scientific naturalism in late Victorian England*, 1974, pp. 1s, 22s.

d'ailleurs les difficultés que rencontre le projet physicaliste. Dans un livre récent consacré à la philosophie de l'esprit, il cherche à faire progresser le compte rendu matérialiste à propos de trois difficultés majeures: la conscience, la perception et l'intentionnalité de la pensée. Il n'est pas lieu ici de passer en revue la construction ingénieuse et détaillée qu'il propose à cette fin. Mais les conclusions très prudentes d'Armstrong induisent à douter qu'il peut revendiquer un réel progrès vers la solution. Pour le moins, il est assez décevant de le voir, par exemple, abandonner l'explication de l'intentionnalité à mi-chemin, car avoue-t-il, «je ne sais pas réellement comment continuer, donc je vais abandonner ici le propos[55].»

Malgré les difficultés rencontrées, il n'y a pas de doute: Armstrong tient au physicalisme comme projet réductionniste. Il en va de l'intégration du sujet humain dans la vision du monde scientifique. C'est ainsi qu'il compte relever le défi

> d'introduire l'être qui avance la vision du monde *dans* la vision du monde. En traitant l'homme, y compris dans ses processus mentaux, comme un objet purement physique, qui agit exactement selon les mêmes lois que celles qui régissent toutes les autres choses physiques, cet objectif est achevé avec la plus grande économie intellectuelle possible. Celui qui sait ne diffère du monde qu'il connaît que par la plus grande complexité de son organisation physique. L'homme fait un avec la nature[56].

La physique intervient doublement dans la définition de la place qu'occupe l'homme dans le monde. Non seulement elle sert à décrire qui est l'homme, à expliquer son fonctionnement dans la totalité de son être, mais encore elle fonde la possibilité même de la description scientifique de l'homme. Ce deuxième rôle, plus fondamental, provient du caractère *a posteriori* du physicalisme d'Armstrong. En ce qui concerne l'explication physique de l'esprit humain, Armstrong en a adopté une compréhension *a posteriori* après sa rencontre avec Smart en 1958 à Melbourne. A partir de ce moment, il a considéré que l'identité entre la conscience et les processus cérébraux n'est pas vraie (ou fausse) nécessairement, *a priori*, mais qu'il s'agit là d'une affirmation contingente, dont la science doit décider[57].

55 *The mind-body-problem*, p. 143; *cf.* pp. 6, 20, 111, 140. ENGEL, *La dispute*, pp. 135, 141s, souligne également la difficulté d'expliquer l'intentionnalité du mental et la conscience dans un cadre naturaliste.

56 *A materialist theory of the mind*, 1968, pp. 365s.

57 *The mind-body-problem*, p. 71; «Self-profile», pp. 20s.

Face à l'état fragmentaire de l'explication physique actuellement disponible du fonctionnement humain, on est, certes, en droit de se demander si on peut maintenir le projet réductionniste sur la base de considérations exclusivement *a posteriori*. Il reste néanmoins vrai que telle est la prétention qu'affiche Armstrong. Il en découle pour lui une conception très spécifique du rôle que joue le philosophe dans la construction du savoir. Ce rôle est pour l'essentiel subordonné à la science: le philosophe doit préparer le chemin à la recherche scientifique, faire en sorte que de faux problèmes conceptuels n'empêchent pas d'en recevoir les résultats. En ce qui concerne le matérialisme, par exemple, il ne revient pas à la philosophie d'en apporter la preuve; en effet, elle ne peut pas se substituer à la science. L'épistémologue doit plutôt se contenter d'en établir la possibilité conceptuelle, de montrer, par exemple, qu'il n'est pas contradictoire d'attribuer à des processus cérébraux le rôle d'états mentaux. Ainsi son plaidoyer vise avant tout ses propres collègues; il doit mettre en lumière les endroits où les objections avancées contre le matérialisme sont erronées[58]. De cette manière, Armstrong conçoit son travail de philosophe comme celui d'«un ouvrier subalterne enlevant les immondices du chemin le long duquel [... il] conçoit, ou devine, que se trouve le progrès scientifique[59].»

On peut pourtant se demander si Armstrong est toujours fidèle à sa conviction qu'«en général, il n'appartient pas aux philosophes de dire quels sont les constituants fondamentaux du monde[60].» Serait-il vraiment en mesure de construire son ontologie d'états de choses et d'apporter ainsi une réponse à des questions métaphysiques très vastes, en mettant uniquement en œuvre les ressources qu'offre la science – et plus précisément la physique – complétées par les raisonnements logiques? Quand il introduit la thèse du «factualisme» (qui n'est autre que l'ontologie des états de choses) au début de son développement le plus complet de cette thèse, il pré-

58 «The Causal Theory of Mind», 1977, *The nature of mind*, pp. 16-20, 31; «Reply», dans ARMSTRONG, MALCOLM, p. 209; *The mind-body-problem*, pp. 79, 87.

59 *A materialist theory of the mind*, p. 2. Dans une discussion privée plus récente (9 déc. 2004, Aix-en-Provence), Armstrong a également aménagé un rôle plus positif à l'épistémologue: celui-ci est appelé à approfondir les problèmes ontologiques que soulèvent des théories, alors que le scientifique se contente souvent d'employer celles-ci à des fins prédictives. Armstrong renvoie à ce propos à la préface de Marc LANGE, *The philosophy of physics: locality, fields, energy and mass*, 2002, pp. x-xiv.

60 D.M. ARMSTRONG, *A combinatorial theory of possibility*, 1989, p. ix.

cise en tout cas bien qu'il s'agit d'«une hypothèse de philosophe[61]». Il en conclut qu'elle est moins bien assurée que «la thèse du physicalisme, fondée sur la science et néanmoins quelque peu spéculative[62]». Malgré toute la rhétorique sur le caractère *a posteriori* de sa construction philosophique, on doit conclure que la science ne lui fournit pas de cadre qui serait à lui seul suffisant. Certains traits des plus fondamentaux, dont la répartition du monde en états de choses, proviennent d'autres sources. Même si Armstrong prend soin de souligner le caractère spéculatif de sa métaphysique là où elle dépasse les résultats scientifiques, la priorité qu'il accorde à la science (physique) ne l'empêche pas de s'engager dans de telles spéculations avec une énergie et une combativité impressionnantes – ses nombreuses publications dans ce domaine en rendent témoignage.

4. Une ontologie d'états de choses

Le programme métaphysique qui prend le monde comme un ensemble d'états de choses fournit le cadre plus large dans lequel s'inscrit le compte rendu que propose Armstrong du concept de loi. Il convient donc d'en approfondir notre compréhension. Son hypothèse fondamentale rappelle de près le début du *Tractatus:* «Le monde est l'ensemble des faits, non pas des choses[63].» Armstrong considère, en fait, que son projet ontologique défend nombre des thèses centrales de l'atomisme logique qu'il attribue au premier Wittgenstein, bien qu'Armstrong reste neutre sur la question de savoir s'il existe des *atomes* logiques: «Le monde se divise, comme l'a écrit Wittgenstein, mais il peut le faire *ad infinitum*, et il peut n'y avoir aucun terme même à l'infini[64].» L'intuition première de l'atomisme logique reste pourtant pertinente: «Les états de choses en quoi se divise le monde (*faits atomiques* de Wittgenstein et de Russell) sont logiquement indépendants les uns des autres[65]»; car Armstrong s'accorde

61 *A world of states of affairs*, p. 8.

62 *Ibid.*, p. 10.

63 Ludwig WITTGENSTEIN, *Tractatus logico-philosophicus*, 1922, § 1.1, trad. P. KLOSSOWSKI, 1988, p. 29.

64 *A world of states of affairs*, p. 263.

65 *A combinatorial theory of possibility*, p. ix.

avec la tradition humienne en ce qu'il n'accepte pas de liens logiquement nécessaires entre entités distinctes[66].

En plaçant les états de choses au centre de son ontologie, le philosophe australien accepte la distinction aristotélicienne entre la substance et ses accidents, c'est-à-dire entre la chose dans sa particularité et ses propriétés. En même temps, il va au-delà de cette tradition, en acceptant comme non dérivée la notion de relation entre des objets particuliers. Il ne faut pas réduire une relation à une propriété (relationnelle) d'un objet particulier; les relations obtiennent droit de cité, en leur nom propre, dans l'ontologie des états de choses. Un objet particulier avec une (ou plusieurs) propriété(s) constitue un état de choses monadique, deux (ou plus) objets particuliers, reliés entre eux par une relation, forment un état de choses polyadique[67]. Armstrong considère que l'ensemble des propriétés ne suffisent pas pour définir un particulier (il rejette les théories qui considèrent qu'un particulier est défini uniquement par le faisceau de ses propriétés). Il faut accepter la notion d'une chose particulière dans sa particularité, bien qu'il s'agisse là seulement d'une distinction logique, et qu'un tel particulier «mince», comme il l'appelle, n'existe jamais en réalité[68].

Alors que les naturalistes sont traditionnellement nominalistes[69], Armstrong n'hésite pas à introduire des universaux. Tels sont, pour lui, les problèmes qu'entraîne le nominalisme, qu'il vaut mieux trouver un chemin pour réconcilier naturalisme et réalisme[70]. Si on réussit le pari, il devient possible de traiter les propriétés et les relations comme des universaux représentant des *types* d'états de choses. Il est évident qu'un réalisme platonicien n'est pas à la disposition du naturaliste. Comme Armstrong rejette toute entité qui ne se situerait pas dans l'espace-temps, il doit trouver un moyen de localiser les universaux. Pour y parvenir, il les voit résulter d'un processus d'abstraction conceptuelle. Les universaux sont régis par ce qu'il appelle le «principe d'instanciation»: tout universel n'existe

66 «Consciousness and causality», dans ARMSTRONG, MALCOLM, pp. 164-166.

67 *A world of states of affairs*, pp. 4s, 20, 113.

68 *Ibid.*, pp. 96-99, 109.

69 «Naturalism, materialism and first philosophy», p. 161; J. P. MORELAND, «Naturalism and the ontological status of properties», dans *Naturalism: a critical appraisal*, sous dir. W. L. CRAIG, J. P. MORELAND, 2000, pp. 67s.

70 *What is a law of nature?*, p. 82.

que dans ses instances[71]. De cette manière, un universel n'est pas ontologiquement indépendant de ses instances, ce qui rapproche son réalisme de celui d'Aristote, plus modéré que celui de son maître:

> La dépendance mutuelle entre universaux et particuliers peut s'établir si l'on dit qu'aucun d'eux ne peut exister indépendamment des *états de choses.* [...] Le simple particulier et le pur universel sont des abstractions vicieuses tirées des états de choses. La particularité d'un particulier, et en même temps ses propriétés et relations, sont des abstractions tirées des états de choses, mais qui ne sont pas vicieuses[72].

Le principe d'instanciation trouve un précieux allié auprès d'une autre caractéristique du programme ontologique d'Armstrong, qui s'inspire elle aussi de son naturalisme: son réalisme est un réalisme *a posteriori.* Il ne relève pas de la pensée théorique, mais de la science de décider quelles sont les propriétés et relations naturelles qui figurent dans le monde[73]. En revanche, les philosophes qui postulent les universaux pour des raisons sémantiques doivent obligatoirement accepter un domaine idéel au-delà de notre espace-temps. Car si on postule un universel pour chaque nom général, on est amené à admettre des universaux fictifs, auxquels rien dans notre monde physique ne correspond (la licorne bien-aimée des philosophes analytiques en est un exemple célèbre)[74].

Certes, le rejet d'universaux sans instances n'est qu'un pas vers la réconciliation entre naturalisme et réalisme. Il subsiste la difficulté de comprendre comment l'universel est localisé dans ses instances. Il découle de ce qu'est un universel qu'il est entièrement présent «dans» chacune de ses instances. Si on interprète la participation de l'universel à un tel état de choses en termes spatio-temporels (comme le fait Armstrong), il est alors localisé à plusieurs endroits de l'espace-temps (sous condition d'avoir plus d'une instance). Le moins que l'on puisse dire, c'est que ce mode de

71 *A world of states of affairs*, pp. 28s, 99; *cf.* «Metaphysics and supervenience», p. 13.

72 *What is a law of nature?*, pp. 83s. MORELAND, p. 99, rappelle que l'idée de *localisation* des universaux est étrangère au débat entre platoniciens et aristotéliciens.

73 «Naturalism, materialism and first philosophy», p. 163; *What is a law of nature?*, p. 83; «Can a naturalist believe in universals?», pp. 105s.

74 «Can a naturalist believe in universals?», p. 107.

localisation paraît assez éloigné de ce que (le sens commun et) la science suggère(nt) pour les objets physiques – une situation peu confortable pour le physicaliste[75].

L'exigence de localisation pour les universaux n'est pas la seule difficulté à laquelle doit faire face le projet naturaliste d'Armstrong. Pour rendre crédible sa construction philosophique, il doit au moins commencer à expliquer, dans le cadre de l'ontologie des états de choses, comment sont possibles certaines formes de discours pour le fondement desquels sont régulièrement invoquées des entités existant en dehors de l'espace-temps. Le cas des mathématiques en est un exemple notoirement difficile pour quiconque résiste au platonisme, et il ne serait sans doute pas juste de tenir rigueur à Armstrong de ce qu'il n'a pas d'idée très claire sur la façon de fonder les mathématiques dans le cadre de son ontologie[76].

Le discours modal constitue un autre domaine qui a souvent amené des philosophes à postuler des entités au-delà de notre espace-temps. David Lewis en a fourni un exemple particulièrement extravagant sur la scène contemporaine, avec sa conviction que tous les mondes possibles existent au même titre que le nôtre[77]. Armstrong a consacré une énergie considérable à développer une analyse des notions modales, compatible avec le naturalisme; le naturalisme constitue, de fait, «la principale contrainte» qu'il impose à son compte rendu du discours modal[78]. L'attention qu'il consacre aux notions modales n'est pas sans lien avec son intérêt pour les lois de la nature, étant donné que celles-ci sont ordinairement vues comme porteuses d'une certaine nécessité (dite «physique» ou «nomologique»). Etant «un chauviniste de ce monde-ci[79]», Armstrong doit montrer comment les ressources du monde actuel suffisent à parler de ce qui est possi-

75 MORELAND, pp. 97-102, développe, en détail, les difficultés qui résultent de l'exigence de localisation pour le réalisme d'Armstrong. Il arrive à la conclusion qu'il faut renoncer soit au naturalisme, soit au réalisme.

76 «Naturalism, materialism and first philosophy», p. 156; «Metaphysics and supervenience», pp. 10s; *A world of states of affairs*, pp. 178s.

77 *Cf.* pp. 165ss ci-dessous.

78 *A combinatorial theory of possibility*, p. 3.

79 «Vérifacteurs pour des vérités modales», p. 498.

ble. Il s'inspire du *Tractatus*, pour élaborer une analyse de la possibilité basée sur «les combinaisons – *toutes* les combinaisons qui respectent une certaine forme simple – d'éléments donnés, actuels[80].»

Une telle approche a évidemment du mal à admettre la possibilité d'entités «étrangères[81]», c'est-à-dire d'entités que l'on ne peut pas obtenir par la combinaison d'entités existant dans notre monde. Cette limitation dérive directement du présupposé naturaliste, de sorte que «le possible se détermine par l'actuel et ainsi ne peut pas dépasser l'actuel, sauf par le procédé de recombinaison[82].» Exclure la *possibilité* d'entités étrangères confère pourtant à notre monde un caractère nécessaire qui paraît peu plausible. Pourquoi ne pas envisager que soient possibles d'autres entités que celles que l'on peut obtenir par une recomposition de ce qui existe dans notre monde? Dans un premier temps, Armstrong s'était contenté de trouver une solution pour admettre des particuliers étrangers; il niait tout bonnement la possibilité d'universaux étrangers. Plus récemment, il a proposé une solution qui semble également faire place à ces derniers; car il est peu attrayant de devoir postuler que notre monde offre des instances de tous les universaux possibles. Le vérifacteur d'universaux étrangers a recours à la liste de *toutes* les propriétés simples actuelles, ensemble avec le fait que cette liste est contingente. La solution présuppose alors que l'on dispose de vérifacteurs pour des faits généraux et pour la contingence d'états de choses[83].

En parallèle avec sa stratégie face au discours modal, Armstrong tente de rendre compte de l'usage de propriétés dispositionnelles dans notre langage (courant et scientifique), sans pour autant les admettre comme des notions primitives dans son ontologie. Pour lui, toutes les propriétés sont catégoriques; quand on parle de dispositions et de capacités, il faut

80 «The nature of possibility», *Canadian Journal of Philosophy* XVI, 1986, p. 575. Armstrong renvoie à la proposition 3.4 du *Tractatus.*

81 En anglais *aliens.* J.-M. Monnoyer se contente de transcrire le mot en français («Vérifacteurs pour des vérités modales», p. 498).

82 «The nature of possibility», p. 582.

83 D. M. ARMSTRONG, «Difficult cases in the theory of truthmaking», *The Monist* LXXXIII, 2000, p. 156; «Vérités et vérifacteurs», trad. S. DUNAND, J.-M. MONNOYER, dans *La structure du monde – objets, propriétés, états de choses: renouveau de la métaphysique dans l'école australienne*, sous dir. J.-M. MONNOYER, 2004, pp. 112s; et «Truthmakers for modal truths», dans LILLEHAMMER, RODRIGUEZ-PEREYRA, p. 17.

toujours chercher à les faire dériver de ce qui est effectivement le cas, et non d'une quelconque potentialité. «Les vérifacteurs ou la base ontologique pour de telles déclarations vraies doivent toujours se trouver dans les propriétés effectives, ou catégoriques, des objets impliqués[84].» Armstrong invoque deux raisons pour lesquelles il cherche à exclure les dispositions de sa base ontologique. D'abord, le rasoir d'Occam donne la préférence à une vision qui se contente de propriétés catégoriques, par rapport à une ontologie qui introduit en plus des dispositions. Cette deuxième voie semble pourtant celle que doit prendre l'«ami» des dispositions, dans la mesure où il paraît difficile d'élaborer une ontologie basée sur les seules dispositions. Comment comprendre la notion d'une disposition à faire ou à être quelque chose, si «faire/être quelque chose» n'est, à son tour, qu'une disposition à faire ou être quelque chose[85]? Ensuite, les dispositions incluent un aspect intentionnel; elles renvoient au-delà d'elles-mêmes à ce qui n'existe pas. Sur ce plan, elles ressemblent aux états mentaux. Admettre des dispositions dans la base ontologique sonnerait le glas du projet réductionniste d'Armstrong. Au prix de son naturalisme, il doit trouver une base au discours dispositionnel qui fait seulement intervenir ce qui est réellement le cas dans l'univers spatio-temporel, comme il cherche également à le faire pour les états mentaux[86]. Paradoxalement, son naturalisme le pousse à accorder au monde un statut que la théologie médiévale voyait comme le propre de Dieu: il est pur acte, sans trace de potentialité[87].

L'exclusion des dispositions de sa base ontologique a une conséquence immédiate pour la notion de loi: alors que d'autres épistémologues (comme Nancy Cartwright) ont recours aux dispositions pour faire place à la nécessité qui s'attache à ce concept, Armstrong doit trouver, à cette fin, un autre moyen. Comme nous l'avons vu, il cherche appui auprès des uni-

84 *What is a law of nature?*, p. 9. *Cf.* sa critique des dispositions, prises comme éléments primitifs d'une ontologie, dans *A world of states of affairs*, pp. 79-84, 254.

85 *A world of states of affairs*, p. 80. Armstrong souligne qu'il n'est pas possible de se passer de relations entre universels, même une fois des dispositions introduites (*What is a law of nature?*, pp. 122s).

86 *A world of states of affairs*, p. 79; D. M. ARMSTRONG, «Dispositions as categorical states», dans D. M. ARMSTRONG, C. B. MARTIN, Ullin T. PLACE, *Dispositions: a debate*, 1996, pp. 16s.

87 C. B. MARTIN, «Replies to Armstrong and Place», dans *Dispositions: a debate*, p. 133.

versaux, dans l'espoir qu'ils ne rentrent pas en conflit avec le programme naturaliste[88]. Sans continuer à nous interroger sur la question de savoir s'il réussit vraiment à réconcilier naturalisme et réalisme d'une manière satisfaisante, nous avons maintenant à orienter notre attention vers une formidable objection pour quiconque se réfère aux universaux: l'argument dit du «troisième homme» (ou encore régression de Bradley), dont l'histoire est aussi longue que son évaluation est compliquée.

5. L'argument du «troisième homme»

Parfois on dit que toute la philosophie (occidentale au moins) ne se compose que d'annotations apportées à l'œuvre de Platon. L'«argument du troisième homme», qui est sans doute la plus célèbre objection au réalisme, n'échappe pas à la règle. Aristote l'avait déjà utilisé contre la doctrine des formes énoncée par son maître; en fait, il avait appris cet argument de Platon lui-même.

Dans le *Parménide*, Platon met dans la bouche du philosophe d'Elée plusieurs objections afférentes à la doctrine des formes. On y trouve en particulier l'argument d'une régression à l'infini dès que l'on admet qu'une idée existe indépendamment de ces instances. Si on considère qu'il est nécessaire d'invoquer l'idée pour expliquer la ressemblance entre les différents objets individuels qui en constituent les instances, comment alors expliquer la ressemblance entre ces objets individuels et l'idée? Il semble que seule une idée supplémentaire puisse donner l'explication souhaitée, une idée dont les instances sont la première idée et les objets individuels. Mais alors une troisième idée se profile à l'horizon, nécessaire pour expliquer le lien entre la deuxième idée d'un côté, et la première idée et les objets individuels de l'autre... Dans le texte de Platon, le personnage de Parménide utilise l'exemple de la grandeur, pour illustrer cette difficulté:

> Eh bien, le Grand en soi et ces autres choses que sont les choses grandes, suppose que, [...] avec les yeux de l'âme, tu les embrasses toutes du regard. N'est-ce pas que de nouveau apparaîtra quelque chose d'unique qui est grand, et en vertu de quoi ces mêmes choses dans leur ensemble apparaîtront nécessairement grandes? [...]

88 «Dispositions as categorical states», p. 17.

> C'est donc une autre Forme de Grandeur qui va faire son apparition, s'étendant sur la Grandeur en soi et sur les choses qui participent de cette Forme [...]. Par suite, chacune de tes Formes ne sera désormais plus une, mais elle se multipliera sans limite[89].

L'argument du troisième homme n'est pas le seul que soulève Platon contre la doctrine des formes dotées d'une existence indépendante des objets individuels. Il montre entre autres que le mode de participation pose problème: l'idée n'est présente ni en entier ni en partie dans l'objet particulier, et la notion de ressemblance n'aide pas non plus à comprendre comment les objets individuels participent à l'idée[90]. La difficulté la plus considérable, d'après le personnage de Parménide, consiste à savoir comment nous pouvons connaître les idées, et, plus grave encore, comment Dieu peut connaître l'univers matériel. A cause du strict dualisme qui oppose le monde des idées à notre univers, «il est tout aussi impossible que les Formes aient sur les choses de chez nous l'efficace qui est le leur, qu'il est impossible que les choses de chez nous aient sur les Formes l'efficace qui est le leur[91].» Cela nous amène à la conclusion difficilement recevable que: «Si c'est du côté du divin que se trouvent la Maîtrise en soi absolument exacte et la Science en soi absolument exacte, il s'ensuit que la Maîtrise des entités de là-haut ne saurait jamais s'exercer sur nous et que leur Science ne saurait s'appliquer à nous ni à autre chose de chez nous[92].»

Platon se montre ainsi tout à fait lucide à propos des difficultés qu'engendre sa doctrine des formes. En conclusion de la discussion sur ces difficultés, il fait dire à Parménide que «ce serait un homme particulièrement doué, celui à qui on pourrait faire comprendre qu'il y a de chaque chose un Genre, un être en soi et par soi. Ce serait un homme plus merveilleux encore celui qui aurait fait cette découverte et qui pourrait la transmettre par l'enseignement à quelqu'un d'autre[93].» Mais il ne faut pas en conclure qu'il abandonne pour autant la doctrine des Formes. Car la

89 *Parménide* 132a-b, trad. L. BRISSON, 1992, p. 99.

90 *Ibid.*, 131a-e, et 132d-133a, pp. 94-98, 101s.

91 *Ibid.*, 134d, p. 108. La première difficulté est développée en 133c-134b, p. 107, la deuxième (symétrique à la première) en 134c-e, pp. 108s.

92 *Ibid.*, 134d-e, pp. 108s.

93 *Ibid.*, 135a-b, p. 109.

délaisser, c'est détruire «toute possibilité de pratiquer la dialectique[94]», et la philosophie se trouve de la sorte mise en péril. Car si le réalisme pose problème, d'autres difficultés plus formidables encore surgissent dès qu'on l'abandonne[95].

Armstrong invoque l'argument du troisième homme contre le réalisme platonicien. Il cherche ainsi à éviter l'impression que l'interdit qu'il fait peser sur les universaux sans instances soit *ad hoc* et ne servirait qu'à réconcilier naturalisme et universaux. Pour barrer la régression à l'infini, un universel ne doit exister que dans et à travers ses instances[96]. Mais le réalisme de style aristotélicien évite-t-il vraiment le problème, quand il rejette l'existence indépendante des universaux? Toute démarche qui cherche à rendre compte de l'Un au sein du Multiple, à l'aide d'universaux, se trouve face au dilemme suivant: Soit les universaux existent et peuvent être d'un réel secours pour expliquer les traits généraux du monde, mais à ce moment la régression à l'infini les menace; soit ils n'ont pas d'existence propre, mais se résument à leurs instances, et on échappe à la régression: mais alors ils n'apportent pas non plus d'aide pour comprendre la similitude de diverses entités. Dès que l'on accorde suffisamment de consistance aux universaux pour qu'ils puissent fournir un travail réel, l'argument du troisième homme semble être au rendez-vous et anéantir l'espoir qu'on fonde sur eux.

Dans *Un monde d'états de choses*, Armstrong développe alors une ligne d'argument supplémentaire, pour montrer que la régression à l'infini ne constitue pas de menace pour son compte rendu. Certes, sa conviction fondamentale reste que les universaux ne sont que des abstractions conceptuelles, à partir des états de choses – «il n'y a aucune relation d'instanciation *au-delà* des états de choses eux-mêmes.» Il n'est donc pas nécessaire de postuler une «relation» qui lie universaux et états de choses[97]. L'argument du troisième homme perd ainsi son point d'appui (et, ce serait mon objection, les universaux ne sont plus d'aucun secours). Mais – et c'est là un développement intéressant – *«même si on accepte une ‹relation›*, la

94 *Ibid.*, 135c, p. 110.
95 *Ibid.*, 132b-c, pp. 99-101.
96 «Can a naturalist believe in universals?», p. 109.
97 *A world of states of affairs*, p. 118.

régression est anodine[98].» Pour le démontrer, Armstrong fait remarquer que la constitution d'un état de choses, à partir d'universels et de particuliers, est contingente. Mais toutes les étapes suivantes de la régression sont nécessaires; une fois l'état de choses donné, la régression est déterminée: «Nombre de vérité, si cela vous chante, mais un seul vérifacteur.»

Cette observation est intéressante; mais le Parménide de Platon ne s'en laisserait certainement pas impressionner. La relation qui lie la relation d'instanciation à l'état de choses n'est pas la même que la relation d'instanciation elle-même; la même réserve vaut pour les étapes ultérieures de la régression. Que ces étapes soient nécessaires ne change pas la difficulté principielle, qui dans le *Parménide* se posait de toute manière dans le contexte d'une analyse conceptuelle, donc de relations nécessaires. Pour que la régression ne soit pas fatale, on devrait savoir plus sur le rapport des différentes relations impliquées dans la régression et, sans doute, mieux appréhender la relation d'instanciation elle-même. Il subsiste la difficulté de comprendre comment un universel participe à un état de choses. Certes, on peut concéder à Armstrong le droit de traiter les états de choses comme sa base ontologique. Mais s'il postule également des universaux et des particuliers, il faut dire quelque chose sur les liens qu'entretiennent ces différentes entités. Tant qu'il ne le fait pas, les universaux ne peuvent jouer de rôle dans les analyses que par simple *fiat*. Dès qu'il le ferait, il serait à craindre que le troisième homme pointe de nouveau son nez[99].

98 *Ibid.* Paul Teller, dans une communication privée (courriel du 21 août 2001), avait exprimé une suggestion similaire. Il s'interroge sur la possibilité de «construire chaque relation dans la hiérarchie comme une simple expression redondante de ce qui est dit précédemment. Ainsi on comprend toute la hiérarchie à l'analogie d'une parole de bègue.»

99 David M. ARMSTRONG, «How do particulars stand to universals?», dans *Oxford Studies in Metaphysics*, vol. I, sous dir. D. W. ZIMMERMAN, 2004, pp. 139-154, s'efforce d'éclaircir davantage le lien entre un universel et ses instances, sur la base d'une théorie proposée par Donald Baxter en 1999: le lien est compris comme une identité partielle. Il reste pourtant à voir si une telle conception permet une conception suffisamment forte, c'est-à-dire unie, des universaux, pour que ceux-ci soient en mesure d'accomplir le rôle qu'ils sont censés jouer dans le compte rendu nomologique d'Armstrong.

Face aux difficultés du réalisme, on peut comprendre que d'aucuns ont résisté à réifier les traits généraux de notre expérience du monde, que ce soit sous forme d'universaux, de propriétés générales ou encore d'une notion de ressemblance objective. Pourtant, le Parménide de Platon n'est pas le seul penseur à avoir considéré que le nominalisme détruit toute perspective de développer une philosophie fructueuse. Acceptons donc maintenant de traiter l'ontologie d'états de choses comme acquise, pour voir sur cet arrière-fond dans quelle mesure Armstrong réussit, à l'aide des universaux, à élaborer un compte rendu des lois satisfaisant.

6. Le problème de l'inférence

Commençons par l'objection qui est, à mon sens, la plus redoutable et qui peut, si elle s'avère fondée, détruire à elle seule la théorie du concept de loi que propose Armstrong. Bas van Fraassen en a fourni une formulation limpide, sous le nom de «problème de l'inférence»: même si on accepte la relation de nécessitation entre les universaux et qu'on la considère, avec Armstrong, comme un universel, on n'est pas assuré d'obtenir la régularité universelle qui y corresponde. En fait, la relation postulée entre les universaux nous permet d'affirmer que, si les deux états de choses contemplés existent, ils le font non par hasard, mais à cause de la loi; mais rien ne valide la conclusion que, si le premier état de choses est donné, le deuxième le soit également aussi. Pour arriver à cette conclusion (et c'est elle qui nous intéresse), il faudrait postuler une autre loi, qui relie la relation de nécessitation entre les universaux à la nécessitation entre les particuliers, ce qui mène tout droit à une régression à l'infini. Même si on ne se laisse pas intimider par l'argument du troisième homme pour introduire les universaux, il fait de nouveau son apparition, cette fois-ci à l'intérieur même de l'analyse de ce qu'est une loi[100].

Comment Armstrong réagit-il à cette critique qui a le potentiel de saper entièrement son analyse? Déjà dans *Qu'est-ce qu'une loi de la nature?*, il s'était montré conscient de la difficulté. Il concède qu'à part certains cas où la loi, comprise comme relation entre universaux, et la régularité

100 *Lois et symétrie*, pp. 186-191, 196-202.

universelle ont une forme logique particulièrement simple, la loi ne peut impliquer la régularité qu'en vertu d'une nouvelle loi – et la régression du troisième homme menace à l'horizon:

> Voici l'image que j'ai tirée du *Phédon*. Les Formes qui sont dans les cieux y entretiennent certaines relations, avec, pour résultat, la production d'une uniformité sur terre. Une telle doctrine est particulièrement mystérieuse. On ne réduit qu'à peine le mystère en apportant les Formes sur terre et en les y laissant exister dans leurs seules instances. Il nous restera encore le mystère d'une relation qui existe entre les universaux, et qui implique, de nécessité logique, quelque chose de différent de soi-même: l'uniformité[101].

Quatorze ans plus tard, Armstrong oppose toujours le même argument à la position platonicienne: «C'est [...] une doctrine profondément mystérieuse[102].» Mais il s'efforce davantage de montrer en quoi sa propre position s'en distingue:

> La loi n'est *rien* d'autre que les instances de telles séquences [d'états de choses]. Chaque séquence est une instance de cette «chose» ou entité strictement identique: *l'acte de guillotiner fait que le guillotiné se trouve décapité instantanément*. La loi, une certaine sorte spécifique d'universel, n'a d'existence que dans les séquences particulières[103].

Ces déclarations d'Armstrong, prises au pied de la lettre, résolvent le problème de l'inférence. Si la loi n'est *rien* d'autre que les séquences d'états de choses particuliers, le problème ne se pose plus; la loi implique (trivialement) la régularité universelle parce qu'elle est identique à cette régularité. Mais le prix payé est élevé, trop élevé pour quelqu'un comme Armstrong qui tient la conception humienne pour insuffisante. Quel avantage la proposition esquissée ici présente-t-elle encore par rapport au compte rendu humien? Si la loi n'est rien d'autre que la régularité, elle ne peut pas non plus l'expliquer. De surcroît, elle ne comporte pas de force modale: comment assurer que la présence du premier état de choses entraîne celle du second, si la loi n'est qu'une simple régularité? De fait, Armstrong se trouve confronté à un dilemme qui rappelle celui sur lequel s'appuie l'argument du troisième homme. Soit il résout le problème de l'inférence en identifiant la loi à la somme de ses instances, et perd ainsi les avantages de son analyse non humienne; soit il accorde à la loi une

101 *What is a law of nature?*, p. 86.
102 *A world of states of affairs*, p. 226.
103 *Ibid.*, p. 227.

existence propre (peu importe qu'elle soit réelle en suivant Platon, ou conceptuelle en s'inspirant d'Aristote) et doit alors postuler une *autre* loi qui assure le lien entre la loi et ses instances.

Sans avouer explicitement le dilemme, Armstrong se montre néanmoins prudent. Après avoir exposé la difficulté, dans *Qu'est-ce qu'une loi de la nature?*, il signale que Jim Lovelace l'avait mis sur la piste qui consiste à considérer la relation entre les universaux eux-mêmes comme un universel. Pourtant il concède que «cette idée [...] ne résoudra pas en entier le problème de compréhension de l'implication. Pour finir, [...] il faudra admettre la relation de nécessité nomologique [...] comme primitive[104].» Certes, dans une première réponse à la critique formulée par van Fraassen[105], il écrit qu'il «se demande si van Fraassen a vraiment apprécié la nature spéciale de ces remarquables créatures: les universaux.» Il continue à être persuadé qu'il existe «un lien logique entre la relation entre universaux et la régularité en vigueur» (sous condition que soient exclus des facteurs perturbateurs)[106]. Une dizaine d'années plus tard, dans *Un monde d'états de choses*, il s'efforce de construire soigneusement son compte rendu, pour contrecarrer des critiques. En particulier, il espère que le recours aux types d'états de choses, en plus de l'outil plus ancien des universaux, permet de répondre d'une manière satisfaisante à van Fraassen[107].

104 *What is a law of nature?*, p. 88. *Cf.* D. M. ARMSTRONG, «Place's and Armstrong's views compared and contrasted», dans *Dispositions: a debate,* p. 47: «Il est facile de voir, dès lors, que *si* la relation tient au niveau des universaux, alors, automatiquement, elle implique la régularité. Je ne pense pas que cette implication puisse être saisie dans les règles. C'est plutôt, pour reprendre la phrase de Carnap, un ‹postulat de sens› assez évident.»

105 Bas VAN FRAASSEN, *Lois et symétrie*, 1994, chap. 5 (qui intègre un article publié antérieurement dans *Australasian Journal of Philosophy* LXV, 1987, pp. 243-260), et «Armstrong, Cartwright, and Earman on *Laws and symmetry*», *Philosophy and Phenomenological Research* LIII, 1993, pp. 421s. Pour des lignes de critique similaires, *cf.* Herbert HOCHBERG, «Natural necessity and laws of nature», *Philosophy of Science* XLVIII, 1981, pp. 386-390, John FOSTER, «Regularities, laws of nature and the existence of God», *Proceedings of the Aristotelian Society* CI, 2001, pp. 155s, et Jean PAGÈS, «The Dretske-Tooley-Armstrong theory of natural laws and the inference problem», *International Studies in the Philosophy of Science* XVI, 2002, pp. 227-243.

106 «Discussion: reply to van Fraassen», p. 225.

107 Commentaire privé sur le traitement des lois de la nature dans *A world of states of affairs*, 9 déc. 2004, Aix-en-Provence.

Néanmoins, certaines formulations y paraissent hésitantes. Par exemple, il se contente de dire que sa proposition «semblerait résoudre le Problème de l'inférence[108].» Dans le contexte de l'analyse des lois ne valant que *ceteris paribus* (c'est-à-dire en l'absence de facteurs perturbateurs), il affirme que, par l'élaboration des détails de cette analyse, «l'implication entre une loi (déterministe) et une régularité [...] devient, *dans cette mesure, plus plausible*[109].» Dans un autre contexte, au lieu de prouver que l'inférence de la loi à la régularité est valide, il pose une question: «S'il s'agit là d'une hypothèse intelligible, cette hypothèse de connexion causale au niveau des types d'états de choses n'*implique*-t-elle pas la quantification universelle correspondante[110]?» Nul doute que van Fraassen résisterait à la force rhétorique de la question et répondrait que non: pour lui, «il n'existe pas de connexion logique entre des relations entre universaux et des relations entre leurs instances[111].»

Même après *Un monde d'états de choses*, on peut lire, sous la plume d'Armstrong, des remarques qui semblent bien traduire un embarras certain. En ce qui concerne la «tentative de lier les universaux impliqués dans les lois de la nature d'une façon ‹directe› qui entraîne mais n'est pas entraînée par une simple quantification universelle», il dit être «conscient de ce que la tentative peut s'avérer un Arnhem explicatif, une ‹explication trop loin›[112].» Au lieu de parler de la relation de nécessitation, comme il le faisait dans *Qu'est-ce qu'une loi de la nature?*, il préfère postuler des liens causaux entre universaux, à l'image du lien entre cause et effet relatif aux états particuliers. «Mon pont, qui risque ou non s'avérer un pont trop loin, serait alors que cette structure est elle-même *exactement* la *même* structure causale dans chacune de ses instances [...] Bien entendu, si ces ‹relations

108 *A world of states of affairs*, p. 228.

109 *Ibid.*, p. 231. Les italiques sont les miens.

110 *Ibid.*, p. 226. Armstrong est plus affirmatif dans «Place's and Armstrong's views compared and contrasted», 1996, p. 47.

111 *Lois et symétrie*, 1994, p. 200.

112 D. M. ARMSTRONG, «Comment on Smart», dans SANKEY, 1999, p. 171. En septembre 1944, les forces alliées lancèrent une offensive qui devait sécuriser le pont d'Arnhem, mais qui se solda par de lourdes pertes. Cornelius Ryan consacra, à la bataille perdue, un livre (porté également à l'écran) *Un pont trop loin*.

entre universaux› ne sont que contingentes, les lois fondamentales demeurent sans explication. Mais il peut réellement s'agir d'un pont trop loin[113]!»

Il est un endroit où on surprend Armstrong en train d'admettre, à mots couverts, que l'inférence de la loi à la régularité n'est pas de nécessité logique: il admet que les lois, si elles sont contingentes, peuvent être différentes dans différentes régions de l'espace-temps (on se rappelle qu'il a besoin de cela pour fournir une explication naturaliste au principe anthropique[114]). Pour ce faire, il concède que l'universel F peut n'avoir la capacité de produire l'universel G que dans une région limitée: «Il peut à un certain endroit perdre ce pouvoir. Il peut s'avérer qu'il peut produire d'autres effets également[115].» Mais une telle concession est impossible si la loi est un universel qui relie deux universaux et si c'est bien cette loi qui fait de chaque instance de F une instance de G (comme il l'affirme pour résoudre le problème de l'inférence). Si la loi a un tel pouvoir sur les instances particulières de F et de G, elle doit l'avoir partout ou bien elle ne l'a nulle part (car un universel est identique dans chacune de ses instances)[116].

113 «Comment on Smart», p. 172. Dans son article originel, DRETSKE, «Laws of Nature», pp. 264s, s'était montré conscient du problème de l'inférence: pour le surmonter, «le mieux, dit-il, que je peux faire est une analogie». L'analogie consiste dans une loi qu'un législateur (humain) impose. Si telle était vraiment la seule solution au problème de l'inférence, elle devrait compter comme défaite du projet naturaliste.

114 *Cf.* p. 63 ci-dessus. *Cf.* Yuri BALASHOV, «What is a law of nature?: the broken-symmetry-story», *Southern Journal of Philosophy* XL, 2002, pp. 459-473, qui utilise, comme un argument contre le compte rendu d'Armstrong, le changement radical que beaucoup considèrent être intervenu à un moment précoce de l'histoire de notre univers.

115 *A world of states of affairs*, p. 261; *cf.* pp. 257s, qui montre certaines hésitations quant à l'opportunité de cette concession. Comme Armstrong n'admet pas de dispositions dans son ontologie, l'usage de l'expression, ici, n'est que métaphorique: le pouvoir qu'a F de produire G n'est rien d'autre que la loi causale liant F à G.

116 Dans *What is a law of nature?*, p. 100, Armstrong avait essayé de traiter le cas de lois limitées dans l'espace-temps par l'introduction de «quasi-universaux», comme il était encore convaincu qu'aucun changement dans les relations entre universaux n'était possible. Pour admettre, par exemple, une loi au sujet des fruits du jardin de Smith (*cf.* TOOLEY, p. 686), il faut introduire le quasi-universel «fruit dans le jardin de Smith».

Est-il dès lors étonnant de voir Armstrong lâcher également du lest quand il en vient à discuter de la question des contrefactuels: comment comprendre qu'une loi permet typiquement un raisonnement contrefactuel, alors qu'une simple régularité ne l'admet pas? Après avoir envisagé diverses réponses à cette question, Armstrong suggère comme une solution possible que les «lois de la nature, si on les considère comme des relations contingentes entre des universaux, sont importantes, et il est facile et naturel de les garder fixées. Alors, c'est ce que nous faisons dans notre raisonnement contrefactuel[117].» Telle est peut-être la bonne solution, mais alors elle est utilisable pour toute autre analyse nomologique, y compris le compte rendu humien. Résoudre ainsi la question des contrefactuels n'indique assurément pas qu'on dispose d'une notion de nécessité nomologique suffisamment forte pour l'utiliser dans des raisonnements contrefactuels[118].

7. La forme des lois scientifiques

On ne rendrait pas justice à la théorie d'Armstrong si on se limitait à l'examen de la difficulté fondamentale que constitue le problème de l'inférence. Celui-ci comporte des similitudes si frappantes avec l'argument du troisième homme, qu'une certaine dose d'indulgence se recommande d'elle-même, face à un des problèmes «éternels» de la philosophie. Qu'un auteur ne réussisse pas à le résoudre de manière satisfaisante ne devrait pas nous empêcher de regarder d'autres aspects de sa construction, pour voir dans quelle mesure ils nous éclairent. En ce qui concerne les lois de la nature, le travail d'Armstrong a l'avantage de considérer plusieurs types de lois de manière détaillée. Voir dans quelle mesure il réussit à en rendre

117 *A world of states of affairs*, p. 262.

118 Marc LANGE, *Natural laws in scientific practice*, 2000, p. 91, cite James WOODWARD, «Realism about laws», *Erkenntnis* XXXVI, 1992, p. 191, qui critique Tooley, pour ne pas expliquer la différence entre lois et régularités accidentelles, quant aux raisonnements contrefactuels; car son analyse n'éclaire pas la nature de la relation contingente entre universaux, invoquée pour fonder la différence. Cette critique vaut également, *mutatis mutandis*, pour la théorie d'Armstrong.

compte ne nous renseignera pas seulement sur la pertinence de sa propre proposition, cela nous aidera également à évaluer d'autres approches. Car un certain nombre des observations vaudront, *mutatis mutandis*, pour d'autres analyses nomologiques, dans la mesure où la proposition d'Armstrong partage avec elles la conviction que les régularités universelles constituent un point de départ utile pour comprendre la notion de loi. Si on n'est pas humien, on refusera, bien entendu, d'identifier la loi à la régularité universelle. Mais beaucoup d'épistémologues traitent, comme une vérité (quasi-)analytique, le fait qu'une loi permette l'inférence à une régularité universelle.

A condition de garder à l'esprit le fait qu'Armstrong établit une claire distinction entre une loi et sa formulation[119], on peut qualifier son programme de version du programme syntactique; car il partage avec cette approche l'effort de comprendre une loi comme une proposition vraie et universelle, qui remplit certaines conditions. A première vue, son programme paraît même désavantagé par rapport à des versions systémiques telles que la proposition de David Lewis[120]. Alors que celui-ci peut faire intervenir des propriétés du système de lois dans son ensemble, pour Armstrong, une loi (fondamentale) porte sa marque de noblesse nomologique en elle-même. Mais par rapport à des analyses nominalistes[121], son ontologie réaliste lui permet d'échapper à la nouvelle énigme de l'induction; car des attributs comme «vleu[122]» ne sont pas des universaux. Mieux

119 Dans certains cas, il n'est pas possible de formuler une loi, par exemple quand elle ne vaut qu'en l'absence d'un nombre infini de facteurs interférants possibles (*What is a law of nature?*, p. 28).

120 *Cf.* pp. 119-121 ci-dessous.

121 Plus précisément des analyses qui n'incluent pas de distinction entre les propriétés naturelles et celles qui ne le sont pas. C'est le cas de la plupart des théories humiennes, mais non celle de Lewis (*cf.* pp. 130s ci-dessous).

122 Nelson Goodman inventa cet adjectif, pour mettre en lumière une difficulté supplémentaire par rapport au procédé d'induction: «le prédicat ‹vleu› [...] s'applique à toutes les choses examinées avant [un certain temps] *t* pour peu qu'elles soient vertes, et à toutes les autres choses pour peu qu'elles soient bleues.» Que l'on n'ait observé avant *t* que des émeraudes vertes, est alors compatible à la fois avec le fait que toutes les émeraudes sont vertes, et avec le fait que toutes les émeraudes sont vleues – c'est-à-dire bleues si seulement observées après *t* (*Faits, fictions et prédictions*, trad. M. ABRAN, 1984, pp. 87s).

encore, son analyse exclut élégamment des régularités accidentelles, qui constituent un argument de choix contre les analyses humiennes: aucune relation entre universaux ne correspond à de tels hasards cosmiques[123].

Mais son compte rendu se trouve mis à mal face à des lois qui ne sont pas liées, de manière immédiate, à des régularités universelles. Vu que de nombreux comptes rendus de la notion de loi partent d'un tel lien, on pourrait penser qu'il est extrêmement rare qu'il ne soit pas donné. Tel n'est pourtant pas le cas. Armstrong en considère plusieurs exemples, comme des lois limitées à des régions spatio-temporelles, des lois ne valant que *ceteris paribus* et des lois probabilistes[124]. Nous allons porter notre attention sur quatre sortes de lois pour lesquelles le rapport à des régularités universelles pose question. Au-delà de cette difficulté que la théorie d'Armstrong partage avec certaines autres analyses de la notion de loi, l'examen des solutions qu'il propose permettra de voir comment Armstrong met en œuvre sa théorie dans des cas concrets. Le rapport à la pratique scientifique recevra une attention particulière, car elle est d'une importance double ici: non seulement son analyse relève de l'épistémologie et doit, de ce fait, se rapporter à la science, mais encore, cette dernière se voit attribuer une place de choix dans le projet physicaliste d'Armstrong. On imagine difficilement un reproche plus lourd à formuler à son encontre que celui d'un décalage éventuel entre son analyse et des contours effectifs de la science.

a) Des lois sans instances

Il nous faut considérer en premier lieu le cas des lois qui ne s'appliquent à aucune situation réelle. D'un point de vue logique, de telles lois sont trivialement vraies. Pourtant, la pratique scientifique en admet certaines – comme le premier axiome de Newton – et en rejette d'autres – comme l'affirmation d'après laquelle toutes les licornes pèsent plus (ou si on préfère moins) de 50 kg. Armstrong examine en détail deux scénarios imaginés par Tooley: premièrement, deux sortes de particules fondamentales n'interagissent jamais; deuxièmement, dans un univers où il existe des propriétés émergentes irréductibles, une situation donnant potentiellement

123 *What is a law of nature?*, p. 99.
124 *Ibid.*, pp. 24-37, 100s.

lieu à l'émergence d'une nouvelle propriété ne se produit jamais[125]. Intuitivement on est enclin à penser que dans le premier cas, une loi précise régit l'interaction entre les deux types de particules fugitives et que dans le deuxième, le caractère de la propriété émergente est bien spécifique. Mais l'ontologie armstrongienne n'admet pas ces solutions, car les lois respectives incluraient des universaux sans instances[126].

On pourrait, certes, suivre la solution défendue par Tooley lui-même et admettre des universaux sans instances (ou dont l'existence soit simplement possible, si on ne pense pas qu'il existe dans notre monde quelque chose de similaire aux exemples de Tooley). Mais on comprend pourquoi Armstrong y résiste. Non seulement cette suggestion mène au réalisme platonicien, avec toutes les difficultés que nous lui connaissons, mais encore elle implique l'abandon du présupposé naturaliste. Armstrong propose alors la médecine du scepticisme: pourquoi ne pas contester notre intuition et maintenir qu'aucune loi précise n'existe pour régir de tels cas? «Les déclarations sur des lois sans instances affirment seulement que si, contrairement aux faits, certaines sortes de choses existaient, alors ces choses obéiraient à une certaine loi. ‹La loi› ne peut être spécifiée que de façon indéterminée, et elle n'a pas d'existence au-delà de cette spécification[127].»

Pour le moins, cette solution n'est pas intuitive, et Armstrong ne dit pas le contraire. Mais il est difficile d'aller plus loin, car quel test imaginer pour peser la force de nos intuitions par rapport à son raisonnement[128]? Tout moyen pour vérifier si une loi existe devrait mettre en œuvre l'interaction des deux particules fugitives, ou encore provoquer la situation dans laquelle la propriété nouvelle se produit. Du coup, il ne s'agit plus de loi sans instances, et la source du désaccord s'est évanouie.

Si le système de lois fondamentales est suffisamment uni, les cas similaires à ceux qu'avance Tooley sont purement hypothétiques. Dans le cadre de ses convictions physicalistes, Armstrong est donc en droit de ne

125 TOOLEY, pp. 669, 685.

126 *What is a law of nature?*, pp. 118-121.

127 *Ibid.*, p. 126; *cf.* *A world of states of affairs*, pp. 252-254.

128 *Cf.* pourtant les remarques faites dans la conclusion de L. JAEGER, «Humean supervenience and best-system laws», *International Studies in the Philosophy of Science* XVI, 2002, pp. 151s.

pas se montrer trop impressionné par cette difficulté[129]. En revanche, il est décevant de voir qu'il concentre sa discussion sur les exemples hypothétiques de Tooley, au lieu de diriger son attention sur des lois sans instances, réellement utilisées dans les sciences. Pourquoi les physiciens tiennent-ils à la première loi de Newton, mais ne s'intéressent-ils guère aux vérités sur les licornes? Des objets qui ne soient soumis à aucune force sont pourtant aussi rares dans notre univers que ces animaux!

Il est vrai que les axiomes de Newton ne laissent pas seulement les épistémologues perplexes. Si ma propre expérience est, tant soit peu, représentative, bon nombre de physiciens éprouvent quelque difficulté à comprendre ce qu'ils affirment précisément. La haute estime dans laquelle on a coutume de tenir ces axiomes ne peut alors pas venir de leur contenu, mais de la place d'honneur qu'ils occupent dans la tradition à laquelle les manuels et cours initient le jeune savant. Même s'il ne comprend pas pourquoi, il sait au moins qu'ils sont le fondement même de la physique.

Comment expliquer cette situation surprenante de prime abord? Il faut, sans doute, commencer par souligner le manque de perspective historique dans l'enseignement de la science. Sans vision historique plus large, il n'est guère possible d'apprécier l'importance des axiomes de Newton. En général, ces axiomes se trouvent sur la (ou les) toute(s) première(s) page(s) de tout manuel de physique qui se respecte. L'étudiant apprend peut-être encore que, avant Newton, Galilée avait contribué à leur préparer le chemin. Mais même après des années d'études et de recherche, le scientifique continuera probablement à tout ignorer de la théorie aristotélicienne du mouvement, avec ses ramifications médiévales. Pourtant, c'est seulement sur cet arrière-plan que l'on peut saisir pourquoi la formulation des axiomes de Newton constitua une étape si importante dans l'avènement de la science moderne. D'aucuns ont proposé de traiter ces axiomes comme des définitions (du référentiel inertiel et de la force)[130]. Si on suit cette piste, il ne faut pourtant jamais oublier que trouver les définitions qui «collent» à la réalité est peut-être la marque la plus caractéristique du génie scientifique. Les axiomes nous disent quelles sont les variables

129 «Consciousness and causality», dans ARMSTRONG, MALCOLM, p. 103.

130 Comme Ernst Mach et Heinrich Hertz à la fin du XIXe siècle (Ronald N. GIERE, *Explaining science: a cognitive approach*, 1988, p. 76).

significatives sans lesquelles il est impossible de construire un discours scientifique pertinent. Un langage adapté n'est pas le moindre des préalables à la pratique des sciences.

Dès qu'on voit que les axiomes de Newton définissent, dans une certaine mesure, le langage scientifique et orientent les questions qu'il convient de poser en matière de recherche, on comprend que la difficulté qu'éprouvent scientifiques et épistémologues à leur égard est sans doute la rançon de leur caractère fondamental. On ne voit pas ses lunettes quand on contemple un paysage, pourvu qu'elles soient bien adaptées; une langue devient transparente quand on la maîtrise bien. Michael Polanyi distingua, dans tout acte de connaissance, entre la conscience subsidiaire et la conscience focale. Ce qui constitue le fondement même sur lequel notre connaissance se construit ne nous est accessible que sous une forme tacite, plus immédiate; notre attention consciente se porte ailleurs, sur l'objet à connaître[131]. Si les axiomes de Newton jouent alors le rôle fondamental que leur concède la tradition, il est tout à fait naturel qu'ils aient tendance à disparaître du premier plan de notre réflexion théorique. Ils ne sont pas l'objet de la recherche scientifique, mais font partie du cadre qui définit la pratique.

Ainsi, on comprend pourquoi une analyse qui traite les axiomes de Newton comme un *résultat* des sciences, parmi d'autres lois empiriques, tend à les rendre triviaux. Le premier axiome de Newton ne se trouve pas dans les premières pages des manuels de physique parce qu'il est une loi sans instances, et par là trivialement vrai. Il ne s'y trouve pas non plus parce qu'il *serait* vrai si une particule existait, dans des circonstances exceptionnelles, sans aucune interaction. Il s'y trouve parce qu'il définit partiellement ce qu'est la physique moderne; il contribue à établir le cadre conceptuel dans lequel la recherche scientifique se déroule depuis le dix-septième siècle. Rappelons que Kant était en mesure de déduire le premier axiome de Newton, dans un argument transcendantal, des possibilités de l'expérience scientifique[132].

131 *Cf.* L. JAEGER, *Croire et connaître: Einstein, Polanyi et les lois de la nature*, 2005², pp. 26s.

132 *Premiers principes métaphysiques de la science de la nature*, 1786, chap. III, théorème 2, trad. J. GIBELIN, 1990, p. 127.

b) Des lois ne valant que ceteris paribus

Deux masses s'approchent l'une de l'autre, avec une accélération déterminée par la force gravitationnelle, à condition que rien ne leur barre le chemin, qu'on néglige la résistance de l'atmosphère dans laquelle elles sont placées, qu'elles ne soient pas magnétisées, qu'elles ne soient pas trop proches l'une de l'autre, de sorte qu'on puisse négliger les forces atomiques… Un certain nombre de lois ne valent que *ceteris paribus*, c'est-à-dire en l'absence de facteurs perturbateurs. Dans l'état actuel de nos connaissances, d'autres lois sont valables dans des circonstances très variées: le laps de temps au cours duquel la moitié d'un groupe d'atomes d'uranium se désintègre n'est pas influencé par la température, la pression atmosphérique ou la présence d'un champ magnétique. Mais même dans ce cas, il faut veiller à ce qu'il n'y ait pas de mécanismes présents susceptibles de détruire les atomes d'uranium ou de déclencher une réaction en chaîne.

Armstrong désigne des lois valables en toutes circonstances comme lois «de fer»; pour celles qui ne valent que *ceteris paribus*, il a d'abord proposé le terme de lois «de chêne», mais préfère maintenant dire que ce sont des lois qui peuvent être défaites. Il est probable qu'un certain nombre des lois *ceteris paribus* soient aussi des lois sans instances: elles constituent des idéalisations qui ne correspondent à aucune situation réelle, même si les expérimentateurs engagent souvent des efforts considérables pour s'approcher le plus possible de la situation idéale. Puisque nous avons déjà discuté la problématique des lois sans instances, ignorons cette complication, pour nous concentrer sur les difficultés particulières que soulèvent les lois *ceteris paribus*.

Bien qu'Armstrong considère, dans *Qu'est-ce qu'une loi de la nature?*, que sa théorie permet une «explication élégante» de ces lois, il ne fait guère plus que reformuler la distinction entre lois «de fer» et lois «de chêne», en utilisant le langage de la nécessitation entre universaux. Dans le premier cas, le fait qu'un particulier *b* ait une propriété F implique que *b* a également une propriété G, quelles que soient les autres propriétés que possède *b*. Dans le deuxième cas, l'inférence n'est valable que si les propriétés perturbatrices sont absentes[133]. Comme Armstrong n'admet pas

133 Dans *What is a law of nature?*, Armstrong se limite aux lois liant des propriétés du même particulier. Cette simplification ne change pas la nature de la difficulté des lois *ceteris paribus*, de sorte qu'elle en facilite la discussion.

que l'absence d'une propriété compte comme cause, le seul facteur causal est F. De cette manière, l'absence de facteurs perturbateurs n'est pas dotée de pouvoir causal, ce qui est certainement en accord avec l'intuition des scientifiques[134].

Dans *Un monde d'états de choses*, le philosophe australien dispose d'un outil d'analyse supplémentaire. A la suite de Russell, il en est venu à la conviction qu'il faut accepter des «faits généraux»: la totalité d'une somme d'états de choses n'est pas simplement la conjonction de ces états de choses, mais elle constitue un état de choses d'un ordre plus élevé. Dire que la conjonction est constituée de *tous* les états de choses, c'est dire qu'il n'y en a pas d'autres[135]. Il devient ainsi possible de formuler les lois *ceteris paribus* non plus comme des lois valant en l'*absence* de facteurs perturbateurs, ce qui demanderait à se référer à des états de choses négatifs. On peut plutôt rendre la condition *ceteris paribus* en affirmant de façon positive que les facteurs mentionnés dans la loi englobent *tous* les facteurs agissants. Armstrong précise que le fait total n'est pas un élément causal en lui-même: «c'est simplement l'état de choses qui doit valoir s'il faut l'*implication* d'une connexion nomologique des types d'états de choses à une régularité des états de choses du premier ordre[136].»

En admettant des «faits généraux», Armstrong donne une formulation satisfaisante des lois *ceteris paribus*, qui s'intègre harmonieusement dans le cadre plus large de son programme ontologique. Cette réussite apparente ne résiste pourtant pas à un examen plus approfondi. Car on est en droit de se demander si cette formulation du problème des lois *ceteris paribus* correspond à leur fonction dans la pratique scientifique. Armstrong comprend des lois «de chêne», ou lois pouvant être défaites, comme des lois ne valant que dans certaines conditions. Son effort se concentre alors sur la formulation de ces conditions en accord avec son ontologie des états de choses. Sans nier l'intérêt de cette question, il faut néanmoins reconnaître que là ne réside pas le véritable problème que pose ce type de lois. Une loi *ceteris paribus*, dans la pratique scientifique, n'est pas une loi qui n'a de force que dans certaines circonstances favorables; c'est une loi formulée pour une situation idéale, mais applicable à des situations très variées, qui ne sont

134 *Ibid.*, pp. 147-150.
135 *A world of states of affairs*, pp. 197-201.
136 *Ibid.*, p. 231.

pas idéales pour leur part. La loi galiléenne de la chute des corps est formulée pour la situation idéale dans laquelle la résistance de l'air serait nulle, le champ gravitationnel de la terre homogène, son champ magnétique sans aucun effet sur le corps… La loi «de chêne» nous permet de formuler ces conditions dans une ontologie des états de choses. Mais la véritable question consiste à se demander pourquoi cette loi est une bonne approximation de la chute d'une pierre réelle, lâchée de la Tour de Pise, alors que les conditions idéales ne sont pas remplies. De même, il faudrait comprendre pourquoi le scientifique prend cette loi comme point de départ, y compris pour traiter la chute d'une feuille d'arbre, alors que la situation expérimentale n'est même plus une approximation de la situation idéale. Les lois *ceteris paribus* ne sont alors pas des lois qui ne valent que toute chose égale par ailleurs, mais des lois qui, bien que formulées pour une situation idéale, ont la force de légiférer même quand toutes choses ne sont *pas* égales par ailleurs.

Nous voyons ainsi que les notions clés qui permettent de comprendre le rôle des lois *ceteris paribus* sont les notions d'idéalisation et de superposition. L'erreur fondamentale me semble venir, encore une fois, de la volonté de lier trop étroitement la loi à une régularité universelle basée sur des entités de notre monde. Une loi *ceteris paribus* décrit peut-être une régularité idéale; mais il n'est nullement obligatoire qu'une régularité empirique y corresponde. Il s'agit plutôt de comprendre qu'une telle idéalisation est pertinente pour guider la recherche scientifique dans notre monde, qui est peuplé non de particules massives sans extension, mais de pierres irrégulières, de feuilles d'arbres et de la Tour de Pise[137].

Certains auteurs essaient de sauver le lien entre une loi et une régularité basée sur des entités réelles, en introduisant des dispositions. Dès lors, la loi galiléenne ne décrit pas seulement la chute d'un objet dans des circonstances idéales, mais encore la disposition à tomber par terre de cette pierre, ou de cette feuille – disposition qui n'est peut-être pas suivie de faits si des facteurs perturbateurs interviennent. Cette solution associe ainsi, à l'antécédent, «un fantôme du conséquent[138]»: comme le conséquent n'existe pas

137 Max KISTLER, «Laws of nature, exceptions and tropes», *Philosophia Scientiae* VII, 2003, pp. 189-219, développe une ligne de critique similaire contre le traitement des lois *ceteris paribus* par Armstrong.

138 *What is a law of nature?*, p. 122.

dans notre monde, le fantôme qui lui correspond est invité à en prendre la place. Comme nous l'avons vu, Armstrong s'oppose à cette proposition, car il considère qu'elle gonfle inutilement l'ontologie et met le projet naturaliste en péril[139].

Dans le contexte des lois *ceteris paribus*, il faut de toute manière noter que l'introduction de dispositions ne nous dispense pas de rendre compte des notions d'approximation et de superposition. Au moins pour les lois s'appliquant à des objets macroscopiques, il s'agit de comprendre non seulement pourquoi certaines idéalisations concernant les circonstances sont permises, mais aussi pourquoi il n'est pas nécessaire de considérer l'objet particulier dans toute sa complexité (la pierre, la feuille, la Tour de Pise, pour garder nos exemples). La question reste posée de savoir pourquoi on peut le décrire de façon idéalisée. La notion de superposition garde également toute son importance; car en général, un scientifique ne se contente pas de prendre connaissance d'*une* disposition, mais il souhaite décrire le comportement d'un objet combinant plusieurs dispositions.

Il faut en conclure qu'un compte rendu des lois *ceteris paribus* n'est pertinent pour la pratique scientifique que s'il réussit à éclairer les notions d'idéalisation et de superposition. Pour la première, Armstrong indique peut-être une piste prometteuse: il entreprend de construire la notion de ressemblance approximative entre universaux dans le contexte de son ontologie[140]. Mais il reste à voir dans quelle mesure cette notion peut être élargie pour rendre compte des procédures d'idéalisation dans la pratique scientifique. De même, il faudra montrer comment les ressources qu'offre l'ontologie réaliste d'Armstrong éclaircissent la superposition de facteurs causaux.

c) Des lois sous forme de fonction

Les lois reliant des propriétés à l'aide de fonctions mathématiques sont certainement des plus courantes en physique. Bien que d'autres sciences travaillent plus habituellement sur de simples lois qualitatives, même ces disciplines intègrent souvent la formulation quantitative comme un but à

139 *Cf.* p. 76 ci-dessus.
140 *A world of states of affairs*, pp. 47-63.

poursuivre. La concentration sur des lois comme «Tous les corbeaux sont noirs» a parfois empêché les épistémologues d'apprécier le rôle des fonctions mathématiques dans la formulation des lois – Armstrong lui-même souligne le piège[141]. Dans le contexte de son analyse, une loi de forme fonctionnelle pose plusieurs questions: Quels sont les universaux qu'elle relie? Quel est le lien entre la fonction globale et la relation qui gouverne les valeurs spécifiques des variables? Comment comprendre la loi pour des valeurs de variables qui ne sont jamais réalisées?

Prenons l'exemple de la loi de Boyle-Mariotte (en ignorant la complication supplémentaire du fait qu'elle ne vaut que pour des gaz idéaux). Elle donne une dépendance fonctionnelle entre la pression, le volume et la température d'une quantité de gaz fixe. Pour lire cette loi comme une relation entre des universaux, il faut que pression, volume et température soient des universaux. Armstrong signale que cette supposition n'est pas évidente; alors qu'il est assez facile d'envisager que deux objets qui ont une température de 273 K, ont quelque chose en commun, il est moins évident de le dire de deux objets, l'un ayant une température de 273 K, l'autre de 274 K. Partagent-ils l'universel «ayant une température»? Sur la base de son réalisme *a posteriori*, Armstrong considère qu'on peut répondre par l'affirmative dans les cas où de telles propriétés apparaissent dans une loi[142].

La principale difficulté à laquelle se heurte Armstrong vient du fait que les lois de forme fonctionnelle permettent une prédiction même pour les valeurs de variables qui ne sont jamais réalisées au cours de l'histoire. La loi newtonienne de la gravitation en fournit un exemple si la masse de l'univers est finie; car cette loi porte sur toute valeur de masse, sans limite[143]. De cette manière, les lois fonctionnelles nous ramènent de nouveau à la difficulté que posent les lois sans instances dans le cadre de l'analyse d'Armstrong. Contrairement au cas du premier axiome de Newton, la

141 *Ibid.*, p. 242. L'exemple intervient dans la formulation classique du célèbre «paradoxe des corbeaux», que fournit Carl Hempel et qui continue à exercer l'ingéniosité des épistémologues dans la tradition analytique (ENGEL, *La dispute*, pp. 156s; Karel LAMBERT, Gordon G. BRITTAN, *Eine Einführung in die Wissenschaftsphilosophie*, 1991, pp. 110-114).

142 *A world of states of affairs*, pp. 246s; *What is a law of nature?*, pp. 114s.

143 *A world of states of affairs*, p. 244.

forme fonctionnelle de la loi indique ici un chemin vers une solution possible; car on peut interpréter la loi fonctionnelle comme une hiérarchie de lois. Il y a la loi globale reliant des universaux déterminables; cette loi régit ensuite (peut-être en nombre infini) des lois reliant des universaux déterminés. Dans le cas de Boyle-Mariotte, ces lois dérivées disent, par exemple, qu'une quantité de gaz donnée, ayant une température de 300 K et subissant une pression de 1 N, doit occuper un volume de 1 l. Ou encore la même quantité de gaz, sous 2 N et à la même température occupe un volume de 0,5 l:

> C'est une loi [de second ordre] à propos des propriétés de type P que, si un particulier [de premier ordre] possède l'une de ces propriétés, alors c'est une loi [de premier ordre] à la fois que ce particulier ait une propriété de type Q et qu'il existe une certaine relation [la fonction: Q=*f*(P)] entre cette propriété de type P et cette autre de type Q[144].

Une fois cette hiérarchie de lois établie, la solution pour des valeurs non-existantes se conçoit facilement. Si la valeur de 300 K n'est jamais réalisée dans notre monde (par exemple, le gaz se liquéfie au-dessous de 373 K), nous pouvons toujours comprendre cette loi comme exprimant une affirmation contrefactuelle, dans laquelle la vérité du contrefactuel est assurée par la loi générale: « Les déclarations sur les lois sans instances disent en fait seulement quelles lois seraient en vigueur si, contrairement aux faits, certains universaux étaient dotés d'instances, c'est-à-dire existaient[145].» On peut ainsi admettre des lois sans instances dans le cas où il s'agit de lois dérivées.

On ne peut nier qu'Armstrong ait réussi à élaborer un compte rendu partiellement plausible des lois de forme fonctionnelle. Construire la loi sans instances comme une affirmation contrefactuelle convient assez bien pour le cas où les valeurs sont nomologiquement impossibles (comme c'est le cas dans notre exemple de la loi de Boyle-Mariotte à 300 K, alors que le gaz se liquéfie à 373 K)[146]. Ce traitement est moins convaincant quand l'absence d'instances ne provient pas des lois de la nature elle-même; on

144 *What is a law of nature?*, p. 113. Les crochets sont dans le texte. *Cf. A world of states of affairs*, pp. 247s, pour des précisions concernant le sens dans lequel la loi globale est (et n'est pas) une loi de «second ordre».

145 *What is a law of nature?*, p. 112.

146 *Ibid.*, pp. 126s.

est tenté d'accorder le même statut aux prédictions de la loi gravitationnelle de Newton, indépendamment de la question de savoir si les valeurs concernées sont en dessous ou au-dessus de la masse totale de l'univers.

Signalons qu'en science, on n'appelle pas habituellement «loi» les lois dérivées reliant des universaux déterminés. La loi de Boyle-Mariotte porte bien son nom; mais ce n'est pas le cas de l'affirmation qui soutient qu'une quantité de gaz subissant une pression de 1 N et occupant un volume de 1 l, doit, par exemple, avoir une température de 300 K. De même, on conçoit presque toujours les expériences de telle sorte qu'elles testent la loi globale, et non les lois dérivées individuellement. Pourtant, il est tout à fait normal qu'une analyse systématique d'un concept s'écarte, dans une certaine mesure, des habitudes de langage, fût-il scientifique. La proposition d'Armstrong tient compte de la différence entre les deux types de relations en traitant les «lois» sur des universaux déterminés comme dérivées de la loi globale. Cette dernière difficulté n'est donc pas une objection qui pèse lourd contre l'analyse fournie.

d) Des lois d'exclusion

L'écart avec la pratique scientifique devient de nouveau plus sensible quand Armstrong se tourne vers les lois d'exclusion. Le cas le plus simple est celui d'une loi où un objet *a* possède une propriété F, et, du coup, ne peut pas avoir une autre propriété G. L'exemple le plus célèbre en physique moderne est certainement le principe de Pauli, qui exprime le fait que deux électrons (ou d'autres fermions) ne peuvent pas occuper le même état quantique. Ce type de loi pose problème pour Armstrong dans la mesure où l'absence d'un universel n'est pas à son tour un universel. Quels seraient donc les universaux qu'une loi d'exclusion mettrait en relation?

Armstrong explore différentes possibilités, pour rendre compte de telles lois. On serait peut-être tenté de postuler que l'absence de certains universaux compterait quand même comme un universel. On tolérerait ainsi certains universaux négatifs – dans l'esprit du réalisme *a posteriori*, justement ceux qu'il faut pour formuler les lois d'exclusion[147]. Mais peut-on trouver un sens à un universel négatif? Une autre piste consisterait à reformuler la loi d'exclusion: au lieu de dire qu'un certain état de choses est

147 *Ibid.*, p. 144; *A world of states of affairs*, p. 233.

exclu, on dit qu'un certain nombre d'états de choses sont permis (c'est-à-dire tous ceux qui pourraient exister dans la situation qu'on étudie, à l'exception de l'état interdit)[148]. Maintenant se pose la question de savoir s'il est possible de déterminer tous les états de choses admis dans une telle situation.

Une troisième piste consisterait à admettre une loi d'exclusion comme un nouveau type de relation nomologique. Cette dernière proposition, qui paraît la plus dans l'axe de la pratique scientifique, est néanmoins suspecte dans l'ontologie naturaliste. Car quelles en seraient les instances? L'objet *a* ayant la propriété F, mais non G, n'est pas un état de choses si on interdit les universaux négatifs. Il faudrait compter comme instances de la loi des états de choses où *a* possède la propriété F, et un autre objet *b* la propriété G. «Est-ce satisfaisant? Je laisse cette question sans réponse[149]», concède Armstrong, et son lecteur sera, sans doute, tenté de répondre à la question posée par la négative.

Bien qu'aucune des propositions ne soit impossible, on est frappé de constater à quelle distance de la pratique scientifique elles se situent toutes. Pour le physicien, le principe de Pauli dit que deux fermions ne peuvent pas occuper le même état. S'il en est troublé, ce n'est pas parce qu'il se demande si «ne pas occuper un certain état» est un universel ou si la forme négative de la loi signifie qu'il s'agit d'un nouveau type de loi dont il serait difficile de concevoir les instances. Le principe de Pauli l'intrigue parce qu'il est lié aux propriétés statistiques des fermions qui paraissent étranges à celui dont le monde macroscopique a éduqué l'imagination. Ces propriétés statistiques montrent que, dans un groupe d'électrons, on ne peut pas accorder à chaque particule un caractère individuel; un état de choses dans lequel l'électron *a* occupe un certain état et l'électron *b* un deuxième, est strictement le même (au moins pour le calcul statistique) que celui où *a* et *b* ont «changé de place» – ce qui laisse penser qu'après tout, il est impossible de parler d'un électron *a* et d'un électron *b*, c'est-à-dire de leur «coller une étiquette», pour les distinguer. Ce fait devrait intéresser l'ami des universaux; car on est devant un cas où l'universel «être un électron» (s'il en est un) semble premier, par rapport aux entités individuelles. En même temps, la construction d'un état de choses, à partir de cet

148 *What is a law of nature?*, pp. 145s; *A world of states of affair*, pp. 233s.
149 *A world of states of affair*, p. 234.

universel et d'un objet particulier (lequel?) pose problème. Réfléchir aux difficultés de formuler le principe de Pauli sous la forme d'une relation entre universaux, est sans doute utile dans le cadre de l'ontologie d'états de choses qu'a élaborée Armstrong. Mais on ne peut que soupçonner une certaine myopie quant aux vrais problèmes qui se posent dans ce contexte et qui pourraient même finir par remettre en cause l'ontologie armstrongienne dans son ensemble.

8. L'a-priorisme du «réalisme a posteriori»

Après avoir examiné quatre types de lois et le traitement qu'Armstrong leur réserve, on ne peut que s'étonner de la distance qui sépare le projet d'Armstrong de la science. Plutôt que d'éclairer celle-ci, l'idée de lire des lois comme des relations entre universaux ne s'accorde que difficilement avec plusieurs aspects du concept tel que les scientifiques l'utilisent. On est même amené à se demander si son travail philosophique ne se préoccupe pas davantage de la forme qu'il veut donner aux lois, plutôt que de prêter une écoute attentive aux résultats de la science. Dans ses textes, Armstrong utilise bien peu d'exemples tirés des sciences. La plupart du temps, il considère quelques cas fréquemment utilisés dans les discussions philosophiques (comme les axiomes de Newton) ou des cas que les épistémologues ont inventés. Ce reproche peut également prendre une allure plus historique: la science moderne n'est-elle pas née quand les savants ont rejeté les formes aristotéliciennes[150]? Ce n'est pas le fruit du hasard si van Fraassen termine sa critique de la proposition d'Armstrong par une discussion inventée entre un docteur scolastique et un adepte de la science mécaniste[151].

L'interaction avec la science devient, à mon sens, tout à fait décevante quand on arrive aux résultats de la mécanique quantique. Dès sa naissance, la théorie des quanta n'a cessé d'intriguer les savants tout comme les ama-

150 La rhétorique du XVIIe siècle à l'encontre des «propriétés occultes» n'est pas sans poser question; nous aurons à y revenir quand nous examinerons l'appui que Cartwright cherche explicitement auprès des formes aristotéliciennes (*cf.* pp. 195-198, 243, 246-248 ci-dessous).

151 VAN FRAASSEN, *Lois et symétrie*, pp. 224s.

teurs; la remise en question d'une vision classique du monde qui en découle est considérable. Certes, Armstrong mentionne ici et là la mécanique quantique: le hasard qu'elle postule à un niveau fondamental, la non-localité mise en lumière dans l'expérience d'Einstein, Rosen et Podolsky. Mais ces renvois sont rapides et portent la marque de l'«outsider» qu'Armstrong avoue être[152]. Je n'ai pas trouvé trace d'une volonté d'en approfondir la compréhension, ou au moins de s'informer de première main auprès de physiciens travaillant dans ce secteur. A plusieurs reprises, il indique David Lewis comme sa source; mais celui-ci a exercé, lui aussi, son activité dans l'univers des épistémologues et non dans celui des scientifiques[153].

Armstrong se dit prêt à modifier son compte rendu si les résultats physiques viennent à le contredire[154]; mais cette déclaration d'intention n'est guère suivie de conséquences concrètes, alors que la mécanique quantique mène à des interrogations sérieuses devant la construction ontologique d'Armstrong. D'abord, la mécanique quantique menace (de l'intérieur de la physique!) le projet naturaliste, tel qu'Armstrong le définit en termes spatio-temporels: «Les phénomènes régis par la physique quantique sont certes localisés isolément dans un cadre spatio-temporel, mais l'insuffisance de permanence, de régularité, et de continuité, qui caractérise leurs suites séquentielles, fait obstacle à leur *synthèse* dans l'espace et dans le temps[155].»

Ainsi, «le sol de l'entreprise physicaliste[156] se dérobe sous les pas de ceux qui y prennent part[157].» Pour répondre à ce défi, Armstrong en refuse le caractère fondamental. Il remarque que la thèse naturaliste ne s'oppose

152 «Naturalism, materialism and first philosophy», p. 150.

153 ARMSTRONG, HEATHCOTE, p. 72; «Going through the open door again», dans PREYER, SIEBELT, p. 168. Lewis avait étudié la chimie, pendant deux ans, à Swarthmore College, avant de se tourner vers la philosophie en 1959.

154 «Going through the open door again», dans PREYER, SIEBELT, pp. 168s.

155 BITBOL, *Physique et philosophie de l'esprit*, p. 12.

156 Bitbol discute la question en dialogue avec Otto Neurath, qui définit le physicalisme comme le projet de rendre compte de l'ensemble de la réalité dans des catégories spatio-temporelles (O. NEURATH, «Physikalismus: die Philosophie des Wiener Kreises», 1931, *Gesammelte philosophische und methodologische Schriften*, éd. R. HALLER, H. RUTTE, 1981, vol. I, p. 415) – ce qu'Armstrong appelle naturalisme.

157 BITBOL, p. 14. *Cf.* Werner HEISENBERG, *Le manuscrit de 1942*, trad. C. CHEVALLEY, 1998, pp. 254s; Bernard d'ESPAGNAT, *Une incertaine réalité: le monde quantique, la connaissance et la durée*, 1985, pp. 275s.

pas à l'éventualité d'un niveau élémentaire de la réalité que l'on serait amené à décrire autrement qu'en langage spatio-temporel, aussi longtemps que cette base permet de dériver l'espace-temps de l'expérience ordinaire: «Ce qui n'est pas ultime peut néanmoins être réel.» On devine le crédit de confiance accordé (à la Moore) au sens commun, quand Armstrong constate: «Je trouve difficile de croire que même les spéculations les plus extravagantes en physique fondamentale demandent un tel déni [du fait que le monde a des caractéristiques spatio-temporelles][158].»

Ensuite et plus fondamentalement encore, l'ontologie d'états de choses se trouve mise à mal par la mécanique quantique. Nous avons déjà mentionné l'impossibilité de distinguer les particules élémentaires d'un même type, ce qui trouve son expression dans les statistiques non classiques de Bose et de Fermi. Armstrong reconnaît ce fait comme une remise en cause éventuelle de son ontologie; il peut fournir une occasion de mettre en pratique le caractère *a posteriori* de son projet métaphysique[159]. D'autres difficultés s'y ajoutent, comme la question de savoir si on peut traiter les quantités mesurées comme des prédicats appartenant en propre à des objets microscopiques. On comprend pourquoi Quine en est venu à s'interroger sur la mise en cause que constitue la théorie des quanta «non seulement [pour] une ontologie tendrement aimée de particules élémentaires, mais encore [pour] le sens même de la question ontologique, la question ‹qu'y a-t-il›?[160].» Les travaux d'Armstrong ne portent pas trace de tentatives concrètes de modifier son ontologie pour intégrer ces données physiques.

La légèreté avec laquelle Armstrong passe au-dessus des énigmes de la mécanique quantique paraît étrange quand on se rappelle le physicalisme qu'il affiche. A le lire, on a l'impression que son scientisme semble avoir essentiellement une fonction négative: il l'amène à exclure tout ce qui se situerait en dehors de l'espace-temps. Mais on voit moins en quoi la science (dans son état réel et non simplement en tant que fiction idéalisée) informe son activité philosophique constructive, en ce qui concerne par

158 «Naturalism, materialism and first philosophy», p. 150.

159 Communication privée, 9 déc. 2004, Aix-en-Provence; confirmée dans un courriel du 23 janvier 2005.

160 *La Poursuite de la vérité*, trad. fr. M. CLAVELIN, Paris, Seuil, 1993, p. 62, cité par BITBOL, p. 14.

exemple l'élaboration de son ontologie. De même, sa théorie des lois a connu une certaine évolution, mais les donnés scientifiques n'y ont guère contribué.

La mécanique quantique n'est pas seule à mettre à mal le programme ontologique d'Armstrong, de l'intérieur même de la science. Pour le voir, on n'a pas besoin de revenir sur la réduction du mental au physique et les difficultés qu'elle pose, dont une partie relève plutôt de l'analyse épistémologique que du strict domaine des sciences de la nature – ce qui ne veut pas dire que les problèmes soulevés soient moins pertinents[161]. Il y a d'autres réductions qui posent problème. L'explication physique de phénomènes biologiques, malgré des succès remarquables, est loin d'être achevée, et d'aucuns considèrent que les phénomènes du vivant font appel à des concepts globaux, qui ne peuvent justement pas venir d'une science microscopique. Même à l'intérieur de la physique, on n'a pas su mener à terme le projet réductionniste. Dans la leçon prononcée à l'occasion de l'obtention du prix Nobel pour l'effet Hall quantique fractionnaire, Robert Laughlin le rappelle, sous forme d'anecdote:

> L'un des moments que je préfère au cours de l'année universitaire se produit au début du printemps, avec ma classe d'étudiants extrêmement brillants de troisième cycle, qui maîtrisent la mécanique quantique mais qui sont par ailleurs sans méfiance et candides. Je leur donne un devoir à la maison dans lequel il leur est demandé de déduire des premiers principes la superfluidité. [... L]a tâche est impossible. La superfluidité, comme l'effet Hall quantique fractionnaire, est un phénomène émergent [...] qu'on ne peut déduire de façon rigoureuse des équations microscopiques du mouvement [...] Les étudiants se sentent trahis et blessés par cette expérience parce qu'on les a formés à penser en termes réductionnistes [...] Mais la nature est bien plus impitoyable que moi, et les étudiants qui pratiquent suffisamment longtemps la physique pour faire sérieusement face aux données expérimentales, en viennent en fin de compte à comprendre que l'idée réductionniste est fausse la plupart du temps, et peut-être même toujours[162].

Certes, le physicalisme au sens strict du terme, pourrait s'accommoder de tels résidus non réduits, à l'intérieur de la physique: vouloir tout expliquer en termes physiques, n'exige pas forcément d'expliquer tous les phénomènes à partir d'un groupe d'axiomes unifié. Une des

161 *Cf.* pp. 68s ci-dessus.

162 «Nobel lecture: fractional quantization», *Reviews of Modern Physics* LXXI, 1999, p. 863. Je remercie Charles Harper de m'avoir indiqué cette référence.

motivations premières du naturalisme d'Amstrong se verrait pourtant compromise: il cherche l'élégance du système unifié[163]. Un tel physicalisme non réductionniste perdrait beaucoup de son attrait: si l'on doit admettre différentes régions indépendantes à l'intérieur de la physique, pourquoi espérer que les autres disciplines scientifiques (naturelles et humaines) se laissent déduire à partir de cette base? Il serait surprenant que les laboratoires de physique réunissent les enquêtes scientifiques qui résistent à l'unification réductionniste, alors que l'on ne travaillerait que sur des projets dérivés au final de la physique dans les autres sciences naturelles. Au moins en apparence, l'écart entre la physique et les autres disciplines est plus grand que celui qui sépare les différents sous-domaines de la physique.

Devant les échecs du projet réductionniste, il reste toujours possible d'espérer qu'ils ne sont que temporaires, que le progrès scientifique permettra de trouver de plus en plus de chaînons manquants. Mais une telle stratégie de défense n'est pas très crédible quand les lacunes constatées restent trop importantes: «Une pénurie constante de naturalisations [réussies] suscite des doutes sur le naturalisme[164].» Et il n'est même pas vrai que le progrès scientifique va toujours dans le sens du programme réductionniste. A certains moments, la recherche patiente des scientifiques met d'autant plus en lumière l'abîme infranchissable entre deux domaines[165].

Même si on peut se demander si Armstrong prend toute la mesure des problèmes variés auquel doit faire face le projet physicaliste, il est évident qu'il est conscient d'un certain nombre d'entre eux. Il fait ressortir lui-même les difficultés de tout compte rendu naturaliste devant la conscience, la perception et l'intentionnalité d'états mentaux[166]. Face à de telles difficultés, un retranchement ultime reste toujours ouvert: on peut plaider le fait que la complexité des situations réelles rend la réduction impossible *de fait*, alors qu'elle s'applique *de droit*. Armstrong tend effec-

163 *Cf.* pp. 61s ci-dessus.

164 Steven J. WAGNER, Richard WARNER, «Introduction», dans *Naturalism: a critical appraisal*, sous dir. S. J. WAGNER, R. WARNER, 1993, p. 4.

165 POPPER, pp. 112ss.

166 «Epistemological foundations for a materialist theory of the mind», pp. 49-54; *The mind-body-problem*, pp. 6, 20, 111, 140, 143. *Cf.* «Metaphysics and supervenience», pp. 12s, pour la difficulté de formuler une conception des mathématiques compatibles avec le naturalisme.

tivement à adopter pareille attitude devant l'impossibilité constatée de dériver des principes économiques ou politiques, à partir de la physique[167]. Cette stratégie rend pourtant malaisée l'entreprise d'argumenter en faveur du projet physicaliste de façon *a posteriori:* comment le fonder sur les résultats scientifiques, si les réductions ne sont pas accessibles dans la pratique scientifique?

On en vient alors à s'interroger sur le prétendu caractère *a posteriori* du naturalisme d'Armstrong. Est-ce vraiment la science qui l'amène à rejeter tout ce qui existe en dehors de l'espace-temps et à tenter une explication physique de tout ce qui se situe à son intérieur? Certes, il maintient que son physicalisme constitue une inférence à la meilleure explication, à partir des succès impressionnants de la science dans l'explication du monde. S'y ajoute une dose de scepticisme: pour postuler des entités en dehors de l'espace-temps, il demande des arguments – qu'il ne voit pas se profiler[168]. Mais par moment, les obstacles qui se dressent sur le chemin du programme physicaliste deviennent tellement pressants, qu'Armstrong ne peut qu'avouer que son naturalisme ne repose pas uniquement sur les résultats scientifiques, mais constitue bel et bien une *posture* qu'il adopte, pour organiser ces résultats et les intégrer dans une vision plus large. En voici quelques exemples seulement.

Déjà dans un article de 1973, Armstrong souligne les difficultés qu'a le matérialiste à formuler un compte rendu cohérent de la perception et de l'intentionnalité, telles qu'elles se manifestent dans la pensée humaine (et animale): «Cette tâche n'est pas facile quoique, ajoute-t-il, j'espère vraiment qu'on pourra l'accomplir» – où cet espoir ne se fonde pas sur l'élaboration d'un tel compte rendu, ne serait-ce que dans ses grandes lignes[169]. Plus de vingt-cinq ans plus tard, il écrit toujours: «La philosophie est difficile; et le problème corps-esprit est particulièrement difficile, et aucun philosophe (ni qui que ce soit d'autre) ne devrait prétendre qu'il *sait* la vérité sur le sujet.» Cette fois-ci, il reconnaît explicitement que le matérialisme fonctionne comme une perspective à partir de laquelle il organise les

167 Communication privée, 9 déc. 2004, Aix-en-Provence; confirmée dans un courriel du 23 janvier 2005.

168 Communication privée, 9 déc. 2004, Aix-en-Provence; confirmée dans un courriel du 23 janvier 2005.

169 «Naturalism, materialism and first philosophy», p. 160.

données: «Sans point de vue, sans parti pris, un philosophe n'est rien. [...] Je penche plutôt fortement pour un compte rendu matérialiste du mental[170].» Dans d'autres contextes, Armstrong trahit également le fait qu'il adopte le naturalisme non directement sous la pression des résultats scientifiques, mais comme une posture qui détermine sa construction philosophique. Ainsi, il écrit, par exemple, qu'«il faut éviter *autant que possible* une vision anti-naturaliste de la possibilité[171].» De même: «Dans le cas des énoncés mathématiques [...], je n'ai pas connaissance que nous ayons actuellement d'eux une explication naturaliste satisfaisante. Mais il *doit sûrement y avoir* une telle explication[172].» Dans ce contexte, la base de sa certitude ne semble être rien d'autre que ses convictions naturalistes elles-mêmes.

Qu'est-ce qui reste donc du caractère *a posteriori* du système philosophique d'Armstrong? Son naturalisme n'en relève certainement pas; il est une posture adoptée pour organiser ses connaissances et ses convictions. Bas van Fraassen parle à ce propos de «fausse conscience»: le matérialisme se déguise en hypothèse empirique, alors qu'il est une attitude qui survit aux changements de paradigme scientifique[173]. Notre analyse fait ressortir qu'une telle méprise n'est pas accidentelle: comme le matérialisme prétend ne reconnaître qu'une seule autorité – la science –, il n'a guère d'autre choix que de se déguiser en affirmation scientifique, s'il ne veut pas se contredire lui-même. Il ne peut alors que s'ignorer en tant que *posture*, et la fausse conscience paraît inévitable.

D'ailleurs, il n'est même pas sûr que l'on puisse trouver un sens à l'idée d'un fondement scientifique du physicalisme. Comment justifier, en employant uniquement des méthodes scientifiques, que la physique est la meilleure, voire l'unique méthode pour étudier le monde? Un tel projet est

170 *The mind-body-problem*, p. 2. En sa défense, il invoque les difficultés que les théories dualistes rencontrent à leur tour; il les tient pour plus difficiles à surmonter que celles du matérialiste (communication privée, 9 déc. 2004, Aix-en-Provence; confirmée dans un courriel du 23 janvier 2005).

171 «Discussion: in defence of structural universals», *Australasian Journal of Philosophy* LXIV, 1986, p. 87 (c'est moi qui souligne).

172 «Naturalism, materialism and first philosophy», p. 156 (les italiques sont miens).

173 *The empirical stance*, 2002, pp. 56ss; le terme se rapporte très précisément au matérialisme de Smart, autre représentant du «matérialisme australien».

de nécessité circulaire[174]. Pire encore, rien dans la méthodologie des sciences de la nature ne soutient les prétentions impérialistes du naturalisme, et encore moins du physicalisme. Ce n'est pas le fait du hasard que l'on poursuive les différentes variantes que prend le programme naturaliste, non dans les laboratoires de recherche scientifique, mais bien plutôt dans les départements liés aux sciences humaines:

> Il serait vraiment surprenant que les sciences empiriques aient quelque chose à dire sur la question de savoir si les catégories non empiriques, dont l'étude se situe à l'extérieur de ces sciences, sont vides. Les méta-principes généraux sur la nature de la recherche légitime, en particulier les méta-principes qui portent sur la recherche non empirique, ne sont pas le fruit des sciences empiriques; ils émanent plutôt de la philosophie, qu'elle soit bonne ou mauvaise.
>
> [... Le naturalisme] est une déclaration sur *toute* entité réelle et sur *toute* méthode légitime pour acquérir des connaissances. Les sciences empiriques, pour le meilleur ou pour le pire, ne sont pas aussi monopolistiques; nous n'avons pas non plus la moindre raison de penser qu'elles le deviendront[175].

Non seulement le naturalisme d'Armstrong ne peut pas se réclamer de l'autorité de la science, mais encore sa démarche philosophique et ses résultats se trouvent, à plus d'un aspect, en tension avec l'idéal scientiste. Sans revenir sur les zones de tension déjà soulignées, faisons remarquer une difficulté supplémentaire qui appartient au domaine de la théorie de la connaissance. Bien qu'Armstrong dise (et c'est un élément important de son réalisme *a posteriori*) que la science a la tâche de découvrir quels universaux existent et quelles sont les relations entre eux[176], il ne montre pas comment cela peut se faire pratiquement. Pourtant on ne peut pas considérer que

174 Bas VAN FRAASSEN, «Against naturalized epistemology», dans *On Quine: new essays*, sous dir. P. LEONARDI, M. SANTAMBROGIO, 1995, pp. 73-77, met en lumière l'absurdité d'un programme de recherche parallèle: montrer à l'aide de méthodes empiriques que l'expérience est le seul moyen fiable d'évaluer la vérité d'hypothèses.

175 Paul K. MOSER, David YANDELL, «Farewell to philosophical naturalism», dans CRAIG, MORELAND, pp. 10s. Van Fraassen soutient même que le respect pour la démarche empirique des sciences naturelles ouvre à d'autres dimensions de l'expérience humaine, que ces sciences ne prennent pas en compte (*cf.* p. 320 ci-dessous).

176 *What is a law of nature?*, pp. 83, 139.

la découverte d'universaux va de soi, dans la mesure où les approches épistémologiques qui ne font pas de place aux universaux sont fréquentes, sans doute même majoritaires.

En fait – et j'espère que cette suggestion n'est pas irrespectueuse – on en vient à se demander si l'invocation de la science, dans le contexte des travaux philosophiques d'Armstrong, ne joue pas un rôle comparable aux formules rituelles dans certaines pratiques religieuses: leur contenu conceptuel a peu d'importance, mais leur prononciation rassure et inscrit la pratique dans un univers qui surpasse les ressources de l'individu. Cette comparaison osée s'appuie sur le fait qu'Armstrong proteste souvent de sa fidélité au projet naturaliste, lorsqu'il constate des difficultés pour sa construction philosophique (soit parce que d'autres philosophes contestent ses vues, soit parce qu'il ressent des tensions avec les résultats scientifiques). En général, ces déclarations d'allégeance ne sont pas suivies de conséquences: le renvoi à la science ne sert pas de correctif effectif.

Citons un exemple particulièrement frappant: Armstrong discute, dans *Un monde d'états de choses*, la question de savoir s'il existe des relations nécessaires entre universaux simples (alors qu'il n'admet que les lois de la nature, comme relations *contingentes*, dans son ontologie). Il conclut cette discussion avec les remarques suivantes:

> Nous reconnaissons, voire insistons sur le fait que, comme pour la plupart des autres propositions en métaphysique et peut-être toutes, il ne peut pas y avoir de preuve déductive du contraire ou de preuve de l'Indépendance [c'est-à-dire de la conception qu'aucune relation nécessaire n'existe]. En effet, nous avons suggéré qu'il est plus probable que le dernier mot sur la proposition, s'il peut y en avoir un, doit être prononcé par la science plutôt que par la philosophie. Mais nous espérons que l'explication claire de la conception rivale nécessitariste a contribué à montrer les attraits de l'Indépendance [...] compte tenu de la métaphysique des états de choses[177].

Ces quelques remarques méthodologiques suscitent plus de questions qu'elles n'offrent de réponses. Quel test *scientifique* envisager pour décider s'il existe des relations nécessaires, en opposition aux relations contingentes, entre universaux? Si c'est à la science de décider une telle question, à quoi bon investir beaucoup d'énergie dans la discussion philosophique à ce propos? Le système ontologique très élaboré d'Armstrong est-il vrai-

177 P. 158.

ment en harmonie avec l'humble tâche qu'il concède à la philosophie, à savoir «montrer les attraits» d'une certaine thèse, avant qu'elle soit soumise au test décisif à l'aide de la méthodologie scientifique? Si le verdict de la science est définitif, pourquoi Armstrong ne cherche-t-il pas d'aide auprès des scientifiques expérimentaux, pour progresser dans l'évaluation de ses thèses (comme c'est la pratique courante des physiciens théoriciens, par exemple)? La seule réponse raisonnable à ces questions semble être la suivante: la référence à la science n'est pas à prendre au sens littéral. Sa fonction n'est *pas* de suggérer un travail de recherche scientifique effectif, pour asseoir la proposition ontologique. Elle est plutôt un indice de la vision plus large dans laquelle Armstrong inscrit son travail. Prise au pied de la lettre, la «confession de foi» scientiste renvoie à la science. Mais ce n'est pas celle-ci qui est réellement en vue: le geste de pointer vers la science est une manière (confuse!) d'adopter une certaine posture pour laquelle en fin de compte, la pratique scientifique effective ne joue qu'un rôle subordonné.

9. Convictions religieuses et lois de la nature

Nous sommes parvenus à une évaluation paradoxale du système philosophique d'Armstrong, dans lequel s'inscrit sa conception des lois de la nature: malgré l'affirmation du projet physicaliste, Armstrong ne permet guère à la science, telle qu'elle est pratiquée, d'assumer un rôle fondateur, ou même simplement correcteur. Cette incohérence concerne le cœur de son programme philosophique; elle nous oblige à chercher la fonction des protestations physicalistes au-delà de ce qu'une lecture de premier niveau suggérerait. Il est alors temps de revenir aux aspects religieux de la pensée d'Armstrong. Comme il est particulièrement difficile d'articuler de façon claire les convictions les plus fondamentales, on peut espérer que le détour par la religion éclairera le paradoxe constaté.

Armstrong se décrit aujourd'hui comme «un agnostique penchant vers l'athéisme». Elevé par des parents libéraux, il fréquentait les cultes de la *Church of England* en tant qu'enfant, sans que cela ait produit la foi en Dieu. Déjà au début des études universitaires, il était convaincu que la science nous donne accès à la vérité, et il cherchait une explication immanente pour l'ensemble de la réalité. Ses intuitions se trouvèrent renforcées au contact de son professeur John Anderson, athée et naturaliste[178]. Un incident, relaté dans l'esquisse autobiographique publiée, est significatif de l'attitude d'Armstrong: lors de la session commune de l'*Aristotelian Society* et de la *Mind Association*, en 1955, Braithwaite parla de son expérience religieuse, ce qui incita d'autres philosophes à témoigner à leur tour. «Pendant quelques minutes, l'atmosphère ressembla davantage à un service religieux de réveil qu'à une réunion philosophique. Pour essayer de faire quelque chose à ce propos, je me suis levé et j'ai témoigné de mon expérience irreligieuse[179].»

Cependant, Armstrong n'est pas (ou plus) engagé dans un combat contre la religion. En évoquant ce souvenir, il ajoute le commentaire: «Etant donné ma position métaphysique actuelle sur des états de choses négatifs, je considère maintenant que je me plaçais sur un terrain peu solide[180].» La remarque se rapporte sans doute à son refus de compter l'absence d'une entité comme un fait en soi[181]; il paraît alors difficile de faire l'expérience d'un état de choses négatif, comme ce serait la non-existence de Dieu. Mais au-delà des considérations ontologiques, deux autres raisons – l'une pragmatique, l'autre épistémique – expliquent principalement son irénisme actuel. D'abord, il considère que la religion remplit une fonction sociale utile. Elle apporte du réconfort dont beaucoup ont besoin, car il n'est pas facile de se savoir placé dans un univers exclusivement physique[182]. Ensuite, l'humilité se recommande dans chaque situation où des personnes éduquées se trouvent des deux côtés du débat. Si des individus intelligents connaissent tous les arguments et optent néanmoins pour le camp adverse, il vaut mieux reconnaître que nous manquons de certitude épistémique[183]. Telle est manifestement notre situation dans le débat qui oppose théistes et athées. De plus, Armstrong a

178 Communication privée, 9 déc. 2004, Aix-en-Provence; confirmée dans un courriel du 23 janvier 2005.

179 «Self-profile», p. 13.

180 *Ibid.*

181 *A world of states of affairs*, p. 200.

182 Communication privée, 9 déc. 2004, Aix-en-Provence; confirmée dans un courriel du 23 janvier 2005.

183 «A naturalist program: epistemology and ontology», p. 82.

évolué quant à la force des arguments échangés. Pendant longtemps, il considérait qu'aucun argument avancé en faveur de l'existence de Dieu n'était véritablement intéressant à considérer. Aujourd'hui il accorde une certaine probabilité (qui reste assez faible) à l'argument fondé sur le dessein. Si une forme de celui-ci s'avérait fondée, il montrerait que des principes téléologiques sont à l'œuvre dans l'univers, ce qui reviendrait à reconnaître une dimension non physique (même s'il ne s'agit pas d'une divinité personnelle)[184]. L'attention qu'Armstrong porte à cet argument ajoute à la retenue avec laquelle il défend maintenant son athéisme.

Interrogé sur les rapports entre ses convictions athées et son analyse des lois, Armstrong écrit:

> Je ne pense pas qu'il y ait une connexion spéciale entre ma théorie des lois de la nature et mon manque de croyance religieuse. J'aurais encore cette théorie, me semble-t-il, même si je croyais en Dieu – en effet on pourrait utiliser l'idée que les lois risquent d'être «défaisables» pour traiter une divinité transcendante comme une «cinquième force» capable d'interférer dans le cours de la nature par le biais du miracle[185].

L'absence de rapport entre convictions religieuses et conception des lois, qu'Armstrong constate, paraît vraie sous un certain regard. L'idée que les lois soient des relations contingentes entre universaux n'est pas impie, des croyants pourraient la défendre et l'ont sans aucun doute fait. Un examen plus détaillé de sa théorie amène pourtant à constater des liens qui n'ont peut-être pas la force de relations logiques, mais qui ne sont pas pour autant négligeables. Le naturalisme d'Armstrong en constitue, bien entendu, le candidat le plus éminent. Qu'il joue un rôle déterminant pour l'ensemble de la construction philosophique d'Armstrong n'est plus à démontrer: il constitue une motivation importante et le principe structurant de larges secteurs de son activité philosophique – de sa théorie combinatoire de la possibilité jusqu'à la philosophie de l'esprit. Le programme naturaliste (développé dans le sens du physicalisme) fournit ainsi le cadre dans lequel prend sens son analyse des lois comme relations entre

184 *Ibid.*, p. 88; et communication privée, 9 déc. 2004, Aix-en-Provence, confirmée dans un courriel du 1 février 2005. *Cf.* D. M. ARMSTRONG, «Why are we here? Review of *Just six numbers: the deep forces that shape the universe,* by Martin REES», *Quadrant* XLV, 4, avril 2001, p. 78.

185 Courriel du 22 avril 2003. Il me semble significatif qu'il parle de «manque de croyance religieuse», plutôt que de convictions (ir-)religieuses.

universaux. Plus spécifiquement, il dicte le rejet de toute entité en dehors de l'espace-temps. Comme nous l'avons vu, ce rejet a des conséquences variées pour son compte rendu. Il est une des raisons décisives pour lesquelles Armstrong préfère au platonisme un réalisme d'allure aristotélicienne. Le naturalisme l'amène à exclure les dispositions de sa base ontologique, ce qui lui ferme la possibilité de faire appel à elles, comme solution de rechange à la place des universaux, pour rendre compte de la légalité naturelle. Ses convictions naturalistes l'obligent également à renoncer aux universaux sans instances, avec les difficultés que cela pose pour rendre compte des lois sans instances.

Au-delà de ces rapprochements évidents, le programme naturaliste semble inspirer un autre aspect du système philosophique d'Armstrong, pour lequel le lien est d'autant plus difficile à établir que l'aspect est fondamental. Il s'agit de ce qu'il appelle, suivant C. B. Martin, le «principe des vérifacteurs», c'est-à-dire la conviction que «pour toute déclaration vraie ou du moins pour toute déclaration contingente vraie, il faut qu'il y ait dans le monde, quelque chose qui rende la déclaration vraie[186].» Le vérifacteur désigne une entité extra-linguistique: il s'agit de «tout ce ‹en vertu de quoi› les vérités sont vraies[187].» Ce principe joue un rôle décisif, à différents moments, dans le système philosophique d'Armstrong; lui-même considère qu'il constitue «peut-être l'argument fondamental» de son livre consacré à l'ontologie des états de choses[188]. De fait, il explique la saveur réaliste de sa construction métaphysique. Alors que d'autres empiristes se contentent de constater certains faits contingents, Armstrong leur cherche une «base ontologique». L'introduction des états de choses trouve ici sa motivation ultime: «Soit le cas où un particulier *a* est une instance d'un universel F. *a* est F. Ne faut-il pas quelque chose, de par le monde, qui fasse que ce soit le cas, qui serve de base ontologique, pour cette vérité?» «L'état de choses d'après lequel *a est F*» est justement conçu pour assumer ce rôle[189].

186 «Dispositions as categorical states», p. 15.
187 «Vérifacteurs pour des vérités modales», p. 491.
188 *A world of states of affairs*, p. 115.
189 *Ibid.*, pp. 115s.

L'influence du naturalisme sur l'adoption du principe des vérifacteurs n'a pas besoin de prendre la forme d'une inférence inévitable, pour être effective. Il y a des penseurs athées qui n'acceptent pas ce principe, qui résistent à la demande généralisée d'explication qui en découle. Néanmoins, ces deux présupposés fondamentaux du système d'Armstrong manifestent une parenté certaine, même si leurs rapports sont moins directs: celui qui n'accepte pas de fondement transcendant pour la réalité peut être tenté de chercher une explication immanente pour chaque aspect du monde. Face à la contingence, il ne lui reste que deux attitudes possibles: la tenir pour un fait brut ou lui trouver une base intérieure à l'espace-temps. Comme Armstrong éprouve du dégoût pour la première solution[190], son naturalisme le force à adopter la seconde. La formulation que donne Armstrong du principe des vérifacteurs trahit d'ailleurs l'appartenance de ce dernier à l'univers conceptuel du naturalisme; il s'agit, dit-il, de trouver «quelque chose dans (ou de par) le monde» qui sert de fondement ontologique.

En ce qui concerne sa théorie des lois, le principe des vérifacteurs fournit une motivation des plus importantes pour le recours aux universaux: «Pour que ce soit une loi que F soit G, il faut *nécessairement* que F soit G, dans un certain sens de ‹nécessaire›. Mais quelle est la base dans la réalité, le vérifacteur, la base ontologique d'une telle nécessité? Je propose qu'on ne puisse le trouver que dans *ce qu'est un F* et dans *ce qu'est un G*[191].»

Les pionniers de la science moderne se voyaient, eux aussi, face à la même question (*mutatis mutandis*). Beaucoup d'entre eux (par exemple Boyle, Newton et Descartes) se référaient à la volonté du Créateur, pour comprendre l'«obéissance» de la nature aux lois[192]. Armstrong est conscient de cette explication rivale[193]. Comme il s'inscrit en porte-à-faux avec le cadre théologique dans lequel plusieurs des premiers scientifiques modernes opéraient, il cherche une base ontologique immanente à l'ordre

190 Il lance à ceux qui ne voient pas le besoin d'expliquer les régularités naturelles: «Peut-être les régularités n'ont-elles besoin d'aucune explication? A mon avis, si vous le croyez, vous êtes en mesure de croire n'importe quoi» («Discussion: reply to van Fraassen», p. 229).

191 *What is a law of nature?*, p. 77 (déjà cité p. 59 ci-dessus).

192 JAEGER, *Croire et connaître*, pp. 244-247, et *Pour une philosophie chrétienne des sciences*, pp. 29-36.

193 «Discussion: reply to van Fraassen», p. 229.

naturel. Cela suggère que son naturalisme fournit, en fin de compte, une des motivations majeures pour le recours aux universaux dans son compte rendu des lois de la nature.

10. Le naturalisme comme religion

Les influences du naturalisme sur la théorie des lois qu'Armstrong élabore, sont donc variées et considérables. Mais pour prouver une influence *religieuse*, il ne suffit pas de montrer que le projet naturaliste joue un rôle déterminant dans ce contexte. Il faut encore montrer en quoi ce projet a des traits religieux. C'est évident pour une partie du projet: le refus de divinités au-delà de ce monde est clairement une thèse religieuse. Mais peut-on en dire autant du rejet de nombres platoniciens, de mondes possibles et d'universaux sans instances? Trois arguments sont décisifs pour aboutir à la conclusion que le naturalisme d'Armstrong est d'une seule pièce. Premièrement, le philosophe australien donne du naturalisme une formulation qui se rapporte en même temps à Dieu, à l'âme, aux nombres, aux universaux sans instances, etc.: il s'agit d'écarter tout ce qui se situe en dehors de l'espace-temps. Deuxièmement, il présente régulièrement ensemble les différents aspects du naturalisme; il s'agit clairement, pour lui, de différents traits d'un programme unifié. Ce constat n'est pas remis en cause par le fait qu'il dise éprouver plus de sympathie pour ceux qui croient en l'âme et en Dieu que pour ceux qui ont recours à des entités abstraites, au-delà de l'espace-temps, dans leur discours philosophique[194]. Il est possible de distinguer entre différents aspects, sans pour autant les dissocier. Troisièmement, Armstrong met en œuvre la même stratégie argumentative à l'encontre des diverses entités qu'il écarte; rappelons, à ce propos, son «argument à partir de la survenance» par lequel il cherche à montrer qu'elles n'ont pas d'efficacité causale et sont donc superflues dans notre description du monde[195].

194 «Metaphysics and supervenience», p. 17; «A naturalist program: epistemology and ontology», p. 86.
195 *Cf.* pp. 64-66 ci-dessus.

Le contenu négatif du naturalisme d'Armstrong n'est pas seul à manifester une portée religieuse: le refus de toute existence au-delà de l'espace-temps implique, par là-même, que ce dernier acquiert un statut divin, si l'on adopte la définition de Roy Clouser selon laquelle «*le divin est tout ce qui est réel de façon inconditionnelle, indépendante.* C'est tout ce qu'on croit ‹juste là›[196].» Etant l'unique réalité, l'espace-temps se voit conférer le caractère non dérivé, typique de la divinité dans les systèmes religieux. Sous cet angle, une charge religieuse revient à la thèse naturaliste, en accord avec ce que nous avons constaté pour l'athéisme en général[197]. Il est à ce propos significatif que l'espace-temps est, pour Armstrong, pur acte – ce qui caractérisait Dieu en théologie médiévale[198]. De surcroît, la fonction que le naturalisme occupe, dans le système philosophique d'Armstrong, porte des traits religieux. D'abord, il n'est guère exagéré de dire qu'il constitue le pivot de sa construction – central et fondamental en même temps. En cela, il rappelle le pouvoir structurant que les présupposés religieux jouent d'ordinaire. Ensuite, il définit la place de l'homme dans le monde: l'être humain se situe en continuité avec le monde animal, voire la matière inanimée. Toute prétention à vouloir être unique se trouve ainsi anéantie. Cette vision est, certes, en conflit avec un grand nombre d'approches religieuses traditionnelles; mais il ne fait pas de doute qu'elle assume un rôle que celles-ci occupent traditionnellement: dire à l'homme qui il est et quelle est sa relation au monde.

Il est plus difficile de montrer en quoi le naturalisme fournit également une morale, à l'intérieur de la philosophie d'Armstrong. Ses écrits ont surtout contribué aux discussions en ontologie et en épistémologie, l'éthique n'a pas été une matière de prédilection pour lui. Il est d'autant plus difficile de discerner des liens entre naturalisme et éthique qu'Armstrong refuse volontairement une approche trop réfléchie de celle-ci. Il reprend à David Stove l'idée selon laquelle il n'est pas bon pour la croissance d'un arbre de retourner la terre pour examiner ses racines: l'éthique prospère peut-être mieux si nous ne nous interrogeons pas sur ses présuppositions ultimes. En dépit de son projet réductionniste, Armstrong considère que la

196 Roy CLOUSER, *Knowing with the heart: religious experience and belief in God*, 1999, p. 21 (cité p. 22 ci-dessus).

197 *Cf.* p. 26 ci-dessus.

198 *Cf.* p. 76 ci-dessus.

morale (comme aussi l'économie et la politique) constitue un domaine indépendant de la science. La complexité des interactions en jeu rend sans doute impossible à jamais de déduire des règles de comportement moral à partir de nos connaissances en physique[199]. Cependant, la compartimentation pour laquelle Armstrong opte n'empêche pas complètement ses convictions naturalistes d'exercer une influence dans le domaine de l'éthique. Nous avons, en particulier, vu qu'elles interviennent dans la conception qu'il se forge du rôle du philosophe: celui-ci ne doit exercer son métier qu'en dialogue serré et prolongé avec la science[200]. Donc au moins en ce qui concerne les intérêts professionnels majeurs d'Armstrong, le naturalisme fournit bel et bien le principe directeur – même s'il n'est pas clair que la pratique effective d'Armstrong soit en accord avec celui-ci.

Ces quelques remarques nous amènent à discerner dans le système philosophique d'Armstrong une construction qui intègre à un degré remarquable science et religion. En fait, l'intégration est si prononcée qu'il devient difficile de distinguer les deux domaines: son naturalisme à traits religieux concède à la science une place qui en fait, à bien des égards, un *ersatz* de la religion. Non seulement la physique se voit investie de l'autorité de nous renseigner, de façon décisive, sur la réalité spatio-temporelle, considérée comme dernière, car elle s'explique elle-même et englobe tout ce qui est; mais encore la science est censée fonder la compréhension qu'Armstrong a de l'humanité en général, et de son métier de philosophe en particulier. Ici s'éclaire finalement le constat paradoxal quant au traitement de la science dans la philosophie d'Armstrong – au moins telle est la suggestion avec laquelle se conclut l'étude de sa pensée. La myopie face aux contours réels de la pratique scientifique ne serait-elle pas justement une conséquence de son scientisme? Si la science, voire la physique, est la seule méthode d'exploration admise du réel, on manque de recul pour en évaluer les présupposés et en comprendre la structure. D'où mener alors une réflexion critique sur la science, sans laquelle on ne saurait apprécier la portée de celle-ci? On a l'impression qu'Armstrong est tellement ébloui par les succès de la recherche scientifique qu'il ne problématise pas la méthodologie de cette

199 Communication privée, 9 déc. 2004, Aix-en-Provence; confirmée dans un courriel du 23 janvier 2005.

200 *Cf.* p. 70 ci-dessus.

pratique. Du coup, il ne se rend guère compte qu'elle repose sur des présupposés qui en limitent le champ d'application et qui ne sont pas susceptibles de preuve scientifique.

De même, il est à craindre que la charge religieuse dont la science se trouve investie empêche de prendre pleinement en compte les données de cette pratique. L'ouverture d'esprit, qui accepte de suivre l'enquête scientifique là où elle nous mène, n'est guère accessible à celui qui a fait de la science le pivot de son système de pensée très unifié. La «science» qui occupe le centre de la construction philosophique d'Armstrong n'est qu'un pâle reflet de la recherche scientifique effective qu'Armstrong pense tant admirer. L'écart semble précisément le résultat d'un poids trop lourd placé sur l'activité scientifique. La science n'est pas faite pour élaborer une vision englobante de tout ce qui existe. La vraie pratique de la science reconnaît ses limites; mais faire de la science son idole anéantit la recherche.

Chapitre 3

David Lewis: les lois comme axiomes du «meilleur système»

> La philosophie analytique du vingtième siècle ressemble parfois exactement à une tentative prolongée de prouver la cohérence du matérialisme (physicalisme, naturalisme…). […L]a position récemment la plus en vogue [est…] la «survenance sans réduction!».
> […] Je ne contredis pas cela, mais seulement parce que le jeu entier ressemble pour moi à un exemple fondamental de ce que Carnap avait en tête dans ses «Pseudo-problèmes de philosophie».
>
> Bas VAN FRAASSEN, «Transcendence of the ego (*The non-existent knight*)».

1. La conception de Mill, Ramsey et Lewis

Elaborant des suggestions de John Stuart Mill (1806-1873) et de Frank Ramsey (1903-1930), David Lewis (1941-2001) a proposé une analyse de la notion de loi qui partage un arrière-plan conceptuel commun avec l'approche de David Armstrong. Comme ce dernier, il réagit à l'échec de l'approche humienne naïve, car il ne suffit évidemment pas d'identifier purement et simplement les lois aux régularités universelles. Comme Armstrong, il rejette les solutions subjectives, qui font dépendre le statut de loi de notre attitude. L'un et l'autre cherchent à proposer une analyse qui ne s'appuie ni sur des notions modales ni sur des dispositions, mais fonde la légalité sur ce qui existe effectivement dans notre monde. Ils diffèrent pourtant en ce qu'ils tiennent pour les éléments de base de notre monde. Alors qu'Armstrong accorde une place de choix aux universaux, Lewis tente une reconstruction métaphysiquement plus modeste. Même si sa théorie ne peut pas prospérer dans un cadre nominaliste extrême (nous y reviendrons), il reste bien plus proche des intuitions premières de la tradition humienne. On peut donc tenir sa proposition comme «le meilleur espoir de l'analyse empiriste des lois[1].» Armstrong la considère comme «le mieux qu'un théoricien de la régularité puisse faire quand il se trouve devant le problème qui consiste à distinguer entre les lois de la nature et les simples uniformités humiennes accidentelles[2].» L'étude du compte rendu de Lewis se justifie donc non seulement parce qu'il est un des candidats les plus en vue dans le débat actuel[3], mais encore parce qu'il est parmi les meilleurs que la tradition humienne (réformée) puisse offrir.

Lewis prend comme point de départ la théorie humienne classique qui comprend les lois comme régularités universelles. Bien entendu, une telle caractérisation n'offre pas une condition suffisante pour la légalité. Il est sans doute vrai que toutes les rivières passées, présentes et futures ne sont pas constituées de lait; néanmoins, nous ne nous sommes guère préparés à appeler cette généralisation universelle une loi de la nature. Pour sauver le projet humien, si cela est possible, on a donc besoin d'une condition supplémentaire qui permette de distinguer entre les lois de la nature et les régularités accidentelles.

Lewis choisit comme critère la participation à un système qui optimise conjointement simplicité et contenu d'information: «Une généralisation contingente est une *loi de la nature* si et si seulement si elle apparaît comme un théorème (ou axiome) dans chacun des systèmes déductifs vrais qui réalisent une des meilleures combinaisons de simplicité et de force[4].»

En opposition à l'approche humienne initiale, la légalité n'est plus une propriété appartenant à des propositions individuelles; elle est définie sur l'arrière-plan de tout un groupe de lois: les lois de la nature sont les régularités qui figurent dans les meilleures théories scientifiques. Une bonne théorie, d'après Lewis, est «entièrement vraie», «complète sous l'implication stricte», «aussi simple en axiomatisation que possible sans trop sacri-

1 John EARMAN, «Laws of nature: the empiricist challenge», dans *D.M. Armstrong*, sous dir. R. J. BOGDAN, 1984, p. 198.

2 D. M. ARMSTRONG, *What is a law of nature?*, 1983, p. 67.

3 Pascal ENGEL, *La dispute: une introduction à la philosophie analytique*, 1997, p. 142, appelle Lewis «le plus célèbre» des «purs métaphysiciens» contemporains.

4 *Counterfactuals*, 1973, p. 73. (Les publications de Lewis sont indiquées par leur titre, parfois abrégé, dans les renvois ultérieurs à l'intérieur de ce chapitre.)

fier du contenu de l'information», et elle «contient autant d'informations que possible sans trop sacrifier la simplicité[5].» L'exigence de simplicité entre souvent en conflit avec le souhait d'inclure un grand nombre d'informations dans une théorie; un système optimal réussit un bon équilibre entre les deux. Lewis n'exclut pas la possibilité que le système idéal contienne des faits individuels; «cependant, seules les régularités dans le meilleur système doivent être des lois[6].» De même, la définition exclut toutes les vérités nécessaires; bien qu'elles fassent partie du meilleur système (comme de tout système déductivement complet), seule une «généralisation contingente» peut être une loi[7].

Lewis élabore son analyse à partir de suggestions de deux philosophes plus anciens. Dans son *Système de logique*, Mill propose deux manières équivalentes de reformuler la question «Que sont les lois de la nature?»: «Quelles sont les suppositions les plus simples et les moins nombreuses qui, étant accordées, tout l'ordre existant de la nature en résulterait? [...] Quelles sont les propositions générales les moins nombreuses desquelles pourraient être inférées déductivement toutes les uniformités de la nature[8]?»

Ramsey avança, pendant une courte période, l'idée que «les lois causales étaient des conséquences de propositions que nous prendrions comme axiomes si nous étions omniscients et organisions notre savoir de [la] façon la plus simple possible en un système déductif[9].»

Quand on compare la version de Lewis avec celle de ses prédécesseurs, on voit que pour Mill, le système optimal semble ne contenir que des «propositions générales», c'est-à-dire des propositions sur des uniformités

5 «New work for a theory of universals», 1983, *Papers in metaphysics and epistemology*, 1999, p. 41.

6 «Postscripts to ‹A subjectivist's guide to objective chance›», *Philosophical papers*, 1986, vol. II, p. 123.

7 *Counterfactuals*, p. 73.

8 *Système de logique déductive et inductive*, 1866, livre III, chap. IV, § 1, p. 358.

9 «Les propositions générales et la causalité», 1929, trad. Jean LEROUX, *Logique, philosophie et probabilités*, 2003, p. 242. La citation décrit la conception que Ramsey adopta dans l'article «Universelles de loi et de fait» de 1928 (trad. M. MARION, *ibid.*, pp. 229-235), alors que dans le texte de 1929, il rejette cette idée «car il est impossible de tout savoir et d'organiser le tout en un système déductif» («Les propositions générales et la causalité», *ibid.*, p. 242).

dans la nature. Le contexte confirme cette interprétation: Mill introduit sa reformulation quand il discute la distinction entre les lois fondamentales et dérivées. Le titre honorifique «lois de la nature» devrait être réservé, d'après lui, aux lois fondamentales[10]. La distinction entre les lois de la nature et les autres uniformités correspond à celle entre les axiomes et les théorèmes d'un système maximal (en ce qui concerne les informations incluses), quand on choisit l'ensemble d'axiomes le plus simple.

Face à la conception de Mill, on se demande s'il n'y a qu'un seul ensemble d'axiomes qui soit le plus simple. En mathématiques, nous sommes habitués à des formulations équivalentes d'une même théorie, qui partent d'ensembles d'axiomes différents, mais tous aussi simples les uns que les autres. Quand on compare sa proposition avec celle de Lewis, on constate que les deux auteurs ne s'occupent pas du même problème. Lewis cherche à distinguer les lois de la nature (fondamentales ou dérivées) des régularités accidentelles, en combinant les critères de simplicité et de contenu d'information. Ce processus aboutit à un groupe de lois qui, prises ensemble, optimisent ces exigences; certaines régularités sont laissées en dehors du meilleur système et se qualifient ainsi pour n'être qu'accidentelles. Mill, en revanche, s'intéresse à la distinction entre lois fondamentales et dérivées, de sorte qu'il cherche un système qui maximise l'information contenue: les axiomes devraient permettre de déduire «tout l'ordre existant de la nature», ou encore «toutes les uniformités». Le critère de simplicité intervient à l'intérieur du système maximal et amène à distinguer, en son sein, les lois fondamentales des autres régularités que l'on peut dériver à partir de celles-là.

En fait, la proposition de Mill n'est d'aucun secours quand on cherche à faire la différence entre les énoncés de lois et les généralisations accidentelles. Car s'il existe des régularités accidentelles, on doit les inclure parmi les axiomes, ce qui en fait, d'après la définition de Mill, des lois. On arrive à cette conclusion paradoxale dès qu'on se rend compte que leur caractère accidentel signifie justement qu'elles ne se laissent pas déduire des seules lois de la nature. Comme le système doit inclure toutes les uniformités, on

10 MILL, livre III, chap. IV, § 1, pp. 356-358.

est alors amené à inclure les régularités accidentelles dans la base axiomatique (ou au moins certaines d'entre elles qui permettent, ensemble avec les lois, de déduire le reste des régularités accidentelles).

Cette difficulté est cachée par l'usage des termes ambigus «ordre de la nature» et «uniformités», qui suggèrent les régularités nomologiques, à l'exclusion de celles qui sont vraies par accident. Ce qui s'approche le plus de la distinction entre nomologique et accidentel, chez Mill, est sa distinction entre des «sortes d'uniformités [qui] ont été trouvées tout à fait invariables, universalisées dans la nature, et [...] celles qu'on a trouvées variables suivant les temps, les lieux et autres circonstances changeantes[11].» Pris au pied de la lettre, le concept d'«uniformités [...] variables» est contradictoire. Ce à quoi pense Mill est le fait que certaines uniformités observées sont similaires à d'autres régularités dont nous savons (par l'observation préscientifique ou l'investigation scientifique préalable) qu'elles ne sont pas universelles. Même sans avoir observé des cygnes noirs, nous n'excluons pas la possibilité qu'ils existent, car nous savons que les couleurs des animaux sont sujettes à de grandes variations. En revanche, nous ne croirions pas de témoin qui prétendrait avoir vu un homme avec la tête sous les épaules, car nous connaissons la plus grande stabilité de l'anatomie des êtres vivants[12]. Alors que Mill souligne, à juste titre, l'importance du fond de connaissance sur lequel on élabore les inférences inductives, il faudrait encore montrer comment ce fond même pourrait être acquis par la méthode inductive dont Mill se fait l'avocat. Il n'est pourtant pas utile de poursuivre ici l'examen de la proposition de Mill, dans la mesure où l'analyse de Lewis cherche la distinction entre énoncés nomologiques et généralisations accidentelles dans une autre direction[13].

La proposition de Ramsey soulève une difficulté similaire à l'approche de Mill, si on se limite au résumé cité ci-dessus; la seule différence est que toutes les propositions du meilleur système (axiomes et théorèmes

11 MILL, livre III, chap. IV, § 2, p. 362.

12 *Ibid.*

13 EARMAN, pp. 197, 200, considère que la conception de Mill est acceptable (et équivalente à l'approche de Lewis) sous la supposition supplémentaire du déterminisme, puisque dans ce cas, il n'y aurait pas de régularités accidentelles. Il arrive probablement à cette conclusion par l'inclusion de l'état initial de l'univers dans le meilleur système. Mais dans le contexte de la proposition de Mill, l'état initial compterait alors comme une loi fondamentale, ce qui est absurde.

dérivés) comptent maintenant comme lois de la nature. Comme le meilleur système a pour but d'organiser *toute* la vérité sur la nature «de [la] façon la plus simple possible en un système déductif[14]», les régularités accidentelles en font de nouveau partie. Mais il est clair, d'après la formulation plus complète que Ramsey fournit dans l'article originel, qu'il est conscient de la difficulté et qu'il propose de la résoudre de la manière que suivra Lewis plus tard:

> Même si nous connaissions tout, nous voudrions malgré tout systématiser notre connaissance dans un système déductif [...] Le choix des axiomes doit inévitablement être en partie arbitraire mais, si nous voulons préserver quelque simplicité que ce soit, le fait que nous ayons un corps de généralisations fondamentales dont certaines sont des axiomes et d'autres sont déduites sera probablement moins arbitraire. D'autres généralisations vraies ne seront alors déduites de celles-ci qu'à l'aide de faits d'existence particuliers[15].

Ainsi Ramsey et Lewis fournissent des définitions très proches du concept de loi. L'avantage de la théorie de Lewis est qu'il formule plus précisément les critères essentiels: vérité, complétude déductive, équilibre entre simplicité et quantité d'information. De plus, son analyse est plus explicitement non épistémique, alors que l'antécédent contrefactuel portant sur l'omniscience chez Ramsey pourrait (à tort) amener à douter du caractère objectif de sa proposition[16].

14 RAMSEY, «Les propositions générales et la causalité», p. 242. Lewis écrit qu'il ne sait pas «à partir de cette brève déclaration, si la version de Ramsey était tout à fait la même» que la sienne; il considère ce résumé «curieux», puisqu'il refuse de penser que Ramsey ferait «une erreur stupide, qui [...] ferait apparaître toutes les régularités comme des lois» («Postscripts...», p. 122, n. 6). Bien que le résumé de Ramsey soit effectivement peu clair, il est plus curieux de constater que Lewis ne se réfère pas au compte rendu plus complet fourni par Ramsey, pour éclairer la question.

15 «Universelles de loi et de fait»p. 234.

16 Ramsey lui-même souligne que «ce sont les faits qui forment le système [...] et non pas les croyances des individus en ceux-ci» («Universelles de loi et de fait», p. 235). Bien que Lewis ait raison de parler de la «mention inutile de la connaissance, chez Ramsey» («Postscripts...», p. 122, n. 6), on peut se demander si Lewis évite vraiment de présupposer l'omniscience, quand il s'agit de mettre sa conception en lien avec la recherche scientifique effective (Bas VAN FRAASSEN, *Lois et symétrie*, 1994, pp. 135-143).

David Lewis a proposé un élargissement de sa théorie, pour y inclure des lois probabilistes. D'abord, il pensait que de telles lois obligeaient à ajouter des probabilités (objectives) aux éléments de base de son ontologie, ce qui constituait un échec (partiel) du projet initial de baser les lois sur «la structure des faits particuliers à travers l'univers[17].» Par la suite, Lewis est arrivé à la conviction que les lois probabilistes n'enlèvent en rien à la splendeur humienne de son analyse[18]. Comme dans la discussion d'autres comptes rendus de la légalité naturelle, nous laisserons de côté la question des lois probabilistes. La charpente du compte rendu de Lewis ressortira d'autant plus nettement que nous pourrons examiner les forces et faiblesses de sa proposition initiale, sans que le hasard objectif y ajoute une complication supplémentaire[19].

2. Les pièges de la définition

Avant de pouvoir approfondir notre compréhension de la pensée de Lewis, nous devons nous assurer que Lewis nous fournit une définition nette du concept de loi. Cette exigence, qui peut paraître basique, se montrera pourtant difficile à remplir, sauf dans certaines circonstances favorables. Car lorsqu'on soumet sa définition à un examen approfondi, on se rend compte qu'elle soulève des questions qui nous amènent à douter que Lewis ait réussi à formuler un concept clair. Ici seront formulées quatre difficultés de la définition, où l'ordre de présentation suit la fréquence décroissante avec laquelle elles sont mentionnées dans la littérature.

17 «Postscripts...», p. 127, *cf.* pp. 124-131.

18 «Humean supervenience debugged», *Mind* CIII, 1994, pp. 473, 486, en exploitant l'idée de Michael THAU, «Undermining and admissibility», *Mind* CIII, 1994, pp. 491-503.

19 Pour une discussion de l'élargissement de la théorie de Lewis, incluant le hasard, *cf.* John F. HALPIN, «Legitimizing chance: the best-system approach to probabilistic laws in physical theory», *Australasian Journal of Philosophy* LXXII, 1994, pp. 317-338, et «Lewis, Thau and Hall on chance and the best-system account of law», *Philosophy of Science* LXV, 1998, pp. 349-360; Scott STURGEON, «Humean chance: five questions for David Lewis», *Erkenntnis* IL, 1998, pp. 321-335.

a) *Le mystère de la simplicité*

Si on cherche à déceler d'éventuels pièges dans la définition de Lewis, la mention de la simplicité attire tout de suite le regard. C'est un lieu commun de dire que les scientifiques cherchent les théories les plus simples, compatibles avec les données expérimentales. Mais qu'est-ce que la simplicité signifie dans ce contexte? Il existe de nombreux essais pour définir la simplicité d'une manière objective; mais aucun d'eux n'est vraiment convaincant quand on cherche à l'appliquer à un champ suffisamment large de construction théorique dans les sciences[20]. Van Fraassen arrive à la conclusion que «la littérature sur le sujet ne contient aucun exposé [...] qui vaille la peine d'être pris en considération ici[21].» En l'absence d'une définition objective de la simplicité, la théorie du meilleur système doit s'accommoder de son caractère subjectif: «La simplicité [...] est au moins une relation ternaire; une phrase de la forme ‹... est plus simple que ___› est toujours elliptique pour des phrases de la forme ‹... est plus simple que ___ pour ***›[22].»

D'aucuns essaient de sauver la notion de simplicité en la rapprochant de l'arrière-plan conceptuel sur le fond duquel on construit de nouvelles théories. Richard Boyd affirme:

> Quand une théorie proposée assimile de nouvelles données dans notre cadre théorique existant, via une modification que justifient [...] ces données, nous voyons la modification comme étant simple (dans le sens qu'elle n'introduit pas de modifications épistémologiquement inutiles dans les théories que nous tenons déjà pour confirmées) et nous décrivons de façon quelque peu trompeuse la théorie comme étant simple[23].

20 Mary HESSE, «Simplicity», dans *The encyclopedia of philosophy*, sous dir. P. EDWARDS, 1967, vol. VII, pp. 446-448, présente quelques-uns de ces essais; Elliot SOBER, «Simplicity (in scientific theories)», dans *Routledge encyclopedia of philosophy*, sous dir. E. CRAIG, 1998, vol. VIII, pp. 780-783, complète son article, par rapport à des approches plus récentes.

21 VAN FRAASSEN, p. 118.

22 John CARROLL, *Laws of nature*, 1994, p. 49.

23 «Observation, explanatory power, and simplicity: toward a non-Humean account», dans *Observation, experiment and hypothesis in modern physical science*, sous dir. P. ACHINSTEIN, O. HANNAWAY, 1985, p. 88.

D'une manière similaire, Elliot Sober argue qu'«invoquer le principe de parcimonie, c'est le substitut d'une théorie de second plan sous-jacente qui, une fois formulée explicitement, rend l'appel à la parcimonie superflu[24].» Bien que cette proposition nous oriente dans une direction prometteuse, elle ne réussit pas à fournir une analyse objective de la simplicité; car le fond de connaissance sur lequel une théorie est construite est toujours propre à une personne (ou une communauté), dans une situation donnée. On devrait montrer comment la science converge vers une science «idéale», objective, en dépit du rôle fondamental que l'arrière-plan de connaissances préalables joue dans l'évaluation des théories. Mais cette preuve est sans doute une tâche aussi complexe que celle de préciser davantage les contours du concept de simplicité.

Des difficultés similaires entrent en ligne de compte pour la définition de la quantité d'information contenue et pour celle de l'équilibre entre celle-ci et la simplicité. La quantité d'information paraît, au premier abord, se prêter plus facilement à une définition objective. Mais même ici se pose la question de savoir comment l'évaluer par rapport aux intérêts particuliers d'un groupe. Pour qui et en vue de quels objectifs voulons-nous maximiser le contenu d'information? Quand on en vient à la question de l'équilibre entre les deux vertus, la difficulté devient tout à fait flagrante. Même intuitivement, nous ne savons guère comment mesurer la valeur relative d'un gain en termes d'information contre une perte en termes de simplicité (et vice versa). La comparaison entre des vertus si disparates pourrait bien se révéler une mission impossible[25]. En fait, les trois critères mis en œuvre pour choisir le «meilleur» système sont tous au mieux des concepts vagues. Il ne se justifie pas d'écarter d'office les concepts vagues de la réflexion philosophique; mais aucune analyse ne peut réussir si les concepts n'ont pas un minimum de consistance sur laquelle appuyer notre raisonnement. Il n'est pas clair que les trois critères

24 SOBER, p. 783. Il présente sa thèse plus en détail dans «Let's razor Ockham's razor», 1990, *From a biological point of view: essays in evolutionary philosophy*, 1994, pp. 136-157.

25 *Cf.* les critiques des critères de quantité d'information et d'équilibre, qu'avancent ARMSTRONG, p. 67, CARROLL, pp. 52s, et VAN FRAASSEN, pp. 41s.

utilisés dans la théorie du meilleur système remplissent cette condition minimale, de sorte que l'on peut douter de leur emploi efficace dans un compte rendu de la légalité naturelle.

Donnons un exemple qui montre que la difficulté d'asseoir ces critères n'est pas simplement théorique. Même des chercheurs travaillant au sein de la même communauté, c'est-à-dire en même temps et en échange de communication constant, peuvent différer à ce propos. En fait, leur désaccord peut être si profond qu'il empêche la coopération dans des projets de recherche communs. Bien qu'Albert Einstein ait contribué d'une manière significative à la naissance de la mécanique quantique, son implication se réduisait au mode critique, une fois la formulation de la théorie achevée (par Max Born, Werner Heisenberg et Pascual Jordan en 1925, et indépendamment par Erwin Schrödinger en 1926). Sa plainte la plus connue en concernait le caractère indéterministe («Dieu ne joue pas aux dés»), mais des considérations portant sur la simplicité jouaient également un rôle non négligeable. La volonté d'aboutir à une théorie plus simple constituait la motivation majeure qui le stimulait dans son travail (pour l'essentiel sans succès) en vue d'une théorie unifiée, pendant une quarantaine d'années. Il ne pouvait accepter que la mécanique quantique, la théorie de la gravitation et la théorie électromagnétique soient des théories indépendantes, puisqu'une description scientifique du monde, «constituée de morceaux logiquement indépendants les uns des autres» était pour lui «un édifice [...] haïssable»[26]. Ses intuitions étaient si fortes qu'il préférait se concentrer sur l'élaboration d'une théorie unifiée, et s'exclure ainsi des programmes de recherche que poursuivait (et poursuit encore) le reste de la communauté scientifique dans les différents domaines, en dépit de l'absence d'une seule théorie globale[27]. Cet exemple montre qu'il existe de réels désaccords concernant les valeurs théoriques; dans le cas spécifique, Einstein ne s'accordait pas avec ses collègues sur ce qu'est le bon équilibre entre simplicité et contenu d'information. Loin d'être une dispute sco-

26 Albert EINSTEIN, Lettre à Ilse Rosenthal-Schneider du 13 octobre 1945, *Œuvres choisies*, 1991, vol. V, p. 113.

27 *Cf.* L. JAEGER, *Croire et connaître: Einstein, Polanyi et les lois de la nature*, 2005[2], pp. 100-106, 109-111.

lastique, un tel désaccord peut influencer profondément la direction que les chercheurs donnent à leur travail, et déterminer ainsi, d'une manière cruciale, la construction des théories scientifiques.

Les critères de sélection du meilleur système sont si fondamentaux pour son analyse que Lewis ne peut pas se permettre d'ignorer les difficultés que pose leur définition. Dans la formulation originelle de la théorie du meilleur système, Lewis indiquait déjà les deux directions dans desquelles sa réponse allait finalement se trouver. D'un côté, il faut mettre en œuvre «nos standards de simplicité et de quantité d'information», ce qui contraste avec la demande de vérité où il s'agit de suivre «Ses [c'est-à-dire Dieu] standards de véracité»[28]. De l'autre, Lewis exprime l'espoir «que notre monde est un monde où certains systèmes déductifs vrais réussissent pour le mieux [...] selon *n'importe quel* standard vaguement raisonnable»; mais il concède que «nous pourrions être malchanceux»[29].

Quand Lewis élargit son analyse pour couvrir des lois probabilistes, il s'appuya sur la première suggestion. Pour éviter que l'analyse soit relative aux normes changeantes, il faut en maintenir la référence fixée: même si nous changeons nos standards de simplicité, de quantité d'information contenue et de leur équilibre (ou quand nous considérons d'autres mondes et leurs lois), le meilleur système est choisi d'après *nos standards actuels*[30]. Sous condition que nous soyons au clair sur nos critères actuels, cette manœuvre fournit un compte rendu objectif – ou devrait-on dire pseudo-objectif? Les perspectives pour élaborer une définition objective des critères doivent être bien mauvaises pour qu'un philosophe aussi respectable que David Lewis propose une solution si chauvine au problème! Ne doit-on pas espérer que l'avancement de la science nous amène à améliorer les critères mis en œuvre dans l'évaluation des théories? Si ces standards sont liés à notre arrière-plan de connaissances, comme d'aucuns le suggèrent, la proposition de Lewis implique le résultat absurde que nous pouvons avancer dans notre compréhension de la nature, sans pour autant en profiter, quand il s'agit d'affiner les critères pour déterminer les «lois de la nature».

28 *Counterfactuals*, p. 74.
29 *Ibid.*
30 «Postscripts...», p. 123.

On est soulagé de constater que Lewis abandonna, par la suite, sa première réponse à la difficulté. Dans des travaux plus récents, il considère cette première idée comme «un remède purement symbolique. Il ne résout pas le problème, il le rend simplement plus difficile à formuler.» Il favorise, à sa place, la deuxième suggestion contenue dans le travail originel:

> La réponse véritable se trouve ailleurs: si la nature est aimable envers nous, on n'a pas besoin de soulever le problème. Je suppose que nos standards de simplicité, de quantité d'information et d'équilibre ne relèvent qu'en partie de la psychologie. Notre façon de penser n'est pas à l'origine du fait qu'une fonction linéaire est plus simple qu'un polynome de degré quatre ou qu'une fonction en escalier [...T]out et n'importe quoi ne peut pas passer. Si la nature est aimable, le meilleur système sera *solidement* le meilleur – tellement en tête de ses rivaux qu'il émergera le premier selon tous les standards de simplicité, de quantité d'information et d'équilibre[31].

Est-ce avouer son échec que d'invoquer la gentillesse de la nature? Pas nécessairement, si on peut montrer que la science, ou au moins la notion de loi, n'est possible que «si la nature est aimable envers nous.» C'est en fait l'idée que Lewis défend. D'après lui, le concept de loi ne serait pas bien défini «*si* la nature n'était pas aimable et *si* des systèmes rivaux, en désaccord, marchaient à égalité [...] Mais je rejetterais la responsabilité des difficultés sur une nature hostile, pas sur l'analyse[32].» Bien que Lewis suggère que nous ne nous occupions pas de ce problème avant de le rencontrer effectivement, on s'attendrait de sa part à quelques explications qui rendraient plausible l'idée que le concept de loi s'effondre au moment précis où les trois critères ne déterminent plus de meilleur système.

b) Des prédicats non naturels

Les difficultés soulevées en vue de la définition des trois critères suffisent déjà pour induire un scepticisme certain. Mais la situation va encore s'aggraver. Comme Lewis lui-même le fait remarquer dans son article «Du travail supplémentaire pour une théorie d'universaux», en 1983, le critère de simplicité est tout à fait inopérant si on ne place pas de contraintes sur le langage dans lequel sont formulés les systèmes: «En fait, on peut

31 «Humean supervenience debugged», p. 479. Armstrong rapportait déjà en 1983 que Lewis avait «l'espoir que le système gagnant est si loin en tête qu'il triomphe d'après *tous* les standards raisonnables» (ARMSTRONG, p. 67).

32 «Humean supervenience debugged», p. 479.

vraiment formuler très simplement le contenu de tout système, quel qu'il soit. Soit un système *S*, et *F* un prédicat qui s'applique à tous les objets des mondes auxquels s'applique *S* et à eux seuls. On prend *F* pour primitif et on axiomatise *S* (ou un de ses équivalents) par le simple axiome $\forall x Fx$[33].»

Pour remédier à cette objection, Lewis introduit l'exigence que «le langage primitif qui apparaît dans les axiomes ne fait référence qu'aux propriétés parfaitement naturelles[34].»

A première vue, le remède semble innocent et naturel lui-même. Mais il faut se rappeler que la théorie du meilleur système se veut une analyse de la légalité nomologique, qui cherche à être le plus près possible de la vision humienne classique, de sorte qu'elle n'utilise qu'un minimum de ressources métaphysiques. On se rend compte maintenant qu'elle ne peut pourtant pas prospérer dans un univers strictement nominaliste. Lewis a besoin d'un moyen de distinguer les propriétés naturelles de celles qui ne le sont pas. Pour sa défense, on peut souligner que plusieurs autres comptes rendus des lois ne s'accommodent pas non plus de l'austérité des ressources auxquelles le nominalisme donne accès. Comme nous l'avons vu, Armstrong a recours à la distinction entre les propriétés naturelles et celles qui ne le sont pas à des endroits bien plus stratégiques que ce que demande la théorie du meilleur système[35]. De plus, celle-ci peut survivre avec n'importe quelle forme d'anti-nominalisme. On n'a pas besoin d'être réaliste quant à l'existence d'universaux; il suffit de supposer «simplement qu'une division est faite, d'une manière ou d'une autre, entre les classes naturelles et les classifications artificielles ou purement arbitraires[36].»

Il n'est pas lieu ici d'engager le débat entre nominalisme et réalisme. Limitons-nous plutôt à quelques difficultés spécifiques qui accompagnent le recours aux propriétés naturelles, dans le contexte de l'approche de Lewis. On peut d'abord observer que le progrès de la science ne fournit pas seulement des informations nouvelles sur les classes naturelles que

33 «New work...», *Papers in metaphysics and epistemology*, p. 42.

34 *Ibid.*

35 ARMSTRONG, pp. 75ss.

36 VAN FRAASSEN, p. 130. *Cf.* «New work...», *Papers in metaphysics and epistemology*, pp. 13-15. D'après D. M. ARMSTRONG, «Discussion: in defence of structural universals», *Australasian Journal of Philosophy* LXIV, 1986, p. 86, Lewis s'est décidé contre les universaux, après son article de 1983. *Cf.* D. K. LEWIS, «Against structural universals», 1986, *Papers in metaphysics and epistemology*, p. 79.

nous connaissons, mais nous amène parfois à en redessiner complètement les frontières. Il arrive même que les résultats scientifiques sapent le caractère «naturel» de la classification que l'expérience préscientifique suggère. L'exemple le plus célèbre est sans doute celui des couleurs: loin de définir des classes naturelles, elles se placent, selon l'explication microphysique, sur un continuum. Bien que notre expérience quotidienne nous fournisse des classifications assez stables, nous ferions mieux de ne pas trop nous appuyer sur elles quand nous en venons à poser la question des propriétés vraiment «naturelles».

De même, l'investigation scientifique amène souvent à postuler de nouveaux types naturels, non seulement par rapport au sens commun, mais encore en comparaison avec des théories scientifiques plus anciennes. Un exemple frappant est la découverte de particules élémentaires, comme l'électron et le neutron; de même, l'introduction de nouvelles propriétés, comme la «couleur» et la «saveur» des quarks, dans l'effort d'expliquer des structures subatomiques. Lewis reconnaît que «l'enquête scientifique sur les lois et les propriétés naturelles est une affaire globale [...], de sorte que l'on découvre les lois et les propriétés naturelles en même temps[37]»; mais il maintient que la distinction entre propriétés naturelles et celles qui ne le sont pas, est un trait objectif du monde[38]. Cette assertion anti-nominaliste est nécessaire, puisqu'autrement sa définition des lois de la nature serait circulaire[39]. Si les types naturels dépendaient des théories, on ne pourrait pas les utiliser pour décider de la simplicité relative de deux théories, comme Lewis propose de le faire. Aussi longtemps que l'on n'a pas établi laquelle des deux est la meilleure, le système de classification «naturelle» de la première est aussi bon (ou mauvais) que celui auquel mène la seconde. Si les types naturels n'étaient pas des traits objectifs du monde, le jugement comparatif ne serait possible que dans les

37 «New work...», *Papers in metaphysics and epistemology*, p. 43.

38 Ou plutôt des mondes: pour Lewis, la distinction entre les propriétés naturelles et celles qui ne le sont pas n'est pas contingente; une propriété qui est naturelle l'est dans l'ensemble des mondes possibles (D. K. LEWIS, *On the plurality of worlds*, 1986, p. 61).

39 *Ibid.*, p. 63.

cas où les deux classifications coïncident (ou si l'une est incluse dans l'autre). Mais il n'y a aucune garantie que nous ne serions pas confrontés à des choix plus difficiles, pour décider du meilleur système[40].

Bien que le recours aux types naturels sauve l'analyse de Lewis du danger de la simplicité obtenue par les seuls moyens linguistiques, cette manœuvre la dissocie de la pratique scientifique. Comme pour le réaliste scientifique qu'est Lewis, la découverte des types véritablement naturels passe par l'élaboration des théories scientifiques, nous ne pouvons les connaître qu'une fois le meilleur système achevé. Mais alors, comment peuvent-ils guider les décisions, quant à la simplicité relative, sur notre chemin vers le meilleur système? Pire encore: même si nous connaissions la science idéale, nous aurions toujours besoin d'autres sources pour savoir quelles sont les propriétés naturelles. Cette affirmation surprenante découle de la difficulté même qui avait obligé Lewis à se tourner vers un anti-nominalisme. Comme différents langages peuvent servir à formuler une théorie, il ne suffit pas de caractériser les propriétés naturelles comme celles qui figurent dans le meilleur système (ou plus précisément dans ses axiomes). On a besoin d'un critère supplémentaire, qui permette de choisir le langage approprié. On serait peut-être tenté de choisir le langage dans lequel le meilleur système prend la forme la plus simple. Mais Lewis nous a dit quel prédicat remplit ce rôle, c'est-à-dire F[41]! Bien entendu, ce prédicat ne nous aide nullement à trouver la structure des types naturels de notre monde.

Il est probable que la seule issue à cette impasse consiste dans un examen renouvelé du lien entre les théories scientifiques et le langage dans lequel elles sont formulées. En fait, la difficulté qui lance Lewis sur le

40 Van Fraassen affirme que l'évolution a donné aux êtres humains les ressources nécessaires pour faire des distinctions utiles dans la vie quotidienne, mais que cela n'implique pas que «les scientifiques savent repérer des classes naturelles» en science: «Etre doué pour une tâche (savoir éviter les poisons ordinaires, les serpents, etc.) ne suffit pas pour que ce talent s'étende à d'autres» (*ibid.*, p. 132). Bien que je doute que l'évolution permette une explication satisfaisante de la raison humaine, cet argument souligne, à juste titre, la différence de nature entre les classifications dans un contexte préscientifique et en science. Van Fraassen mentionne qu'Alvin Plantinga fait dériver notre capacité de percevoir des types naturels à partir de notre création à l'image de Dieu (*ibid.*, p. 132, n. 1).

41 *Cf.* p. 131 ci-dessus.

chemin de l'anti-nominalisme est typiquement un cauchemar de philosophe. Il est très difficile à voir en quoi elle est pertinente pour la pratique scientifique. La reformulation de la théorie, à l'aide d'un seul prédicat, n'est simplement pas une option qui se présenterait dans le travail effectif des chercheurs. Pour progresser dans notre réflexion, il est indispensable de considérer des exemples concrets. Il arrive que des scientifiques inventent un nouveau langage ou l'adoptent d'autres domaines pour exprimer leurs théories. On peut penser, par exemple, à la formulation de l'espace-temps en quatre dimensions par Hermann Minkowski en 1907/08, qui simplifiait la relativité restreinte, et à l'introduction du calcul des matrices par Werner Heisenberg, qui constituait une percée cruciale dans la description des phénomènes quantiques. La relativité générale fournit un exemple d'adaptation du langage d'un autre domaine: Einstein ne fut en mesure de formuler une théorie cohérente qu'après que son ami Marcel Grossmann l'eut dirigé vers le formalisme des géométries non-euclidiennes.

Ces exemples montrent qu'il existe des liens entre la construction d'une théorie scientifique et l'élaboration du langage dans lequel l'exprimer. Analyser cette corrélation dépasserait le cadre de cette étude. A ma connaissance, les écrits de Lewis n'aident pas par rapport à cette question. Ils ne livrent même pas de description approximative du processus par lequel la classification naturelle du monde co-émergerait avec la science idéale. Il reste donc à voir si le recours aux propriétés naturelles permet vraiment d'élucider la difficulté que constitue la dépendance linguistique des théories scientifiques pour l'analyse de Lewis. Pourtant, la prise en compte de ce problème est essentielle pour l'évaluation de la théorie du meilleur système, puisque la simplicité dépend du langage choisi. En fait, tout étudiant débutant fait l'expérience que les théories scientifiques ne sont pas simples, tant qu'il n'en a pas maîtrisé le langage. Aucun «amateur», c'est-à-dire quelqu'un qui ne s'est pas familiarisé avec le formalisme, n'aurait l'idée que les principales théories de la science moderne sont simples. Il semble même que la science progresse souvent à partir de théories plus simples, du point de vue de l'expérience quotidienne, vers des théories plus compliquées. Les théories scientifiques mûres unissent, à un degré surprenant, les phénomènes complexes de notre expérience du monde; mais pour réussir cet exploit, elles mettent typiquement en œuvre un langage fait sur mesure, qui n'est pas simple en lui-même.

c) *La sous-détermination*

Au lieu de continuer à réfléchir au trio de critères – simplicité, contenu d'information et équilibre entre les deux –, tournons-nous vers le problème qui vient de la sous-détermination: Que dit Lewis dans le cas où il y a plusieurs meilleurs systèmes? Deux cas se présentent: soit «nous avons une ascension infinie de systèmes qui sont de mieux en mieux» sans limite supérieure[42], soit «deux meilleurs systèmes ou plus sont à égalité[43].» Dans les deux cas, Lewis donnait la réponse que seules comptent comme lois les régularités dans l'intersection (de tous les systèmes suffisamment bons, dans le cas d'une ascension illimitée, ou de tous les meilleurs systèmes dans le cas d'*ex æquo*)[44]. Plus récemment, Lewis est arrivé à la conclusion qu'au moins dans le deuxième cas, «il n'y en aurait pas de généralisations qui soient vraiment dignes du titre de lois[45].» Ce qui n'a pas changé, c'est sa conviction que ce problème est purement théorique: «Que la nature puisse être aimable envers nous semble un espoir raisonnable[46].»

Il ne faut pas confondre ce problème de sous-détermination avec un autre problème de sous-détermination, plus couramment discuté et qui menace le réalisme scientifique en général. Cette autre difficulté naît du fait que les résultats expérimentaux sont normalement compatibles avec plusieurs théories, de sorte que l'on ne sait pas aisément laquelle est vraie[47]. La sous-détermination, qui menace la proposition de Lewis, persiste, même si nous réussissons à formuler des théories vraies; car nous devons toujours choisir laquelle est la «meilleure», pour connaître les lois de la nature.

La sous-détermination se pose comme un problème tout à fait pratique, face à des systèmes déductifs différents, bien que logiquement équivalents. La situation est bien connue en mécanique classique, avec les formalismes newtonien, lagrangien et hamiltonien et la formulation à l'aide de

42 *Counterfactuals*, p. 73, note.

43 «Postscripts…», p. 124.

44 *Ibid.* et *Counterfactuals*, p. 73, note.

45 «Humean supervenience debugged», p. 479.

46 «Postscripts…», p. 124; de façon similaire «Humean supervenience debugged», p. 479.

47 Pour une défense détaillée du réalisme contre ce danger, *cf.* Stathis PSILLOS, *Scientific realism: how science tracks truth*, 1999, pp. 162-182.

principes minimaux[48]. Alors se pose le problème que deux systèmes déductifs, bien que logiquement équivalents, peuvent être formulés à l'aide de ressources conceptuelles différentes et donner lieu à des théorèmes divergents en apparence. Deux approches sont possibles (Lewis semble les accepter l'une et l'autre[49]): soit on traite chaque formulation comme un système distinct, soit on considère que toutes les formulations équivalentes se réfèrent au même système. Dans le premier cas, il semble qu'il n'y ait pas de lois; car aucun théorème ne figure dans tous les systèmes déductifs différents. Dans le deuxième cas, les lois de la nature n'apparaissent pas clairement. Car il est possible que l'on puisse traduire un formalisme dans un autre, sans qu'il existe de correspondance biunivoque entre les théorèmes, de sorte qu'il n'est pas possible de définir des formes équivalentes des lois de la nature dans les deux langages. Une troisième possibilité serait de considérer l'addition de toutes les formulations possibles comme le système. L'exigence originelle que le système soit déductivement fermé implique peut-être cette idée. Cette solution mène à une prolifération des lois de la nature, qui n'est guère en accord avec l'usage habituel du concept. Comme le nombre de formulations équivalentes d'une théorie est probablement infini, il serait de toute manière encore plus difficile d'évaluer la simplicité du système.

d) Quand il n'y a pas de science idéale

Ce qui précède traite de la difficulté qui se présente quand il y a trop de «meilleurs» systèmes. Mais le problème opposé peut également se poser: une situation où le meilleur système n'est pas assez bon.

> C'est la nature intégrée de l'ensemble des lois, sur laquelle le théoricien du meilleur système compte pour montrer que certaines uniformités […] sont de simples accidents et non des lois. Ces uniformités ne s'intègrent pas dans le système le plus simple, le plus fort. Mais si le système le plus simple, le plus fort n'est pas très simple et fort, il est probable qu'il manque de ressources pour éliminer de telles uniformités accidentelles de l'ensemble privilégié. Que l'uniformité accidentelle ne soit

48 *Cf.* Roger JONES, «Realism about what?», *Philosophy of Science* LVIII, 1991, pp. 186-190.

49 «New work…», *Papers in metaphysics and epistemology*, p. 42.

> pas plus que moyennement répandue, et il faut l'admettre. Aux patriciens, qui manquent d'organisation entre eux, il manquera le pouvoir d'exclure les plébéiens arrivistes[50].

La meilleure réponse, dans le cadre de l'approche de Lewis, est sans doute d'affirmer que dans un tel monde semi-chaotique, aucune science ne serait possible, ou au moins aucune science qui permettrait de distinguer entre régularités accidentelles et lois. Le concept de loi de la nature ne serait pas porteur de sens dans un tel monde. Cette réponse n'est pourtant pas entièrement satisfaisante. Intuitivement au moins, la distinction entre généralisations universelles accidentelles et énoncés de lois se réfère à un degré de nécessité différent. Même dans un monde moins unifié, on s'attendrait à ce que certaines régularités permettent la formulation de contrefactuels, même si leur portée est plus réduite, et à ce que d'autres ne le permettent pas. Pour finir, l'ami du meilleur système n'a peut-être pas mieux à faire que de suivre la suggestion de Lewis face à pareille difficulté: que nous ne nous occupions pas de ce problème, avant de le rencontrer effectivement[51].

3. Lois de la nature et contrefactuels

Face aux questions que soulève la définition des lois selon Lewis, on serait peut-être tenté de l'abandonner purement et simplement. Ce serait néanmoins se priver d'un candidat prometteur à l'intérieur de la tradition humienne. Dans l'histoire de la philosophie, on connaît d'autres exemples de concepts très difficiles à définir, dont l'utilité n'est pourtant pas à démontrer. Ne rappelons que la fameuse remarque de saint Augustin, qui disait savoir ce qu'est le temps, jusqu'au moment où on lui demandait de l'expliquer[52]. Les réflexions précédentes ont, certes, jeté le doute non seulement sur la faisabilité d'une définition formelle, mais encore sur le fait

50 ARMSTRONG, *What is a law of nature?*, p. 72.

51 «Humean supervenience debugged», p. 479, pour le cas où il y a plusieurs meilleurs systèmes.

52 AUGUSTIN D'HIPPONE, *Confessions* XI-14, trad. L. de MONDADON, 1982, p. 312.

que nous ayons des intuitions suffisantes quant au meilleur système. La théorie de Lewis est donc en posture délicate. En même temps, ses avantages sont considérables, par rapport à la conception humienne naïve. Elle ne prétend pas que le caractère nomologique soit la propriété d'énoncés pris individuellement. Elle permet une distinction entre lois de la nature et régularités accidentelles, dans la mesure où seules certaines vérités générales sont admises dans le meilleur système. Elle explique pourquoi les lois ont tendance à être universelles; car l'universalité permet de réconcilier simplicité et apport significatif d'information. En même temps, la théorie n'exclut pas d'office les lois locales[53]. En ce qui concerne les généralisations sans instances, l'approche humienne ne peut pas faire autrement que de les rejeter toutes ou de les inclure toutes; les deux démarches sont des solutions désespérées. En revanche, la théorie du meilleur système semble en mesure de donner un sens au fait qu'en science, certaines propositions universelles sans instances, mais pas toutes, comptent comme lois (par exemple le premier axiome de Newton, la loi de Coulomb sur l'attraction électrostatique). Certaines lois, bien que les conditions d'application n'en soient jamais réunies, jouent un rôle crucial dans l'explication d'expériences, de sorte qu'elles contribuent d'une manière significative à la quantité d'information contenue dans le système[54].

Cette liste d'avantages est suffisamment impressionnante pour justifier que l'on continue à s'intéresser à la proposition de Lewis, d'autant plus si on se rappelle qu'il met en œuvre des ressources métaphysiques bien plus modestes que d'autres analyses, comme par exemple celle d'Armstrong. Il est pourtant une question fondamentale à laquelle il faut maintenant répondre; dans un certain sens, elle est encore plus basique que les soucis que provoque la définition du meilleur système: Lewis fournit-il une analyse satisfaisante de la *légalité* nomologique? En d'autres termes, sommes-nous en droit de penser que les «lois» auxquelles la théorie du meilleur système donne lieu présentent les caractéristiques que nous attendons des lois de la nature? A première vue, toute réponse à cette question paraît circulaire; car nous avons besoin d'une analyse de la légalité natu-

53 John EARMAN, «The universality of laws», *Philosophy of Science* XLV, 1978, p. 180.
54 CARROLL, pp. 31-33, 45-48.

relle, avant de pouvoir décider ce qu'est une loi. Mais même avant d'avoir en notre possession une analyse complète de ce concept, nous pouvons vérifier si la théorie proposée satisfait les critères que l'on accepte couramment pour reconnaître le statut nomologique d'une proposition. Notre discussion se concentrera sur deux critères: avant d'enquêter sur la nécessité des lois, dans la théorie du meilleur système, regardons leur rapport aux contrefactuels[55].

Contrairement aux régularités accidentelles, les lois de la nature soutiennent des contrefactuels. Toutes les particules sans masse se meuvent à la vitesse de la lumière; donc, si un électron avait la masse zéro, il se déplacerait à la vitesse de la lumière. Tous les fruits, dans le jardin de Smith, sont des pommes; donc (?), si une pêche était introduite dans le jardin de Smith, elle se transformerait en pomme[56]. De telles choses arrivent peut-être dans les contes de fées; mais ces derniers ont typiquement lieu dans des mondes qui ne sont pas physiquement «accessibles» à partir de notre monde, c'est-à-dire des mondes dans lesquels nos lois de la nature ne s'appliquent pas. Pour savoir si une régularité est une loi, le rapport aux contrefactuels paraît donc un bon test. C'est pourquoi il est utile de se demander si les lois selon la théorie de Lewis soutiennent des contrefactuels.

On trouve des avis divergents dans la littérature secondaire. Peter Forrest pense que la proposition de Lewis remplit cette condition, mais se plaint que c'est sans intérêt, puisque d'après lui, on l'achève par simple *fiat;* la situation contrefactuelle se situe dans les mondes où s'appliquent les lois du meilleur système[57]. David Armstrong assume que Lewis affirme la validité des contrefactuels correspondant aux lois, mais considère qu'il

55 Le traitement de ces deux questions suit de près L. JAEGER, «Humean supervenience and best-system laws», *International Studies in the Philosophy of Science* XVI, 2002, pp. 144-151.

56 Le jardin de Smith fut introduit dans la discussion épistémologique par Michael TOOLEY, «The nature of laws», *Canadian Journal of Philosophy* VII, 1977, p. 686.

57 Peter FORREST, «What reasons do we have for believing there are laws of nature?», *Philosophical Inquiry* VII, 1985, pp. 7s.

se trompe; car «le meilleur système déductif est une simple systématisation *de facto*. Pourquoi des objets nouveaux ou des objets transformés s'y conformeraient-ils[58]?»

Un examen plus attentif permet de décider du lien entre lois du meilleur système et contrefactuels. Le résultat est, au premier abord, surprenant: si on suit, d'une manière conséquente, l'argumentaire de Lewis, il s'avère que les lois ne soutiennent pas certains contrefactuels. Il s'agit, plus précisément des contrefactuels qui impliquent l'inversion de la flèche du temps, c'est-à-dire dont le conséquent se place à un temps antérieur à l'antécédent. Ce fait découle de son analyse des contrefactuels à l'aide du calcul des mondes possibles; pour décider de la vérité d'un contrefactuel, il faut chercher à savoir quels sont les mondes les plus proches, c'est-à-dire les plus similaires au nôtre. S'y ajoute le fait que Lewis permet des déviations mineures, par rapport aux lois, dans les mondes les plus proches. Prenons l'exemple du monde déterministe d'un jeu à la roulette, qu'il avait utilisé quand il introduisit la théorie du meilleur système: «Supposons qu'une certaine roulette, dans ce monde déterministe *i*, s'arrête sur le noir à un moment *t*, et considérons l'antécédent contrefactuel qu'elle s'arrête sur le rouge. Quelles sortes de mondes contrefactuels sont les plus proches de *i*[59]?»

D'un côté, il y a les mondes avec les mêmes lois que celles en vigueur en *i*. Le passé dans ces mondes doit différer (et peut-être d'une manière considérable) du passé dans *i*, pour que la roue s'arrête sur rouge au lieu

58 D. M. ARMSTRONG, *What is a law of nature?*, p. 69. John F. HALPIN, «Lewis, Thau and Hall on chance and the best-system account of law», *Philosophy of Science* LXV, 1998, pp. 356s, rejoint l'avis d'Armstrong, par le biais d'un autre argument. Il regarde un monde contrefactuel avec nos lois de la nature, dans lequel un petit changement à un certain moment déclenche un avenir très divergent par rapport à notre monde. Comme les lois selon Lewis dérivent des faits particuliers, il est probable qu'elles sont différentes dans ce monde comparé au nôtre. Mais l'argument pourrait bien être circulaire, car il s'appuie sur une notion intuitive des lois, pour dire que l'avenir divergent évolue à partir du petit changement. L'argument montre seulement que les lois du meilleur système sont peut-être en conflit avec certaines de nos intuitions sur les lois. En particulier, nous avons tendance à penser que les lois de la nature sont fixées une bonne fois pour toutes, alors que dans la conception de Lewis, elles découlent de l'ensemble de l'histoire.

59 *Counterfactuals*, p. 75.

de s'arrêter sur noir. De l'autre côté, nous avons les mondes avec exactement le même passé jusqu'à peu avant *t*, «où les lois de *i* se maintiennent *presque* sans exception; mais là, un petit miracle localisé, pratiquement inaperçu, à *t* ou juste avant, permet à la roulette de s'arrêter sur rouge en violation des lois[60].» Lewis considère que le second groupe de mondes est plus proche de *i* que le premier.

Lewis invoque assez généralement de petits «miracles[61]», par rapport aux contrefactuels avec inversion de la flèche du temps[62]. Le fait qu'il préfère de tels miracles, pris ensemble avec son analyse des contrefactuels à l'aide des mondes possibles, empêche les lois de soutenir les contrefactuels avec inversion de la flèche du temps. On peut noter que la preuve n'utilise aucun trait propre à la théorie du meilleur système. Aussi longuement que l'on suit les intuitions de Lewis concernant la similitude comparative entre mondes possibles et la violation des lois dans des mondes proches, les lois ne soutiennent pas (certains) contrefactuels[63].

Il existe une issue évidente pour celui qui veut maintenir le lien entre lois et contrefactuels et, en même temps, analyser les contrefactuels en termes de mondes possibles. On peut simplement résister à suivre Lewis quand il s'agit des «miracles» et postuler que les mondes les plus proches sont ceux dans lesquels nos lois restent des généralisations vraies. Pourquoi Lewis n'adopte-t-il pas cette solution? Une raison majeure s'en trouve certainement dans l'usage étendu qu'il fait du formalisme des mondes possibles dans l'analyse de la causalité (et d'autres contextes dans lesquels l'inversion de la flèche du temps est interdite, comme par exemple pour comprendre pourquoi le futur est «ouvert», alors que le passé ne l'est pas). Ici il a besoin d'«un petit miracle localisé, pratiquement inaperçu[64]»

60 *Ibid.*

61 Les soi-disant miracles ne sont pas des miracles au sens ordinaire du mot. Ils sont contraires aux lois de notre monde, mais pas à celles du monde possible dans lequel ils se situent. Comme Lewis prend les lois parmi les généralisations vraies, des miracles au sens fort sont exclus *a priori*.

62 «Counterfactual dependence and time's arrow», *Philosophical papers*, vol. II, pp. 44-49. Certaines circonstances, sans intérêt ici, y font exception (comme p. ex. une machine à explorer le temps ou le voisinage immédiat d'un trou noir, *ibid.*, p. 35).

63 La preuve de cette affirmation est élaborée en détail dans JAEGER, «Humean supervenience and best-system laws», pp. 145s.

64 *Counterfactuals*, p. 75.

pour éviter qu'un effet compte comme la cause de sa cause et qu'un rôle causal soit attribué aux épiphénomènes[65]. Car dans les deux cas, les contrefactuels sont les contraires de ceux soutenus par les lois[66].

Lewis reconnaît que l'analyse de la causalité le guide quand il formule la relation de similitude pour comparer les mondes possibles; il est conscient qu'à certains moments, les contours exacts de cette relation entrent en conflit avec nos intuitions. En fait, il est probable que «nos jugements explicites portant sur la similitude globale» sont différents de la relation de similitude que l'on doit utiliser dans des analyses rigoureuses, dans la mesure où la relation rigoureuse «est la résultante, selon un système de coefficients pondérateurs et de priorités, d'une multitude de relations de similitude sous des aspects particuliers[67].» Quand on élabore la relation de similitude, il est donc nécessaire de rectifier nos intuitions en vue des besoins de l'analyse; parfois il faut carrément les abandonner[68]. Bien que Lewis fournisse des arguments indépendants pour justifier son idée que de petits miracles contribuent à la similitude générale des mondes[69], il est de toute manière obligé d'arriver à cette conclusion s'il veut utiliser la proximité de mondes possibles, dans son analyse de la causalité à l'aide de contrefactuels.

Face à la conclusion que les lois de la nature et la causalité aboutissent, dans certains contextes, à des résultats opposés pour le soutien aux contrefactuels et pour la similitude entre mondes possibles, on peut adopter deux stratégies. Toutes les deux suivent des indications inhérentes à la philosophie de Lewis, mais sont néanmoins en conflit l'une avec l'autre. Soit on concède que les conditions de vérité des contrefactuels dépendent du contexte, soit on abandonne le soutien de (certains) contrefactuels comme critère pour reconnaître une loi.

La première stratégie peut se réclamer de certains passages dans lesquels Lewis admet l'imprécision des contrefactuels; leur validité et, du coup, la relation de similitude entre mondes possibles dépendent du

65 «Causation», *Philosophical papers*, vol. II, pp. 170s.

66 La preuve, quelque peu laborieuse, mais sans difficultés particulières, en est apportée dans JAEGER, «Humean supervenience and best-system laws», pp. 146s.

67 «Counterfactual dependence and time's arrow», p. 43.

68 *Ibid.*, p. 46.

69 *Counterfactuals*, pp. 75-77.

contexte. Nous choisissons quels contrefactuels affirmer en fonction de nos intérêts particuliers. Des mondes ne sont similaires que dans la mesure où nous avons décidé quelles similitudes comptent le plus pour nous: «Les conditions pour la vérité des contrefactuels ne sont fixées que dans des limites approximatives; comme l'importance relative des considérations de comparaison qui sont à la base de la similitude comparative des mondes, elles sont une affaire hautement volatile, qui varie avec chaque modification de contexte et d'intérêt[70].»

En ce qui concerne les contrefactuels avec inversion de la flèche du temps, Lewis distingue alors entre une résolution de l'imprécision qui permet de remonter dans le temps, et une autre, qu'il appelle «standard», qui l'exclut.

Appeler cette dernière résolution «standard» nous oriente vers la deuxième stratégie: pour Lewis, la relation de similitude qui opère dans le contexte de la causalité, a un statut privilégié. Dans ses écrits, cette relation est sans aucun doute plus en vue que celle nécessaire dans le contexte des lois. Ce constat se vérifie non seulement quand il traite de la causalité (où on s'attend à la trouver), mais également quand il discute les lois de la nature[71]. Si on suit cette deuxième stratégie, on évite la dépendance des contrefactuels par rapport au contexte, au prix de dissocier les lois de la nature du soutien pour les contrefactuels. Quelles sont les raisons qui amènent Lewis à «exporter» la relation de similitude utilisée dans le contexte de la causalité vers ses discussions des lois?

Premièrement, Lewis ne s'accommode pas d'un relativisme conséquent en ce qui concerne la valeur de vérité des contrefactuels. Bien qu'il reconnaisse le rôle que joue le contexte dans l'évaluation des contrefactuels, il prétend qu'«il peut également arriver, et cela se produit souvent, qu'un contrefactuel ait la même valeur de vérité selon tous les systèmes acceptables de sphères [de mondes possibles], et ainsi il est nettement vrai ou nettement faux[72].» D'après ce que nous avons vu, cette affirmation

70 *Ibid.*, p. 92; *cf.* «Causation», p. 163. A cause de la dépendance des contrefactuels, par rapport au contexte, Bas VAN FRAASSEN, *The scientific image*, 1980, pp. 115-118, conclut que les contrefactuels n'aident ni dans l'analyse de la causalité, ni dans la compréhension des lois de la nature.

71 *Counterfactuals*, p. 75.

72 *Ibid.*, p. 93.

n'est pas vraie pour les contrefactuels avec inversion de la flèche du temps: ils ont des valeurs de vérité différentes dans le contexte des lois et dans celui de la causalité.

Deuxièmement, la causalité n'est pas seulement un thème éminent dans les écrits de Lewis, mais elle joue également un rôle essentiel dans son projet humien plus large; ce fait procure une forte motivation à fournir une analyse objective de la causalité. Les liens causaux sont, par exemple, fondamentaux, d'après Lewis, pour comprendre comment les choses (et les personnes) persistent à travers le temps. L'objectivité de la causalité est donc importante aussi longtemps que nous ne sommes pas prêts à regarder notre propre identité à travers le temps comme dépendant des intérêts que nous (ou d'autres) aurions.

Troisièmement, Lewis affirme qu'il vaut mieux rejeter entièrement les contrefactuels avec inversion de la flèche du temps, puisqu'ils présentent des traits bizarres. D'après lui, ils impliquent des résultats faux pour certains contrefactuels sans inversion de la flèche du temps; on les formule mieux en termes de «il aurait dû être le cas [*would have to have*]», plutôt que «il aurait été le cas [*would have*]»; ils ne donnent pas lieu à des intuitions précises[73]. Comme de tels traits ne sont pas directement pertinents pour l'examen de la théorie du meilleur système, tournons-nous vers une raison finale qui, elle, est une conséquence de cette théorie. L'approche de Lewis permet de mettre en balance la similitude entre lois et celle entre faits; parfois, les faits remportent sur les lois en termes de proximité entre mondes possibles:

> Les considérations de similitude et de différence qui entrent dans la similitude globale des mondes, sont nombreuses et variées. En particulier, les similitudes en matière de faits particuliers doivent se comparer aux similitudes de lois. Les lois de la nature sont importantes pour le caractère d'un monde; les similitudes de lois sont donc de poids. De poids, mais pas sacrées. […] De même, les similitudes ou les différences de faits particuliers peuvent peser plus ou moins, suivant leur nature et leur étendue. […] Un petit miracle peut valoir la peine pour prolonger ou étendre une région de correspondance parfaite [entre des faits particuliers][74].

73 «Counterfactual dependence and time's arrow», pp. 32-35. Pour un examen critique de ces affirmations, *cf.* Marc LANGE, *Natural laws in scientific practice*, 2000, pp. 66-73.

74 «Causation», pp. 163s.

Mettre en balance les similitudes (ou différences) entre faits et lois, comme Lewis le fait, présuppose une échelle de mesure commune entre eux. Quelqu'un qui tient à une notion forte (c'est-à-dire non réductionniste) des lois aurait bien du mal à établir une telle relation de similitude globale entre mondes possibles, qui inclurait en même temps les faits et les lois[75]. Mais si les lois sont fondamentalement des régularités, et donc la somme de faits individuels, on peut envisager de comparer lois et faits. Dans ce cas, «les lois sont très importantes, mais de grandes masses de faits particuliers comptent également pour quelque chose[76]», quand il s'agit d'évaluer la similitude de deux mondes. C'est pourquoi il est probable que l'effort de produire une analyse réductionniste des lois ait encouragé Lewis à accepter, sous certaines conditions, la violation des lois de la nature dans des mondes proches, pour garantir une similitude maximale quant aux faits individuels.

4. La nécessité nomologique

En général, on considère que les lois de la nature sont prises parmi les affirmations vraies[77]; c'est pourquoi «Si ‹Il est une loi que *A*›, alors *A*». Les lois dans la théorie du meilleur système répondent à ce critère d'inférence, puisqu'elles sont choisies parmi les généralisations vraies[78]. Elles sont aussi contingentes, ou pour employer le langage des mondes possibles, elles ne sont pas vraies dans tous les mondes. Jusqu'ici, tout va bien; mais normalement, on attribue aux lois de la nature une nécessité quelque part entre les deux extrêmes de la contingence des faits et de la nécessité logique. C'est pourquoi «Si ‹Il est une loi que *A*›, alors ‹Il est (nomologiquement) nécessaire que *A*›». Les lois du meilleur système répondent-elles à ce critère?

75 Dans le cas où il réussirait à l'établir, je m'attendrais à ce que les lois remportent toujours sur les faits.

76 *Counterfactuals*, p. 75.

77 CARROLL, pp. 22s, indique des références pour des auteurs qui contestent cet accord.

78 On se rappelle que la théorie d'Armstrong, au contraire, s'achoppe à ce critère (*cf.* pp. 81-86 ci-dessus).

Elles y répondent – par définition; car Lewis définit la nécessité nomologique à l'aide des lois: *A* est nomologiquement nécessaire si et seulement si les lois de la nature impliquent *A*[79]. Cette manœuvre est parfaitement légitime, dans la mesure où Lewis a fourni une définition des lois qui ne fait pas intervenir le concept de nécessité. Néanmoins, la manière purement formelle d'établir l'équivalence fait naître quelques soupçons. Le lien entre nécessité nomologique et lois du meilleur système est-il si basique que nous pouvons accepter qu'il soit intégré à notre langage[80]? Ne savons-nous vraiment rien sur la nécessité physique, indépendamment de la théorie du meilleur système?

Même avant de disposer d'une analyse complète, nous pouvons explorer nos connaissances concernant la nécessité physique, en regardant des exemples concrets de mondes particulièrement simples (souvent appelés des «mondes miniatures [*toy worlds*]»). Les lois du meilleur système y entretiennent-elles le lien avec la nécessité nomologique que postule Lewis? Prenons l'exemple d'un monde classique dans lequel la loi newtonienne de la gravitation est en vigueur. Les seuls objets dans ce monde sont des objets sphériques en or, qui décrivent des orbites stables l'un autour de l'autre. La régularité «Tous les objets sont sphériques» se qualifie certainement pour le meilleur système de ce monde. Mais sommes-nous prêts à dire que, dans ce monde, tous les objets doivent être sphériques? Des conditions initiales légèrement différentes auraient pu les faire entrer en collision, de sorte que certains se seraient brisés en des morceaux non sphériques[81].

79 Je suis la reconstruction que van Fraassen offre de la nécessité nomologique et des mondes nomologiquement (ou physiquement) accessibles chez Lewis; le traitement de van Fraassen correspond clairement à l'usage des concepts par Lewis (VAN FRAASSEN, *Lois et symétrie*, p. 122; *cf. Counterfactuals*, pp. 72s, et *On the plurality of worlds*, pp. 7, 20).

80 VAN FRAASSEN, *Lois et symétrie*, p. 124, fournit un exemple qui suggère même que le lien entre la nécessité physique et les lois en général (indépendamment d'une approche particulière) est moins simple qu'une équivalence définitionnelle ne peut le permettre.

81 Ce monde miniature est une version simplifiée d'un exemple de VAN FRAASSEN, *Lois et symétrie*, p. 125. HALPIN, «Lewis, Thau and Hall on chance...», p. 357, propose un monde encore plus simple: un monde classique avec gravitation, peuplé par une seule particule. Mais il n'est probablement pas juste d'utiliser un monde si appauvri à l'encontre de l'analyse de Lewis; en fait, quel sens pourrait même avoir le simple concept de *généralisation* dans un tel cas?

Il est pourtant facile de répondre aux objections basées sur les «mondes miniatures»: Lewis considère que sa conception constitue une vérité contingente; elle n'est pas vraie dans tous les mondes possibles[82]. Le monde des sphères en or est peut-être un monde dans lequel les lois ne surviennent pas sur les faits. La question qui doit véritablement nous occuper concerne la nécessité physique dans *notre* monde. Pour y répondre, il est naturel, dans le contexte de la philosophie de Lewis, d'exprimer la nécessité physique en termes de mondes possibles et de définir des mondes physiquement accessibles à partir de notre monde, comme ceux dans lesquels les lois de ce dernier sont des généralisations vraies (sans être nécessairement des lois). On définit alors les propositions physiquement nécessaires comme celles qui sont vraies dans tous les mondes physiquement accessibles à partir de notre monde. Si en plus, on considère que les lois du meilleur système sont effectivement les lois de notre monde, on obtient le résultat souhaité: les faits qui dérivent des lois du meilleur système sont physiquement nécessaires. Mais de nouveau, on a obtenu le résultat par pure définition; il ne nous aide nullement à expliquer en quoi consiste la nécessité physique[83].

Pour aller au-delà d'une définition purement formelle de la nécessité nomologique, il faut montrer que les faits qui découlent des lois du meilleur système sont vrais dans une classe de mondes «pertinente», pour qu'il convienne de définir la nécessité physique sur la base de cette classe. Il n'y a pas beaucoup de candidats potentiels. On pourrait d'abord penser aux mondes dans lesquels ne se trouve aucune propriété étrangère à notre monde. Mais il n'y a aucune raison de croire qu'il faudrait introduire des propriétés étrangères pour changer les lois; il suffit de réarranger les entités de notre monde, pour changer le contenu du meilleur système. Une autre idée serait de faire intervenir des sphères de mondes proches. Les faits impliqués par les lois du meilleur système sont-ils vrais dans les mondes qui se trouvent à proximité? Au premier abord, on est disposé à répondre par l'affirmative. Si un fait *A* découle d'une loi, il est «lié» à d'autres faits par ce biais. C'est pourquoi, si *A* change, un grand nombre d'autres

82 «Introduction», *Philosophical papers*, vol. II, p. x; *cf.* John CARROLL, «The Humean Tradition», *Philosophical Review* XCIX, 1990, pp. 204s. Cf. aussi p. 154 ci-dessous.
83 VAN FRAASSEN, *Lois et symétrie*, pp. 123s.

faits doivent également changer. Ainsi, le changement d'un fait basé sur une loi nous transporte plus loin d'un monde donné que le changement d'un fait accidentel.

Hélas, ce raisonnement est erroné. Il présuppose que les lois du meilleur système fournissent la corrélation entre les faits particuliers dont on a besoin. Dans la mesure où elles sont, à la base, de simples régularités, on ne voit pas bien comment elles pourraient garantir un tel lien. Dans un monde dans lequel le fait *A* n'arrive pas, la loi qui l'implique n'est pas une loi; elle n'est même pas vraie. Mais tous les autres faits qui découlent de cette loi peuvent toujours être vrais. Le monde ainsi obtenu est toujours très proche du monde du départ. De fait, cette observation rejoint la conclusion de Lewis lui-même. Bien qu'il affirme que «les similitudes de loi sont de poids», elles ne sont «pas sacrées. Nous ne devrions pas considérer comme allant de soi le fait qu'un monde qui se conforme parfaitement à nos lois soit *ipso facto* plus proche de la réalité que tout monde dans lequel ces lois sont violées d'une quelconque manière[84].» Bien entendu, ce résultat n'est pas surprenant après notre discussion des contrefactuels. Dans l'analyse de Lewis, les lois ne soutiennent pas certains contrefactuels parce que les lois de notre monde ne sont pas en vigueur dans certains mondes les plus proches; de petits miracles sont admis. Si l'on définissait la nécessité nomologique en termes de mondes proches, les lois du meilleur système ne conféreraient pas de nécessité physique aux faits qui découlent de ces lois[85].

La difficulté de trouver une classe de mondes par rapport à laquelle on pourrait mesurer la nécessité nomologique confirme une suspicion que l'on avait dès le départ: si les lois sont fondamentalement des régularités, elles ne peuvent donner aucune nécessité aux faits qui en découlent. «L'addition de la vérité et de la simplicité [qui sont des critères éminents pour les lois du meilleur système] ne me donne tout simplement pas la

84 «Causation», pp. 163s.

85 John HALPIN a proposé un autre candidat pour une classe de mondes pertinente («Lewis, Thau and Hall on chance…», pp. 358s; «Nomic necessity and empiricism», *Noûs* XXXIII, 1999, pp. 639s). Je donne les raisons pour lesquelles je ne considère pas sa solution viable dans JAEGER, «Humean supervenience and best-system laws», pp. 150s.

nécessité au total[86].» A ma connaissance, Lewis n'aborde jamais ce problème directement. Il suggère plutôt que le rapport aux contrefactuels et à la nécessité physique sont sans importance pour une analyse des lois:

> Si on est prêt à admettre que des théorèmes du meilleur système soient appelés lois à juste titre, on voudra aussi probablement dire qu'ils sous-tendent les explications causales; qu'ils corroborent les contrefactuels; qu'ils ne sont pas de simples coïncidences; qu'ils sont, ainsi que leurs conséquences, nécessaires dans un sens convenable du mot; et qu'ils peuvent être confirmés par leurs instances. Sinon, on ne le voudra pas. L'issue de la compétition est ouverte – le bénéfice sera pour le vainqueur[87].

C'est une posture parfaitement légitime pour quelqu'un qui s'accorde avec le slogan de Quine: «La nécessité réside dans la façon dont nous parlons des choses, non dans les choses dont nous parlons[88].» La conception de van Fraassen, sur laquelle nous aurons à revenir, nous oriente précisément dans ce sens[89]. Il est moins clair qu'une telle attitude soit acceptable pour Lewis, car il a la prétention de formuler une analyse objective des lois, qui ne fait pas intervenir de considérations épistémiques. Le rapport aux contrefactuels et la nécessité physique sont pourtant des traits que l'on reconnaît (presque) unanimement aux lois. Même si on ne doit pas s'attendre, sous la plume de Lewis, à en trouver une reformulation métaphysiquement épaisse – son approche est justement réductionniste –, on est en droit d'exiger qu'il montre comment son analyse justifie ces traits des lois. Nos réflexions nous ont pourtant amenés à conclure que la théorie du meilleur système n'en est pas capable.

5. Le rapport à la science

Le lien aux contrefactuels et la nécessité nomologique ne sont que deux aspects par rapport auxquels la théorie de Lewis se révèle insatisfaisante en tant qu'analyse de la légalité nomologique. D'autres traits de sa proposition

86 VAN FRAASSEN, *Lois et symétrie*, p. 126.
87 «Humean supervenience debugged», pp. 478s.
88 Willard Van Orman QUINE, «Three grades of modal involvement», 1953, *The ways of paradox and other essays*, 1976, p. 176.
89 VAN FRAASSEN, *Lois et symétrie*, p. 151, n. 1; pp. 182s, et *passim*.

entrent également en conflit avec certaines de nos intuitions, même si on peut arguer que celles-ci sont moins centrales à la notion même. Nous avons, par exemple, tendance à penser que les lois sont déterminées une fois pour toutes, alors que dans la conception qu'adopte Lewis (comme dans n'importe quelle approche de type humien, basée sur des régularités), les lois ne se décident que par rapport à l'ensemble de l'histoire du monde: elles «sont valables en raison de structures répandues à travers tout l'espace et le temps[90].» De même, il semble possible que certaines lois ne donnent jamais lieu à aucune conséquence observable, alors qu'une approche basée sur des régularités effectives exclut, par définition, ce cas de figure. Dans l'argument dit du miroir, John Carroll construit un bel exemple d'un ensemble de mondes miniatures qui illustrent ce point[91].

Les arguments évoqués jusqu'ici s'inscrivent tous dans l'univers de l'analyse philosophique – l'univers auquel appartient sans aucun doute l'approche de Lewis lui-même. Mais on peut également essayer un angle d'attaque assez différent, qui se rapporte plus directement à la science. Etant donné que Lewis partage, avec un grand nombre de philosophes rattachés à la tradition analytique, la vénération pour la science, il est légitime de se demander dans quelle mesure sa proposition fournit un concept qui soit en mesure d'assumer le rôle que jouent «les lois de la nature» en science moderne. A ce propos, van Fraassen monte une critique détaillée de la théorie du meilleur système, qui fait intervenir l'écart entre le trio des critères – simplicité, contenu d'information et leur équilibre – et les valeurs théoriques effectivement à l'œuvre dans la pratique scientifique. De même, il élabore la menace que font planer les limites de nos connaissances sur la recherche d'une théorie «idéale»[92].

On peut enrichir le catalogue des tensions entre la science et la théorie du meilleur système dès que l'on se rend compte, avec John Earman, que celle-ci «s'associe de façon directe et naturelle […] à la […] reconstruc-

90 Lewis considère ce fait comme «une surprise désagréable, mais, dit-il, je suis préparé à prendre le taureau par les cornes» («Humean supervenience debugged», p. 479).

91 CARROLL, *Laws of nature*, pp. 60-68, 77-80. Pour un autre exemple moins élaboré, *cf.* Michael TOOLEY, «Causation: reductionism versus realism», dans *Causation*, sous dir. E. SOSA, M. TOOLEY, 1993, pp. 176s.

92 VAN FRAASSEN, *Lois et symétrie*, pp. 135-140. Une parabole illustre le deuxième problème (*ibid.*, pp. 140-143).

tion de la pratique [scientifique] sous la forme de la méthode hypothético-déductive[93].» On peut donc s'attendre à ce que plusieurs des problèmes de ce modèle de la pratique scientifique[94] menacent également la proposition de Lewis. N'en mentionnons qu'un exemple: Que signifie l'exigence qu'un système déductif soit vrai? On comprend que la réponse à cette question n'a rien d'évident dès que l'on se rappelle qu'un système déductif de propositions ne fournit d'assertions sur les résultats expérimentaux effectifs qu'à l'aide d'hypothèses auxiliaires pertinentes[95]. L'approche de Lewis contient-elle vraiment les ressources nécessaires pour faire face à cette difficulté, qui paraît tout à fait fondamentale?

Une partie des insuffisances constatées ne reposent pas sur des traits particuliers de la théorie du meilleur système, mais surgissent, d'une manière analogue, pour toute conception des lois qui se lie aux régularités effectives dans les phénomènes. Par exemple, la difficulté que nous avons constatée, dans le contexte de l'approche d'Armstrong, pour rendre compte des lois ne valant que *ceteris paribus*, se retrouve de façon similaire dans l'approche de Lewis (et dans toute autre proposition qui partage avec la tradition humienne la conviction que les lois donnent lieu à des régularités dans les faits)[96]. Car ce qui rend le traitement de telles lois épineux, c'est justement le fait qu'elles ne se manifestent pas, au moins pas directement, dans des régularités factuelles. D'ailleurs, les difficultés ne disparaissent pas quand on se tourne vers d'autres sciences que la physique.

93 «Laws of nature», dans BOGDAN, p. 197.

94 Karel LAMBERT, Gordon G. BRITTAN, *Eine Einführung in die Wissenschaftsphilosophie*, 1991, pp. 94-100; Alan F. CHALMERS, *Qu'est-ce que la science? Récents développements en philosophie des sciences: Popper, Kuhn, Lakatos, Feyerabend*, 1987, chap. 6.

95 L'autre possibilité serait d'inclure soit l'assertion souhaitée, soit l'hypothèse auxiliaire dans le système. Mais comme nous visons la simplicité, cette issue ne nous est pas ouverte. Si nous mettions en œuvre une telle stratégie pour l'ensemble des phénomènes étudiés, nous finirions par avoir un système aussi complexe que les phénomènes eux-mêmes. *Cf.* Willard Van Orman QUINE, «Deux dogmes de l'empirisme», 1951, trad. P. JACOB, S. LAUGIER, D. BONNAY, *Du point de vue logique: neuf essais logico-philosophiques*, 2003, pp. 70ss.

96 Marc LANGE, «Natural laws and the problem of provisos», *Erkenntnis* XXXVIII, 1993, pp. 233-248. Peter LIPTON, «All else being equal», *Philosophy* LXXIV, 1999, pp. 155-168, fournit une introduction générale aux lois *ceteris paribus*. Pour le traitement qu'en propose Cartwright, *cf.* pp. 229-231 ci-dessous.

Dans un article au titre parlant «Les philosophes contre les chimistes concernant les ‹lois de la nature›», Maureen Christie montre que les lois chimiques manifestent une variété plus grande que la plupart des comptes rendus philosophiques actuels n'admettent: elles peuvent être exactes ou inexactes, universelles ou admettre des exceptions, parfois elles reposent sur l'idéalisation et parfois elles s'appliquent à des cas concrets[97].

Pour le dire prudemment, il semble qu'il y ait une certaine distance entre l'analyse de Lewis et la notion de loi telle qu'elle opère en science. Notre bref survol suggère que plusieurs des raisons en sont communes à une variété de théories dans la tradition humienne; il ne s'agit pas spécialement d'un problème qui dépend des contours précis de la proposition de Lewis. C'est pourquoi l'examen plus approfondi des rapports que son analyse entretient avec le rôle des lois dans les sciences ne nous ferait guère mieux comprendre l'apport spécifique de la théorie du meilleur système, tant les difficultés soulevées semblent générales pour toute approche dans la tradition humienne. Il est alors temps de nous recentrer sur notre intérêt premier: les rapports qu'entretient le compte rendu de Lewis avec la religion. Pour ce faire, il est nécessaire de placer son analyse de la notion de loi dans le contexte plus large de sa philosophie en général.

6. La survenance humienne[98]

Aucune étude de la pensée de Lewis ne peut se désintéresser de trois thèmes fondamentaux à sa construction philosophique: la survenance humienne, le physicalisme et le réalisme modal. Au dire même de Lewis, ils jouent un rôle crucial dans son travail de philosophe[99]. C'est pourquoi il est indispensable de consacrer aux trois éléments un examen attentif, si l'on veut faire ressortir le rôle que jouent éventuellement chez Lewis les convictions religieuses, sans tomber dans le piège de plaquer une grille de

97 «Philosophers versus chemists concerning ‹laws of nature›», *Studies in History and Philosophy of Science* XXV, 1994, pp. 622, 629.

98 Cette section est une version amplifiée de l'introduction dans JAEGER, «Humean supervenience and best-system laws», pp. 141-143.

99 «Introduction», *Philosophical papers*, vol. II, pp. ix, xi.

lecture étrangère sur sa pensée. Notre effort connaîtra sa récompense: à travers ces trois éléments fondamentaux du système de Lewis, nous verrons effectivement se dessiner des rapports entre sa théorie des lois et des préoccupations religieuses.

Le thème de la survenance humienne apparut, dans les écrits publiés de Lewis, pour la première fois en 1980; par la suite, il est devenu un axe unificateur qui organise ses analyses de notions aussi variées que sont les lois de la nature, la probabilité et l'esprit humain[100]. A diverses reprises, Lewis en fournit une définition. Dans ses moments plus prudents, il considère la survenance comme «un refus de variation indépendante». C'est une thèse plus faible que le réductionnisme, «non encombrée par les refus suspects de l'existence, les revendications d'une priorité ontologique ou les revendications de traduisibilité[101].» Il définit la survenance humienne par rapport aux concepts nomologiques, comme la réponse affirmative à la question suivante:

> Supposons que deux mondes possibles sont des doubles qualitatifs parfaits[102] – doivent-ils de ce fait avoir exactement les mêmes distributions de probabilité objective, les mêmes lois de la nature, les mêmes contrefactuels et les mêmes relations causales? Leurs habitants doivent-ils avoir les mêmes propriétés modales *de re*[103]?

100 *Ibid.*, p. ix; Gerhard PREYER, Frank SIEBELT, «Reality and Humean supervenience: some reflections on David Lewis's philosophy», dans *Reality and Humean supervenience: essays on the philosophy of David Lewis*, sous dir. G. PREYER, F. SIEBELT, 2001, p. 6.

101 «New work…», *Papers in metaphysics and epistemology*, p. 29.

102 Dans cet article, Lewis considère que le recours aux propriétés naturelles est inévitable, pour définir la duplication: «Deux objets sont des doubles qualitatifs s'ils ont exactement les mêmes propriétés parfaitement naturelles.» En effet, il serait circulaire de définir la duplication à l'aide de propriétés intrinsèques communes (*ibid.*, pp. 26s). Pourtant dans «Comment définir ‹intrinsèque›», avec Rae LANGTON, 1998, trad. F. FERRO, *Revue de métaphysique et de morale* IV, 2002, p. 541, il propose une définition d'une propriété intrinsèque (de base), qui n'emploie pas le concept de duplication: il s'agit d'«une propriété indépendante de la solitude et de l'accompagnement [par rapport à un autre objet contingent] et qui n'est ni une propriété disjonctive ni une négation de propriété disjonctive.» *Cf.* D.K. LEWIS, «Redefining ‹intrinsic›», *Philosophy and Phenomenological Research* LXIII, 2001, pp. 381-398.

103 «New work…», *Papers in metaphysics and epistemology*, p. 30. La distinction entre les nécessités *de re* et *de dicto* (formulée explicitement, pour la première fois, par Abélard), concerne la différence entre les affirmations «Nécessairement, *p* est *F*» et «*p* est nécessairement *F*».

Dans le seul cas où la survenance humienne est vraie, il y a un «sens à la poursuite de projets tels qu'une analyse fréquentiste de la probabilité, une analyse des lois de la nature en termes de régularités, ou une analyse des contrefactuels causaux et de la modalité *de re* en termes de similitude comparative [entre mondes possibles][104].»

Lewis concède que «la survenance humienne est au mieux une vérité contingente»; il existe des mondes où on trouve «des absurdités dans le style» des «relations externes supplémentaires, irréductibles, en plus des relations spatio-temporelles; [...] des propriétés naturelles émergentes d'objets de taille supérieure à un point; [...] des objets qui traversent de façon identique le temps et l'espace[105].» Une fois la contingence de la survenance humienne acceptée, on peut se demander si la thèse conserve suffisamment de contenu pour permettre, par exemple, une analyse des lois de la nature basée sur des régularités factuelles. Pour qu'une telle analyse soit d'un quelconque intérêt, elle doit permettre un certain nombre de contrefactuels ou – ce qui est équivalent dans l'approche de Lewis – certaines affirmations sur des mondes possibles. Notons d'ailleurs que Lewis définit la survenance humienne en termes de relations entre mondes possibles. Cette thèse doit donc être vraie dans tout une classe de mondes possibles, pertinente par rapport à notre monde. Lewis avait d'abord prétendu qu'une telle classe existe, puisqu'il pensait que seule la présence de «propriétés ou de relations naturelles supplémentaires qui sont totalement étrangères à notre monde[106]» mettrait en échec la survenance humienne. Pourtant, un argument de Sally Haslanger, qui part de la sphère tournante dite d'Armstrong (ou de Kripke), l'a forcé à abandonner cette affirmation[107]. Il maintient toujours que des mondes sans survenance humienne «ne comptent pas comme ‹mondes semblables au nôtre›», mais ne fournit aucune autre caractérisation de ces mondes, à part l'échec du projet

104 *Ibid.*

105 «Introduction», *Philosophical papers*, vol. II, p. x.

106 *Ibid.*

107 L'argument contemple deux mondes possibles qui contiennent une sphère parfaitement homogène: dans l'un, la sphère est au repos; dans l'autre, elle tourne. Pourtant, les deux mondes ne diffèrent pas en ce qui concerne la distribution des propriétés locales (Sally HASLANGER, «Humean supervenience and enduring things», *Australasian Journal of Philosophy* LXXII, 1994, pp. 339-359).

humien que l'on y constate[108]. Mais sans prise indépendante sur la question de savoir quels mondes comptent comme «mondes semblables au nôtre», la thèse de la survenance humienne par rapport à notre monde n'est pas falsifiable. Chaque fois que l'on réussit à construire un monde identique au nôtre quant aux faits, mais différent quant à ses lois, on peut répondre que cet autre monde ne fait pas partie des mondes humiens, ce qui laisse intacte l'assertion que notre monde répond aux critères du projet humien.

Notre doute quant à la viabilité d'une simple thèse de survenance contingente se trouve renforcé par l'exemple suivant: les lois qui s'appliquent dans notre monde sont un fait *a posteriori*. Si notre monde est régi par un système de lois assez unifié, il est plausible de suggérer que tout changement dans ses lois impliquerait également quelques changements au niveau des faits qui se produisent dans notre univers. Si on choisit alors d'examiner la thèse de la survenance humienne relative à des mondes proches du nôtre, qui remplissent en plus la condition de ne pas renfermer de faits bruts qui ne pourraient pas être subsumés sous des lois[109], même l'épistémologue hostile au projet humien arrive à la conclusion qu'il ne peut exister aucune différence, dans les lois de notre monde, sans différence dans les faits. Accepter cette affirmation n'oblige nullement à se sentir en sympathie avec le projet humien. L'exemple suggère que la survenance humienne par rapport à une classe limitée de mondes possibles ne suffit pas à faire justice aux intentions humiennes, tant que l'on ne perçoit pas clairement la classe de mondes possibles par rapport auxquels la survenance humienne de notre monde est établie[110].

On peut comprendre l'attrait de la notion de survenance, par rapport aux thèses réductionnistes ordinaires. Car elle évite (au moins dans sa version prudente) de s'engager ontologiquement. Dire qu'une propriété survient sur une autre ne revient pas nécessairement à nier l'existence

108 «Humean supervenience debugged», p. 475.

109 De toute manière, seuls des mondes avec cette caractéristique sont probablement proches du nôtre, si celui-ci, comme postulé, est gouverné par un système de lois unifié. Cette condition exclut en particulier le monde dit de Hume, c'est-à-dire le monde dans lequel tous les faits sont identiques aux faits dans notre monde, mais dans lequel n'existe aucune loi.

110 *Cf.* la critique de CARROLL, *Laws of nature*, pp. 75-80, de plusieurs versions contingentes de la survenance humienne.

effective de la première[111]. Mais les quelques réflexions qui précèdent amènent à se demander si la survenance humienne, définie d'une manière non ontologique, suffit pour une analyse humienne de la légalité naturelle. Il est alors intéressant de noter qu'à certains moments, Lewis oublie sa prudence et utilise des formulations qui suggèrent un programme réductionniste plus fort. Dans *De la pluralité des mondes*, il parle de la survenance humienne en des termes ouvertement ontologiques, qui, pris au pied de la lettre, nient l'existence même des traits survenants:

> Le monde a ses lois de la nature, ses chances et ses relations causales; et pourtant – peut-être! – tout ce qu'il y a pour le monde, c'est sa distribution point par point de caractère qualitatif local. Nous avons un arrangement spatio-temporel de points. A chaque point, il peut se trouver des propriétés intrinsèques locales, peut-être instanciées par le point lui-même ou par de petits éléments de matière ou des champs qui s'y trouvent, de la taille d'un point. Il peut s'agir de propriétés de masse, de charge, de couleur et de saveur du quark, de force de champ, et autres choses semblables; et peut-être d'autres en plus, si la physique, telle que nous la connaissons, est insuffisante pour accomplir sa tâche descriptive[112]. Est-ce tout? Les lois, les chances et les relations causales ne sont-elles que des structures qui surviennent sur cette distribution point par point des propriétés[113]?

Bien que moins prudente, cette version ouvertement ontologique de la survenance humienne correspond clairement aux intuitions humiennes qui se dressent derrière l'analyse des lois de la nature, que propose Lewis.

111 Michael ESFELD, *Einführung in die Naturphilosophie*, 2002, p. 89.

112 Lewis inclut-il les dispositions parmi les «propriétés intrinsèques locales» qu'il admet? Je n'ai pas trouvé de réponse explicite à cette question dans ses écrits, mais j'ai tendance à penser qu'il faut répondre par la négative (*cf.* PREYER, SIEBELT, pp. 3s). Des dispositions ont une connotation trop ouvertement nomologique, pour que l'on puisse tenir pour réductionniste une analyse des lois de la nature qui les inclut (*cf.* CARROLL, *Laws of nature*, p. 6). En plus se pose la question de savoir si les dispositions sont des propriétés intrinsèques. Lewis les tient normalement pour extrinsèques, puisqu'«un objet solitaire [...] ne serait assujetti à aucune loi, par défaut d'un cosmos qui servirait de législateur» («Defining ‹intrinsic›», *Papers in metaphysics and epistemology*, p. 124), bien qu'il indique également une autre définition du terme intrinsèque qui ferait des dispositions des propriétés intrinsèques (*ibid.*, p. 125, n. 11).

113 *On the plurality of worlds*, p. 14. Déjà dans l'introduction au deuxième volume de ses *Philosophical papers*, Lewis définit la survenance en des termes ontologiques (pp. ix-x). En fait, il ne semble pas établir de distinction claire entre les deux versions.

Mais si la version plus faible est une vérité contingente, la plus forte l'est aussi. Elle rencontre donc la même difficulté à désigner une classe suffisamment bien définie de mondes possibles dans laquelle elle est vraie.

Ainsi, on se rend compte qu'il est étonnamment difficile de formuler d'une manière rigoureuse le slogan qui clame la survenance: «Pas de différence d'une sorte sans une différence d'une autre sorte[114].» Les philosophes analytiques ont largement discuté le concept de survenance au cours des trente dernières années, depuis que Donald Davidson l'utilisa en 1970 pour formuler son «monisme anomal», qui se veut une compréhension physicaliste, mais non réductionniste, des états mentaux[115]. Ces discussions confortent l'idée que l'apparence simple de la thèse de survenance est trompeuse. Déjà il faut distinguer entre plusieurs sortes de survenance: une version «faible» se limite à comparer des individus à l'intérieur d'un même monde, une version «forte» compare des individus à travers plusieurs mondes possibles, une version «globale» ne compare pas des individus, mais des mondes entiers[116]. Plus grave est le constat que les affirmations de survenance (des lois et des notions modales sur les faits, des états mentaux sur les états physiques, etc.) sont, par leur construction même, infalsifiables. Car ce qui distingue les approches qui s'appuient sur la survenance des programmes réductionnistes plus classiques, c'est qu'elles abandonnent l'exigence de fournir une traduction explicite de la description du domaine survenant en termes du domaine considéré comme basique. La survenance dans les discussions récentes suit ainsi la ligne

114 Jaegwon KIM, «Supervenience as a philosophical concept», 1990, *Supervenience and mind: selected philosophical essays*, 1993, p. 155.

115 Avant Davidson, R. M. Hare fit connaître le terme, dans les années 1950, en philosophie morale. Avant cela, les «émergentistes britanniques» avaient recours à des idées similaires, en employant occasionnellement le terme (*ibid.*, pp. 131-140; Terence HORGAN, «From supervenience to superdupervenience: meeting the demands of a material world», *Mind* CII, 1993, pp. 555-566). Il semble que Leibniz ait été le premier à utiliser le terme, ou plus précisément le verbe latin «supervenire», en philosophie (KIM, p. 135).

116 Paul TELLER, «Supervenience», dans *A companion to metaphysics*, sous dir. J. KIM, E. SOSA, 1995, pp. 484s. LEWIS, *On the plurality of worlds*, p. 14, affirme que son réalisme modal évite de telles complications et que la survenance «n'*est* qu'une idée simple, facile, utile». Son argumentaire est trop lacunaire pour que je sois en mesure d'en évaluer la force.

esquissée par Leibniz, dans son traitement de la contingence. Pour lui, les événements nous paraissent contingents quand nous, êtres finis, ne pouvons pas les déduire de l'essence des choses. En revanche, tout est nécessaire du point de vue de Dieu[117]. De la même manière,

> avoir la survenance sans réduction, signifie ne pas avoir de traduction phrase par phrase, paragraphe par paragraphe, ou même ensemble définissable par ensemble définissable... mais il y a encore une description parfaite «à l'extrémité de cette distance infinie[118]». L'affirmation de la survenance implique alors seulement encore le fait qu'il y a, pour parler de la sorte, une réduction pour Dieu ou pour les anges, mais simplement pas pour les êtres finis tels que nous.
> *C'est évidemment une position conçue pour être irréfutable*[119].

Pris isolément, «une telle affirmation de la survenance devrait nous sembler un simple article de foi qui manque sérieusement de motivation, sur le plan à la fois des preuves et de sa valeur explicative[120].» Il devient alors pressant que Lewis complète le postulat de la survenance par des comptes rendus des différentes relations qui lient les concepts survenants à la base. En tant que métaphysicien dans la tradition analytique, il n'a guère d'autre choix que de tenter d'accomplir de tels comptes rendus en proposant des analyses des notions survenantes. Surgit alors le dilemme que nous avons rencontré à plusieurs reprises[121]. D'un côté, il est tellement convaincu de la contingence de toute chose, qu'il englobe dans la contingence le projet humien lui-même: il existe des mondes possibles dans lesquels ce projet échoue; dans de tels mondes, les analyses proposées (ou certaines d'entre elles) ne sont pas vraies. De l'autre côté, une analyse est, presque par définition, nécessaire, c'est-à-dire vraie dans tous

117 G. W. Leibniz, «Echantillon de découvertes sur les secrets admirables de la nature prise en général», 1688, *Discours de métaphysique et autres textes 1663-1689*, 2001, pp. 289s; et «De la contingence», 1689/90 (?), *ibid.*, pp. 318s. Bas van Fraassen a proposé la comparaison à Leibniz dans une conférence, le 10 février 2004 au CRÉA, Paris. D'après lui, Lewis acceptait cette interprétation de la survenance.

118 L'expression s'inspire de Blaise Pascal, *Pensées*, 1670, éd. L. Brunschvicg, n° 233, 1976, p. 114.

119 Bas van Fraassen «Transcendence of the ego (*The non-existent knight*)», *Ratio* XVII, 2004, p. 474.

120 Kim, p. 159.

121 Un courriel de Stephan Leuenberger, du 27 octobre 2003, m'a aidée à formuler plus précisément ce dilemme.

les mondes qui comportent les entités à analyser. Certes, Lewis peut se satisfaire de moins: vu que ses analyses reposent sur la sphère des mondes les plus proches, il lui suffit qu'une analyse soit vraie dans une telle sphère convenablement définie. Mais on ne voit pas comment il pourrait se satisfaire de moins – et nos réflexions nous ont amenés à douter qu'il soit en mesure de fournir une description suffisamment précise de la sphère de mondes proches sur laquelle reposeraient ses analyses. A ce moment, la thèse de la survenance humienne n'est pas seulement infalsifiable, mais encore sans consistance réelle – une position qui paraît pour le moins peu confortable…

7. Le physicalisme

Etant donné la façon dont Lewis formule la survenance humienne dans son livre *De la pluralité des mondes*[122], il n'est pas surprenant de constater qu'il cherche la base sur laquelle tout survient dans la réalité accessible à la description physique: «Le monde est tel que la physique le dit, et il n'y a rien à ajouter à cela[123].» Comme pour la survenance, le physicalisme est conçu comme une vérité contingente: il n'est pas vrai dans tout monde possible, et l'adopter pour le nôtre comporte un risque[124]. Bien entendu, Lewis évite de se lier à l'état de la physique actuelle; les physicalistes d'aujourd'hui sont trop conscients des changements radicaux qui ont affecté l'image scientifique du monde, au cours du dernier siècle en particulier, pour exclure une évolution future de la physique. Néanmoins, Lewis conserve l'intuition que quelque chose de similaire à la physique actuelle doit nous délivrer toute la vérité sur l'univers:

> La survenance humienne ne dit en fait pas que la physique a raison sur les qualités locales qui existent, mais elle est l'exemple qu'il faut garder en tête. […] Défendre la survenance humienne, ce n'est pas soutenir une physique réactionnaire, mais c'est plutôt résister aux arguments philosophiques d'après lesquels il y a plus de choses dans le

122 P. 14, cité p. 156 ci-dessus.

123 «New work…», *Papers in metaphysics and epistemology*, p. 34.

124 *Ibid.*, p. 35; PREYER, SIEBELT, p. 21, n. 6, cite une communication privée de Lewis à ce propos.

ciel et sur la terre que n'en rêve la physique. Par conséquent, si je défends l'idée que l'on peut soutenir la survenance humienne sur le plan *philosophique*, cette défense peut sans doute s'adapter à n'importe quelle forme de la thèse de survenance, qui émergerait d'une meilleure physique[125].

Quand on s'interroge sur le rapport qu'entretient la théorie du meilleur système avec le physicalisme de Lewis, on doit d'abord souligner qu'une analyse des lois de la nature selon les lignes de cette théorie reste possible même dans un monde non réductionniste, dans lequel des concepts et théories distincts sont nécessaires pour décrire les différents domaines de la réalité. Le meilleur système serait à ce moment l'addition des lois physiques, biologiques, psychologiques..., toutes nécessaires pour décrire les diverses régions d'un tel monde. Lewis lui-même formule pourtant la théorie du meilleur système comme une partie de son projet humien plus large, et son physicalisme s'inscrit harmonieusement dans cet ensemble: il s'agit de fournir une description exhaustive de notre monde, qui ne fait intervenir que des propriétés locales effectives. Bien que Lewis distingue entre physicalisme et survenance humienne[126], les deux ensemble décident de la saveur spécifique de la construction philosophique qu'il a élaborée: la survenance humienne (dont la théorie du meilleur système est un cas spécifique) ne serait pas la même s'il renonçait au physicalisme, puisqu'alors, la base sur laquelle survient le reste changerait. En particulier, les régularités d'où part son analyse des lois ne seraient plus des ensembles réguliers de faits locaux, accessibles à la description physique.

La ressemblance avec le scientisme *a posteriori* d'Armstrong n'est pas fortuite. Lewis partage avec son collègue (et ami!) australien la conviction que la philosophie doit démontrer la faisabilité, et non la vérité, du physicalisme[127]; pour les deux, ce dernier est contingent, et il inclut l'ouverture à des évolutions nouvelles en physique, tout en rejetant des modifications qui nous mèneraient trop loin de la science actuelle. De même, la science n'a pas comme seule tâche de décrire les lois de la nature, mais «la physi-

125 «Humean supervenience debugged», p. 474; *cf.* «Introduction», *Philosophical papers*, vol. II, pp. x-xi.

126 PREYER, SIEBELT, p. 21, n. 7, cite une communication privée de Lewis à ce propos.

127 «Introduction», *Philosophical papers*, vol. II, p. x.

que découvre les propriétés» naturelles[128]. Et les parallèles ne s'arrêtent pas là. Bien que la philosophie de l'esprit ne fasse pas partie du domaine de notre investigation, on peut signaler qu'Armstrong et Lewis défendent des comptes rendus très proches des états mentaux – ce que l'on en est venu à appeler la «théorie causale de l'esprit[129]». Il n'est donc pas déplacé de compter Lewis parmi les «matérialistes australiens», même si sa carrière s'est entièrement déroulée aux Etats-Unis (après des études de philosophie à Harvard) – d'abord à Los Angeles et ensuite, plus de trente ans à Princeton. D'ailleurs, il a passé plus de vingt étés nordiques sur le cinquième continent, et ses atomes crochus avec l'école australienne du matérialisme ne furent pas secrets[130].

Plusieurs des critiques formulées à l'encontre du physicalisme d'Armstrong se transposent ainsi, *mutatis mutandis*, à celui de Lewis, et il suffit de les rappeler. On est d'abord en droit de se demander si ce physicalisme a un contenu réel, s'il est une affirmation consistante sur l'état du monde. Car il doit rester ouvert à de nouvelles évolutions de la physique, qui pourraient bouleverser radicalement l'image scientifique du monde. Comment alors savoir ce qui compterait comme un refus de la thèse matérialiste? Ensuite on peut s'étonner de ne pas trouver, dans les écrits de Lewis, de suggestions sur la façon dont on pourrait établir le physicalisme *a posteriori*. S'il est une thèse contingente, il existe des mondes dans lesquels il n'est pas vrai. Comment alors savoir que nous vivons dans un monde qui satisfait les ambitions des philosophes matérialistes? Renvoyer aux succès de la physique n'est pas suffisant; car d'un côté, celle-ci n'a pas la prétention d'expliquer l'ensemble de la réalité dans la mesure où elle est une science de la nature et non un programme idéologique. De l'autre, le programme réductionniste est loin

128 «New work...», *Papers in metaphysics and epistemology*, p. 34. Lewis y établit explicitement la comparaison avec le réalisme *a posteriori* d'Armstrong. Pour leur amitié, *cf.* Dean ZIMMERMANN, oraison funèbre D. LEWIS, Princeton University Chapel, 8 février 2002.

129 D. M. ARMSTRONG, *The mind-body-problem: an opinionated introduction*, 1999, chap. 7.

130 Frank JACKSON, «David Kellogg Lewis: philosopher and philosopher of mind», *Mind and Language* XVIII, 2003, pp. 282s.

d'être achevé; le recours à la *survenance*, en tant que thèse plus faible, devenu très populaire ces derniers temps, pourrait en être un témoin contre son gré[131].

D'autres critiques font intervenir plus spécifiquement les contours de la position de Lewis, et elles méritent une mention plus longue ici. D'abord, on peut se demander si Lewis réussit à formuler sa position d'une manière satisfaisante. Comme on peut s'y attendre, il tente de le faire à l'aide des mondes possibles. Dans l'article «Du travail supplémentaire pour une théorie d'universaux» de 1983, dans lequel il tourna le dos au nominalisme extrême, il examine le problème (épineux) de la définition du matérialisme. Après avoir écarté toute une série d'essais infructueux, il retient finalement: «Parmi les mondes où aucune propriété naturelle étrangère à notre monde n'est instanciée, il n'en est pas deux qui diffèrent sans différer physiquement; deux mondes de ce type, exactement semblables sur le plan physique, sont des doubles[132].» Mais il est probable que le recours aux «étrangers» ne réussit pas mieux ici que dans l'effort de caractériser les mondes dans lesquels la survenance humienne est vraie. Lewis a reconnu lui-même l'échec dans ce dernier contexte[133]; pour autant que je sache, ses écrits plus récents ne contiennent pas de tentatives d'en tirer des conclusions pour proposer une définition amendée du matérialisme[134]. On peut donc s'attendre à rencontrer la même difficulté à formuler une caractérisation indépendante de la classe des mondes matérialistes, problème qu'il n'est pas nécessaire de réexpliquer,

131 Stephen SCHIFFER, *Remnants of meaning*, 1987, pp. 153s, se plaint que l'affirmation de la survenance revient «à ajouter du mystère au mystère, à couvrir un mouvement obscurantiste par un autre. Je trouve donc plus qu'un peu ironique et troublant le fait qu'on annonce, à l'heure actuelle, la survenance comme une façon de rendre des propriétés mentales non pléonastiques, irréductiblement non naturelles, cohérentes avec une solution naturaliste acceptable pour le problème corps-esprit.»

132 «New work…», p. 37.

133 «Humean supervenience debugged», p. 475.

134 John P. HAWTHORNE, «Blocking definitions of materialism», *Philosophical Studies* CX, 2002, pp. 105s, 110, ne contient aucun écho d'effort plus récent, de la part de Lewis, pour répondre à cette difficulté.

dans la mesure où la structure de l'argument est tout à fait parallèle à ce que nous avons constaté dans l'examen de son analyse de la nécessité nomologique et des mondes avec survenance humienne[135].

Que le problème ne soit pas un simple problème de formulation se voit dans le fait qu'au moins certaines visions non matérialistes de la nature humaine ne sont pas exclues par cette définition. Par exemple, une conception qui traite le mental comme un épiphénomène du physique, satisfait la définition, ce qui ne devrait guère réjouir le matérialiste. S'il espère exclure l'existence au moins de Dieu, il se trompe là aussi. Certaines conceptions du divin, qui le regardent comme un être contingent et sans rapport au monde, ne sont pas matérialistes, d'après la nomenclature de Lewis. Mais une conception forte du théisme[136] se voit justement incluse parmi les conceptions «matérialistes» – une des affirmations centrales du théisme étant que l'existence de Dieu a des conséquences physiques, à travers son œuvre de création et de rédemption. Par rapport à une conception religieuse qui sépare complètement le domaine physique du domaine spirituel, on pourrait peut-être dire qu'un tel théisme est «matérialiste», dans le sens où il admet des rapports entre Dieu et le monde physique – et même des rapports nécessaires, une fois l'existence du monde matériel concédée, puisqu'il dépend de Dieu pour son existence. Mais il est clair que le matérialiste, au sens courant du terme, ne devrait pas accepter pareille compagnie s'il veut, ne serait-ce qu'un peu, honorer l'intuition qui l'avait, dans un premier temps, motivé à vouloir définir sa position.

135 *Cf.* pp. 147s, 154s ci-dessus. Face à la difficulté de formuler une version intéressante du matérialisme conçu comme thèse contingente, on comprend pourquoi Paul TELLER, «A poor man's guide to supervenience and determination», *Southern Journal of Philosophy* XXII, suppl., 1984, pp. 151ss, choisit de défendre la vérité nécessaire du matérialisme. Il propose qu'il soit nécessaire *a posteriori* (à l'instar des identifications nécessaires *a posteriori* chez Kripke). Je le soupçonne de ne proposer qu'une pseudo-solution, purement définitionnelle. Comme Lewis résiste, de toute manière, à sa proposition (*ibid.,* p. 151), il n'est pas nécessaire ici d'approfondir l'évaluation de la position de Teller.

136 En accord avec l'usage courant en philosophie analytique de la religion, le théisme désigne la conception du Dieu personnel et unique, Créateur du monde. Le terme, tel qu'il est employé ici, n'implique donc pas d'opposition aux religions monothéistes révélées.

Une autre difficulté s'avère peut-être encore plus fatale pour la position de Lewis: la description qu'il fournit de la survenance humienne est en contradiction évidente avec la physique actuelle. Les deux thèses du physicalisme et de la survenance humienne s'excluent mutuellement, sauf si la physique idéale du futur validait la survenance humienne telle que Lewis la formule – mais sur quoi baser pareil espoir? En attendant, la physique que nous connaissons et que Lewis admire, contredit son projet humien. La difficulté naît de ce que Lewis choisit comme la base sur laquelle tout doit survenir des «propriétés intrinsèques locales[137]». Il se trouve que la physique moderne invalide un tel projet. Déjà en mécanique classique, il faut avoir recours à des contraintes globales, qui ne se laissent pas déduire de propriétés locales, pour garantir certaines lois de conservation (de l'énergie, de la masse, de la quantité de mouvement). Les théories einsteiniennes de la relativité n'arrangent rien à l'affaire: elles ne peuvent pas non plus se passer de structures globales[138].

On ne mesure pas toujours le rôle des contraintes globales en mécaniques classique et relativiste – il fallait attendre les travaux de Hermann von Helmholtz au dix-neuvième siècle pour en saisir toute l'importance en théorie classique, et les présentations standards des deux mécaniques omettent souvent de le faire ressortir. On pourrait donc invoquer des circonstances atténuantes pour Lewis qui, à ma connaissance, ne traite pas de cette difficulté pour son projet humien[139]. Mais une telle excuse n'est pas valable pour la mise en cause qui vient de la mécanique quantique. Trop connus sont les problèmes qu'elle pose pour une image du monde construite à partir d'une «distribution point par point des propriétés». Non seulement elle rend l'image d'une localisation précise et permanente de particules très problématique, mais encore elle connaît des corrélations non locales, mises en lumière, par exemple, par les célèbres inégalités de Bell[140].

137 *On the plurality of worlds*, p. 14, cité p. 156 ci-dessus.

138 *Cf.* pp. 239s ci-dessous.

139 D'après Bas VAN FRAASSEN, courriel, 15 mars 2004, Lewis la connaissait.

140 ESFELD, p. 93; Paul TELLER, «Relativity, relational holism, and the Bell inequalities», dans *Philosophical lessons from quantum theory*, sous dir. J. CUSHING, E. MCMULLIN, 1989, pp. 208-223.

En fait, Lewis n'ignore pas les difficultés que pose la théorie des quanta pour son projet humien. Pourtant, il refuse de s'en laisser impressionner:

> Je ne suis pas prêt à recevoir de leçons, en matière d'ontologie, de la part de la physique quantique telle qu'elle est maintenant. Tout d'abord, je dois voir à quoi elle ressemble quand elle est purifiée de la frivolité instrumentaliste, et qu'elle ose dire quelque chose, non seulement sur des indications fournies par l'aiguille d'un instrument de mesure, mais sur la constitution du monde; et quand elle est purifiée d'une logique déviante contradictoire; et – surtout – quand elle est purifiée des contes surnaturels sur le pouvoir qu'a l'esprit observateur pour faire sauter les objets. Si, après tout cela, elle enseigne encore la non-localité, je me soumettrai volontiers à la meilleure autorité[141].

La physique est «la meilleure autorité» – mais seulement quand elle nous enseigne comment *est* le monde et qu'elle ne donne pas de place privilégiée à l'observation. Lewis n'est en aucun cas prêt à recevoir d'elle une mise en cause de son épistémologie réaliste; son physicalisme n'est peut-être pas si radical qu'il aurait envie de le faire croire. Nous rejoignons ainsi ce diagnostic, déjà suggéré pour Armstrong: le physicalisme fait partie des idées reçues pour Lewis, tellement ancré dans son univers conceptuel qu'il peut le confesser sans le vérifier, ni même (paradoxalement) le mettre en œuvre pratiquement. De la sorte, il affirme le physicalisme, sans que la science ait pour autant le droit de remettre en question sa construction philosophique. Encore une fois, on retient l'impression que la science souffre du physicalisme confessé comme *credo*, d'autant plus quand celui-ci intervient dans une construction philosophique unifiée par quelques principes fondamentaux.

8. Le réalisme modal

David Lewis a certainement été, sur la scène du débat philosophique actuel, l'avocat le plus célèbre de l'existence plénière des mondes possibles. Pour lui, notre monde n'est qu'un univers parmi d'autres, tous dotés de la même réalité. Il est erroné de considérer que notre monde existe, alors que les autres mondes ne sont que possibles, et donc non réels. Le

141 «Introduction», *Philosophical papers*, vol. II, p. xi.

mot «réel[142]» est plutôt un indexical, comme «nous», «aujourd'hui», «ici». Chaque être l'applique au monde qu'il habite. Pour nous, notre monde est réel. Pour des cochons volants (qui, d'après tout ce que nous savons, ne cohabitent pas avec nous), le monde dans lequel ils existent est réel.

Lewis a fourni lui-même, dans *De la pluralité des mondes*, une discussion élaborée de son réalisme modal[143], qui fait une juste place aux arguments adverses. En particulier, il examine longuement des comptes rendus qu'il qualifie d'*ersatz* du réalisme modal: au lieu de postuler l'existence véritable des mondes possibles, ils les traitent comme des structures formelles (par exemple linguistiques ou picturales). Lewis s'efforce de montrer que de tels *ersatz* ne peuvent convenir que pour certains rôles que jouent les mondes possibles. Entre autres, ils obligent à postuler la notion de possibilité comme primitive, non dérivée, et sont donc moins économiques du point de vue de l'analyse philosophique[144].

Le réalisme modal n'intervient pas directement dans l'analyse des lois de la nature qu'offre Lewis. Ce fait nous a permis de présenter la théorie du meilleur système sans introduire d'abord ce trait très original de la pensée de Lewis[145]. Certes, nous avons eu recours ici et là aux mondes possibles; après tout, Lewis (avec Kripke) avait remis à l'honneur le calcul des mondes possibles dans la discussion des notions modales. Nous avons eu l'occasion de nous appuyer sur son analyse des contrefactuels et de la causalité à l'aide des mondes possibles. Dans ces contextes, ils n'intervien-

142 «Réel» traduit l'anglais «actual». Le mot «actuel» a, en français, des connotations qui le rendent inapte à traduire son cousin anglais (il signifie souvent «au temps présent»). Malheureusement, ce choix de traduction ne permet plus de distinguer facilement entre l'anglais «real» et «actual».

143 Il en avait déjà fourni une brève description dans *Counterfactuals*, pp. 84-91.

144 *On the plurality of worlds*, pp. 154-156, 168, 179s. Bien entendu, de tels *ersatz* sont plus économiques du point de vue ontologique. Lewis souligne pourtant que son ontologie est abondante seulement en termes de quantité, mais non de qualité: «Vous croyez déjà en notre monde réel. Je vous demande de croire en plus de choses de cette sorte, non en des choses d'une espèce nouvelle» (*Counterfactuals*, p. 87).

145 Bien entendu, la spéculation sur l'existence d'autres mondes est très ancienne (*cf.* Steven J. DICK, *Plurality of worlds: the origins of the extraterrestrial life debate from Democritus to Kant*, 1982); mais il est sans doute difficile de dépasser la prolifération de mondes dans le réalisme modal de Lewis.

nent pourtant qu'en tant que simple moyen de calcul; la question de leur existence n'y joue pas de rôle. En particulier, le système des lois et la structure causale ne dépendent que de faits dans le monde concerné; le recours aux mondes possibles, dans l'analyse des contrefactuels et de la causalité, ne doit pas nous suggérer à tort que le «voisinage», c'est-à-dire les mondes proches qui l'entourent, déciderait de la légalité nomologique[146].

Néanmoins il n'est pas fortuit de s'intéresser au réalisme modal de Lewis, dans une discussion de sa conception des lois et du rôle éventuel que certains aspects religieux y jouent. Car on ne peut même pas formuler ses convictions religieuses sans avoir recours à sa conviction que tous les mondes possibles existent, au même titre que le nôtre. Comment comprendre autrement qu'il se dise athée et admette en même temps l'existence des dieux[147]? Le mystère s'éclaircit si on place ces affirmations dans le contexte de son réalisme modal: il est athée en ce qui concerne l'existence (ou plutôt la non-existence) de Dieu dans notre monde; il est polythéiste puisqu'il croit que des dieux existent dans d'autres mondes que le nôtre. Il est même un polythéiste assez extravagant: si l'ensemble de la réalité se compose de tous les mondes possibles, il y a bien plus de place pour des dieux (comme d'ailleurs pour n'importe quelles autres entités) qu'aucun polythéiste des plus audacieux n'a jamais osé imaginer exister dans un seul monde, c'est-à-dire le nôtre.

Même si on comprend facilement le noyau du réalisme modal, il est indispensable de consacrer une étude plus approfondie à cet aspect essentiel du système philosophique de Lewis, pour en saisir toutes les ramifications religieuses pertinentes dans le cadre de notre investigation. En particulier, il est nécessaire de le définir soigneusement; car comme nous l'avons vu pour la survenance humienne, une apparence simple cache

146 *On the plurality of worlds*, p. 131. D. M. ARMSTRONG, «The open door: counterfactual versus singularist theories of causation», dans *Causation and laws of nature*, sous dir. H. SANKEY, 1999, pp. 175s, exprime sa surprise (et celle de bien d'autres philosophes de son entourage) quand il a appris, d'une communication personnelle de Lewis, cet aspect de l'analyse de la causalité qu'offre Lewis. *Cf.* D. M. ARMSTRONG, «Going through the open door again: counterfactual versus singularist theories of causation», dans PREYER, SIEBELT, p. 163.

147 *On the plurality of worlds*, pp. 136s; «Evil for freedom's sake?», 1993, *Papers in ethics and social philosophy*, 2000, p. 102.

parfois un fond complexe. Cette précaution s'impose d'autant plus que le rapport entre le réalisme modal et la théorie du meilleur système ne peut être qu'indirect puisque l'existence des mondes possibles n'y joue pas de rôle immédiat. Néanmoins, le détour par un examen détaillé du réalisme modal se révélera en fin de compte fécond. Il nous permettra de mieux comprendre la charpente de la vision de Lewis, ce qui nous amènera à dégager des rapports existant entre des thèmes religieux et son analyse des lois de la nature. Ces rapports seront pour la plupart indirects, ce qui ne devrait pas nous étonner, compte tenu de l'approche métaphysiquement modeste des lois, que préconise Lewis. Les rapports établis ne seront pas moins pertinents pour autant; par leur biais, nous pourrons dégager les interactions entre religion, épistémologie et (dans une moindre mesure) science, dans la pensée de Lewis, sans imposer de l'extérieur des schémas étrangers à sa position.

Commençons alors par préciser ce qu'est le réalisme modal. Pour ce faire, il est déjà important de mieux comprendre une de ses notions clés: que désigne Lewis quand il parle d'un «monde»? Quand il introduit la thèse de la pluralité des mondes au début de son ouvrage consacré au réalisme modal, il dépeint plus qu'il ne définit ce qu'est un monde:

> Le monde dans lequel nous vivons est un objet très inclusif. Chaque brindille et chaque pierre que vous ayez jamais vue en fait partie. Il en va de même pour vous et moi. Et il en va de même pour la planète Terre, pour le système solaire, pour la Voie lactée tout entière, pour les galaxies lointaines que nous observons au travers des télescopes [...] Il n'y a rien d'aussi loin de nous qui ne fasse pas partie de notre monde. [...] De même, le monde est inclusif, en ce qui concerne le temps. [...A]ucun nuage primordial de plasma, disparu depuis longtemps, n'est trop éloigné dans le passé, et les étoiles sombres mortes ne sont pas non plus trop éloignées dans le futur pour faire partie de ce même monde[148].

Au lieu de définir d'une manière générale ce qu'est un monde, Lewis décrit ici le nôtre. Bien entendu, l'entrée en matière se fait ainsi plus facilement. Mais la présentation choisie ne suit pas simplement des exigences didactiques: notre monde est, pour Lewis, le paradigme de ce qu'est un monde; il faut imaginer les autres mondes sur le modèle du nôtre[149].

148 *On the plurality of worlds*, p. 1.
149 *Ibid.*, pp. 2s.

En termes plus rigoureux, Lewis définit un monde comme «une somme méréologique maximale d'objets reliés entre eux au niveau spatio-temporel[150]». Mais le modèle que fournit notre monde reste présent même dans ce contexte plus général. Ce fait ressort du rôle que Lewis confère aux relations spatio-temporelles. Pour lui, elles assurent l'unité d'un monde: tout ce qui entretient une relation spatio-temporelle avec un quelconque objet appartenant à un monde donné fait partie du même monde. L'inverse est également vrai: tous les objets qui font partie du même monde entretiennent une telle relation les uns avec les autres[151]. Lewis ne veut pas exclure la possibilité de localisation multiple (par exemple s'il y a des universaux), ni même l'omniprésence d'un objet, mais seule une relation spatio-temporelle de quelque forme que ce soit peut assurer la cohésion d'un monde.

Lewis est conscient de la contrainte qu'il impose de cette manière. Certes, on pourrait introduire, à la place des relations spatio-temporelles, une notion non dérivée d'appartenance au même monde; mais il préfère plutôt restreindre la notion de monde – et du coup, le champ des mondes possibles[152]. D'où vient cette préférence? Je n'ai pas trouvé d'affirmations explicites sous la plume de Lewis, en réponse à cette question. Mais on n'est certainement pas loin de la vérité si on y voit une influence de son physicalisme: pour Lewis, la physique (éventuellement perfectionnée) est suffisante pour décrire notre monde. Même s'il prévoit que des entités non physiques peuplent d'autres mondes, on sent son désir d'effectuer la description de tels mondes, autant que possible, à l'aide des moyens physiques ayant fait leur preuve dans l'observation de notre monde.

Paradoxalement, la prépondérance accordée aux relations spatio-temporelles se voit mise à mal par la physique elle-même; car les bouleversements qu'a connus la physique au début du vingtième siècle n'ont pas laissé intacte la vision classique (proche du sens commun) de l'espace-temps. Lewis s'efforce d'intégrer cette évolution dans sa théorie. Pour faire place à des différences entre les espace-temps newtonien et relativiste,

150 *Ibid.*, p. 73. Comme nous verrons plus tard, le simple fait d'adopter cette définition implique déjà que quelque chose existe dans chaque monde. Un monde dans lequel strictement rien n'existe n'est pas concevable pour Lewis (*cf.* p. 178 ci-dessous).

151 *On the plurality of worlds*, p. 71.

152 *Ibid.*, pp. 72, 74.

Lewis propose de relâcher la contrainte initiale et d'exiger seulement des relations analogues aux relations spatio-temporelles de notre monde[153]. Les changements qu'a introduits la mécanique quantique dans la conception scientifique du monde sont pourtant plus profonds, et on est en droit de se demander si Lewis en a vraiment saisi la radicalité. Il considère, par exemple, que les relations analogues aux relations spatio-temporelles doivent être «*discriminatoires:* [...] deux [... objets dans le monde] ne sont jamais exactement semblables en ce qui concerne leur place dans la structure des relations[154].» Les bosons, c'est-à-dire les particules élémentaires dont le spin est un nombre entier, comme les photons, ne satisfont pas un tel principe; car plusieurs peuvent occuper exactement le même état quantique, et donc se trouver au même endroit en même temps. De surcroît, il se pose la question de savoir comment leur attribuer un caractère d'objet *individuel*[155]. L'écart entre la construction de Lewis et les résultats physiques se fait sentir encore plus fortement quand on se tourne de la mécanique quantique «standard» vers les spéculations avant-gardistes auxquelles elle donne lieu (non sans appui dans son formalisme mathématique). John Wheeler a, par exemple, élaboré la façon dont l'espace-temps se «dissout» en dessous des grandeurs de Planck[156]. L'absolutisation de la physique chez Lewis l'aurait-elle encore une fois empêché de prendre toute la mesure de ses résultats déroutants pour le sens commun?

153 *Cf. ibid.*, pp. 75s, pour quelques indications sur la façon de rendre plus précise l'idée d'analogie.

154 *Ibid.*, p. 76.

155 Nous avons déjà rencontré cette deuxième difficulté, en rapport avec l'autre groupe des particules élémentaires, les fermions (p. 99 ci-dessus).

156 Il proposa cette prédiction sous le nom de «mousse quantique»; sa vérification est totalement au-delà des possibilités expérimentales actuelles («From relativity to mutability», dans *The physicist's conception of nature*, sous dir. J. MEHRA, 1973, pp. 227-229; *Geons, black holes and quantum foam*, 2000, pp. 245-248). Friedrich W. HEHL, Christian HEINICKE, «Über die Riemann-Einstein-Struktur der Raumzeit und ihre möglichen Gültigkeitsgrenzen», dans *Was sind und warum gelten Naturgesetze?*, sous dir. P. MITTELSTAEDT, G. VOLLMER, *Philosophia Naturalis* XXXVII, 2000, p. 344, soulignent pourtant qu'on ne peut se passer entièrement de l'espace-temps en mécanique quantique.

Le rôle qu'accorde Lewis à l'espace-temps n'est pas neutre d'un point de vue religieux; car différents systèmes de croyance se prononcent sur le rapport qu'entretient le divin avec l'espace-temps. On pourrait d'abord penser que la définition du monde qu'adopte Lewis exclut par là-même une conception théiste, pour laquelle Dieu existe hors de notre espace-temps, tout en y exerçant un pouvoir causal. Pour Lewis, toute interaction causale se déroule à l'intérieur d'un même monde; les entités qui n'habitent pas le même monde ne peuvent avoir aucune influence causale les unes sur les autres. Ce fait se révèle nécessaire dans le système philosophique de Lewis, puisqu'il ne peut pas en être autrement quand on définit la causalité à l'aide de contrefactuels et quand on analyse les contrefactuels à l'aide de similitude de mondes possibles. La notion de monde que propose Lewis oblige alors à un choix binaire: soit Dieu fait partie du monde et y exerce un pouvoir causal, soit il n'en fait pas partie et il y est inopérant[157]. Le théiste qui accepte cette alternative, préférera certainement la première option. On se demande alors comment Dieu peut faire partie du monde, étant donné qu'il n'est pas localisé dans un temps et à un endroit précis. Une issue reste pourtant ouverte: Lewis permet l'omniprésence comme un mode de présence au monde[158]. De cette façon, le rôle qu'il accorde à l'espace-temps, n'exclut pas *ipso facto* le théisme. Il confesse plutôt l'athéisme comme une vérité contingente. D'après lui, Dieu n'existe pas dans notre monde; mais il pourrait exister, ce qui signifie, pour le réaliste modal, qu'il existe dans d'autres mondes.

La difficulté est plus grande par rapport à des esprits qui ne sont pas reliés à un corps (ce qui leur conférerait une localisation). Lewis aménage une certaine ouverture quand il admet que l'espace-temps pourrait fonctionner différemment dans un tel monde; il suffirait, par exemple, que de tels esprits mènent une existence temporelle, sans être localisés dans

157 Les philosophes dans la tradition analytique ont souvent tendance à considérer que de tels choix binaires contribuent à une plus grande rigueur du discours philosophique. Certes, ils ont raison de se méfier de distinctions trop fines, qui ne font que voiler la confusion des concepts. On est pourtant en droit de se demander si, par rapport à la transcendance divine, le cadre de pensée de Lewis manque simplement de ressources conceptuelles pour traiter d'une manière adéquate la relation de Dieu au monde.

158 *On the plurality of worlds*, p. 73.

l'espace. Mais Lewis ne ressent guère l'obligation de ménager beaucoup de place pour des esprits – ni dans notre monde, ni dans d'autres. C'est pourquoi il conclut ses brèves réflexions à ce propos par la remarque:

> Je ne sais pas vraiment pourquoi j'ai besoin de défendre la possibilité de contes fantastiques – après tout, on a connu des gens qui acceptaient des théories impossibles, comme en témoigne la théorie naïve des ensembles – mais en fait, je pense que je leur donne au moins autant de place dans l'espace logique qu'ils en méritent[159].

Ici le croyant éprouve probablement un penchant différent. Pour le théiste en particulier, l'espace-temps (défini dans un sens suffisamment large, pour faire place aux progrès accomplis dans la description physique) est issu de l'acte créateur. Il ne semble donc guère problématique de lui accorder un rôle important dans la structuration de notre monde. Mais pourquoi vouloir limiter ce que l'omnipotence divine pourrait faire à ce qui serait analogue à notre monde? Certains courants théologiques exaltent alors la grandeur et la liberté du Créateur, dont les ressources dépassent de loin tout ce que les humains peuvent imaginer. En réaction à la vision rationaliste promue par la science aristotélicienne, les célèbres condamnations de 1277, prononcées par l'évêque de Paris Etienne Tempier, mirent en avant la contingence de l'ordre créé; pour elles, il est hasardeux de déduire de la structure de notre monde ce qui est *possible*. L'article 34 réfuta spécifiquement ceux qui pensaient que Dieu ne pouvait pas créer plus d'un monde[160]. Par la suite, des spéculations cosmologiques transgressèrent les bornes que la philosophie aristotélicienne avait voulu imposer. L'espace vide, dépourvu de corps matériel, devint pensable, ainsi que d'autres mondes dont les règles de mouvement seraient différentes: en eux, les corps lourds pourraient se mouvoir en d'autres directions que vers la terre. L'ordre de notre monde est sauvegardé dans la mesure où Dieu y régule son action selon sa *potentia ordinata;* mais selon sa *potentia absoluta*, Dieu peut tout faire (sauf, ajoutaient la plupart, ce qui est logiquement contradictoire)[161]. La ressemblance que Lewis cherche à maintenir entre notre espace-temps

159 *Ibid.*

160 «La première cause ne pourrait pas produire plusieurs mondes» (David PICHÉ, éd., *La condamnation parisienne de 1277: nouvelle édition du texte latin, traduction, introduction et commentaire*, 1999, pp. 90s).

161 Edward GRANT, «The condemnation of 1277, God's absolute power, and physical thought in the late Middle Ages», *Viator* X, 1979, pp. 215, 220ss.

et les relations extrinsèques unifiant d'autres mondes s'inscrirait en porte-à-faux avec de telles spéculations qui exaltent la toute-puissance divine et poussent plus loin les limites de ce que l'on juge possible. L'absence de référent transcendant incline-t-elle Lewis à s'appuyer trop fortement sur notre monde, dans sa construction des mondes possibles?

Après avoir précisé dans quel sens Lewis parle de mondes, il reste à saisir comment il affirme l'existence de l'ensemble des mondes possibles, pour compléter la définition du réalisme modal. Quand Lewis introduit sa conception, il s'appuie sur l'intuition selon laquelle notre monde est contingent: «Un monde pourrait être de bien des façons; et l'une de ces façons, c'est celle dont ce monde est.» Défendre une position réaliste par rapport aux mondes possibles, c'est d'affirmer qu'«il y a tant d'autres mondes [...] qu'absolument chaque manière d'après laquelle un monde pourrait être, est une manière d'après laquelle un monde est. Et il en va pour les parties des mondes comme il en va pour les mondes. Il y a énormément de manières d'après lesquelles une partie du monde pourrait être; [...] absolument chaque manière d'après laquelle une partie du monde pourrait être, est une manière d'après laquelle une partie d'un monde est[162].» Cette formulation revient à affirmer un principe de plénitude: «Il n'y a pas de lacunes dans l'espace logique; pas de vide là où un monde aurait pu être, mais n'est pas[163].»

Il est important de comprendre que la conception qu'adopte Lewis des mondes possibles est résolument ontologique. Ce serait une erreur de penser que les mondes possibles seraient ceux dont nous pouvons concevoir l'existence; car il nous arrive de nous représenter un monde impossible, «à condition de ne pas l'imaginer dans ses moindres détails et tout d'un coup[164].» Lewis rejette, pour la même raison, la compréhension des mondes, qui les identifie à des histoires: il nous arrive d'inventer des histoires impossibles[165]. Mais un monde impossible ne peut pas exister; Lewis doit alors refuser de telles conceptions s'il veut maintenir l'existence réelle de tous les mondes. En même temps, la définition avec laquelle il introduit

162 *On the plurality of worlds*, p. 2.

163 *Ibid.*, p. 86.

164 *Ibid.*, p. 90; *cf.* p. 87.

165 *Ibid.*, p. 7, n. 3; *cf.* «Postscripts to ‹Anselm and actuality›», *Philosophical papers*, vol. I, p. 21.

son traitement du réalisme modal n'est pas suffisante, dans la mesure où elle fait intervenir la notion de possibilité, sans autre explication[166]. Comme Lewis considère qu'une des forces du réalisme modal consiste en ce qu'il n'a pas à recourir à une telle notion intuitive, non dérivée, il faut reformuler la définition. En accord avec ses convictions humiennes, il le fait à l'aide du «refus humien de connexions nécessaires entre entités distinctes»:

> Pour exprimer la plénitude des mondes possibles, j'ai besoin d'un *principe de recombinaison* d'après lequel le fait de raccorder différentes parties des mondes possibles entraîne un autre monde possible. En gros, le principe est que tout peut coexister avec toute autre chose, pourvu seulement que les deux occupent des positions spatio-temporelles distinctes[167]. De même, tout peut ne pas coexister avec autre chose[168].

Le principe de recombinaison que Lewis met en œuvre n'est pas sans rappeler la théorie combinatoire de la possibilité d'Armstrong. Ce rapprochement n'est pas fortuit; car l'un et l'autre partagent la conviction humienne qu'il n'y a pas de liens nécessaires entre des entités distinctes[169]. Mais il va sans dire que la mise en œuvre de ce principe diverge d'une manière significative chez les deux penseurs – un même slogan peut servir à désigner des conceptions assez dissemblables. Non seulement Armstrong admet sans scrupules les universaux, et obtient ainsi des relations d'identité entre différentes instances du même universel (ce que la plupart des humiens considèrent comme une violation de leurs convictions); mais encore Lewis accepte l'existence d'autres mondes que le nôtre, alors que le naturalisme pousse Armstrong à rejeter toute entité qui ne se trouve pas dans notre univers spatio-temporel. La théorie combinatoire de la possibilité se veut ainsi une conception *réductionniste* des

166 *On the plurality of worlds*, pp. 86s.

167 On peut, de nouveau, se demander si cette restriction se justifie; les bosons, dans notre monde, ne répondent pas à cette demande.

168 *On the plurality of worlds*, pp. 87s. Lewis utilise le prudent «en gros» puisqu'il considère que toute entité (mis à part peut-être les universaux) n'existe que dans un monde. C'est pourquoi une définition plus rigoureuse affirme la co-existence de leurs duplicats, plutôt que des objets eux-mêmes. Je ne m'attarde pas sur certaines ambiguïtés dans la définition du principe de recombinaison, que souligne Daniel NOLAN, «Recombination unbound», *Philosophical Studies* LXXXIV, 1996, pp. 245, 247s, 260, n. 4.

169 *Cf.* pp. 71s, 74s ci-dessus.

notions modales, alors que le réalisme modal se situe aux antipodes d'un tel projet. Le principe de recombinaison, sous la plume de Lewis, ne sert pas à *construire* des mondes possibles, mais à les *décrire*. Il a la prétention de dire ce qui existe, indépendamment de notre discours modal ou de notre capacité d'imaginer les mondes possibles, bien que le travail philosophique s'y enracine:

> On arrive à la philosophie déjà doté d'un ensemble d'opinions. Le rôle du philosophe n'est pas vraiment de saper ou de justifier ces opinions préexistantes, mais seulement d'essayer de découvrir des façons de les développer dans un système ordonné. [...] Parmi les opinions ordinaires que les philosophes doivent respecter, [...] il n'y a pas seulement le fait que je croie naïvement à l'existence de tables et de chaises, mais encore celui que je croie naïvement qu'on aurait pu arranger différemment ces tables et ces chaises. Le réalisme sur les mondes possibles est une tentative, la seule tentative réussie que je connaisse à ce propos, de systématiser ces opinions modales préexistantes[170].

Nos intuitions modales sont le matériau que le philosophe analytique cherche à systématiser; elles sont donc le point de départ du philosophe, mais non son point d'arrivée. La conception réaliste des mondes possibles, à laquelle Lewis a recours pour ordonner les intuitions modales du «sens commun», l'amène justement à les dépasser. Il ne se limite pas aux mondes possibles que nous pouvons décrire, avec les ressources de notre monde; mais il admet explicitement la possibilité de mondes «étrangers» (par rapport à notre monde), c'est-à-dire de mondes dont un ou des habitants sont des objets qui ne peuvent pas être construits à partir d'objets dans notre monde (éventuellement par combinaison de différentes parties d'objets dans notre monde)[171]. Dans certains de ces mondes, ces individus «étrangers» ont même des propriétés «étrangères» (où l'on définit, de façon analogue, une propriété «étrangère» comme une propriété «qui n'est pas instanciée par quelque partie que ce soit de ce monde, et qui n'est pas définissable en tant que propriété conjonctive ou structurale construite à partir de constituants qui sont tous instanciés par des parties de ce

170 *Counterfactuals*, p. 88.

171 Lewis définit des «individus étrangers» comme des objets qui «ont des parties, dont aucune n'est un double de n'importe quelle partie de ce monde» (*On the plurality of worlds*, p. 91). Il me semble plus cohérent avec le reste de son développement de demander à ce que des individus étrangers aient des parties, dont *certaines* ne sont pas un double de n'importe quelle partie de ce monde.

monde[172]»). Si Lewis permet l'existence de mondes «étrangers», c'est qu'il ne tient pas notre monde pour privilégié: pourquoi imaginer qu'il soit ontologiquement riche au point de contenir tout ce qu'il faut pour construire l'ensemble des mondes possibles?

L'ouverture aux «étrangers» est plausible; mais elle a pour conséquence que le principe humien de recombinaison ne suffit pas pour définir la totalité des mondes possibles. Certes, on doit l'appliquer aux mondes étrangers eux-mêmes: «Il exclut qu'il doive n'y avoir que quelques mondes étrangers. S'il y en a quelques-uns, il y en a beaucoup d'autres[173].» Mais le principe humien ne permet pas d'atteindre de tels mondes étrangers, en partant du nôtre (le seul dont nous avons l'expérience!). Sauf si l'on trouve d'autres formulations du réalisme modal, aucune définition rigoureuse du réalisme modal n'est alors disponible. Selon Lewis, les mondes possibles *existent;* mais leur description dépasse les ressources conceptuelles, élaborées à partir de notre monde.

9. Le caractère divin de l'ensemble des mondes possibles

Quand on a saisi l'idée centrale du réalisme modal, il devient facile de comprendre comment Lewis se dit athée, tout en admettant l'existence de dieux: Lewis est athée par rapport à notre monde, mais tient la non-existence du divin pour contingente. Les dieux existent, mais non dans notre monde. Bien entendu, cette vision constitue une prise de position, en matière de religion. Elle l'est non seulement par le refus de l'existence de Dieu dans notre monde, mais encore parce qu'elle exclut, par la pluralité des mondes mêmes, certaines conceptions du divin – et ceci indépendamment de la question de savoir dans quel monde nous nous trouvons. En particulier, pour Lewis, Dieu n'est pas un être nécessaire; car les mondes dans lesquels Dieu existe ne sont qu'une partie de tous les mondes possibles[174]. Il s'ensuit qu'il n'est pas non plus le Créateur de tout ce qui existe:

172 *Ibid.*, p. 91.
173 *Ibid.*, p. 92.
174 «Evil for freedom's sake?», p. 112.

comme Lewis refuse des interactions causales entre mondes différents, Dieu ne peut pas avoir créé les mondes dans lesquels il n'existe pas. Une conception forte du théisme n'est donc pas une option ouverte pour le réaliste modal.

Le constat que le réalisme modal n'est pas compatible avec certaines visions religieuses se confirme dans l'examen que mène David Lewis de la preuve ontologique, dans l'article «Anselme et la réalité[175]». En fait, l'analyse indexicale de la réalité intervient d'une manière cruciale, pour refuser la validité de l'argument: Lewis fait ressortir qu'à un certain stade de l'argumentation, Anselme (ou plutôt son homologue moderne qui s'exprime dans le langage de la philosophie analytique) a besoin du caractère spécial de notre monde; et c'est justement la spécificité de notre monde que le réalisme modal remet en cause[176].

On aurait tort de penser que les rapports du réalisme modal aux interrogations religieuses se limitent à ce qu'il a à dire sur les dieux. Il représente, à la vérité, une option religieuse spécifique dans un sens bien plus profond; car de fait, plusieurs caractéristiques traditionnelles du divin incombent à l'ensemble des mondes possibles. D'abord, l'admission des mondes «étrangers» implique que plusieurs des mondes possibles dépassent les ressources conceptuelles humaines. Ce trait n'est pas sans rappeler l'incompréhensibilité que la théologie affirme traditionnellement de Dieu. Plus important et plus fondamental est le constat que l'ensemble des mondes possibles, non seulement existe – c'est le noyau même du réalisme modal –, mais existe *nécessairement*. On constate par ailleurs que les mondes possibles interviennent dans des stratégies d'explication, là où des religions constituées se réfèrent au divin: la contingence du monde trouve son fondement dans l'être nécessaire de l'ensemble des mondes possibles.

175 «Anselm and actuality», *Philosophical papers*, 1986, vol. I, pp. 10-25. Paul V. SPADE, «Anselm and ambiguity», *International Journal for the Philosophy of Religion* VII, 1976, p. 433, considère qu'il s'agit ici «d'un des traitements modernes les plus pénétrants» de cet argument pour l'existence de Dieu, que proposa originellement ANSELME DE CANTORBÉRY dans son *Proslogion*, 1077/78.

176 «Anselm and actuality», pp. 17s.

Pour prouver ces affirmations, constatons d'abord que la conception qu'adopte Lewis, implique qu'il y a nécessairement quelque chose plutôt que rien. La vieille interrogation métaphysique: «Pourquoi y a-t-il quelque chose plutôt que rien?» trouve ainsi la réponse: «Il ne peut pas n'y avoir rien.» Cette réponse vaut doublement dans le cadre conceptuel du réalisme modal: par rapport à tout monde pris individuellement et par rapport à l'ensemble de ce qui existe, sans autres restrictions. D'abord par rapport à tout monde: comme Lewis définit un monde comme «une somme méréologique maximale d'objets reliés entre eux au niveau spatio-temporel[177]», un monde dans lequel il n'y a strictement rien n'est pas concevable. Car un monde n'est pas un réceptacle qui accueillerait ses habitants, il *est* la somme de ses habitants.

On serait peut-être choqué de voir Lewis offrir une réponse si facile, par simple définition, à l'un des problèmes ontologiques les plus célèbres. Mais soyons prudents: affirmer que quelque chose existe dans tout monde dépend, bien sûr, du concept de monde que l'on adopte. Que Lewis arrive à cette affirmation avec son concept de monde, rien n'est plus normal. Cette démarche ne serait scandaleuse que si Lewis en tirait une *explication* de l'existence de quelque chose – ce qu'il refuse explicitement de faire. Car une explication doit nous éclairer sur la manière dont un événement est causé. Bien entendu, le fait de définir un monde comme la somme de ses habitants ne nous dit rien sur l'histoire causale de ce monde[178].

De fait, la volonté de savoir pourquoi quelque chose existe plutôt que rien garde sa pertinence, tant que l'on n'adopte pas l'attitude réaliste vis-à-vis de l'ensemble des mondes possibles. Car au lieu de demander pourquoi quelque chose existe dans chaque monde, on se demandera alors pourquoi un monde existe plutôt que pas de monde du tout. Celui qui adopte le langage des mondes possibles comme simple formalisme, sans affirmer leur existence, peut ainsi continuer à s'interroger sur l'existence de quelque chose. Mais – et la restriction n'est pas sans importance pour l'ami des mondes possibles – on ne peut pas exprimer cette interrogation

177 *On the plurality of worlds*, p. 73.

178 *Ibid.*, pp. 73s.

comme une question sur ce qui existe à l'intérieur d'un monde possible (au moins aussi longtemps que l'on en retient la définition que donne Lewis)[179].

Que quelque chose existe plutôt que rien, est ensuite vrai, pour le réalisme modal, par rapport à l'ensemble des mondes: si on ne restreint pas l'affirmation d'existence à un monde précis, mais qu'on s'interroge sur l'existence en général, Lewis affirme, bien entendu, l'existence de «l'espace logique, la totalité des mondes dans toute leur gloire[180].» Le réalisme modal va même au-delà de la simple affirmation que *quelque chose* existe, il nous dit clairement ce qui existe ainsi: l'ensemble des mondes possibles. De nouveau, l'existence n'est pas un fait contingent, mais nécessaire: dans tous les mondes, les philosophes, ont raison d'être réalistes modaux – il est partout vrai que l'ensemble des mondes existe, même si, bien entendu, à l'intérieur de chaque monde, seul un monde est réel et les autres ne sont que possibles. De surcroît, l'ensemble des mondes possibles ne pourrait pas être autrement: «Si j'ai raison, les mondes multiples assurent déjà la contingence, et recommencer encore à l'assurer n'a pas de sens. [...] Il n'y a qu'une totalité de mondes; ce n'est pas un monde, il n'aurait pas pu être différent[181].»

Certes, de nombreux faits à propos de notre monde paraissent contingents (la valeur des constantes physiques, la densité moyenne de l'énergie, peut-être même certains éléments structurels des lois de la nature); mais le réalisme modal comprend notre monde comme une partie d'un vaste ensemble qui, lui, n'est pas contingent.

179 Peter VAN INWAGEN, «Indexicality and actuality», *Philosophical Review* LXXXIX, 1980, pp. 403s, s'interroge sur la même question fondamentale, quant à l'existence de quelque chose, dans le cadre de la conception de Lewis. Il fait ressortir que l'existence de quelque chose dans *notre* monde est, selon Lewis, un fait indexical. Il est alors aussi insensé de demander pourquoi quelque chose existe dans notre monde que de demander pourquoi nous vivons aujourd'hui, plutôt qu'en 1738 ou en 2406. L'analyse indexicale présuppose, bien entendu, que notre monde n'est pas spécial par rapport aux autres mondes possibles, ce qui revient à adopter l'attitude réaliste vis-à-vis des mondes possibles.

180 *On the plurality of worlds*, p. 73.

181 *Ibid.*, p. 80.

Dans la vision de Lewis, la possibilité suffit à fonder l'existence: ce qui est possible existe – si ce n'est pas dans notre monde, ce sera dans un autre. Toute entité à laquelle correspond un concept (ce qui exclut les pensées se référant à ce qui est impossible) existe alors. Notons que la nécessité métaphysique ne vaut donc pas seulement pour le grand ensemble des mondes possibles, mais pour chaque monde pris individuellement, voire pour chaque objet. Ce qui reste contingent, c'est le «fait» du monde dans lequel *nous* nous trouvons. De cette manière, le réalisme modal offre une approche originale quant à l'explication de faits contingents: pour exprimer la conviction que tel ou tel fait *pourrait* être différent (dans notre monde), on propose un autre monde dans lequel ce fait *est* différent. Ainsi, toute contingence est reformulée en termes de mondes possibles; mais la totalité des mondes possibles n'est pas contingente.

Il devient alors possible d'expliquer les aspects contingents de notre monde, ou plus précisément de faire comprendre pourquoi il n'est pas opportun d'en chercher une explication: notre monde n'est qu'un élément arbitraire d'un vaste ensemble qui, lui, existe par nécessité. Lequel des mondes possibles est le nôtre est un fait indexical; de tels faits ne demandent pas d'explication, pas plus que le «fait» qu'*aujourd'hui* est le 31 janvier, ou encore que *je* suis Lydia Jaeger. A proprement parler, il ne s'agit pas de faits concernant le monde, au mieux ces «faits» disent quelque chose sur *moi*. Les traits contingents de notre monde proviennent donc de la combinaison de l'existence nécessaire des mondes possibles et du «fait» égocentrique que *nous* vivons dans *notre* monde. Aucun de ces deux éléments n'appelle d'explication, ce qui devrait apaiser la soif d'expliquer les aspects non nécessaires du monde dans lequel nous nous trouvons[182].

Lewis déploie une stratégie très similaire face au principe dit anthropique. A ce propos, il ne s'agit plus seulement d'appréhender les aspects contingents de notre monde, mais de comprendre pourquoi ils sont agencés de façon à rendre la vie possible. Si, de nouveau, on postule l'existence de tous les mondes possibles, l'existence de mondes biophiles ne surprend pas, pas plus que le fait que nous nous trouvons dans un tel monde habita-

182 *Ibid.*, pp. 129s.

ble – tout habitant de n'importe quel monde pourra constater que son monde réunit les conditions nécessaires à son existence[183]! Comme le fait remarquer John Earman,

> on peut éviter d'avoir recours à un récit de la création [...] si l'on traite la réalité comme une propriété auto-attributive des mondes possibles, qui ne soit pas différente de la propriété d'«être maintenant» des instants du temps [...] On n'a pas besoin d'un Créateur pour oindre un de ces mondes de la propriété magique de «réalité» et la question de savoir pourquoi cette propriété a été conférée à un monde qui avait les traits en question devient caduque[184].

La nécessité de l'ensemble des mondes possibles constitue un élément crucial dans la démarche de Lewis. Car si l'existence des mondes possibles était elle-même un fait brut, le réalisme modal ne ferait que remplacer un fait contingent (l'existence de notre monde) par un autre fait contingent (l'existence de l'ensemble des mondes possibles). En quoi pareil remplacement pourrait-il répondre à la soif d'explication? La stratégie de Lewis rappelle bien plutôt la célèbre troisième voie de Thomas d'Aquin: la contingence de notre monde trouve son fondement dans un être qui existe de nécessité[185]. Contrairement au monothéisme thomasien, l'être nécessaire de Lewis n'est rien d'autre que la totalité de ce qui existe. Sur ce plan, le réalisme modal se rapproche davantage d'une conception panthéiste – à la différence près qu'il conçoit cette totalité divinisée comme bien plus vaste que ne le font des formes plus ordinaires du panthéisme.

Le principe anthropique met en lumière un aspect particulièrement intriguant de la contingence du monde. Plutôt que de faire appel à l'existence nécessaire des mondes possibles, on pourrait récuser purement et

183 *Ibid.*, p. 132. Lewis fait remarquer que des positions moins extrêmes que la sienne permettent de rendre compte du principe anthropique. Au lieu de postuler l'existence de *tous* les mondes possibles, on peut se contenter d'en postuler un nombre suffisamment grand, pour rendre probable l'existence d'un monde biophile. Il reste pourtant à rendre plausible l'existence d'un tel ensemble plus restreint. Le réalisme modal répond à pareille exigence en proposant le caractère nécessaire de l'ensemble des mondes possibles. Il n'est pas évident d'imaginer comment un multivers plus restreint pourrait, d'une manière analogue, éliminer toute trace de contingence.

184 «The SAP also rises: a critical examination of the anthropic principle», *American Philosophical Quarterly* XXIV, 1987, p. 310.

185 *Somme théologique*, 1ª, 1267/68 (?), qu. 2, art. 3, édition dite de la Revue des Jeunes, *Dieu*, t. I, trad. A. D. SERTILLANGES, 1925, pp. 79-81.

simplement le besoin d'explication ressenti face à la contingence. Lewis lui-même suggère cette voie, quand il affirme que seul le rationaliste croit nécessaire de l'expliquer. En tant qu'humien, il est «accoutumé à la contingence brute». C'est pourquoi il affirme: «En fait, cela éveillerait mes soupçons si on me disait que, après tout, l'explication ne trouve *pas* inévitablement son terminus dans les faits bruts[186].» On est pourtant en droit de se demander jusqu'à quel point le caractère *nécessaire* des mondes possibles est compatible avec une telle vision humienne, qui met à l'honneur la contingence. Dans la construction de Lewis, les faits égocentriques («nous vivons dans ce monde») gardent, certes, une apparence de contingence; mais Lewis lui-même fait ressortir qu'il ne s'agit pas à proprement parler de faits sur le monde. Malgré sa profession de foi humienne, on n'échappe pas à l'impression que la troisième voie thomasienne garde pour lui son attrait. Ainsi, la position de Lewis combine, bon an mal an, des éléments d'extrême rationalisme (la simple possibilité logique suffit pour fonder l'existence nécessaire) avec des intuitions humiennes, qui prennent la contingence pour principe directeur. Serait-ce le dilemme d'une pensée athée, qui préserve la nostalgie du paradis perdu et s'invente alors des substituts du fondement nécessaire, sans pour autant s'avouer le manque ressenti[187]?

Le parallèle frappant entre Dieu chez saint Thomas et les mondes possibles chez Lewis met en évidence que le réalisme modal n'implique pas seulement une thèse forte sur ce qui est, mais décèle un engagement que l'on est en droit de qualifier de religieux: il se prononce sur ce qui est par soi-même, sur ce qui ne peut pas ne pas exister – où la nécessité est à prendre au sens le plus fort, c'est-à-dire logique, métaphysique. De plus, la nécessité de l'ensemble des mondes possibles sert à étancher la soif d'explication qu'induisent des faits contingents; le réalisme modal offre ainsi une réponse précise à la question de savoir sur quoi fonder l'existence du monde. Peut-on alors faire un pas de plus et montrer que la totalité des mondes possibles n'est pas seulement une conception religieuse sur le plan ontologique, mais qu'elle induit des attitudes ou éventuellement des pratiques religieuses? La réponse à cette question demanderait une connaissance personnelle de David Lewis. De plus, il n'est pas aisé de

186 *On the plurality of worlds*, p. 129.
187 *Cf.* Cornelius VAN TIL, *A Christian theory of knowledge*, 1969, pp. 166, 168.

déterminer ce qui compterait comme religieux, dans un tel contexte plutôt spéculatif. Un trait qui n'est peut-être pas sans rappeler la profondeur de certains engagements religieux consiste dans la constance avec laquelle Lewis confessait son réalisme modal, alors que très peu (personne?) le suivaient dans cette croyance. De plus, le désaccord sur l'existence des mondes possibles ne se décide pas, au dire même de Lewis, par le seul échange d'arguments philosophiques. Car bien qu'il considère avoir répondu à toutes les objections, il est conscient que «les regards incrédules demeurent. Ils restent sans qu'on puisse leur apporter de réponse. Mais ils ne sont guère concluants[188].»

Il est intéressant, dans ce contexte, de relever les remarques qu'offrit Dean Zimmermann dans son oraison funèbre, à la question de savoir pourquoi Lewis comptait un nombre important d'amis et d'admirateurs parmi les chrétiens, alors que, selon les termes de sa femme, il «n'avait pas une once de religion». En réponse à cette question, Zimmermann suggéra: «Peut-être risquions-nous un peu moins que d'autres, d'être déconcertés par ces bizarreries que David avait en commun avec bien des moines trappistes – les longs silences, la ténacité, l'attachement inébranlable à des principes sans exception, l'acceptation en apparence sans effort de doctrines auxquelles beaucoup ne pourraient penser croire[189].» Il convient de traiter ces remarques avec la prudence qui s'impose, compte tenu du contexte particulier dans lequel elles ont été prononcées. Elles suggèrent néanmoins que Lewis ne se limitait probablement pas à la simple spéculation détachée, pour construire sa vision du monde – ou plutôt des mondes. Pour citer encore une fois Zimmermann, il «prit un plaisir profond et tranquille, mais combien évident, à son travail – une joie contagieuse dans la poursuite de la vérité», ce qui n'est pas dissemblable à la quête d'une fin plus sublime qui caractérise «la vie des saints[190].»

188 *On the plurality of worlds*, p. 133.
189 Oraison funèbre D. LEWIS, Princeton University Chapel, 8 février 2002.
190 *Ibid.*

10. Des traces de contingence dans l'être nécessaire?

Malgré l'imposante nécessité qui s'attache au réalisme modal – tout ce qui est possible existe et existe nécessairement –, certains doutes subsistent quant à savoir si l'on peut vraiment affirmer, d'une manière cohérente, la nécessité de la totalité des mondes possibles. Car Lewis lui-même nous avertit de ce qu'il faut peut-être restreindre la plénitude des mondes possibles, en-deçà de ce que l'on pense spontanément possible, et les restrictions qui s'imposeraient ont bien une allure arbitraire.

Une première restriction vient du fait que Lewis exclut la coexistence de deux objets à un même point de l'espace-temps; de la sorte, le nombre d'objets logés dans un même espace-temps est limité au nombre cardinal infini du continuum. Sans autre restriction, le principe humien de recombinaison nous amène pourtant à imaginer, dans un même monde, des objets dont le nombre excède la «capacité d'accueil» du continuum, tel que nous le connaissons. Se pose alors la question: «Devrions-nous […] conclure que la taille possible de l'espace-temps est plus grande que ce que nous aurions pu attendre?» Lewis y répond:

> C'est tentant, je le reconnais. Et je ne vois aucune raison impérieuse pour laquelle un espace-temps possible ne peut jamais excéder la taille du continuum. Mais il semble louche que nous commencions par un principe qui est censé exprimer la plénitude concernant la façon dont l'espace-temps pourrait être occupé, et que nous trouvions notre principe se transformer subitement de sorte qu'il entraîne des conséquences pour la taille possible de l'espace-temps lui-même[191].

Il est donc plus sage d'ajouter une condition restrictive au principe de recombinaison: «si la taille et la forme le permettent[192].» Pourtant, on ne voit guère comment une telle restriction peut être nécessaire: serait-ce vraiment une simple affaire de logique que le nombre d'entités, dans un monde, ne dépasse pas cette grandeur? S'il y a restriction, elle ne peut s'appuyer que sur les caractéristiques de l'espace-temps. Que la physique contemporaine ne valide pas cette restriction (les bosons peuvent coexister en un même endroit), nous rappelle que l'image du monde qu'offre Lewis reste fondamentalement inscrite dans une vision classique de la physique,

191 *On the plurality of worlds*, p. 89.
192 *Ibid.*

malgré son effort de prendre en compte certains apports nouveaux. Mais de toutes les façons, la description physique du monde – classique ou contemporaine – est typiquement tenue pour contingente. La première restriction du principe de recombinaison ôte donc quelque peu de la splendeur nécessaire de la totalité des mondes possibles.

Une deuxième source éventuelle de contingence vient de ce que Lewis s'est rendu compte par la suite – grâce à un argument de Peter Forrest et David Armstrong[193] – que «le principe sans condition est plus que douteux. Il mène au désastre[194].» En fait, il nous engage dans une spirale sans fin. Commençons par l'ensemble des mondes possibles. Appliquons le principe de recombinaison à ces mondes, pris chacun comme un individu. Ce grand monde, construit à partir de tous les mondes possibles, est donc possible. Mais alors, il faisait déjà partie des mondes dont nous sommes partie au départ, ce qui est une contradiction. De fait, le principe de recombinaison, sans la restriction, ressemble aux ogres des contes: «Plus nous concédons, plus le principe insatiable exige. [... P]lus les mondes sont grands, plus le nombre d'individus possibles est grand – et nous tournons encore en rond. Il n'y a pas de point fixe où arrêter la régression[195].»

Il faut alors supposer une barrière au-delà de laquelle le principe de recombinaison n'est plus opérant. Si on continue à exclure la coexistence de deux objets dans un même point, il convient d'imposer une restriction sur la taille possible d'un espace-temps. Une telle restriction paraît pourtant arbitraire, introduite *ad hoc*, pour éviter l'incohérence logique du réalisme modal. Lewis espère alors que les mathématiques révéleront un lieu *naturel* où introduire la barrière[196].

193 «An argument against David Lewis' theory of possible worlds», *Australasian Journal of Philosophy* LXII, 1984, pp. 164-168. L'argument est analogue à certains paradoxes formulés à l'encontre de la théorie naïve des ensembles. Je ne présente ici que la moelle de l'argument. Pour les précisions techniques, *cf. On the plurality of worlds*, pp. 102-104.

194 *On the plurality of worlds*, p. 102.

195 *Ibid.* (La comparaison aux ogres est la mienne.) Leibniz a peut-être en vue une difficulté similaire quand il écrit: «Il ne semble pas faisable que tous les possibles existent, parce qu'ils s'empêchent mutuellement. Et il y a des séries infinies de possibles, or une série ne peut aucunement être dans une autre, puisque chacune est universelle» («De la contingence», pp. 319s).

196 *On the plurality of worlds*, p. 103.

Il est difficile d'évaluer la portée de ce deuxième problème pour le caractère nécessaire des mondes possibles. Les arguments échangés sont techniques et présupposent de grandes compétences en logique et en théorie des ensembles. En fait, les mathématiciens semblent continuer à se disputer par rapport à certaines questions analogues en théorie des ensembles. Lewis lui-même, en écrivant *De la pluralité des mondes*, avoue qu'il ignore s'il est fondé d'espérer que les mathématiques permettront d'annuler l'impression de contingence inhérente à la deuxième restriction du principe de recombinaison[197]. Par la suite, Daniel Nolan s'est efforcé de montrer que l'objection de Forrest et Armstrong n'est pas fondée et que l'on peut se passer de la deuxième restriction si on traite la totalité des mondes possibles non pas comme un ensemble, mais comme une classe propre[198].

Il serait souhaitable que l'on puisse déterminer clairement si des restrictions à allure arbitraire doivent qualifier le principe de recombinaison puisqu'une telle situation serait inconfortable pour le réaliste modal: «Lorsqu'une chose semble arbitraire, nous sommes enclins à penser qu'il se pourrait bien qu'elle ait été différente. Si la restriction est un trait arbitraire de la totalité de tous les mondes possibles, alors, nous sommes enclins à penser que cette totalité aurait pu être différente[199].» Pourtant, sous peine d'incohérence, on ne peut pas exprimer cette dernière possibilité en terme de mondes possibles!

D'ailleurs, le réaliste modal n'est pas seul à être troublé par une pareille situation; celui qui utilise les mondes possibles comme simple outil formel devrait également ressentir une gêne certaine. Certes, pour le seul réaliste, l'absence de restriction naturelle entraîne un fait contingent en ce qui concerne l'*ontologie*, et éveille un désir d'explication: Pourquoi cette totalité de mondes possibles existe-t-elle, plutôt qu'autre chose[200]? L'option qui consiste à croire à l'existence de cette totalité paraît alors moins attrayante; l'agnosticisme quant à la réalité d'autres mondes que le

197 *Ibid.*

198 Daniel NOLAN, «Recombination unbound», *Philosophical Studies* LXXXIV, 1996, pp. 239-262. Je remercie Joseph Melia de m'avoir indiqué la référence et commenté le débat.

199 *On the plurality of worlds*, p. 103.

200 *Ibid.*, p. 130.

nôtre trouve un point d'appui dans le caractère contingent de l'ensemble des mondes possibles. Mais même l'anti-réaliste modal se voit confronté à la situation dans laquelle un fait contingent (et donc semble-t-il une possibilité) ne se laisse pas reformuler dans le formalisme des mondes possibles[201]. Là où il y a une limitation, il y en a peut-être plusieurs: si l'anti-réaliste ne peut pas expliquer en quoi la contingence de la totalité des mondes possibles constitue un fait tout à fait à part, on est tenté de conclure que le formalisme des mondes possibles est, certes, utile pour réfléchir à telle ou telle question précise, mais ne peut guère prétendre à offrir une reformulation exhaustive des notions modales. La voie est alors ouverte à voir les mondes possibles comme un outil conceptuel à utilité limitée, dont la pertinence devra se justifier à nouveau dans chaque domaine d'application[202].

11. La contingence jusqu'au bout

Au-delà des restrictions qu'il faudrait éventuellement apporter au principe de recombinaison, on peut se demander si ce dernier ne constitue pas en lui-même une source de contingence: comment savoir s'il exprime les intuitions justes par rapport à ce qui est possible? La totalité des mondes possibles ne pourrait-elle pas être autrement que le suggère le principe de recombinaison? Ce n'est pas pour rien que Lewis voit dans ce principe l'expression du «refus humien de connexions nécessaires entre

201 Nous avions déjà rencontré une difficulté analogue par rapport à la question de savoir pourquoi quelque chose existe plutôt que rien, tant que l'on pose la question à l'intérieur d'un monde (*cf.* pp. 178s ci-dessus). Ici nous retrouvons le même type de problème pour la totalité des mondes.

202 Graham OPPY, «Modal theistic arguments», *Sophia* XXXII, 2, 1993, pp. 23s, relève un problème similaire quant à la formulation de croyances, désirs, etc. sur ce qui est impossible. Comment exprimer, à l'aide du formalisme des mondes possibles, que l'un peut croire que la conjecture de Goldbach est vraie, et l'autre qu'elle est fausse, alors que l'un des deux contemple manifestement une impossibilité mathématique? «Toute analyse quantificationnelle de la modalité rencontrera le même problème: pour tout ce que nous savons, il existe de nombreuses façons différentes que ‹pourrait› adopter l'espace logique.»

entités distinctes[203]». Il s'agit ici d'une prise de position philosophique, à peine déguisée sous l'apparence de la prétendue nécessité logique de la plénitude des mondes possibles. Celui qui ne partage pas les sympathies humiennes de Lewis, ne le suivra pas dans sa description des mondes possibles. Lewis lui-même souligne que le théiste ne peut pas l'accepter; car son principe de recombinaison «rejette toutes les connexions absolument nécessaires entre la volonté de Dieu et le monde qui obéit à Sa volonté», ce qui met à mal la doctrine de la toute-puissance divine[204]. Ce fait montre que, pour la pensée de Lewis, l'athéisme n'est pas un simple fait contingent, qui se trouve être vrai dans notre monde: il a des répercussions sur l'ensemble de son ontologie; sans lui, le principe de recombinaison, fondamental pour la description des possibles, ne serait pas admissible.

Le théiste n'est pas le seul à éprouver des réticences devant le principe de recombinaison de Lewis; toute philosophie qui maintient, dans un contexte ou dans un autre, des liens nécessaires entre entités distinctes, ne peut le suivre. En rapport avec les lois de la nature, le réalisme modal en implique le caractère contingent – à l'exception possible des lois qui restreignent ce qui coexiste dans un même point de l'espace-temps. La non-nécessité des lois de la nature découle directement de la saveur humienne du principe de recombinaison. «Il n'est pas surprenant, écrit Lewis, que mon principe interdise les connexions strictement nécessaires entre entités distinctes. J'ai seulement pris un point de vue humien sur les lois et la causalité, et je l'ai utilisé comme thèse sur la possibilité[205].» Ainsi, l'analyse des notions modales que propose Lewis ne peut convenir à celui qui considère les lois de la nature comme nécessaires. Certes, cette dernière position fut longtemps très minoritaire. Mais les travaux de Saul Kripke et de Hilary Putnam en ont amené plus d'un à

203 *On the plurality of worlds*, pp. 87s, *cf.* pp. 180s.

204 «Evil for freedom's sake?», p. 103.

205 *On the plurality of worlds*, p. 91. Amos FUNKENSTEIN, *Théologie et imagination scientifique: du Moyen Âge au XVIIe siècle*, 1995 p. 153, voit le nerf de la différence entre Thomas d'Aquin et Guillaume d'Occam dans le principe d'annihilation de ce dernier: «Toute chose existant dans l'absolu [...] peut exister par la puissance divine même quand toute autre chose absolue est détruite», alors que pour Thomas tout monde comporte nécessairement une structure. Seule la conception d'Occam mène à un principe de recombinaison à la Lewis (sans y soumettre Dieu, bien entendu).

reconsidérer la question[206]. Notons que la contingence des lois de la nature à laquelle Lewis aboutit, ne dépend pas des détails de sa théorie du meilleur système. Car dès que l'on postule le principe de recombinaison, on trouvera toujours un autre monde dans lequel une quelconque régularité constatée dans notre monde sera modifiée; la loi qui assure la régularité ne sera donc pas valide dans cet autre monde. Ce fait vaut indépendamment de ce que l'on pose comme «plus», pour transformer la régularité en loi.

Notons également que la contingence des lois de la nature est garantie, non seulement pour le réaliste modal, mais encore pour son collègue antiréaliste, qui traite les mondes possibles comme un simple outil formel. Car la décision entre contingence et nécessité ne fait pas intervenir l'existence «réelle» des autres mondes. Il suffit de contempler, par la pensée, ce qui se passe dans les autres mondes construits à l'aide du principe humien de recombinaison, pour se rendre compte de la contingence des lois de notre monde.

Le résultat est significatif; prenons-en pourtant la juste mesure. Le principe de recombinaison à lui seul ne garantit pas encore la saveur proprement humienne des lois de la nature. Car il opère de manière assez distincte suivant ce que l'on admet comme éléments de base de son ontologie. Ainsi, le principe de recombinaison prend une orientation assez différente sous la plume d'Armstrong, dans la mesure où il admet des universaux. Certes, les lois de la nature sont toujours contingentes pour lui. Dans notre monde, l'universel «manger du pain» implique l'universel «être nourri»; dans certains autres mondes, un tel lien n'existe pas[207]. Mais dans un monde dans lequel la loi est de rigueur, différentes instances du premier universel entretiennent toutes la même relation avec les instances du deuxième universel: tous les états de choses où quelqu'un mange du

206 P. ex. John C. BIGELOW, Brian D. ELLIS, Caroline LIERSE, «The world as one of a kind: natural necessity and laws of nature», *British Journal for the Philosophy of Science* XLIII, 1992, pp. 371-388. Pour un commentaire critique: Alain SIDELLE, «On the metaphysical contingency of laws of nature», dans *Conceivability and possibility*, sous dir. T. S. GENDLER, J. P. HAWTHORNE, 2002, p. 310.

207 Il est vraisemblable que les deux termes cités à titre d'exemple («manger du pain», «être nourri») ne sont pas des universaux. On pourrait les remplacer par une paire de candidats plus probables au titre honorifique d'universel; qu'il soit pourtant permis de garder cet exemple traditionnel à titre d'illustration.

pain entraînent (*ceteris paribus*) l'état de choses qu'il est nourri. En fait, les différentes instances d'un universel ne sont pas, au sens strict, des entités distinctes; elles se rapportent toutes au *même* universel. Ce fait implique que les lois dont la validité se limite à une certaine région spatio-temporelle, posent un problème pour l'analyse d'Armstrong, et il n'est pas clair qu'Armstrong y ait apporté une solution satisfaisante[208]. Un problème analogue n'existe pas dans le cadre conceptuel de Lewis, dans la mesure où il n'analyse pas les lois en termes de relations entre universaux. Cette comparaison suggère alors que certains mondes sont possibles dans le cadre conceptuel de Lewis, alors que l'approche d'Armstrong les exclut d'office.

Que le choix des éléments de base ontologique influence ce qui est tenu pour possible se constate encore plus clairement si l'on compare la théorie de Lewis avec une position qui accepte des dispositions dans son ontologie. Alors que Lewis considère que toute propriété naturelle est intrinsèque[209], celui qui adopte, en plus des propriétés catégoriques, des dispositions comme éléments primitifs de son ontologie, opte du même coup contre le principe humien de recombinaison et pour des lois de la nature nécessaires. Certes, il peut continuer à traiter comme un fait contingent l'attribution de telle ou telle disposition à un objet, ou même à une classe d'objets. Une disposition porte pourtant en elle, une intentionnalité: elle vise à faire ou être quelque chose. De la sorte, une certaine disposition véhicule, pratiquement par définition, un lien nécessaire entre la disposition de l'objet et sa répercussion sur une autre entité[210]. Cette autre entité peut être un second objet ou le même objet à un temps ultérieur, car il ne faut pas oublier que, pour le humien strict, aucun objet ne perdure de façon identique à travers le temps: même les dispositions se rapportant au «même» objet, mais à un temps ultérieur, établissent un lien de nécessité entre deux entités distinctes. La liberté de recombinaison n'englobe donc pas les propriétés dispositionnelles des choses.

208 *Cf.* p. 85 ci-dessus.

209 *On the plurality of worlds*, p. 61.

210 Ce lien n'a qu'une certaine probabilité statistique si l'on travaille, au lieu de dispositions à effet unique, avec des propensions à la Popper (*A world of propensities*, 1990).

On aurait pu s'attendre à ce qu'il ne soit pas possible de combiner le refus humien des relations nécessaires entre entités distinctes avec l'introduction de dispositions. Après tout, les deux conceptions proviennent de cadres conceptuels clairement opposés, et leur combinaison mène alors inexorablement vers l'incohérence du système dans son ensemble. Cette contradiction met pourtant de nouveau le doigt sur la dépendance de la possibilité par rapport à l'ontologie. Tant que je n'ai pas décidé ce que je traite comme existant, il ne faut pas s'attendre à ce que je sache ce qui est possible. L'ensemble des mondes n'est pas le même pour un humien et pour un ami des dispositions.

12. Une religion très humienne

Ce qui précède montre que l'être nécessaire du réalisme modal porte des traits typiquement humiens; Lewis exalte la contingence, au point d'en faire le principe directeur pour décider quelle plénitude des mondes possibles adopter. Certes, la «divinité» du réalisme modal se présente comme «l'espace logique, la totalité des mondes dans toute leur gloire[211]». Mais on se tromperait si on pensait que la simple logique décide de la forme de cet «espace logique»; il incarne bien plutôt des convictions spécifiques sur ce qu'est le réel. C'est vrai de tout choix de réalité ultime; aucune conception religieuse ne peut prétendre être logiquement nécessaire[212] – ne serait-ce que parce que la vision du monde qu'on adopte influence ce sur quoi on fait opérer la logique. Mais ce qui est regrettable, dans le cas du réaliste modal, c'est le fait qu'il déguise sa conception religieuse en simple affaire de logique et que, du coup, il n'avoue pas (ou ignore) qu'il s'agit d'une posture à caractère religieux.

211 *On the plurality of worlds*, p. 73.

212 L'argument ontologique n'implique pas le contraire pour le théisme, bien qu'il dise que l'affirmation de l'athéisme est contradictoire. Car l'argument présuppose qu'exister est plus grand que ne pas exister. Ce présupposé peut paraître évident dans le contexte de la pensée occidentale (marquée par la vision judéo-chrétienne), mais ne l'est pas, p. ex., dans une approche bouddhique (Henri BLOCHER, *Prolégomènes: introduction à la théologie évangélique*, 1976, p. 40, n. 1).

La méprise paraît, dans une certaine mesure, inévitable. Car sur quel fondement le réaliste modal peut-il placer sa vision du monde? Quelle autorité invoquer en sa faveur? Le matérialiste «australien» se réclame de la science – invocation qui n'est pas sans rôle ici. Mais Lewis n'essaie pas de fonder son réalisme modal sur elle – ce qui garde une apparence de plausibilité pour le matérialisme dans notre monde ne pourrait plus cacher son caractère de «fausse conscience» si on l'élargissait à la totalité des mondes possibles[213]. Il reste le sens commun, élaboré en système philosophique, à l'aide de la logique[214]. Lewis est, à cet égard, un représentant typique (d'un certain courant) de la philosophie analytique: le sens commun (souvent assisté par la science) constitue le point de départ décisif à partir duquel on construit sa position philosophique, en s'appuyant sur des ressources logiques. Comme l'écrit Kripke: «En fin de compte, je ne sais vraiment pas quel argument plus fort [que le fait que quelque chose ait un contenu intuitif] peut être présenté en faveur de quoi que ce soit[215].» La logique appliquée aux intuitions du sens commun, se voit ainsi promue au rang du guide vers la vérité. Son invocation ne fait alors que renforcer l'illusion que véhicule le terme même de sens «commun» – comme si on pouvait adopter une vision du monde, sans choix existentiel, en dehors d'une situation historique donnée.

La contingence exaltée en principe directeur, voire divinisée… il n'est alors que conséquent que Lewis en vienne à affirmer la contingence de la contingence: ses convictions humiennes sont si englobantes qu'elles l'amènent à rejeter toute affirmation d'analyse humienne qui se voudrait nécessaire. Car pour lui, la survenance humienne n'est qu'une vérité contingente: certainement vraie dans notre monde, mais fausse dans d'autres. De fait, il y a des mondes possibles où l'on trouve «des absurdités dans le style» des «relations externes supplémentaires, irréductibles, en plus des relations spatio-temporelles; […] des propriétés naturelles émergentes

213 *Cf.* l'analyse du matérialisme australien comme «fausse conscience» par Bas VAN FRAASSEN, *The empirical stance*, 2002, pp. 56ss; commentée p. 106 ci-dessus.

214 *Counterfactuals*, p. 88, cité p. 175 ci-dessus. *Cf. On the plurality of worlds*, pp. 134s, 184.

215 Saul A. KRIPKE, *La logique des noms propres*, trad. P. JACOB, F. RÉCANATI, 1982, p. 30. *Cf.* Sandra LAUGIER, *Recommencer la philosophie: la philosophie américaine aujourd'hui*, 1999, p. 9, et la distinction entre «métaphysique de description» et «métaphysique de révision» qu'établit Peter F. STRAWSON, *Les individus*, 1973, p. 9.

d'objets de taille supérieure à un point; [...] des objets qui traversent de façon identique le temps et l'espace[216]». Pour de tels mondes, il n'est pas possible de combiner à loisir leurs différents éléments constitutifs, et certaines lois sont nécessaires – contrairement à ce que Lewis lui-même affirme.

On doit alors se demander si cette radicalisation de la contingence ne rend pas le réalisme modal incohérent. Dans un certain sens, Lewis avait déjà pris ses précautions en formulant le principe de recombinaison via des doubles: il exige que, de deux objets quelconques, les doubles puissent coexister dans au moins un monde. Dans la mesure où des doubles sont définis uniquement à l'aide de propriétés intrinsèques, des propriétés extrinsèques comme les dispositions[217] n'y interviennent pas. Cette astuce protège le réalisme modal de Lewis de la menace d'incohérence. On aurait néanmoins souhaité qu'il souligne plus clairement les restrictions qu'engendre le caractère contingent de la survenance humienne. Cette conviction paraît si forte qu'elle a tendance à se transformer en présupposé tacite: Lewis donne l'impression de presque oublier que certains de ses mondes possibles sont cauchemardesques pour tout philosophe humien qui se respecte. Parmi les mondes possibles de Lewis devraient se trouver des mondes dans lesquels l'analyse des lois comme relations entre universaux est le bon compte rendu nomologique; ou encore d'autres mondes permettant une analyse dispositionnelle. S'il en avait tenu compte plus explicitement, ne se serait-il pas rendu compte que dans certains mondes, les lois sont nécessaires? Et n'aurait-il pas ressenti le besoin d'arguer le caractère humien de *notre* monde, alors qu'à ma connaissance, il ne l'a jamais fait dans ses textes publiés?

La théorie du meilleur système constitue, à cet égard, un exemple tout à fait typique de sa démarche, dont on est en droit de demander si elle est, en fin de compte, cohérente. L'esprit de l'analyse est humien, en accord avec l'exaltation de la contingence. Mais celle-ci l'amène à affirmer la contingence de l'analyse elle-même – ce qui entraîne le cortège de difficultés que nous avons maintenant rencontré à plusieurs reprises sur notre chemin à la rencontre de Lewis: sans perception claire de la classe des

216 «Introduction», *Philosophical papers*, vol. II, p. x.
217 Celles-ci sont extrinsèques dans le compte-rendu standard de Lewis (*cf.* p. 156, n. 112 ci-dessus).

mondes dans lesquelles l'analyse est vraie, celle-ci perd son intérêt[218]. Le fait d'absolutiser la contingence menace ainsi d'engloutir le projet humien, qui pourtant était né d'un parti pris pour elle. On se rend ainsi compte que la théorie du meilleur système illustre plusieurs des aspects fondamentaux de la vision de la réalité, qu'adopte Lewis. Non seulement elle met en œuvre son projet humien, mais encore elle s'inscrit dans cette combinaison étrange entre confiance dans les ressources de l'analyse rationnelle, pour ne pas dire rationaliste, et exaltation de la contingence. Même si la réalité ultime – la totalité des mondes possibles – n'intervient pas directement dans l'analyse que Lewis propose des lois, celle-ci est marquée par le même mélange de considérations logiques et de contingence absolutisée, qui caractérise ce qui remplit le rôle du divin dans sa vision.

Pour finir, des doutes subsistent quant à la viabilité de l'approche de Lewis. Ni la contingence, ni la logique, ni même leur combinaison, ne fournissent de fondement suffisant pour comprendre la réalité. Le philosophe doit s'impliquer existentiellement dans l'élaboration de son système. Il ne peut pas se cacher derrière des réflexions logiques, des faits bruts ou encore le sens «commun»: son choix de ce qu'il tient pour existant par soi-même revêt une dimension d'engagement religieux. Dans ce sens, la théorie du meilleur système porte les traces de la «divinité» pour laquelle Lewis opte, en combinant (de façon inconfortable) analyse rationnelle et exaltation de la contingence. Certes, la dépendance par rapport à des motifs religieux reste largement inavouée, dans l'élaboration de son analyse de la légalité naturelle. Mais l'«ensevelissement» même des choix religieux, en soubassement de la théorie, n'est pas sans lien avec la réalité ultime dans la vision de Lewis: la prétention de fournir une analyse «neutre» paraît inévitable pour quiconque se fie aux seuls procédés logiques pour élaborer les intuitions du sens «commun».

218 *Cf.* pp. 147s, 154s.

Chapitre 4

Nancy Cartwright: formes aristotéliciennes dans un monde «pommelé»

> «A Dieu soit la gloire pour les choses pommelées [...] Tout ce qui est à contre-courant, original, bizarre ou farfelu; Tout [*sic*] ce qui est imprévisible, et qui sort de l'ordinaire.»
>
> Gerard M. HOPKINS, «Pied Beauty», 1990.

1. De la science aristotélicienne aux lois de la nature

Les protagonistes de la révolution scientifique au dix-septième siècle aimaient décrire leur démarche comme une rupture avec la science aristotélicienne, telle que la scolastique médiévale l'avait transmise[1]. La rhétorique à l'encontre des «qualités occultes» en constituait un des éléments récurrents au point qu'elle trouvait écho dans la production littéraire de l'époque. Dans une scène célèbre du *Malade imaginaire*, Molière décrit comment un aspirant aux honneurs de la profession médicale est reçu avec applaudissements par ses aînés, parce qu'il explique l'effet de somnolence que provoque l'opium en faisant appel à sa «virtus dormitiva[2]». Expliquer le comportement des choses par leurs «natures», qui nous sont inconnues par ailleurs, apparaît comme le paradigme de l'obscurantisme du Moyen

1 D'une manière pratiquement interchangeable, je qualifierai la science que les pères de la science moderne cherchaient à remplacer, comme «aristotélicienne» ou «scolastique». Comme les considérations historiques n'interviennent que pour saisir la conception de la science que nous propose Cartwright, il ne nous importe pas de savoir dans quelle mesure la science du Moyen Âge était restée fidèle aux premières intentions d'Aristote et si les pères de la science moderne comprirent et représentèrent correctement cette science. L'appeler aristotélicienne ou scolastique, ne préjuge donc en rien de la question de savoir si Aristote était «aristotélicien», ou Albert le Grand «scolastique», dans ce sens.

2 La scène se trouve dans le Troisième intermède.

Âge, dont les lumières de la nouvelle philosophie naturelle permettent de s'affranchir[3].

Au lieu d'invoquer des formes substantielles pour expliquer les phénomènes naturels, les nouveaux philosophes naturels mettent à l'honneur des métaphores légales, connues depuis longtemps à travers l'usage qu'en font certains textes bibliques et des sources romaines d'inspiration stoïcienne. Ainsi Robert Boyle rejette l'idée que la malléabilité est plus naturelle à l'argent que l'élasticité: un morceau de métal n'est pas malléable en vertu d'une forme substantielle, mais à cause des lois de la nature. L'action d'un agent extérieur (par exemple un marteau) peut lui ôter aussi facilement sa malléabilité que celle d'un autre (par exemple le feu) peut la lui rendre:

> Les accidents dont il est question ici ont pour origine les agents ou les causes efficientes, quelle qu'en soit la nature [...] Et une fois ces accidents [...] introduits dans la matière, nous n'avons plus besoin de chercher un nouveau principe substantiel pour les y préserver, puisque, par la loi générale ou par le cours commun de la nature, la matière qu'ils qualifiaient doit continuer dans l'état dans lequel l'ont mise de tels accidents, jusqu'à ce que, par un agent ou par un autre, elle en soit écartée de force et ainsi dépouillée de ces accidents[4].

Newton, dont les écrits servirent à vulgariser définitivement l'usage scientifique de la notion de loi, accorde aux lois le même rôle de remplaçant des formes scolastiques, quand il écrit au début des *Principia:*

> Tandis que [...] des auteurs plus récents ont entrepris, après rejet des formes substantielles et des qualités occultes, de ramener les phénomènes de la nature à des lois mathématiques [*recentiores, missis formis substantialibus & qualitatibus occultis, phænomena naturæ ad leges mathematicas revocare aggressi sint*], on se propose, dans ce traité, de perfectionner, par la *mathesis*, la mécanique[5].

Le débat autour de la force de gravitation postulée par Newton illustre d'une manière parlante la méfiance que manifestaient les prophètes de la nouvelle science face à tout ce qui peut ressembler aux qualités scolasti-

3 *Cf.* Steven NADLER, «Doctrines of explanation in late scholasticism and in the mechanical philosophy», dans *The Cambridge history of seventeenth-century philosophy*, sous dir. D. GARBER, M. AYERS, 1998, vol. I, pp. 513-552.

4 Robert BOYLE, *The origin of forms and qualities according to the corpuscular philosophy*, 1666, *Selected philosophical papers of Robert Boyle*, 1991, p. 62.

5 *Philosophiae naturalis principia mathematica*, préface, 1687, éd. A. KOYRÉ, I. B. COHEN, 1972, vol. I, p. 15. La traduction française provient de *Les principes mathématiques de la philosophie naturelle,* 1687, trad. M.-F. BIARNAIS, 1985, p. 19.

ques; pour les remplacer, ils exigent une explication basée sur les lois. Après avoir étudié les *Principia*, Leibniz écrit à Christiaan Huygens (1629-1695), qui rejette lui aussi avec fermeté l'approche newtonienne de la gravitation: «Il semble que selon luy [Newton] ce n'est qu'une certaine vertu incorporelle et inexplicable au lieu que vous l'expliqués tres plausiblement par les loix de la mecanique[6].» Il exprime son dégoût devant le fait que Newton se contente de décrire la gravitation; si on introduit celle-ci simplement comme une nouvelle qualité, «on passeroit bientost à d'autres suppositions semblables, comme à la pesanteur d'Aristote, à l'attraction de Mons. Newton, à des sympathies ou antipathies et à mille autres attributs semblables[7].» L'introduction de forces d'attraction est, pour Leibniz, un retour au «barbarismum physicum et occultas Scholasticorum qualitates[8].»

Newton lui-même ressent la sévérité de cette accusation et s'en défend expressément. En plus du principe (passif) d'inertie, il voit (au moins) trois principes actifs gouverner le comportement des corps matériels dans l'univers: la gravitation, la cohésion interne des corps, et la fermentation (responsable des processus matériels dans les êtres vivants). Mais il ne faut pas comprendre ces principes sur le modèle des formes substantielles de la science aristotélicienne:

> Je ne considere pas ces Principes comme des Qualités occultes, qui soient supposées résulter de la forme specifique des Choses; mais comme des Loix générales de la Nature, par lesquelles les Choses mêmes sont formées; la vérité de ces Principes se montrant à nous par les Phenomenes, quoiqu'on n'en ait pas encore découvert leurs Causes: car ces Qualités sont manifestes, & il n'y a que leurs Causes qui soient occultes[9].

6 Lettre écrite en octobre 1690, citée par E. J. DIJKSTERHUIS, *The mechanisation of the world picture*, 1969, p. 480.

7 Lettre du 20 mars 1693 à Huygens, cité *ibid.*

8 «Barbarie physique et qualités occultes des scolastiques»: LEIBNIZ, *Antibarbarus physicus pro philosophia reali contra renovationes qualitatum scholasticarum…*, *Philosophische Schriften*, éd. C. I. GERHARDT, vol. VII, pp. 337ss, cité par Anneliese MAIER, *Die Mechanisierung des Weltbilds im 17. Jahrhundert*, 1938, p. 14, n. 28.

9 Dernière Question, *Traité d'optique*, 1722, pp. 487s. Pour l'interprétation de la gravitation chez Newton, *cf.* MAIER, pp. 53-56.

Alors que les formes aristotéliciennes sont par définition inconnaissables (au moins selon la compréhension que Newton en adopte), les causes que vise Newton ici ne sont *pas encore* connues. De plus, il cherche un nombre limité de principes généraux, pour expliquer le comportement de la nature, au lieu des formes substantielles, propres à chaque substance. Ainsi pour Newton, comme pour les autres fondateurs de la nouvelle science, les lois de la nature fournissent le niveau fondamental de l'explication.

2. La nouvelle image scientifique

Celui qui se rappelle le rejet véhément des natures aristotéliciennes au début des temps modernes, sera surpris de découvrir que l'épistémologue Nancy Cartwright (née en 1944) s'en fait l'avocat contemporain. Connue pour sa thèse selon laquelle «les lois de la physique mentent[10]», elle poursuit sa rupture avec l'*establishment*, en introduisant des capacités naturelles dans sa philosophie de la nature[11]. Plus récemment, elle avoue explicitement la similitude entre ses capacités et les natures aristotéliciennes[12]. En exacte opposition avec les premiers scientifiques des temps modernes, elle prône un retour des lois aux capacités. Elle considère que ces dernières sont fondamentales pour comprendre la méthode scientifique, alors que les premières ne sont en vigueur que dans des circonstances particulièrement heureuses (c'est-à-dire dans nos laboratoires et dans quelques situations naturelles très favorables, comme le mouvement des planètes dans le système solaire). Ainsi, elle écrit dans l'introduction à son ouvrage *Le monde pommelé:* «Notre connaissance scientifique la plus vaste ne concerne pas les lois mais les *natures* des choses[13].» En s'inspi-

10 Titre provocateur de son livre *How the laws of physics lie*, 1983. (Les publications de Cartwright sont indiquées par leur titre, parfois abrégé, dans les renvois ultérieurs à l'intérieur de ce chapitre.)

11 *Nature's capacities and their measurement*, 1989, *passim*.

12 *The dappled world: a study of the boundaries of science*, 1999, pp. 72, 85 (*cf.* déjà, mais moins affirmative quant à la proximité avec la pensée d'Aristote, *Nature's capacities...*, pp. 198, 211).

13 *The dappled world*, p. 4; *cf.* p. 80. Il n'est pas évident de traduire l'expression imagée dans le titre; un autre essai serait: «le monde tacheté».

rant de Rom Harré, elle rejette l'idée, qu'elle qualifie d'«empiriste post-logico-positiviste», selon laquelle «les lois de la nature sont basiques.» Au contraire, elle affirme: «Ce sont les capacités qui sont basiques, et les lois de la nature sont en vigueur – dans la mesure où elles le sont – [...] au compte de l'opération réitérée d'un système de composantes avec des capacités stables, dans des circonstances particulièrement favorables[14].»

Elle avait déjà écrit, dix ans plus tôt:

> Le point de vue populaire [...] les prend [les lois d'association] comme une donnée de la nature. [...] Mais je veux insister sur une image bien différente qui nous est accessible une fois que nous avons admis des capacités dans notre univers. Ce ne sont pas les lois qui sont fondamentales, mais bien plutôt les capacités. La nature attribue ces capacités aux différents facteurs et établit des limites à leur manière d'interagir. Tout ce qui se produit par associations dans la nature se présente comme une conséquence des actions de ces capacités plus fondamentales. En un sens, il n'y a pas du tout de lois d'association. Il s'agit d'épiphénomènes[15].

A première vue, Cartwright rompt totalement avec la vision des pères de la science moderne. Mais comment est-ce possible, puisque sa réflexion reste ancrée dans la pratique de la même science? Elle est loin d'adhérer à un révisionnisme qui prônerait un retour à une science ancienne. Il s'agit alors de dépasser la rhétorique et de cerner de près son approche de l'ordre de la nature. Chemin faisant, on constate que Cartwright se fait effectivement l'avocate d'une image du monde qui se démarque clairement de celle qui parraina la science moderne à ses débuts; pourtant, elle prétend que la nouvelle image s'accorde tout aussi bien, voire mieux aux succès de la science. Le titre qu'elle a choisi pour *Le monde pommelé*, décrit d'une manière imagée comment elle aime se représenter le monde:

> Ce livre suppose que, ainsi que le suggèrent les apparences, nous vivons dans un monde pommelé, un monde riche de différentes choses, de différentes natures, se comportant de différentes façons. Les lois qui décrivent cet univers sont un patchwork, pas une pyramide. Elles ne ressemblent pas à la structure simple, élégante et abstraite d'un système d'axiomes et de théorèmes[16].

Plus de 15 ans auparavant, elle avait déjà avancé l'idée d'un «univers désordonné»:

14 *Ibid.*, p. 49.
15 *Nature's capacities...*, p. 181.
16 *The dappled world*, p. 1.

> Les «théoriciens des lois qui s'appliquent» [*covering-law theorists*] ont tendance à penser que la nature est bien réglée; à l'extrême, qu'il existe une loi susceptible d'expliquer chaque cas. Je ne le crois pas. J'imagine que les objets naturels ressemblent aux individus d'une société. Leur comportement est contraint par des lois spécifiques et par une poignée de principes généraux, mais pas déterminé dans les détails, même sur le plan statistique. Ce qui se produit dans la plupart des cas n'est le fait d'aucune loi[17].

Cartwright invoque comme argument principal l'état actuel de la science. Comme elle rejette tout raisonnement *a priori* sur de telles questions, il n'y a pas de meilleur guide vers l'ontologie que notre connaissance (scientifique) actuelle. Et celle-ci nous présente une image très éloignée de la beauté unifiée et harmonieusement ordonnée que beaucoup de ceux qui sont en quête de la théorie scientifique ultime y projettent:

> La science telle que nous la connaissons: [...] des poches d'une grande précision; de larges parcelles de maximes qualitatives qui résistent à une formulation précise; des chevauchements fantasques; ici ou là, une fois de temps en temps, des virages qui se redressent, mais le plus souvent, aux bords écornés; et toujours l'explication de la loi ajustée sans rigueur à un univers embrouillé de choses matérielles. [... L']univers pommelé est ce qui, le plus souvent, vient naturellement: un comportement bien réglé résulte d'une bonne ingénierie[18].

Certes, elle est consciente du fait que l'état actuel de la science ne constitue pas d'argument suffisant pour cette vision du monde. «Je reconnais que mes illustrations de la manière décousue et fragmentaire dans laquelle opèrent nos sciences les plus exactes sont ‹bien loin› de montrer que le système n'est sans doute qu'un vaste mensonge scientifique[19].» Après tout, notre science pourrait n'être qu'une version préliminaire et imparfaite de la science idéale qui, elle, ferait ressortir l'harmonie du monde. Mais Cartwright ne veut pas se lier à cette éventualité. Etant donné nos connaissances actuelles, l'image du monde pommelé est tout aussi plausible que celle du monde ordonné, même plus si on renonce à des arguments métaphysiques *a priori*. L'entreprise scientifique doit rester faisable dans les deux cas de figure: «Quel que soit l'univers dans lequel nous nous trouvons, l'activité ordinaire et commune qui consiste à donner des explica-

17 *How the laws of physics lie*, p. 49.

18 *The dappled world*, p. 1.

19 *Ibid.*, p. 11, en réponse à Philip ALLPORT, «Are the laws of physics ‹economical with the truth›?», *Synthese* XCIV, 1993, p. 254.

tions devrait avoir un sens[20].» En fait, nous n'avons pas attendu la théorie finale, pour tirer profit, dans tel ou tel domaine, des connaissances scientifiques. Pourquoi exiger qu'une description parfaite et englobante de la nature soit, au moins en principe, possible? Ne vaut-il pas mieux explorer la pratique de la science dans un monde pommelé[21]?

Il n'est pas toujours aisé de savoir jusqu'à quel point il faut lire ce que dit Cartwright du monde pommelé, sur le registre réaliste. Il y a des moments où elle se réclame du néo-kantisme[22], voire adopte un constructivisme social extrême[23], d'autres où elle semble décrire le caractère du monde, et non seulement celui de notre perception du monde[24]. Son langage souvent imagé ne facilite pas non plus la lecture rigoureuse sur le plan philosophique. L'ambiguïté vient, d'après son propre aveu, de ce que «la vision d'un monde pommelé me ravit»; elle aime «tout ce qui est à contre-courant, original, bizarre ou farfelu», de sorte que parfois, elle «exagère les arguments en faveur du monde pommelé[25].» Elle considère même que la croyance en l'existence d'une théorie unifiée a des conséquences mortelles en médecine, où il vaut mieux explorer différentes pistes possibles de thérapie, plutôt que de tout miser sur la médecine génétique[26]. Ainsi il est évident que l'image du monde pommelé constitue une motivation profonde de son travail épistémologique. Pourtant, dans ses moments plus prudents, Cartwright prend soin de ne pas affirmer que le monde est pommelé: «Ce n'est pas une image métaphysique que je préconise[27].» Bien que le présent chapitre adopte souvent un langage réaliste,

20 *How the laws of physics lie*, p. 49.

21 *The dappled world*, p. 57.

22 Elle proclame Otto Neurath son héros (*ibid.*, pp. 5, 124).

23 Par exemple *ibid.*, p. 46. Dans «Reply to Anderson», *Studies in History and Philosophy of Modern Physics* XXXII, 2001, p. 495, Cartwright récuse pourtant l'accusation de constructivisme social (ou encore de déconstructivisme) et affirme que *The Dappled World* «est une œuvre de philosophie analytique, du commencement à la fin»; le livre «défend le réalisme scientifique: les thèses scientifiques qui sont bien vérifiées peuvent tout autant prétendre à la vérité que n'importe quelle autre affirmation.»

24 Par exemple quand elle dit que «les capacités et les relations causales sont des objets réels dans la nature» (*Nature's capacities...*, p. 170).

25 «Reply», dans «Symposium on *The dappled world*», *Philosophical Books* XLIII, 2002, p. 271, en citant Gerard M. HOPKINS, «Pied Beauty»,1990.

26 *The dappled world*, p. 18.

27 *How the laws of physics lie*, p. 49.

on n'est alors pas obligé de le lire dans un sens métaphysique. L'argumentation ici ne dépend pas de la question de savoir si la science décrit le monde, tel qu'il est indépendamment de nous, ou si (l'absence de) l'ordre émerge de notre interaction avec le monde extérieur et dépend de notre connaissance forcément partielle. Pour employer un langage kantien, on peut lire des expressions telles que «monde» ou «nature», comme désignant le domaine phénoménal, et non nouménal, sans que cela influe sur la force des arguments échangés.

3. Le patchwork de lois

Le manque d'ordre peut se concevoir selon des lignes de pensées différentes. On en trouve plusieurs dans les écrits de Cartwright, sans qu'elle les distingue toujours clairement les unes des autres. Une approche particulièrement visible dans *Le monde pommelé* repose sur ce qu'elle appelle le «pluralisme métaphysique» ou encore le «patchwork de lois»: elle s'oppose à l'idée qu'une seule théorie scientifique suffirait pour décrire l'ensemble de la réalité[28]. Elle qualifie cette dernière idée de «fondamentalisme»; c'est «l'ennemi» «que nous devons combattre» (et non le réalisme, comme elle avait commis l'erreur de penser, à son propre aveu, en écrivant *Comment les lois de la physique mentent*)[29]. Les connotations négatives du terme choisi ne laissent aucun doute sur la vision du monde que quelqu'un d'«épistémologiquement correct» doit adopter. L'argument principal est de nouveau l'état actuel de notre pratique scientifique:

> Nous voyons mieux à quoi ressemble la nature quand nous considérons la connaissance que nous en avons. [...] Dans quelle mesure notre connaissance est-elle unifiée? Regardez la brochure d'une école scientifique ou d'ingénieurs. Le cursus se divise en tout petits sujets, bien séparés, qui gênent l'interdisciplinarité [...] Pourquoi penser que la nature elle-même soit unifiée[30]?

28 *The dappled world*, p. 31.
29 *Ibid.*, p. 23.
30 *How the laws of physics lie*, p. 13.

Ainsi, elle considère qu'il convient d'accepter des explications en termes biologiques, sans que l'on doive à tout prix chercher à les réduire à la physique[31]. De même, elle répudie la prétention de la mécanique quantique à être une théorie universelle[32]. Certes, d'aucuns seraient sans doute prêts à la rejoindre, pour résister à l'impérialisme physique qui cherche à réduire la biologie, voire la psychologie, à la théorie physique la plus fondamentale. Mais Cartwright n'accepte même pas l'affirmation d'après laquelle la mécanique quantique aurait remplacé la mécanique classique. En fait, elle propose d'adopter une approche non réductionniste, non seulement entre différentes sciences, mais aussi à l'intérieur de chaque science, voire à l'intérieur de chaque branche d'une science, comme par exemple la mécanique:

> Nous n'avons pas appris, au cours de notre travail, que la mécanique quantique soit vraie et la mécanique classique fausse. Au mieux, nous avons appris que certaines sortes de systèmes dans certains types de situations [...] ont des états que l'on peut représenter par les fonctions d'état quantiques [...] Il serait [...] possible de soutenir une position plus forte, d'après laquelle tous les systèmes dans toutes les situations ont des états quantiques. [...] Je pense qu'il s'agit là d'une déclaration qui dépasse de loin ce que même un inconditionnel des quanta devrait trouver rassurant de croire. Mais [... q]ue ce soit vrai ou non, il n'y a pas le moindre rapport, d'une façon ou d'une autre, avec le fait de savoir si certains systèmes ou même tous ont également des états classiques [...]
>
> [... L]es réalistes quantiques devraient prendre sérieusement l'état quantique comme un trait authentique de la réalité et pas, à l'instar des instrumentalistes, comme un moyen commode de résumer une information sur d'autres sortes de propriétés. Ils ne devraient pas davantage insister sur le fait qu'on ne peut attribuer d'autres descriptions que les descriptions quantiques[33].

31 «Why physics?», 1997, dans *The large, the small and the human mind*, sous dir. R. PENROSE, 2000, pp. 165s.

32 *The dappled world*, p. 232.

33 *Ibid.* Les rapports entre mécanique quantique et mécanique classique sont effectivement plus complexes qu'on l'imagine souvent. En particulier, la limite macroscopique de la mécanique quantique n'aboutit pas toujours à la mécanique classique, comme le mettent en lumière les effets quantiques macroscopiques, comme la supraconductivité (Peter MITTELSTAEDT, *The interpretation of quantum mechanics and the measurement process*, 1998, pp. 107-110, et «Interpreting quantum mechanics – in the light of quantum logic», dans *Time, quantum and information*, sous dir. L. CASTELL, O. ISCHEBECK, 2003, p. 289).

Plus généralement, Cartwright exprime des réserves, quant au projet de réduire des effets macroscopiques à la structure microscopique sous-jacente: elle ne remet pas en doute le fait que ce programme ait parfois porté du fruit, mais elle en récuse la validité universelle. Elle considère que le programme n'a réussi que dans quelques cas heureux; la plupart du temps, des obstacles insurmontables se présentent:

> Les connexions que nous découvrons finissent par ressembler davantage à des connexions causales qu'à des réductions; elles se limitent à leur domaine; elles sont plus approximatives qu'exactes; et il arrive souvent que nous ne puissions pas même trouver les bonnes propositions de départ là où nous nous attendions à d'agréables réductions[34].

Continuer à croire à la possibilité du programme réductionniste, malgré ses échecs multiples relève, pour Cartwright, de la foi «fondamentaliste» qu'elle cherche à discréditer.

Cartwright doit alors faire face à la question de savoir comment une même situation pourrait être décrite par deux théories scientifiques incompatibles l'une avec l'autre. En réponse, elle met en scène deux compréhensions différentes de l'ordre naturel:

> Dans le premier récit, Dieu s'intéresse particulièrement à la physique. Il en écrit avec soin les lois et fixe les positions et vitesses initiales de tous les atomes de l'univers. Il délègue alors à saint Pierre la charge, à la fois ennuyeuse et intellectuellement triviale, de calculer les événements à venir [...] Telle est le récit du réductionnisme. Le pluralisme métaphysique suppose que Dieu se soucie au contraire vivement des lois, si bien qu'il décrit tout et chaque régularité que révélera son univers. Dans ce cas, saint Pierre se retrouve avec la charge gargantuesque de mettre en ordre les propriétés initiales de l'univers, d'une façon qui permettra à toutes les lois divines d'être vraies en même temps[35].

Selon cette vision, le pluralisme métaphysique n'implique pas seulement un nombre de lois plus élevé que dans un univers réductionniste, mais aussi il engendre des situations possibles où les différentes lois entrent en conflit l'une avec l'autre. Pourtant ces situations appartiennent à d'autres mondes que le nôtre: le choix délicat des conditions initiales

34 *The dappled world*, p. 32.

35 *Ibid.*, p. 33. Le même passage se trouve également, presque mot à mot, dans N. CARTWRIGHT, «Fundamentalism vs the patchwork of laws», dans *The philosophy of science*, sous dir. D. PAPINEAU, 1996, p. 324.

empêche des prédictions contradictoires dans notre univers. Le scénario contemplé montre comment on peut admettre une description scientifique exhaustive de notre monde, sans pour autant accepter une vision réductionniste du monde.

Bien que ce type de pluralisme métaphysique dépasse déjà ce que plusieurs sont prêts à concéder, on pourrait qualifier cette vision de pluralisme timide, et elle reste en-deçà du degré de désordre en faveur duquel Cartwright argumente ailleurs. Quand on connaît l'ardeur avec laquelle elle attaque la notion de loi, on se doute que la métaphore d'un Dieu «très soucieux des lois» ne peut rendre justice de sa position. En fait, ce type de pluralisme métaphysique nous propose, malgré tout, un monde entièrement gouverné par des lois. Que ces dernières entrent en conflit les unes avec les autres dans quelques mondes possibles, n'invalide en rien le fait qu'elles décrivent d'une manière transparente et complète *notre* monde[36].

L'attrait que le monde pommelé exerce sur Cartwright l'empêche de s'arrêter à une interprétation étriquée de son idée d'un «patchwork de lois». Elle ne se contente pas d'admettre différents domaines régis par des lois spécifiques, mais elle pousse le pluralisme plus loin pour faire place aux zones dans lesquelles aucune loi ne s'applique parfaitement (comme dans un travail de patchwork dont les différents morceaux de tissu ne s'accordent pas)[37]. Elle fait un pas en direction des situations «hors-la-loi» quand elle distingue entre la fermeture prédictive d'une théorie et son universalité: le fait qu'une théorie décrive d'une manière exhaustive un certain groupe de phénomènes, sans faire appel à des éléments à l'extérieur de ce groupe, n'implique pas qu'il n'existe rien d'autre sous le ciel que ce

36 Ces illustrations proviennent de cours consacrés à la philosophie du XVIIe siècle, qui donnait un rôle éminent à la notion de loi pour rendre compte du comportement de la nature. Bien entendu, le rôle de saint Pierre est assumé par Dieu lui-même dans une forme plus orthodoxe des récits. Du coup, il n'est peut-être pas trivial de formuler en quoi consiste la différence entre les deux. En théologie, on connaît une mise en scène similaire à celle proposée par Cartwright pour tenter d'expliquer comment Dieu peut exaucer une prière, sans pour autant changer ses plans (p. ex. C. S. LEWIS, *Les miracles: étude préliminaire*, 1985, App. B, pp. 176s).

37 Peter LIPTON, «The reach of the law», dans «Symposium on *The dappled world*», *Philosophical Books* XLIII, 2002, p. 255, propose une distinction similaire sous le nom de «pluralist dappling» et «anomalous dappling». Cartwright accepte explicitement la deuxième construction comme décrivant sa position («Reply», *ibid.*, p. 273).

que contient le groupe: «La fermeture prédictive d'un ensemble de propriétés n'implique pas la complétude descriptive[38].» Qu'une théorie mécanique du mouvement des corps matériels soit possible ne dit rien, par exemple, sur l'existence de forces électromagnétiques.

On peut mettre à profit cette idée dans le contexte d'un anti-réductionnisme faible, tel qu'il était esquissé dans la section précédente. Une telle lecture peut paraître attrayante à propos de la relation entre la biologie et la physique, ou encore du rapport entre l'âme et le corps humains. Le concept de fonctionnement normal d'une cellule ne connaît pas d'équivalent en physique, où des considérations téléologiques n'interviennent pas. Il n'est pourtant pas exclu que les lois physico-chimiques décrivent entièrement (et exactement) le fonctionnement d'une cellule. De même, il est peut-être possible de placer la description des désirs, pensées et sensations dans un univers conceptuel à part, sans renoncer à leur survenance sur des états physiologiques du cerveau.

Cartwright dépasse pourtant un tel non-réductionnisme faible quand elle admet plusieurs théories prédictivement closes, mais incompatibles, à l'intérieur d'une science particulière. Dans le cas où deux théories de la même discipline scientifique ne peuvent être ni réduites l'une à l'autre, ni jointes l'une à l'autre, sans générer de contradiction, on pense normalement qu'elles s'appliquent à la même situation seulement sous condition de ne décrire cette situation que d'une manière imparfaite. Cartwright semble adopter cette approche pour rendre compte de la complétude prédictive de telles théories incompatibles, par leur vérité tout juste approximative:

> Nous commençons par nous intéresser à un phénomène spécifique […] Puis nous cherchons le plus petit ensemble de propriétés qui est prédictivement clos (ou suffisamment clos) *ceteris paribus*. C'est-à-dire que nous étendons notre domaine jusqu'à ce que nous obtenions un ensemble de facteurs suffisants *ceteris paribus* pour fixer nos facteurs de départ. (C'est-à-dire ils sont suffisants pour autant que rien d'extérieur ne survienne pour affecter fortement l'aboutissement prévu[39].)

Bien que je n'aie pas trouvé d'affirmation explicite sous la plume de Cartwright, on doit supposer qu'elle ait recours à pareille stratégie pour pouvoir considérer que des propriétés classiques trouvent leur place à côté

38 *The dappled world*, p. 33.
39 *Ibid.*

et en plus des propriétés quantiques[40], alors que les deux théories font souvent des prédictions divergentes. Les descriptions classique et quantique ne peuvent simplement pas être vraies en même temps pour le même objet si elles sont toutes deux exactes.

La tendance à accepter certains domaines comme hors-la-loi, ne serait-ce qu'approximativement, se meut en affirmation claire dans une mise en scène de la création que Cartwright dépeint dans *Comment les lois de la physique mentent:* «Peut-être Dieu n'a-t-il écrit que quelques lois avant de se sentir fatigué. Nous ne savons pas si nous sommes dans un univers ordonné ou désordonné[41].» Seul ce dernier scénario de création illustre de façon satisfaisante la radicalité avec laquelle Cartwright explore l'éventuel désordre du monde. Il ne lui suffit pas de remplacer les lois exactes, universelles de la vision mécaniste par des lois partielles et approximatives; elle contemple plutôt la possibilité que certains domaines, voire l'essentiel de la réalité, se soustraient à la description légale. Bien que son image du monde pommelé ait une certaine force suggestive, un examen précis s'en impose pour comprendre comment Cartwright envisage un monde dont au moins certains domaines échappent à la souveraineté des lois de la nature, sans qu'elle renonce à la pratique scientifique.

4. Le dossier à l'encontre des lois

a) Des lois «empiristes»

Pour comprendre la proposition de Cartwright, il est essentiel de saisir le concept de loi à l'encontre duquel elle réagit. En fait, il s'agit d'une conception bien précise qu'elle considère dans la tradition de «l'empirisme humien libéralisé du courant majoritaire de l'épistémologie post-logico-positiviste.» Cette tradition voit dans une loi de la nature «une association régulière et nécessaire entre des propriétés considérées auparavant comme convenables»: l'association peut être soit absolue (loi déterministe), soit valable uniquement avec une certaine probabilité (loi probabiliste). Il y a

40 *Ibid.*, p. 232.
41 *How the laws of physics lie,* p. 49.

différents candidats pour ces propriétés «convenables»; Cartwright indique ce qui est «sensible», «mesurable» ou encore «effectif». Elle considère que ces nuances sont sans importance pour sa critique[42].

Cartwright ne précise pas à quels auteurs elle se réfère en particulier. Dans la plupart des traitements récents des lois de la nature, qui s'inscrivent dans la tradition de la philosophie analytique, l'affirmation qu'une loi est (au moins) une affirmation universelle vraie est, certes, regardée comme une vérité (quasi-)analytique[43]. Néanmoins, il n'y a pas d'unanimité sur les termes reliés par une telle régularité universelle. En fait, on est en droit de se demander si l'exigence de propriétés sensibles, ou encore mesurables, ne correspond pas davantage au programme de l'empirisme logique qu'à son développement ultérieur. Bas van Fraassen est bien connu pour son scepticisme à propos de l'existence d'entités non observables. Toutefois il considère que le projet carnapien de réduire le langage scientifique aux observables a définitivement échoué: les théories scientifiques contiennent des termes théoriques qu'on ne peut éliminer[44]. Il est alors peu plausible d'exiger que les lois, en tant que théorèmes de telles théories, soient formulées en termes d'observables.

Peut-être est-il possible d'adopter une interprétation plus souple de la définition de loi que propose Cartwright. L'exigence de mesurabilité, ou d'observabilité, pourrait ne pas s'appliquer aux termes individuels de la formulation de la loi, mais concerner la régularité dans son ensemble. Ce serait mieux en accord avec l'intuition de van Fraassen, quand il écrit que la science vise la découverte des «régularités dans la partie observable du monde»[45]. Mais même cette version modifiée ne permet pas d'inclure plu-

42 *The dappled world*, p. 49; *cf.* p. 140. A la suite de Michel Bitbol, j'adopte «effectif» en traduction de l'anglais «occurrent», pour reproduire en français, autant que possible, l'ambiguïté du terme anglais, qui désigne à la fois ce qui existe réellement et ce qui a un effet (sur les appareils de mesure, sur les sens).

43 Des voix isolées contestent la propriété de vérité (dont Cartwright dans son *How the physics lie*!), par exemple Peter VAN INWAGEN, «The place of chance in a world sustained by God», dans *Divine and human action: essays in the metaphysics of theism*, sous dir. T. V. MORRIS, 1988, p. 217. Certains auteurs contemplent également la possibilité de lois limitées à une certaine région (John EARMAN, «The universality of laws», *Philosophy of Science* XLV, 1978, pp. 173-181; D. M. ARMSTRONG, *What is a law of nature?*, 1983, p. 100; et *A world of states of affairs*, 1997, pp. 257-259).

44 *The scientific image*, 1980, pp. 53-56.

45 *Ibid.*, p. 73.

sieurs des analyses les plus intéressantes de la notion de loi, proposées au cours de ces dernières décennies. On hésitera sans doute à classifier David Armstrong parmi les philosophes néo-humiens; il ne faut donc pas tenir rigueur à Cartwright du fait qu'elle ne tienne pas compte de sa proposition de comprendre les lois comme des relations entre universaux[46]. En revanche, il est plus inquiétant de voir que sa définition de loi n'englobe pas non plus celle de David Lewis, que d'aucuns voient comme la meilleure version disponible à l'intérieur du programme empiriste. Lewis considère qu'une loi est une (certaine sorte de) régularité; mais cette régularité concerne des «propriétés intrinsèques locales», pour lesquelles il indique, comme exemple, «la masse, la charge, la couleur et la saveur d'un quark, la force d'un champ[47]» – toutes des propriétés que l'on ne comprend pas facilement comme des propriétés sensibles ou mesurables. Inutile de dire que le choix de propriétés que fait Lewis est plus proche des intentions des fondateurs de la nouvelle science que ne l'est la définition empiriste étroite qui se limiterait aux observables. Leur programme mécaniste s'efforçait de réduire des phénomènes macroscopiques, observables, à des mécanismes microscopiques. Les scrupules sur l'existence d'entités théoriques (comme les atomes) n'ont pris les empiristes qu'à une époque ultérieure. Elles ne font certainement pas partie intégrante d'une méthodologie qui voit dans l'expérience le juge ultime des théories scientifiques.

En ce qui concerne l'autre caractérisation que Cartwright propose des propriétés «convenables» – elles doivent être effectives –: non seulement il n'est pas évident que cette exigence se recoupe avec la demande d'observabilité, mais encore la définition de ce qui compte comme effectif n'est pas facile à établir. Cartwright est au moins partiellement consciente de la difficulté de discriminer propriétés effectives et dispositionnelles; car elle dit trouver «impossible de comprendre la distinction entre propriétés effectives et dispositions ou pouvoirs causaux», tout en maintenant la

46 Notons pourtant que Armstrong considère que de telles relations donnent lieu à des régularités, mais je ne vois aucune raison dans son programme philosophique qui l'obligerait à les localiser dans le domaine observable du monde. La bibliographie de *The dappled world* ne mentionne aucun écrit ni d'Armstrong, ni de Michael Tooley ou de Fred Dretske, qui ont proposé une analyse analogue (*How the laws of physics lie* et *Nature's capacities...* ne contiennent pas de bibliographie cumulative; les index dans ces deux ouvrages n'incluent aucune référence à ces auteurs.)

47 *On the plurality of worlds*, 1986, p. 14.

distinction entre le «langage des ‹propriétés effectives›» et des mots du champ sémantique des dispositions ou pouvoirs[48]. Si elle a raison de considérer que les capacités sont des propriétés accessibles à la vérification expérimentale, au même titre que les autres concepts théoriques utilisés en science[49], il faut s'attendre à ce que les capacités apparaissent dans les lois scientifiques et que certains épistémologues empiristes les incluent dans les «propriétés considérées auparavant comme convenables».

Il est probable que l'insistance sur des régularités effectives rejoigne la vision à laquelle Cartwright s'oppose dans *Comment les lois de la physique mentent:* elle parle de la «vision *factuelle des lois*», qui considère que «les lois de la nature décrivent des faits sur la réalité»[50]. Cette définition reste, elle aussi, vague; car elle ne dit rien sur le type de «faits» permis. Pour sauvegarder la logique de son argumentation, il faut supposer qu'elle exclut ici les liens causaux et les capacités, bien qu'ailleurs, elle argumente en faveur de leur existence réelle[51]. Cette tension, dans la présentation de Cartwright elle-même, témoigne de la difficulté de décider ce qui est «effectif». Le flou qui subsiste quant aux propriétés que Cartwright vise dans son rejet de la conception standard des lois ne facilite, en tout cas, pas l'évaluation de sa critique[52].

b) La rareté des régularités

Il faut garder à l'esprit la définition que donne Cartwright d'une loi, si on veut évaluer sa critique. Plusieurs des arguments principaux qu'elle formule à l'encontre de cette notion n'ont de force que par rapport aux régularités du domaine observable, ou mesurable, et ne peuvent invalider des conceptions de loi s'appuyant sur un langage et une ontologie plus riches.

C'est de toute évidence vrai quand Cartwright invoque la rareté de ce type de régularités dans notre expérience: elles sont «rares[53]»; «la nature offre bien peu d'événements réguliers et ordonnés[54].» Comment contre-

48 «Reply», dans «Symposium on *The dappled world*», p. 272.
49 *Cf.* pp. 221s ci-dessus.
50 *How the laws of physics lie*, p. 54.
51 *Ibid.*, pp. 74ss; *Nature's capacities...*, p. 167; *The dappled world*, pp. 68-70.
52 Paul TELLER, «Review of *The Dappled World*», *Noûs* XXXVI, 2002, pp. 713, 717s.
53 *The dappled world*, p. 73; de même p. 141.
54 *Ibid.*, p. 59.

dire cette évidence? La pratique de la science serait bien plus facile s'il suffisait d'«ouvrir les yeux» pour voir les régularités qui nous entourent. N'oublions pas que même l'exemple favori de Cartwright pour une régularité naturelle, le mouvement des planètes, n'a pu être «vu» qu'après une reconstruction ingénieuse de leurs orbites, par laquelle Jean Kepler réussit à faire abstraction du mouvement de la terre[55]. Pourtant la rareté des régularités observables ne montre que l'absurdité d'une notion de loi construite selon les lignes d'un programme empiriste rigide, programme abandonné même par plusieurs de ceux qui se considèrent aujourd'hui comme de fidèles disciples (d'une certaine interprétation) de Hume.

Mais l'invocation de régularités dans la sphère d'entités théoriques[56] n'est-elle pas illusoire? Le monde qui nous entoure se présente avec une complexité énorme, et bien rares sont les cas où nous avons réussi à en réduire les phénomènes irréguliers au domaine supposé ordonné des atomes. Cartwright discute l'exemple d'un billet de banque ballotté par le vent. Jusqu'à ce jour, il est nécessaire de faire intervenir les principes de l'hydrodynamique pour décrire ce système; on ne réussit toujours pas à en calculer le comportement précis sur la seule base des propriétés des particules qui composent le billet et l'air[57].

La force de cet argument varie considérablement avec la vision plus large qu'on entretient; car comme Cartwright le remarque elle-même, notre incapacité actuelle à réduire la complexité observée à des structures sous-jacentes simples et ordonnées ne dit rien de définitif sur la non-existence de telles structures[58]. Il faut lui accorder que le projet réductionniste se poursuit depuis plus de 300 ans, sans pour autant aboutir au résultat espéré. Mais les avis divergent quant à la question de savoir si ses réussites partielles peuvent compter comme arrhes d'une réalisation future. La réponse qu'on donnera à cette question dépendra dans une large mesure de l'image qu'on a du monde: univers ordonné ou monde pommelé. Les réductions scientifiques partielles peuvent nous orienter dans un sens

55 *Cf.* Albert EINSTEIN, «Jean Kepler», *Comment je vois le monde*, 1979, p. 157.

56 Dans la vision des temps modernes, il s'agit typiquement du domaine microscopique. Pour simplifier le style, j'utiliserai dorénavant le terme de microscopique comme description appropriée du domaine peuplé par les entités théoriques.

57 *The dappled world*, p. 28.

58 *Cf.* p. 200 ci-dessus.

plutôt que dans un autre; mais elles ne constitueront jamais d'argument décisif dans la mesure où elles sont compatibles avec les deux visions du monde – jusqu'au jour où on aura trouvé la théorie unifiée. Et même au jour où la foi «fondamentaliste» triomphera (pour parler le langage de Cartwright), les partisans du monde pommelé pourront toujours espérer que des découvertes futures invalideront la théorie prétendument finale.

A divers moments de notre discussion, nous retrouverons une dépendance similaire entre la force des arguments pour (ou contre) une certaine notion de loi et la vision du monde qu'on adopte. La loi est une notion qu'on pourrait qualifier de métathéorique; car elle décrit certains aspects des théories scientifiques, sans en faire partie elle-même. Ainsi elle dépend d'une manière sensible de prises de position fondamentales; dans sa construction, on ne peut faire abstraction du cadre philosophique plus large. La critique de Cartwright à l'encontre des lois de la nature fournit un exemple particulièrement limpide d'une telle dépendance; plus nous avancerons dans l'étude de sa position, plus nous saisirons le rôle crucial qu'y joue le monde pommelé.

c) *La superposition de plusieurs forces*

Dans les écrits de Cartwright, se trouve un autre argument qui invalide, s'il est solide, toute compréhension de la loi comme régularité (observable ou microscopique). Déjà dans *Comment les lois de la physique mentent*, elle avait affirmé que la superposition entre différentes forces, présente dans toute situation réelle, invaliderait la vérité des lois décrivant les forces de façon individuelle[59]. Dans la mesure où l'on ne trouve jamais une seule force à l'œuvre, la loi décrivant son effet ne peut être «vraie», c'est-à-dire qu'elle ne décrit pas de faits qui se produisent réellement.

Il y a certes des situations où une seule des forces fondamentales est pertinente dans la pratique: un trou noir se laisse décrire uniquement à l'aide de la force gravitationnelle, et une étoile à neutrons par l'interaction forte. Une cavité de Faraday permet d'éliminer parfaitement (pour des dimensions de longueur macroscopiques) au moins une des forces (l'interaction électrique). Cependant, la superposition des forces n'est *de principe* absente d'aucune situation. Quand nous contemplons l'effet des dif-

59 *How the laws of physics lie*, pp. 57ss.

férentes forces individuellement, il s'agit toujours d'une idéalisation, plus ou moins éloignée de la situation réelle. Et nous utilisons les lois non seulement dans les situations où un des facteurs est dominant, mais encore là où les différents facteurs interviennent à force à peu près égale, de sorte qu'aucune des lois individuelles ne décrit, même pas approximativement, ce qui se passe en réalité.

En étudiant comme exemple la superposition de la force de gravitation et de la force électrique, Cartwright indique trois raisons particulières pour lesquelles elle considère que la superposition omniprésente constitue un problème pour la notion de loi. D'abord, dans une situation réelle, aucune des forces n'est présente individuellement, mais plutôt la force résultant de la superposition des deux[60]. Ensuite, la plupart des situations réelles sont trop complexes pour que nous puissions effectivement calculer la force qui en résulte[61]. Enfin, il nous arrive souvent de ne pas savoir comment combiner les lois respectives. Ce dernier problème est particulièrement épineux pour la force gravitationnelle; car elle est de portée très longue et, du coup, omniprésente, puisque (contrairement à l'interaction électrique), il n'y a pas de masses positives et négatives (stables) dont l'effet pourrait s'annuler mutuellement. De plus, personne ne sait aujourd'hui dans quelle direction chercher l'unification entre la mécanique quantique et la relativité générale[62].

De toute évidence, la deuxième et la troisième raisons n'ont de force que si on considère que l'état *actuel* de la science exprime la véritable structure du monde. Ils présupposent alors un réalisme plus fort que celui que la plupart des réalistes scientifiques ne seraient prêts à endosser. Comme nous avons pu le voir, le fait que nous n'ayons pas (encore) trouvé une théorie unifiée n'exclut pas la possibilité qu'une telle description soit en principe faisable. Les véritables lois ne sont, bien entendu, pas les lois de notre science actuelle, mais celles de la science idéale (qu'elle soit ou non accessible aux humains); on se souvient de cela quand on distingue les lois de la nature des lois de la science. En ce qui concerne la complexité de la plupart des situations qui font intervenir plusieurs facteurs causaux, il ne faut guère s'attendre à ce que la nature soit «impressionnée» par nos

60 *How the laws of physics lie*, pp. 59s.

61 *Ibid.*, p. 63.

62 *Ibid.*, p. 51; *cf.* p. 63.

difficultés de calcul, de telle sorte que son comportement en dépendrait. Les deux derniers arguments n'ont alors pas de force probante pour celui qui considère que les événements de notre monde sont complètement déterminés par la superposition additive de quelques interactions fondamentales au niveau microscopique.

La première raison donnée par Cartwright semble de prime abord échapper à la dépendance par rapport à une vision plus large. Même celui qui imagine une sphère microscopique, gouvernée d'une manière parfaitement mathématisable par quelques forces fondamentales, doit reconnaître que les lois décrivant individuellement les effets de ces forces (comme le font la loi de Coulomb ou la loi de gravitation de Newton) ne se réfèrent pas à des régularités factuelles. Pourtant, ce fait ne constitue une difficulté que pour celui qui voudrait isoler les lois fondamentales les unes des autres et exiger que chacune d'elles décrive un groupe de régularités de manière directe. Mais pourquoi ne pas considérer que la loi fondamentale est justement celle qui résulte de la superposition des différentes forces fondamentales? Chaque loi individuelle se réfère à des régularités qui résultent de la variation de l'une des forces, alors que les autres sont maintenues à des valeurs fixes. Si le nombre d'interactions fondamentales est limité, cette procédure ne conduit pas à une régression infinie. Ainsi le premier argument n'invalide la notion de loi comme régularité que pour celui qui rejette la possibilité même de superposition permettant une description mathématique (dont la superposition additive fournit l'exemple le plus simple). Telle est la position de Cartwright[63], et les arguments qu'elle avance reflètent ses engagements épistémologiques plus fondamentaux.

d) La loi comme entité théorique

Cartwright utilise un autre argument contre la compréhension des lois en tant que régularités empiriques, pour arguer la thèse centrale de son *Comment les lois de la physique mentent*, et ce même argument lui sert encore dans *Le monde pommelé:* les lois (de la science) font partie de la panoplie du théoricien; en les formulant, il fait abstraction des complexités de la situation particulière, pour retenir seulement ce qui est universel. Bien que beaucoup de modèles de l'explication scientifique (comme le «modèle des

63 *Cf. The dappled world*, pp. 26, 28.

lois qui s'appliquent [*covering-law model*]» et le modèle hypothético-déductif) présupposent qu'«une bonne théorie contient déjà toutes les ressources nécessaires à la représentation des événements dans le domaine qui lui est prescrit[64]», une théorie ne s'applique typiquement à une situation expérimentale qu'à l'aide de certaines hypothèses auxiliaires[65]. En fait, les théoriciens sont souvent de piètres expérimentateurs; la pratique expérimentale ne demande pas seulement de connaissances théoriques, mais encore nécessite un savoir-faire souvent plus proche de l'ingénieur que du savant:

> Malheureusement, les espèces particulières de circonstances qui conviennent aux modèles d'une seule théorie s'avèrent être difficiles à trouver et à construire. Le plus souvent, il nous faut combiner à la fois la connaissance et le savoir-faire technique issus d'un grand nombre de champs différents pour élaborer un modèle suffisamment satisfaisant pour les aspects que nous cherchons à prédire[66].

Dans *Comment les lois de la physique mentent*, Cartwright s'était appuyée sur ce fait pour affirmer que plus une loi est fondamentale, plus elle s'éloigne d'une description véridique des phénomènes. Elle maintient encore que la dérivation des lois fondamentales à partir des faits expérimentaux est «branlante[67]», même si elle semble avoir changé d'avis quant aux implications que ce fait doit avoir quant à notre confiance en ces lois.

Parmi les différents exemples que Cartwright avance pour asseoir sa thèse sur la façon dont les lois de la physique mentent, je n'en vois qu'un seul susceptible de permettre un test expérimental quant à la question de savoir s'il faut accorder la primauté aux lois fondamentales ou aux lois phénoménologiques: il s'agit de la loi décrivant la désintégration radioactive. Alors que «la loi de désintégration exponentielle est une loi simple, statistiquement élégante pour laquelle [...] nous disposons d'un soutien expérimental abondant», on ne peut la déduire de l'équation de Schrödinger que

64 *Ibid.*, p. 183.

65 *Cf.* Willard Van Orman QUINE, «Deux dogmes de l'empirisme», 1951, trad. P. JACOB, S. LAUGIER, D. BONNAY, *Du point de vue logique: neuf essais logico-philosophiques*, 2003, pp. 70ss.

66 *The dappled world*, p. 10. *Cf. Nature's capacities...*, p. 211.

67 *The dappled world*, p. 24.

d'une manière approximative. Jusqu'à ce jour, aucun test expérimental n'a réussi à distinguer entre la fonction exponentielle et la fonction que l'on dérive exactement de l'équation de Schrödinger[68].

Dans son premier ouvrage, Cartwright accorde plus de confiance à la loi exponentielle qu'à la loi plus compliquée dérivée des équations fondamentales de la mécanique quantique – ceci certainement en flagrante opposition à l'intuition de la plupart des physiciens. Cette intuition n'est peut-être rien d'autre qu'un préjugé métaphysique en faveur des lois fondamentales; mais la préférence accordée aux lois fondamentales a certainement fait ses preuves au cours des derniers siècles de pratique scientifique. L'évolution de la science en a profité non seulement dans des périodes de science «normale», mais aussi au moment de certaines «révolutions» scientifiques. L'introduction de la relativité restreinte et générale en est sans doute l'exemple le plus parlant; car Einstein n'eut besoin d'aucune expérience nouvelle pour construire ses théories, mais il se laissa guider par une profonde conviction de l'unité de la nature[69]. La mécanique quantique, pour sa part, partit de résultats expérimentaux nouveaux et surprenants; mais l'étape décisive, qui sépara l'ancienne théorie des quanta de la version mûre proposée par Schrödinger et Heisenberg, ne fut pas franchie à cause de la recherche de régularités phénoménologiques, mais par la volonté ferme d'ordonner la complexité apparente en faisant appel à un ordre sous-jacent.

Cartwright semble avoir révisé son attitude face aux lois fondamentales. Elle affirme maintenant qu'il y a des situations où la loi générale est mieux garantie que les faits expérimentaux qui servent à l'établir. Et ce dans la mesure où la loi générale est nécessaire pour l'interprétation des résultats expérimentaux[70]. Un tel changement d'attitude est plutôt surprenant; car de prime abord, la vision du monde pommelé ne semble guère capable de ren-

68 *How the laws of physics lie,* p. 113. Cartwright s'intéresse aux déviations pour des temps longs, alors que Roland OMNÈS, *The interpretation of quantum mechanics*, 1994, étudie à la fois la limite pour de longues durées (pp. 434-436) et la déviation pour des temps très brefs (l'effet dit de Zénon, qu'on n'a pas non plus observé, pp. 438-443).

69 Michael POLANYI, *Personal knowledge: towards a post-critical philosophy*, 1958, pp. 10ss; L. JAEGER, *Croire et connaître: Einstein, Polanyi et les lois de la nature*, 2005[2], pp. 35s, 95, 98s.

70 *The dappled world*, p. 89.

dre compte du rôle heuristique qu'a joué la recherche d'une théorie unifiée à divers moments de l'histoire de la science moderne. Non seulement Cartwright combat avec énergie la notion de loi (même si nous avons vu que sa critique vise d'abord une certaine compréhension de loi); mais encore et surtout elle refuse d'accorder à l'universalité de l'ordre naturel un rôle même simplement régulateur. Elle l'accuse d'être une des causes probables pour des stratégies d'action erronées aux conséquences fatales:

> Le niveau d'effort et de fonds investis dans le programme génétique par opposition aux autres est-il garanti par les promesses qu'offrent ces programmes pour comprendre et contrôler le cancer du sein ou bien le programme génétique reçoit-il une impulsion substantielle du fait que [...] c'est actuellement notre meilleure hypothèse d'une théorie sur toutes choses? Je m'inquiète de ces croyances mauvaises que nous soutenons, d'après lesquelles la nature est gouvernée par des théories universelles, parce que j'ai peur que des femmes ne meurent inutilement d'un cancer du sein parce qu'on ne tient pas compte de ou que l'on n'accorde pas de fonds suffisants à d'autres programmes, dont les propositions profitent pourtant d'un bon appui empirique[71].

Cartwright rejette donc les deux rôles de l'ordre légal que Kant tenait pour fondamentaux: pour lui, les lois sont d'abord *constitutives* de l'expérience, dans la mesure où elles la rendent possible. Certes, toutes les lois ne sont pas synthétiques *a priori;* Kant fait place à des lois empiriques que la recherche scientifique ne peut établir qu'*a posteriori*[72]. Mais la catégorie de la substance et le principe de causalité sont présupposés dans toute expérience. Kant évoque en particulier un monde chaotique où les sensations ne se laissent pas organiser dans un système cohérent; dans un tel monde, la science est impossible[73]. Ensuite Kant considère que l'universalité des lois est une des idées de la raison auxquelles ne correspond aucun concept empirique. L'unité de la description légale de la nature sert plutôt de principe régulateur qui guide la recherche scientifique[74]. De cette manière, la recherche de la théorie unifiée doit toujours constituer le but

71 *Ibid.*, p. 18.

72 *Critique de la raison pure*, 1787^2, «Analytique transcendantale», chap. II «De la déduction des concepts purs de l'entendement», 2e section, § 26, trad. J. BARNI, 1987, p. 173; *Critique de la faculté de juger*, 1790, Introduction V, trad. A. RENAUT, 1995, p. 162; *cf.* Michel BITBOL, «Les lois de la nature: contingence ou nécessité», *Cahiers de Philosophie du Langage* IV, 2000, p. 108.

73 *Critique de la faculté de juger*, Première Introduction IV, pp. 99-101.

74 BITBOL, pp. 109, 113-115.

ultime de la méthode scientifique – fût-ce en tant qu'idéal jamais atteint, car «tenir une idée de la raison pour un principe constitutif, plutôt que pour un simple principe heuristique dans le processus de la recherche, cela reviendrait à commettre, d'un point de vue kantien, l'erreur fondatrice de la métaphysique dogmatique[75].» Sans réifier l'ordre légal universel, la démarche kantienne lui confère un rôle dynamique dans l'élaboration de la science.

Bien que Kant ait élaboré son analyse dans le cadre de la science newtonienne, les révolutions qui ont eu lieu en physique au début du vingtième siècle n'ont pas rendu obsolète la démarche transcendantale. Par exemple, on peut l'adapter pour éclairer la mécanique quantique. Les objets quantiques ne satisfont pas la catégorie de substance et le principe de causalité, tels que Kant les envisagea, mais ils manifestent toujours assez de structures pour répondre à des notions adaptées qui, elles, sont compatibles avec la théorie quantique[76]. La science classique, certes, n'est pas possible dans un monde décrit par la mécanique quantique; mais cela ne rend pas *toute* science impossible. Il faut alors se demander si le monde pommelé contient suffisamment de structure pour répondre non pas à telle ou telle théorie scientifique (fût-elle classique, quantique ou encore d'une autre sorte), mais pour permettre une pratique qui n'est pas trop éloignée de *notre* science (ou plutôt de nos sciences). Car c'est dans l'optique d'éclairer la science actuelle que Cartwright dépeint le monde comme pommelé.

5. Les capacités structurant le monde pommelé

Quand on se demande si le monde pommelé permet la pratique de la science, on doit avant tout se rendre compte que Cartwright dessine une image du monde très éloignée d'un chaos sans structure, contrairement à

75 BITBOL, p. 115, n. 53, en s'appuyant sur *Critique de la raison pure* A664, *Œuvres philosophiques* I, Pléiade-Gallimard, p. 1263.

76 Michel BITBOL, «*Some steps towards a transcendental deduction of quantum mechanics*», *Philosophia Naturalis* XXXV, 1998, pp. 253-280; Peter MITTELSTAEDT, *Philosophische Probleme der modernen Physik*, 1989, pp. 127-171. Pour l'application d'arguments transcendantaux à la relativité restreinte, *cf. ibid.*, pp. 17-28.

ce qu'on pourrait penser en entendant pour la première fois la métaphore du monde pommelé. Pour commencer, elle repousse une vision du monde holiste, où chaque effet produit dépend de l'ensemble du monde. Dans un tel univers, des lois causales peuvent exister; mais on ne pourrait pas les découvrir par les procédés expérimentaux habituels. Car l'art de l'expérimentation consiste justement à éliminer, autant que possible, les interférences avec l'environnement, à isoler certaines causes pour en étudier les effets. Mais «si les événements que nous étudions s'emboîtent et que les changements dépendent de la structure d'ensemble plutôt que de la disposition des pièces, nous avons des chances de faire complètement fausse route en considérant des morceaux de cas particuliers[77].»

En opposition à une telle vision holiste, Cartwright propose un monde «atomiste», où il est possible d'isoler des relations causales individuelles[78]. Bien plus, ces causes atomistes sont porteuses d'une certaine structure, qui permet de leur attribuer des «capacités» – notion clé pour comprendre comment elle envisage l'ordre naturel; car elle accepte «la puissance unificatrice des principes» en science, sous condition de les construire comme des «affirmations sur des capacités»[79].

Il n'est pas facile de trouver une définition précise de cette notion dans les écrits de Cartwright; elle préfère bien souvent les métaphores évocatrices et les exemples frappants aux définitions pointilleuses et arguments élaborés. Dans *Les capacités de la nature et leur mesure*, elle introduit la notion de capacité par rapport aux affirmations causales générales. Elle utilise comme exemple l'affirmation: «l'aspirine soulage les maux de tête», dont elle propose la reformulation: «l'aspirine – parce qu'elle est de l'aspirine – peut guérir le mal de tête[80].» La propriété générale «être de l'aspirine» est porteuse de la capacité «peut guérir le mal de tête». Cartwright ne souhaite pas se prononcer sur la question de savoir

77 *The dappled world*, p. 29.

78 *Ibid.*, p. 31; *Nature's capacities...*, p. 157. Cartwright ne partage pas les scrupules des (néo-)humiens qui considèrent que le concept de cause n'est pas accessible empiriquement (*How the laws of physics lie*, pp. 21s, 29). Alors qu'elle ne s'intéressait au départ qu'aux lois causales générales, elle en est venue par la suite à favoriser la causation dans des situations singulières, comme l'indique le titre «Singular causes first» d'un chapitre de son *Nature's capacities...*, pp. 91-140.

79 *The dappled world*, p. 52.

80 *Nature's capacities...*, p. 141.

comment passer de ces capacités générales à l'attribution d'une capacité à un particulier. C'est un «sujet très complexe. [...] Je n'aurai rien à [en] dire[81].»

Il suffit de se souvenir de la longue histoire des débats autour du rapport entre l'universel et le particulier, pour s'accorder avec le jugement de Cartwright qu'il s'agit d'un sujet fort complexe. Il est néanmoins décevant qu'elle n'aborde pas franchement les difficultés dans la mesure où sa compréhension des capacités n'y échappe pas. Elle semble avoir à l'esprit un universel («être de l'aspirine»), porteur d'un autre universel («peut guérir le mal de tête»). Comment une «disciple de Duns Scot», qui «privilégie le particulier par rapport à l'universel et ce qui est relevé par rapport à ce qui reste sur une surface gigantesque[82]», peut proposer une telle idée, n'est sans doute qu'un endroit où les écrits de Cartwright échappent à la systématisation. Dans la plupart des contextes qui lui permettent de tirer profit de la notion de capacité, on a, en fait, l'impression qu'il s'agit de propriétés de particuliers, même si le type de ces particuliers reste dans l'ombre: s'agit-il d'objets, d'états de choses, de propriétés elles-mêmes? Cartwright reconnaît qu'elle «n'a, malheureusement peut-être, rien d'intéressant à offrir concernant la question [...] ce qu'*est* une propriété, ce qu'*est* une capacité ou ce qu'*est* une loi.» Tant qu'elle ne précise pas davantage dans quel sens (éventuellement pluriel) elle emploie ces mots, il est pourtant malaisé de décider si elle a raison de considérer que ses vues au sujet de l'ordre naturel «devraient s'accorder avec une variété de réponses différentes à ces questions métaphysiques[83].»

Appelée à définir le terme de capacité dans le cadre d'un manuel d'économie, Cartwright relève trois éléments qui constituent, d'après elle, cette notion: «(1) la potentialité (des capacités décrivent ce qu'un facteur peut faire dans l'abstrait et non ce qui se passe effectivement dans la réalité empirique plénière); (2) la causalité (des affirmations sur des capacités ne sont pas des affirmations sur des associations, mais sur les résultats qu'un facteur peut *produire*); et (3) la stabilité (la faculté de produire l'effet en question doit persister malgré certains changements de circonstances)[84].»

81 *Ibid.*

82 *The dappled world*, p. 104.

83 «Reply», dans «Symposium on *The dappled world*», p. 272.

84 «Capacities», dans *The handbook of economic methodology*, sous dir. J. B. DAVIS, D. W. HANDS, U. MÄKI, 1998, p. 45.

Les trois composantes qu'elle indique, contribuent, certes, à éclaircir le sens dans lequel Cartwright emploie l'expression, mais elles ne peuvent remplacer une définition épistémologiquement rigoureuse. En particulier, on est perplexe devant son constat que les capacités ne participent pas de «la réalité empirique plénière», alors qu'elle insiste habituellement sur l'accès empirique que nous avons à de tels concepts dispositionnels.

On peut rapprocher le troisième élément de la définition, la «stabilité», d'un autre terme que Cartwright a utilisé, dans *Les capacités de la nature et leur mesure*, pour éclairer le propre des capacités: John Dupré avait introduit l'expression «unanimité contextuelle»[85]; c'est-à-dire la capacité désigne l'élément invariant du pouvoir causal, elle se rapporte à ce qui ne dépend pas du contexte d'action:

> Si jamais les [causes] *C* réussissent à causer les [effets] *E* (par le seul mérite d'être *C*), c'est sans doute parce qu'elles ont la capacité d'agir ainsi. Cette capacité est quelque chose dont on peut s'attendre à ce qu'elles le véhiculent avec elles de situation en situation. Ainsi, si la probabilité s'agrandit dans une situation d'essai, rendant par là témoignage de la capacité, il en ira de même dans toutes les autres situations[86].

Cette proposition est intuitivement plausible, mais Cartwright ne précise pas comment il faut envisager le lien entre l'«unanimité contextuelle» et les capacités. Elle se contente de dire que «croire en l'unanimité contextuelle, c'est croire aux capacités ou, du moins c'est faire un bon bout de chemin en direction de cette conviction[87]», bien qu'elle reconnaisse que «les capacités ne se réduisent pas à la seule unanimité contextuelle[88]».

Cartwright n'ignore pas comment tous ceux qui tirent inspiration de la tradition empiriste réagissent à son introduction des capacités: ils leur reprochent d'être inaccessibles à l'observation, de sorte qu'elles ne fournissent que des pseudo-explications. Mais Cartwright considère que cette objection est sans fondement, au moins pour qui ne pense plus dans les catégories des empiristes du dix-septième siècle. Elle se fait l'avocate de «l'empirisme de la pratique [...]; l'empirisme qui exige que l'on mesure toute quantité et que l'on vérifie toute déclaration», et elle considère que

85 *Nature's capacities...*, p. 143.
86 *Ibid.*, p. 145.
87 *Ibid.*
88 *Ibid.*, p. 146.

«les causes et les capacités sont aussi empiriques dans ce sens qu'il est possible de l'être[89].» Elle invoque en particulier le fait que les capacités font partie de la description préscientifique du monde: «Mon expérience concerne des gens, des maisons, des pincements, de l'aspirine, tout ce que je comprends, pour une large part, en termes de capacités. [...] Un monde avec exactement les mêmes propriétés sensibles que le nôtre serait déjà un monde doté de capacités[90].»

Plutôt que de parler de dispositions ou de pouvoirs causaux, Cartwright choisit le terme «capacité» parce que «d'autres l'emploient plus rarement, de sorte qu'il est chargé de moins de présuppositions[91].» Bien qu'elle ne cherche pas à distinguer, de façon nette, entre ces différentes expressions[92], elle souligne que ses capacités diffèrent d'une conception courante de la disposition, qui lie celle-ci à une seule manifestation, alors qu'une capacité «donne lieu à des comportements très divers». D'après une distinction établie par Gilbert Ryle, les capacités sont «hautement génériques» ou «déterminables», les dispositions «hautement spécifiques» ou «déterminées». Le travail d'un boulanger sert d'illustration pour une disposition, et celui d'un épicier pour une capacité: le premier a une activité bien délimitée, alors que le deuxième vend du sucre, pèse du thé, enveloppe du beurre, etc. De même, «pour une grande part, la théorie scientifique moderne concerne les capacités, capacités qui peuvent avoir des manifestations infinies de variétés diverses elles-mêmes infinies[93].»

On peut s'attendre à ce que les boulangers protestent contre une telle présentation de leur métier. En fait, le choix des illustrations s'inspire du fait que l'anglais a un seul verbe pour décrire l'activité du boulanger

89 *Ibid.*, p. 167.

90 *The dappled world*, pp. 69s; *cf.* «Reply», dans «Symposium on *The dappled world*», p. 272.

91 «Reply», p. 272, n. 3; *cf.* N. Cartwright, «D'où viennent les lois de la nature?», dans *La Régularité: habitude, disposition et savoir-faire dans l'explication de l'action*, sous dir. C. Chauviré, A. Ogien, 2002, p. 86.

92 Elle s'efforce de cerner de près leur sens respectif, sans aboutir à des résultats tranchés, dans «En quoi une capacité est-elle une disposition?», dans *Causes, pouvoirs, dispositions en philosophie: le retour des vertus dormitives*, sous dir. B. Gnassounou, M. Kistler, 2005, chap. 6.

93 *The dappled world*, p. 64.

(*a baker bakes*), alors qu'il n'en a pas pour l'épicier (*a grocer*). Mais déjà en français, langue pourtant proche de l'anglais, cette différence disparaît, et il ne faudrait pas attribuer la faute aux boulangers anglophones, moins inventifs que leurs confrères francophones qui, eux, pétrissent la pâte, mettent le four à chauffer, forment le pain, réfléchissent sur une nouvelle recette… – et seraient certainement fâchés si on leur attribuait une activité moins variée qu'aux épiciers.

Quand on constate que l'analogie proposée ne tient pas la route, on commence à se demander si la distinction que Cartwright veut établir entre capacité et disposition n'est pas purement rhétorique. N'oublions pas que les caractéristiques qu'elle attribue aux capacités, en opposition aux dispositions, – «ouverture d'esprit» et «invention»[94] – constituent certainement des valeurs en vogue dans la culture ambiante, qui néglige d'autres normes, plus traditionnelles. L'exemple physique qu'elle donne pour illustrer cette prétendue «ouverture d'esprit» n'aide pas non plus à rendre plus claires ces vertus. Elle propose une situation dans laquelle la répulsion électrique entre deux particules de la même charge les amène à s'approcher l'une de l'autre[95]. Ce résultat est assurément surprenant; il est pourtant loin de prouver que les capacités «peuvent avoir des manifestations infinies de variétés diverses elles-mêmes infinies». Tout d'abord, il s'agit bien de mouvement (même si sa direction est contraire à ce qu'on pourrait attendre), ce qui est une manifestation bien précise: la particule ne se désintègre pas, pas plus que sa charge électrique ne change – pour ne nommer que deux effets que la force de Coulomb ne peut pas produire. Ensuite et surtout, ce résultat au premier abord surprenant se comprend parfaitement par la superposition de deux forces: dans l'expérience de pensée, il s'ajoute un champ magnétique à la force de Coulomb. En fait, la situation est construite de telle sorte que la répulsion de Coulomb met les particules en mouvement opposé; une des deux particules entre dans un champ magnétique dont la direction et la force sont choisies de telle sorte que sa trajectoire est infléchie et qu'elle est

94 Dans le titre d'une sous-section, *ibid.*, p. 59.
95 Exemple construit par Towfic Shomar, *ibid.*, p. 60.

amenée près de la deuxième particule. L'expérience se laisse parfaitement décrire en termes de mouvement et de forces; rien n'oblige à y introduire des capacités «ouvertes» et «inventives»[96].

Les imprécisions dans l'emploi des capacités chez Cartwright ne doivent pas nous empêcher de saisir le rôle crucial qu'elle leur accorde pour expliquer l'ordre que nous constatons dans certaines circonstances. Alors que l'image standard se réfère aux lois de la nature pour expliquer les phénomènes naturels, elle pense que les lois ne sont en vigueur que dans certaines situations particulièrement heureuses. Dans ces cas privilégiés, les lois renvoient à une structure plus profonde, à savoir les capacités. Cartwright appelle les situations qui donnent lieu à des lois des «machines nomologiques». Elles consistent dans «un arrangement (suffisamment) déterminé de composantes ou de facteurs, avec des capacités (suffisamment) stables qui, dans la bonne catégorie d'environnement (suffisamment) stable, par le biais d'une opération répétée, permet d'aboutir à la sorte de comportement régulier que nous représentons dans nos lois scientifiques[97].»

Certaines machines nomologiques se produisent naturellement, comme le mouvement des planètes décrit (approximativement) par les lois de Kepler; mais la plupart du temps il faut un savoir-faire raffiné pour élaborer des conditions expérimentales favorables aux lois: «Il arrive parfois que l'arrangement des composantes et le contexte permettent à une loi de se produire naturellement, comme c'est le cas pour le système planétaire; mais le plus souvent, c'est nous qui les mettons en œuvre, comme dans une expérience de laboratoire[98].»

Cartwright est convaincue qu'aucune loi ne peut exister sans machine nomologique pour la produire[99], ce qui paraît grotesque, au premier abord. Mais l'affirmation s'éclaire parfaitement si on se rappelle que pour

96 Dans *Nature's capacities...*, p. 226, Cartwright signale une autre distinction: les capacités constituent un sous-groupe des tendances. Elle les identifie aux tendances causales: elles sont des «tendances à causer ou à produire quelque chose», alors qu'il existe aussi des «tendances à se comporter d'une certaine manière, à avoir une certaine relation déterminée à d'autres propriétés, à évoluer d'une manière spécifique». Cette distinction semble avoir disparu dans *The dappled world* (p. ex. pp. 64, 82).

97 *The dappled world*, p. 50. Pour un résumé de sa conception des machines nomologiques, *cf.* également «D'où viennent les lois de la nature?», pp. 77-93.

98 *The dappled world*, p. 49.

99 *Ibid.*, p. 49; *cf.* p. 52.

Cartwright, une loi décrit une régularité au niveau des phénomènes observables ou mesurables. Il ne faut pas s'attendre à voir une telle régularité dans des situations trop complexes; même ceux qui pensent qu'un petit nombre de lois fondamentales ordonnent parfaitement le monde peuvent accepter que seules des situations bien choisies donnent lieu à de telles régularités. La plupart des contextes impliquent trop d'entités pour que leur interaction manifeste une structure simple. Ainsi aucun philosophe de la nature mécaniste n'a besoin de repousser l'affirmation de Cartwright d'après laquelle il faut des machines nomologiques pour produire des lois, si seulement on donne au terme de loi le sens qu'elle lui prête.

6. Le dossier de défense en faveur des capacités

Cartwright invoque plusieurs arguments pour montrer que la description en termes de capacités est supérieure à la description en termes de lois[100]. De nouveau, la force des arguments donnés dépend à la fois de la notion de loi qu'elle utilise et de la vision plus large du monde que décrit la métaphore du monde pommelé.

a) Utilisées dans le langage scientifique

Une première stratégie que Cartwright déploie à l'encontre de ceux qui veulent bannir les capacités du langage scientifique consiste à montrer qu'eux-mêmes n'arrivent pas à s'en passer. Elle souligne que les axiomes de Newton – lois paradigmatiques aux yeux de bien des adeptes du programme mécaniste – n'emploient pas seulement des propriétés qu'elle tient pour effectives (la masse, la distance et la vitesse), mais aussi le

100 Un autre argument ne joue pas de rôle important chez Cartwright, peut-être en lien avec sa conviction que la mécanique quantique n'est pas *la* théorie scientifique fondamentale: le caractère probabiliste de la théorie des quanta. *Cf.* le concept de *potentia* chez Werner HEISENBERG (*Physique et philosophie: la science moderne en révolution*, 1959, trad. J. HADAMARD, 1971, chap. IX; *cf.* Michael J. CARELLA, «Heisenberg's concept of matter as potency», *Diogenes* XCVI, 1976, pp. 25-37) et les propensions chez Karl Popper («A world of propensities: two new views of causality», 1988, *A world of propensities*, 1990, pp. 1-26).

concept de force. Elle considère que le terme est «un terme abstrait [...] qui décrit la capacité d'un corps à rapprocher de lui-même un autre corps[101].» On pourrait, bien entendu, mettre en cause l'inférence du langage à l'ontologie. Mais Cartwright peut s'accorder avec cette objection. Ce qui l'intéresse d'abord, ce sont les ressources conceptuelles dont on a besoin pour comprendre la (les) méthode(s) scientifique(s), et on ne peut nier le fait que le concept de force est bien établi dans plusieurs branches scientifiques.

Il reste pourtant le problème que les propriétés occultes des uns sont les propriétés manifestes des autres. Nous avons vu, par exemple, que David Lewis accepte la grandeur d'un champ (servant à calculer la force) parmi les concepts permis pour la formulation des lois, tous non dispositionnels pour lui, semble-t-il[102]. Tous ne classifient donc pas la force parmi les dispositions; car pourquoi la définir comme «la capacité d'un corps à rapprocher de lui-même un autre corps»? La majorité des physiciens sera sans doute réaliste à l'égard des forces, sans pour autant accepter d'autres concepts, clairement dispositionnels, que Cartwright souhaite introduire (comme la capacité de «guérir le mal de tête»). En revanche, on pourrait se demander s'il est juste de classer la masse parmi les propriétés effectives; car comment connaître la masse d'un objet autrement que par certains effets qui ne sont pas manifestes en continu[103]?

Au-delà des difficultés définitionnelles, il faut reconnaître que le recours aux forces constitue un argument en faveur des concepts dispositionnels. Il ne faut pas oublier que leur introduction en mécanique classique, à la suite de Newton, s'opposait clairement au rejet des formes substantielles dans la nouvelle science. «La nouvelle théorie [de la gravitation] semblait être tout autant à l'opposé du point de vue mécaniste de la nature comme ç'aurait été le cas si Newton avait déclaré que le soleil génère dans les planètes une qualité qui leur fait décrire des ellipses[104].» C'est une des ironies de l'histoire que le terme de «mécanique» en soit venu à désigner des explications en termes de matière et de forces, alors

101 *The dappled world*, p. 52.

102 Lewis, *On the plurality of worlds*, p. 14, commenté p. 156 ci-dessus.

103 Rom Harré, lors d'une conférence au CRÉA (Paris) le 7 décembre 2001, a souligné la difficulté analogue à traiter la charge électrique comme une propriété manifeste.

104 Dijksterhuis, p. 479.

que les inventeurs de la science mécanique cherchaient à bannir les qualités occultes, telles que la «sympathie» entre particules, pourtant bien proche d'une certaine compréhension des forces dans la physique newtonienne[105].

En même temps, une lecture réaliste des forces ne va pas sans présenter des difficultés. Le cas assurément le plus favorable est celui d'un monde entièrement décrit par la mécanique classique. Et même là, une telle approche se trouve confrontée à la multiplicité des versions équivalentes: la formulation de Newton, de Lagrange, de Hamilton et celle qui emploie les principes minimaux. Ces versions sont logiquement équivalentes; mais les «mondes» qu'elles proposent, si on les prend au pied de la lettre, sont habités d'entités assez différentes. Le concept de force ne vit que dans l'univers newtonien, bien qu'il ait des cousins plus ou moins proches dans les autres univers.

Sous le titre «Fables et modèles», Cartwright propose une approche qui pourrait faire justice à ce constat. Elle affirme que le concept de force est abstrait, et donc, contrairement à des concepts concrets, toujours lié à une réalisation particulière. Elle utilise comme exemple d'un concept concret la couleur rouge: «L'étable est *rouge*. C'est ainsi que je l'ai peinte. Elle n'aurait pas pu être rouge sauf en raison de quelque procédé causal tel que celui-ci. Pourtant, cette couleur se trouve au-dessus et au-delà de toutes les propriétés et de tous les procédés qui sont responsables de sa manifestation[106].» De plus, des choses rouges se ressemblent dans «un sens naturel». En revanche, le travail est un concept abstrait: faire la vaisselle, parler à son chef et écrire un rapport ne présentent pas les mêmes similitudes; le travail que ces activités constituent n'existe pas indépendamment, ou au-delà d'elles. De même, «la *force* […] s'appuie toujours sur des descriptions plus concrètes, […] celles qui utilisent les concepts mécaniques traditionnels, tels que la *position*, l'*extension*, le *mouvement* et la *masse*. Dès lors, la *force* […] qui est abstraite […] ne peut exister que dans des modèles mécaniques particuliers[107].» Peut-être cette approche résout-elle la difficulté que posent les différentes formulations de la mécanique classique.

105 *Ibid.*, p. 490.

106 *The dappled world*, p. 45. Pour une autre présentation de la distinction entre abstrait et concret: N. CARTWRIGHT, «Against the completability of science», dans *The proper ambition of science*, sous dir. M. W. F. STONE, J. WOLFF, 2000, pp. 216-218.

107 *The dappled world*, pp. 45s.

Mais le raisonnement emploie une version rudimentaire d'anti-nominalisme. Pire encore, la suggestion que la force survient aux propriétés mécaniques, telles que l'extension et le mouvement, surprend dans la bouche de quelqu'un qui cherche à répudier le programme mécaniste du dix-septième siècle. Sans élaboration supplémentaire, la proposition de Cartwright pose donc plus de problèmes qu'elle ne permet d'en résoudre[108].

b) A la base de l'approche inductive

Les arguments sont bien connus, qui montrent que la vision naïve de l'induction ne reflète pas la pratique expérimentale employée en science. Le savant ne collectionne pas patiemment des données en variant tous les paramètres possibles, sans préjugés théoriques quelconques. Bien que tous ne suivent pas Popper quand il rejette l'induction hors de la pratique scientifique, ses arguments contre l'induction cumulative comme procédé scientifique type sont trop forts pour être écartés. Cartwright voit dans l'appel aux capacités la clé qui permet de comprendre l'inférence des résultats expérimentaux aux théories scientifiques.

Les capacités interviennent d'abord dans le cas où une seule expérience est considérée suffisante pour établir un résultat: il suffit en effet de mesurer la charge et la masse d'un électron, pour les connaître de tous les autres. C'est peut-être une revanche tardive des natures aristotéliciennes que de constater qu'en physique microscopique les particules viennent en classes naturelles. Une fois leur description élaborée, leur comportement est fixé. Notre pratique expérimentale reflète une «assomption essentialiste: la charge ou la masse d'une particule fondamentale n'est pas une quantité variable mais la caractéristique de la particule tant qu'elle demeure la particule qu'elle est[109].»

Ensuite, Cartwright tient le concept de nature nécessaire pour comprendre la notion même de répétition d'une expérience, notion essentielle pour toute méthodologie scientifique qui inclut, d'une manière ou d'une autre, l'induction. Car il n'est jamais possible, dans la pratique, de répéter une expérience à l'identique. Il faut avoir une idée des facteurs pertinents

108 *Cf.* la critique de sa distinction entre le concret et l'abstrait dans TELLER, pp. 705-709.

109 *The dappled world*, p. 85.

qu'il s'agit de maintenir quand on répète une expérience. La communication des résultats expérimentaux présuppose ce même savoir; car on ne peut jamais donner une description exhaustive de la situation expérimentale. Sans une telle connaissance en arrière-plan, il est impossible de formuler la loi exprimant la régularité à laquelle l'expérience répétée donne lieu (Cartwright parle ici de «généralisation de faible niveau»)[110]. D'après elle, ce savoir théorique préliminaire est un savoir sur la nature des objets impliqués: «Nous avons besoin d'une notion de nature [...] pour déduire des résultats de l'expérimentation une loi générale qui décrive ce qui arrive dans cette situation expérimentale précise chaque fois que l'on répète l'expérience[111].» Encore bien plus faut-il ce savoir pour extrapoler d'une expérience à une autre; car, dans l'image que Cartwright propose, les capacités constituent justement l'élément invariant qui permet de relier différents contextes expérimentaux[112].

c) *Indispensables pour comprendre des lois* ceteris paribus

Le rôle d'invariant qu'assument les capacités revient d'une manière cruciale dans les deux arguments suivants. Le premier argument concerne des lois qui ne valent que *ceteris paribus*, «toute chose égale par ailleurs». C'est peut-être l'argument qui a convaincu le plus de personnes de l'utilité des dispositions[113]. Il revient fréquemment sous la plume de Cartwright, bien qu'elle souligne qu'il n'est pas essentiel à son raisonnement:

> Finalement, aborder le problème en traitant des conditions *ceteris paribus* [...] n'est pas la bonne solution. Je les ai utilisées uniquement comme une sorte d'échelle pour me hisser hors du programme de modalisation, échelle destinée à être abandonnée [...]. Il faut les introduire tant que l'on ne réussit pas à se défaire de projets qui cherchent à éliminer la causalité et les capacités, par la réduction ou la modalisation. Mais

110 *Ibid.*, pp. 89s.

111 *Ibid.*, p. 90.

112 *Ibid., Nature's capacities...*, pp. 143-146.

113 Par exemple Alan F. CHALMERS, «So the laws of physics needn't lie», *Australasian Journal of Philosophy* LXXI, 1993, pp. 196-205; Andreas HÜTTEMANN, «Laws and dispositions», *Philosophy of Science* LXV, 1998, pp. 121-135; Peter LIPTON, «All else being equal», *Philosophy* LXXIV, 1999, pp. 155-168; James WOODWARD, «Realism about laws», *Erkenntnis* XXXVI, 1992, pp. 181-218.

> je plaide pour qu'on abandonne complètement un tel programme [...] et que l'on accepte le fait que ces capacités et ces relations causales sont des objets réels dans la nature[114].

Nous avons déjà rencontré le problème que posent les lois ne valant que *ceteris paribus* dans notre étude de David Armstrong[115]. Quand on commence à réfléchir à la diversité des facteurs perturbateurs négligés dans la formulation de ces lois, on se rend compte qu'il est impossible d'en dresser la liste complète. Il est alors difficile de préciser comment «Toutes les *F* sont *G ceteris paribus*» se distingue de «Toutes les *F* sont *G*, sauf dans les cas où *F* n'est pas *G*» – ce qui n'est guère une affirmation éclairante! Si, en revanche, on considère que les lois parlent seulement d'objets et de situations idéalisés, les raisons pour lesquelles les lois de la science permettent d'orienter notre action dans la vie réelle, deviennent mystérieuses.

Le concept de disposition offre une issue de ce dilemme: la loi gravitationnelle concerne la disposition de la balle à tomber par terre, la disposition étant présente même dans les situations où d'autres facteurs perturbent ou empêchent l'effet du champ gravitationnel de la terre. Telle est la stratégie qu'adopte Cartwright. Elle cite, en l'approuvant, la façon dont Mill perçoit le problème des lois *ceteris paribus:* elles ne s'appliquent pas seulement à la situation où toute chose est égale par ailleurs (comme leur formulation pourrait le laisser croire), mais précisément aux situations, dans lesquelles ce n'est *pas* le cas. Il convient alors d'exprimer le contenu des lois en termes dispositionnels: «On pourrait, à la vérité, sauvegarder l'expression [...] en disant que le corps se meut ainsi s'il n'en est pas empêché, par quelque cause contraire. Mais le corps se meut de cette manière, non point seulement quand il n'est pas contrarié; il *tend* à se mouvoir ainsi, même quand il est contrarié[116].»

Dans cette ligne de pensée, Cartwright considère que «le langage plus ancien des natures» est la solution appropriée au problème que posent les lois *ceteris paribus:*

114 *Nature's capacities...*, pp. 169s.

115 *Cf.* pp. 92-95 ci-dessus.

116 John Stuart MILL, *Système de logique déductive et inductive*, 1866, livre III, chap. X, § 5, p. 499 (cité dans *Nature's capacities...*, p. 177). Descartes avait déjà employé l'expression «tendance» dans ce contexte (Amos FUNKENSTEIN, *Théologie et imagination scientifique: du Moyen Âge au XVIIe siècle*, 1995, p. 83).

> C'est dans la nature d'une force que de produire une accélération de la taille requise. Cela signifie que, *ceteris paribus*, elle produira cette accélération. Mais même quand d'autres causes sont à l'œuvre, elle «essaiera» de faire ainsi. [...] Attribuer un comportement à la nature d'une caractéristique, c'est proclamer que ce comportement est exportable au-delà des limites étroites des conditions *ceteris partibus*, bien qu'habituellement seulement sous forme d'une «tendance» ou d'un «essai»[117].

En plus de la constance d'une telle tendance à agir, que le concept de capacité permet d'exprimer, Cartwright le voit intervenir à un autre niveau, sans doute encore plus fondamental: la condition *ceteris paribus* demande elle-même le recours aux capacités, car cette condition se réfère de manière prépondérante aux interactions causales qui sont, d'après Cartwright, des «interactions de *capacités* causales[118]». Cette observation doit encore renforcer notre confiance dans des capacités comme étant «des objets réels dans la nature[119]».

d) A la base de l'idéalisation galiléenne

Le problème des lois *ceteris paribus* est très proche de la compréhension que propose Cartwright de l'idéalisation «galiléenne». Elle suit Amos Funkenstein qui regarde comme un des éléments révolutionnaires dans la méthodologie de Galilée, sa compréhension nouvelle du rapport entre l'idéal et le réel:

> Des conditions fictives avaient été imaginées au Moyen Âge, quelquefois, [...] à titre de cas limites. Mais on n'avait jamais pensé qu'elles pussent être commensurables avec aucune des conditions réelles à partir desquelles on les avait extrapolées. Aucun nombre, aucune grandeur ne pouvaient leur être assignés, quand bien même les hommes de science auraient surmonté les réticences à mesurer qu'ils avaient, persuadés qu'ils étaient que nulle mesure n'était d'une précision absolue. Pour Galilée, au contraire, le cas limite, même lorsqu'il ne décrivait pas la réalité, était l'élément constitutif de son explication[120].

117 *The dappled world*, pp. 28s.

118 *Nature's capacities...*, p. 164.

119 *Ibid.*, p. 170.

120 FUNKENSTEIN, p. 201; Cartwright y renvoie dans *Nature's capacities...*, p. 189. Sur l'idéalisation chez Galilée, *cf.* Ernan MCMULLIN, «Galilean idealization», *Studies in History and Philosophy of Science* XVI, 1985, pp. 247-273 (pp. 271-273, concernant Cartwright).

Mais comment comprendre que la situation idéale éclaire la situation réelle et qu'elle le fait d'une manière privilégiée? «Les circonstances idéales ne sont que des circonstances parmi tant d'autres, avec pour inconvénient particulier et caractéristique qu'il est difficile pour nous de savoir ce qui s'y passe[121]», puisque nous n'y avons aucun accès expérimental direct. L'énigme s'éclaircit si nous appliquons la logique des capacités: une situation idéale est justement cette situation d'où est absent tout facteur perturbateur qui pourrait empêcher une capacité de se manifester:

> *Quand toutes les autres perturbations sont absentes, le facteur manifeste son pouvoir de façon explicite à travers son comportement.* Quand rien d'autre n'intervient, on peut voir quelles sont les tendances d'un facteur en observant ce qu'il fait. Cela nous montre ce qui arrivera dans des circonstances différentes, mélangées – mais dans le seul cas où nous admettons que le facteur a une capacité déterminée qu'il véhicule avec lui de situation en situation[122].

La situation idéale est justement idéale dans le sens où elle permet à la capacité de se manifester directement dans ce qui se produit; ce qui n'était que dispositionnel devient actuel (au moins sous forme contrefactuelle). Les circonstances idéales nous donnent ainsi un accès épistémique privilégié aux capacités.

7. Quelques difficultés

Le dossier que Cartwright avance en faveur des capacités n'est pas dépourvu de force. Ce n'est assurément pas le fruit du hasard si des auteurs très divers en sont venus ces dernières années à remettre à l'honneur des notions similaires. Pourtant, la (ré-)introduction de catégories dispositionnelles dans la méthodologie scientifique pose des difficultés spécifiques qu'il faut aborder franchement.

121 *Nature's capacities…*, p. 190.
122 *Ibid.*, p. 191. *Cf. The dappled world*, p. 84.

a) L'inflation ontologique

Celui qui accepte des dispositions, à côté de concepts catégoriques, augmente le nombre d'entités admises comme basiques. Cela facilite la description et l'explication des phénomènes; mais c'était justement contre des explications vraies, mais triviales, du style de la «virtus dormitiva», que s'élevèrent les avocats de la nouvelle science au dix-septième siècle. Que des concepts dispositionnels soient courants dans le langage quotidien n'est pas un argument suffisant pour en justifier l'usage en science. Celle-ci vise une plus grande économie dans les entités qu'elle admet dans ses explications, pour éclairer la structure du monde mieux que n'y parviennent nos constructions préscientifiques. Il est des sciences où la plupart admettent aujourd'hui que les concepts dispositionnels sont indispensables et ne peuvent être réduits aux concepts catégoriques; à ce propos, il suffit de se rappeler le triste sort du béhaviorisme en psychologie. Les dispositions, tendances et désirs, sont trop caractéristiques des humains (et probablement des animaux), pour qu'un tel programme réductionniste paraisse prometteur[123]. Mais est-il opportun d'élargir ces notions à l'ensemble de la nature, y compris aux objets inanimés? Quand on refuse de le faire, on n'est pas obligé d'éliminer tout terme dispositionnel de son vocabulaire (scientifique). On considère seulement que toute affirmation impliquant des dispositions se fonde ultimement dans les propriétés catégoriques. Ainsi David Armstrong, qui n'accepte que des entités catégoriques dans son ontologie, affirme néanmoins qu'on peut souvent dire quelque chose de vrai (ou de faux) sur les dispositions et pouvoirs d'un objet, mais «les vérifacteurs ou le fondement ontologique pour des déclarations véridiques de cette sorte, doivent toujours se trouver dans les propriétés réelles, catégoriques des objets concernés[124].»

Il existe une stratégie qui permet d'échapper au rasoir d'Occam tout en acceptant les dispositions comme concepts primitifs: on peut postuler que les propriétés catégoriques surviennent sur des propriétés dispositionnelles et ainsi éliminer les premières de sa base conceptuelle. Mais une telle

123 Ce qui n'empêche pas certains de continuer à le tenter, surtout sous l'impulsion d'un présupposé naturaliste, comme nous l'avons vu faire D. ARMSTRONG (p. ex. *A world of states of affairs*, pp. 79, 254).

124 *What is a law of nature?*, p. 9. *Cf.* sa critique des dispositions, prises comme éléments primitifs d'une ontologie, dans *A world of states of affairs*, pp. 79-84, 254.

approche est-elle crédible? «Compte tenu d'une approche purement dispositionnaliste des propriétés, on dirait que les particuliers sont toujours en train de refaire leurs valises en changeant de propriétés, quoiqu'ils n'entreprennent jamais le voyage qui mène de la potentialité à l'acte[125].»

Il est alors probable que la seule façon d'accorder un droit de passage aux capacités dans la méthodologie scientifique consiste à les accueillir en plus des propriétés catégoriques. La force des arguments qu'invoque Cartwright à l'encontre des lois décidera en grande partie de la question de savoir si une telle stratégie est acceptable. Dans le seul cas où les capacités remplissent un rôle que d'autres notions ne peuvent assumer, il se justifie d'enfler son ontologie.

b) La sous-détermination

La sous-détermination des théories scientifiques par les données expérimentales est une menace bien connue pour toute tentative d'établir un lien entre la structure du monde et, au moins, certains éléments de nos théories scientifiques. Le réalisme concernant les capacités n'est pas seul à rencontrer cette difficulté. Mais il est probable que le problème se voit aggravé du fait qu'on a multiplié les entités auxquelles on accorde une portée ontologique. Prenons l'exemple des formulations équivalentes de la mécanique classique, qui posent déjà, comme nous l'avons vu, un problème pour la lecture réaliste des forces[126]. L'introduction des capacités ne fait qu'aggraver la difficulté: dans la formulation newtonienne, une particule a tendance à tomber à cause de la force gravitationnelle; dans la formulation qui se fonde sur des principes minimaux, elle a tendance à satisfaire un principe téléologique. S'agit-il de la même capacité? Si l'on est tenté de répondre par l'affirmative, c'est sans doute parce que l'on considère que les deux capacités donnent lieu au même mouvement. Mais ce critère d'identité n'est guère convenable si les dispositions sont basiques; car dans ce cas, elles ne se réduisent pas à leur résultat catégorique.

Cartwright discute un autre problème qui surgit quand un opérateur hamiltonien contient plusieurs termes additifs. Au premier abord, il est tentant de considérer que chaque terme exprime séparément une capacité.

125 *A world of states of affairs*, p. 80. *Cf.* Michel BITBOL, *L'aveuglante proximité du réel: anti-réalisme et quasi-réalisme en physique*, 1998, pp. 263s.

126 P. 227 ci-dessus.

Ce cas serait alors analogue à la superposition de forces où, intuitivement, on peut accorder à l'électron la capacité de réagir à la force gravitationnelle, sur la base de sa masse, et celle de suivre la force électromagnétique, sur la base de sa charge. Cartwright suggère un traitement semblable de certains hamiltoniens composés; pour un hamiltonien décrivant, par exemple, une particule dans un champ électrique, «il peut être raisonnable» de considérer le terme de l'énergie cinétique et celui correspondant à l'interaction de Coulomb comme représentant des «mécanismes physiques distincts [...] Mais souvent la distinction en éléments séparables est purement conceptuelle[127].» Quand, par exemple, on traite d'un cristal comme étant la superposition d'un cristal parfait et d'impuretés, «il s'agit purement et simplement d'une division des termes sur le plan de la représentation mathématique, et ce n'est pas l'équivalent d'une séparation des causes en deux mécanismes distincts[128].»

On est certes disposé intuitivement à suivre Cartwright dans l'évaluation des deux exemples d'hamiltoniens qu'elle indique, si du moins on accepte l'idée même de capacités. Mais il reste la question de savoir comment élaborer des critères qui permettent de discriminer entre les cas où les termes en superposition correspondent à des capacités «réelles» et ceux où l'analyse en termes additifs n'est qu'un procédé mathématique. Pour découvrir quelles capacités sont réelles, on pense aisément à la possibilité de varier un terme indépendamment des autres. Hélas, cette solution est fausse; car même dans le cas d'une pure distinction formelle, il est possible de varier les termes individuellement: dans l'exemple de l'hamiltonien décrivant un cristal, il existe des techniques expérimentales pour varier le degré d'impureté. Je n'ai pas trouvé sous la plume de Cartwright de suggestions qui indiqueraient des pistes prometteuses pour décider à quelles capacités accorder un statut réel.

c) La fausseté continue

Certains propos de Cartwright suggèrent que des problèmes dont elle se sert pour critiquer la notion de loi disparaissent dès que l'on accepte des

127 *The dappled world*, p. 192.

128 *Ibid.*, pp. 192s. L'analyse d'un hamiltonien que poursuit HÜTTEMANN, «Laws and dispositions», pp. 121-135, me semble réifier malencontreusement une séparation formelle en dispositions distinctes.

capacités comme ontologiquement primitives. Mais examinée de plus près, l'introduction de capacités ne résout pas certaines des difficultés qu'elle met le plus en avant. En particulier, les capacités n'abolissent pas ce que Cartwright avait désigné par la métaphore du mensonge dans son ouvrage *Comment les lois de la physique mentent:* les lois ne décrivent pas des situations réelles, mais se réfèrent à des situations hautement idéalisées. Ce fait reste inchangé après l'introduction des capacités. Les énoncés théoriques, même formulés en termes de capacités, ne disent rien des capacités de ce stylo ou de cette table, mais emploient des objets idéalisés, comme le point matériel en mécanique classique. L'introduction des capacités ne résout donc pas la difficulté de comprendre comment des affirmations sur des objets idéaux peuvent dire quelque chose de pertinent sur le comportement d'objets réels.

Le même constat s'applique aux lois *ceteris paribus*. L'appel aux capacités ne nous dispense pas de rendre compte des notions d'idéalisation, ou d'approximation. Au moins en ce qui concerne les lois qui s'appliquent à des objets macroscopiques, il s'agit de comprendre non seulement pourquoi certaines idéalisations concernant des circonstances sont permises, mais aussi pourquoi il n'est pas nécessaire de considérer l'objet particulier (la pierre, la feuille, ou la Tour de Pise) dans toute sa complexité, pourquoi il peut être utilement décrit à l'aide de l'idéalisation. La notion de superposition reste également de première importance; car de façon caractéristique, un scientifique ne se contente pas de prendre connaissance d'*une* disposition, mais souhaite décrire un comportement qui résulte de la combinaison de plusieurs dispositions.

Croire que l'appel aux capacités permet de résoudre l'énigme de l'idéalisation me semble venir d'une image trompeuse de la complexité telle qu'elle est présente au moins dans toute situation macroscopique: la complexité ne réside pas seulement dans les circonstances, mais aussi dans l'objet (l'état de choses, propriété...), porteur des capacités. Ainsi c'est une source d'erreur que de parler des causes comme ayant des capacités qu'«elles véhiculent avec elles de situation en situation[129]», ou encore d'un «facteur [auquel] est attachée une capacité déterminée qu'il

129 *Nature's capacities...*, p. 145; cité p. 221 ci-dessus.

véhicule avec lui de situation en situation[130]». Dans une situation macroscopique, il n'y a jamais strictement le même facteur ou la même cause.

Le monde béat des particules élémentaires est sans doute différent; car ici les «objets» viennent en classe naturelle: un électron ne se distingue pas d'un autre, et on peut alors isoler des facteurs qui sont strictement similaires au cours d'une expérience, ou d'une expérience à une autre. Mais rappelons que Cartwright ne veut pas d'une réduction aux seules catégories microscopiques; dans le monde pommelé, chaque situation contient un aspect macroscopique irréductible[131]. Ainsi, toute description scientifique comporte une dimension d'idéalisation – ce que Cartwright accepte de tout cœur. Mais contrairement à ce qu'elle laisse entendre, un aspect important de cette idéalisation résiste à l'élucidation à l'aide des capacités. Le compte rendu qu'elle fait de la méthode scientifique doit faire face sensiblement aux mêmes difficultés qu'elle avance contre la notion de loi. Pour reprendre sa métaphore, les lois formulées à l'aide des capacités (qu'elle accepte[132]) mentent elles aussi.

8. Le monde pommelé au secours des capacités

Quand on se rend compte que beaucoup des difficultés que brandit Cartwright contre la notion de loi disparaissent dès qu'on abandonne une définition trop étroite des lois ou qu'elles resurgissent sous une forme proche pour des théorèmes formulés à l'aide des capacités, on est en droit de se demander si la véritable motivation pour l'introduction des capacités ne se trouve pas ailleurs. Je propose qu'il faut la chercher non dans telle ou telle difficulté du concept de loi (même pas dans leur somme), mais plutôt dans l'image métaphysique dont Cartwright se fait l'avocate: le monde pommelé.

130 *Ibid.*, p. 191; cité p. 232 ci-dessus.

131 *Cf.* p. 204 ci-dessus.

132 Elle les recommande même: «des lois dans la forme que je recommande – c'est-à-dire des lois concernant des natures» (*The dappled world*, p. 87).

Pour comprendre le lien profond qui unit la promotion des capacités à la vision plus large d'un univers désordonné, imaginons un monde correspondant à l'idéal mécaniste du dix-septième siècle[133]: tous les événements dans ce monde proviennent de l'interaction de particules microscopiques, que décrit entièrement un nombre de lois limité dans lesquelles n'interviennent que des propriétés locales. On peut même se montrer plus généreux que ceux qui réintroduisirent l'atomisme de l'Antiquité (sous un nouvel habit), et permettre comme propriétés locales, en plus du lieu, de la vitesse et de la masse, la charge, la couleur du quark ou d'autres propriétés qui se révéleraient nécessaires à la description de l'interaction entre particules. Permettons même des forces, à la condition que leur grandeur varie avec une propriété des particules. Dans un tel monde, la description via des lois est équivalente à la description via des dispositions[134].

La preuve de l'équivalence utilise d'une manière cruciale l'exigence de localité, qu'il n'est pas nécessaire de comprendre dans un sens spatial; on peut admettre l'action à distance. Pourtant, tout effet doit être causé par l'interaction de facteurs causaux individuels. Dans un tel cas, il est possible de remplacer chaque loi par une disposition, dans laquelle cette dernière est définie comme la propriété qui consiste à suivre la loi correspondante (pour les lois régissant une particule) ou à exercer une certaine force sur une autre particule. Dans le sens inverse, il est assuré de façon triviale que la traduction des dispositions en lois est possible, étant donné que le monde «idéal» a été défini en termes de loi et que les dispositions dans ce monde ont été définies à partir des lois. On obtient la loi correspondant à une disposition quand on définit celle-là comme le fait qu'une

133 La discussion qui suit emploie les catégories de la mécanique classique. Il serait intéressant de l'élargir à la mécanique quantique. Je me limite pourtant ici au monde classique, non seulement à cause de sa plus grande simplicité, mais aussi parce que les savants du XVIIe pensaient dans ce cadre et que les arguments de Cartwright en faveur des capacités, ne reposent guère sur les spécificités de la mécanique quantique.

134 *Cf.* comment ARMSTRONG, *A world of states of affairs*, p. 84, traduit en termes légaux, à l'aide de son ontologie des universaux, les concepts dispositionnels de C. B. MARTIN, «Power for realists», dans *Ontology, causality and mind: essays in honour of D.M. Armstrong*, sous dir. J. BACON, K. CAMPBELL, L. REINHARDT, 1993, pp. 175-186.

certaine classe de particules manifeste un certain comportement dans la situation où aucune autre disposition n'interfère avec la disposition choisie.

Si au contraire on part d'un monde défini à l'aide des dispositions, il faut postuler certaines caractéristiques supplémentaires des dispositions pour assurer la traduction en langage légal. Je ne vois pas d'autres exigences nécessaires que leur superposition additive (de toute manière nécessaire pour une description mathématique) et leur nombre fini; si le monde est peuplé d'un nombre infini d'objets, cela implique qu'il y a des classes de particules ayant en commun la même disposition. Dans une telle situation, la condition *ceteris paribus*, potentiellement menaçante pour le projet de traduction des dispositions en lois, ne pose pas de problème; car elle n'amène pas à une régression infinie. La localité des lois vient, dans ce cas, de leur dérivation à partir de dispositions qui, par définition, s'attachent à des facteurs individuels.

La traduction des lois en dispositions repose sur la localité des lois. Autrement, il n'est pas possible d'exprimer les règles que suivent les particules en termes de dispositions, localisées dans les «particules» elles-mêmes. Hélas (pour les amis des dispositions), la mécanique classique et relativiste connaît des contraintes globales. Le programme mécaniste du dix-septième s'accordait avec la science aristotélicienne, en ce qu'il cherchait à expliquer les phénomènes naturels «en termes de conditions locales et d'interactions locales[135]». Pourtant, les lois de conservation restèrent de caractère global en mécanique classique[136]. Ces contraintes globales disparaissent en physique relativiste[137], mais les forces d'inertie y continuent à résister à la localisation. Ernst Mach, au dix-neuvième siècle, essaya de leur donner une telle forme, en les expliquant par les forces gravitationnelles des étoiles lointaines. Bien que cette tentative, connue sous le nom de «principe de Mach» ait été l'une des sources d'inspiration d'Einstein quand il élabora la théorie de la relativité générale, cette théorie n'aboutit pas au résultat souhaité. Les forces d'inertie

135 Bas C. VAN FRAASSEN, *Lois et symétrie*, 1994, p. 69.

136 *Ibid.*, pp. 382-384; John EARMAN, *A primer on determinism*, 1986, pp. 34s, 38.

137 VAN FRAASSEN, *Lois et symétrie*, p. 71, n. 1, en s'appuyant sur R. FEYNMAN, *La nature de la physique*, Paris, Le Seuil, 1980, pp. 74s.

se montrent également en l'absence de toute masse pesante (le cas particulier de l'espace vide équivaut à la relativité restreinte, qui les connaît)[138].

Pourquoi alors chercher une formulation de l'ordre naturel en termes de capacités, quand celles-ci ne sont pas en mesure de rendre compte de contraintes globales? Pour apporter une réponse convaincante à cette question, on doit de nouveau faire intervenir la vision du monde plus large qu'adopte Cartwright. Non seulement un certain nombre d'arguments qu'elle avance à l'encontre des lois dépendent de l'image du monde pommelé, mais encore les dispositions se recommandent pour apporter un certain degré d'ordre dans le monde pommelé qui se soustrait au régime universel des lois. Le monde de Cartwright n'est justement pas le monde «idéal» décrit ci-dessus, qui admet une description exhaustive en concepts légaux: les capacités n'y viennent pas en nombre fini, et leur superposition additive pose problème. Elles constituent alors une option rivale pour décrire le degré d'ordre qui se trouve, malgré tout, dans le monde pommelé. Et c'est en cela que réside la vraie force de l'argument de Cartwright en faveur des capacités. A ma connaissance, elle ne souligne pas clairement, dans ses écrits, le lien entre le monde pommelé et son argumentaire pour les capacités; mais les deux thèmes y jouent un rôle de premier plan, de sorte que l'on peut s'attendre à ce qu'il existe des rapports entre eux. Il est probable qu'un souci apologétique empêche Cartwright d'avouer que ses arguments dépendent du monde pommelé: la force cumulée des arguments contre les lois et pour les capacités cherche à convaincre l'adepte de l'universalité des lois de la fragilité de sa position. Cela n'empêche pas qu'elle soit consciente du rôle crucial que joue sa vision du monde comme pommelé dans son argumentaire pour une approche plus aristotélicienne que mécaniste de la science. Dans un entretien, Cartwright a effectivement confirmé qu'elle

138 VAN FRAASSEN, *Lois et symétrie*, pp. 68s pour des contraintes globales en astronomie (ptoléméenne et copernicienne). *Cf.* Alan F. CHALMERS, *What is this thing called science?*, 1999[3], pp. 221-225, pour d'autres exemples, en particulier de la thermodynamique classique; FUNKENSTEIN, p. 104, pour le caractère global de la gravitation chez Newton.

s'intéressait aux dispositions puisqu'elles permettent d'introduire un régime intermédiaire entre des régions gouvernées par des lois et un chaos complet[139].

Certaines interrogations restent pourtant de mise devant sa tentative de rendre compte de la méthode scientifique à l'aide des capacités. Certes, on ne peut pas invoquer nos connaissances scientifiques actuelles contre le monde pommelé. Il contient précisément autant d'ordre que la science nous permet d'en percevoir aujourd'hui, et Cartwright est prête à corriger son image au fur et à mesure qu'on découvre plus de régularité dans le monde[140]. Rien dans l'évolution des sciences ne prouve que les découvertes iront toujours dans le sens d'un ordre plus grand; comment savoir, en particulier, s'il n'y a pas de domaines qui résisteront pour toujours à la domestication par les lois? Pourtant, il ne suffit pas que le monde pommelé contienne autant d'ordre que la science nous permet de le voir aujourd'hui. Comme l'approche que propose Cartwright ne se veut pas révisionniste, la méthodologie qui guide notre pratique scientifique doit également y faire sens. On est alors en droit de se demander si les capacités permettent suffisamment d'ordre pour que la science reste possible.

Une première inquiétude provient de l'opposition de Cartwright à la superposition additive. Elle refuse en particulier l'idée que tous les facteurs intervenant dans le mouvement d'un objet macroscopique – comme un billet ballotté par le vent – se prêteraient à une description en termes de forces[141]. Plus généralement, les capacités du monde pommelé permettent une formalisation plus ou moins grande: «Certaines natures sont particulièrement stables; d'autres ont une portée très restreinte[142].» Et il y a certainement aussi des éléments appartenant uniquement à une situation individuelle, de sorte qu'on ne peut les capter dans le registre des concepts dispositionnels, qui présupposent au moins une certaine stabilité d'un contexte à un autre[143]. Mais est-il possible de connaître une capacité dans

139 Communication privée, 20 septembre 2002 à l'Ecole normale supérieure, Paris. Elle semblait également accepter l'idée que la superposition des forces n'est un problème que dans un monde pommelé.

140 *The dappled world*, p. 28.

141 *Cf.* p. 211 ci-dessus.

142 *The dappled world*, p. 29.

143 *Cf.* p. 221 ci-dessus.

un environnement partiellement chaotique, sans structure? Et même si on réussissait à la connaître, que faire de ce savoir? Si on prend au sérieux l'image que dessine Cartwright, le fait de savoir qu'un facteur a une certaine capacité ne nous aide nullement à en prédire le comportement. Car tout peut arriver en l'absence de règle de combinaison, ce qui est justement le propre du monde pommelé. Seulement, si des capacités se combinent de manière ordonnée, un calcul devient possible. Et de même une description à l'aide de loi, au moins localement. En conséquence, soit le monde pommelé n'est pas vraiment pommelé, soit il n'y a pas de savants (heureux) en lui.

De même, la vision du monde pommelé ne permet pas d'expliquer pourquoi la recherche d'unification théorique mène souvent à des résultats époustouflants. Une théorie scientifique mûre ne se contente pas de nous donner le résultat pour une situation idéale; elle nous fournit également des procédés pour calculer les corrections nécessaires pour l'adapter à une situation réelle. Ainsi le scientifique n'explique jamais une déviation (au moins en temps de science «normale») par la mise en échec des lois, mais cherche la raison de la déviation soit dans la négligence d'une cause, soit dans une approximation mal fondée. L'adaptation ne sera sans doute jamais parfaite; mais la théorie saura toujours indiquer la direction d'une nouvelle correction nécessaire. Cartwright refuse de chercher une explication à ce trait: «‹La théorie réussit dans son domaine›: le besoin d'explication est le même, que le domaine en question soit petit, grand, minuscule ou gigantesque. Les théories réussissent là où elles marchent, un point c'est tout[144].» Peut-être une telle attitude suffit-elle dans le cas où l'on a déjà constaté qu'une théorie scientifique manifeste ce pouvoir d'adaptation. Pourtant, la méthodologique scientifique exige davantage: elle fait intervenir l'universalité de l'ordre naturel en tant que principe régulateur. Au cours de leurs recherches, les savants *anticipent* régulièrement le fait que le domaine de validité d'une théorie dépasse ce qu'ils ont constaté jusque-là. Mais un tel comportement est-il rationnel pour des savants qui sont convaincus d'habiter le monde pommelé?

144 *The dappled world*, p. 31.

9. Le retour aux natures aristotéliciennes

Les capacités véhiculent la promesse de garantir suffisamment d'ordre pour rendre la science (au moins localement) compréhensible, même si des lois ne gouvernent pas entièrement notre monde. L'attrait qu'exerce la conception de Cartwright trouve ici une de ses sources majeures; car les résultats scientifiques ne permettent pas de savoir si notre monde correspond au monde «idéal» sous-jacent aux rêves des nouveaux philosophes de la nature au dix-septième siècle. Pourtant, des doutes subsistent, comme nous l'avons vu, sur le fait que la mesure d'ordre que les capacités maintiennent dans le monde pommelé fournisse un appui suffisant à la méthodologie des sciences. Comme la science moderne s'accompagna du rejet de la science aristotélicienne, nous pouvons espérer approfondir notre compréhension de l'écart entre la proposition de Cartwright et la démarche scientifique actuelle, en examinant de plus près son retour (partiel) aux concepts aristotéliciens. On pouvait déjà le sentir dans *Les capacités de la nature et leur mesure;* et elle l'affirme explicitement dans *Le monde pommelé:* «La plupart de mes arguments à propos des capacités, écrit-elle, auraient pu être présentés en termes de natures si j'avais reconnu suffisamment tôt à quel point les capacités, telles que je les vois, ressemblent aux natures aristotéliciennes[145].» Elle considère même que «le compte rendu le mieux élaboré qui correspond de plus près à nos besoins, est la doctrines [*sic*] des *natures* d'Aristote[146].»

Certes, son épistémologie reste débitrice de la science *moderne*. Il ne s'agit pas de revivifier la science aristotélicienne, et sur certains points, la pensée de Cartwright se distancie nettement de l'aristotélisme. Ainsi sa «méfiance vis-à-vis de ce qui est universel» est davantage nominaliste qu'aristotélicienne[147]. Pour asseoir sa proposition, il faut alors bien comprendre les points de contact et les différences entre ses capacités et les natures aristotéliciennes. Cette tâche se trouve compliquée du fait que la

145 *Ibid.*, p. 85. Cartwright utilise également la classification aristotélicienne des quatre causes (*Nature's capacities...*, pp. 211, 219-222), et trouve, dans les écrits d'Aristote, un éclairage des procédés d'abstraction (*Nature's capacities...*, pp. 197s, 213-215, 219-222).

146 *The dappled world*, p. 72.

147 MCMULLIN, p. 271.

polémique des premiers scientifiques modernes contre les formes substantielles fût justement de la polémique – où la rhétorique se mêle aux véritables désaccords de fond[148]. De plus, le langage de Cartwright est riche en métaphores suggestives, et la force de l'image prend parfois le pas sur la précision de la pensée. Cartwright elle-même contraste sa notion des capacités à deux autres compréhensions, celle du langage courant et celle de la métaphysique aristotélicienne. Les deux comparaisons pourront nous aider à affiner notre idée de la notion qu'elle développe.

En ce qui concerne l'usage courant de l'expression, Cartwright considère que sa notion de capacité s'en distingue sous au moins trois aspects. En premier lieu, on postule, en science, une capacité en vertu d'une propriété «que l'on peut attribuer à un corps pour une variété de raisons indépendantes du fait qu'il manifeste la capacité décrite dans la loi mentionnée.» L'exemple qu'elle donne est la capacité décrite par la loi de Coulomb; sans doute pense-t-elle à l'attraction ou à la répulsion qu'un corps exerce, à cause de sa charge électrique, sur d'autres corps chargés. Cette capacité, dit-elle, peut être déterminée indépendamment de la loi de Coulomb qui la décrit. En revanche, la seule façon de découvrir l'irritabilité de Cartwright, c'est l'étude des situations qui attisent sa colère[149].

Intuitivement, cette distinction paraît pertinente. Une des caractéristiques de la démarche scientifique consiste justement dans la généralisation: on déduit un grand nombre de phénomènes d'un nombre très limité de principes explicatifs. Mais est-il possible de rendre cette intuition plus précise? Quelle est la «variété de raisons» qui permettent d'attribuer la capacité décrite par la loi de Coulomb à un corps, indépendamment de ladite loi? Je ne vois qu'un seul candidat[150]: l'interaction avec un champ magnétique. Pourtant, le double caractère des effets d'une charge ne me semble pas fournir de fondement suffisant pour distinguer les usages scientifique

148 Bruno GNASSOUNOU, Max KISTLER, «Brève histoire des pouvoirs et des dispositions», dans GNASSOUNOU, KISTLER, chap. 1, cherchent à préciser les contours du débat.

149 *The dappled world*, p. 54.

150 Le raisonnement qui suit se situe à l'intérieur de l'électromagnétisme classique. Je ne vois pas comment la mécanique quantique aurait changé la pointe de l'argument. De toute manière, le concept de charge fut d'abord établi dans le contexte classique; le bien-fondé de sa définition ne peut dépendre de considérations relevant de la théorie des quanta.

et courant du concept de capacité. Ce n'est pas sans raison qu'on parle de la force *électromagnétique*, c'est-à-dire qu'on peut regrouper les effets électriques et magnétiques sous un seul terme. Il paraît difficile de décider si la description à l'aide d'un ou de deux concepts correspond au caractère véritable des interactions liées à la charge[151]. Mais même si on opte pour la description à l'aide de deux concepts, on est loin de la «variété de raisons» que Cartwright souhaite y trouver.

La situation devient encore plus claire en ce qui concerne la masse pesante. Il est certain que la masse d'un corps se manifeste dans des phénomènes multiples; mais ces phénomènes se laissent tous décrire par une seule loi: dans le cadre classique par la loi de Newton, dans le cadre de la relativité générale par les équations d'Einstein. Que pourrait-on alors trouver comme raisons d'attribuer à un objet une capacité d'interagir avec un champ gravitationnel, indépendamment des phénomènes décrits par la loi qui y correspond? Vue sous cet angle, l'introduction de la capacité ne se présente pas sous un meilleur jour en science que dans le langage courant.

Cartwright considère en second lieu qu'une capacité «scientifique» se distingue de l'usage courant «en ce qu'elle a une forme fonctionnelle exacte et une force précise, qui se retrouvent dans sa propre loi particulière[152].» En dernier lieu (en prenant comme paradigmatique la capacité liée à la loi de Coulomb), «nous connaissons des règles très explicites sur la façon dont la capacité de Coulomb se combinera à d'autres décrites par des lois de force différentes pour affecter les mouvements des particules chargées[153].» Ces deux dernières caractéristiques ne demandent guère de commentaire; il est évident que la force de la description scientifique réside dans son exactitude quant à l'effet d'un seul facteur et quant à la combinaison de plusieurs facteurs. Il est pourtant surprenant de trouver ces deux éléments sous la plume de l'avocate du monde pommelé. Ne nous a-t-elle pas appris que la nature d'un objet, caractérisée par ses capacités, est plus

151 On parle volontiers de charge «électrique», en négligeant les phénomènes magnétiques, dans la mesure où le magnétisme n'entre en jeu qu'avec des charges en mouvement.

152 *The dappled world*, p. 54.

153 *Ibid.*

ou moins stable[154], et que la superposition de forces n'est ni exacte ni complète[155], de sorte qu'une situation macroscopique ne peut se réduire à la superposition d'effets microscopiques[156]?

La contradiction apparente disparaît quand nous prenons en compte le fait que la comparaison entre les capacités scientifiques et celles du langage courant intervient dans une section du livre traitant des modèles en science (exacte)[157]. Bien évidemment, les capacités (si on veut les introduire) dans des modèles scientifiques, en particulier en physique, démontrent les deux propriétés que Cartwright fait ressortir. On ne voit pourtant pas clairement quel secours elles peuvent apporter quand il s'agit de passer du modèle à la situation réelle. Si le monde est vraiment pommelé, il reste une part que l'on ne peut pas décrire en termes de capacités liées à une loi mathématique, et nous ne savons rien de l'interaction entre cette part désordonnée et la part que captent les capacités mathématisables. Si seule la dernière part compte, la situation permet à nouveau une saisie scientifique; mais le monde n'est pas finalement pommelé, et on ne voit pas en quoi la description à l'aide des capacités est plus avantageuse que celle en termes de lois. Nous retrouvons le dilemme déjà rencontré: soit notre monde permet une démarche scientifique, et alors les capacités n'offrent pas vraiment d'option rivale aux lois, soit il faut utiliser les capacités pour décrire notre monde, mais l'on ne peut pas qualifier cette description de véritablement scientifique (au sens de la science pratiquée depuis le dix-septième siècle).

Quand Cartwright compare ses capacités aux natures aristotéliciennes, elle prend soin de préciser que «bien entendu, il ne s'agit pas vraiment de natures aristotéliciennes», mais plutôt de «natures de type aristotélicien[158]». De nouveau elle voit trois propriétés qui distinguent les natures qu'étudie la science actuelle des natures aristotéliciennes. Tout d'abord, «nous assignons des natures non pas aux substances mais plutôt aux collections ou aux configurations de propriétés, ou aux structures»; elle indique comme exemple d'une entité à laquelle nous attribuons une nature, un

154 *Ibid.*, p. 29; *cf.* p. 241 ci-dessus.
155 *The dappled world*, pp. 26-28; *cf.* p. 214 ci-dessus.
156 *The dappled world*, p. 32; *cf.* p. 204 ci-dessus.
157 «Models as blueprints for nomological machines», *The dappled world*, pp. 53-59.
158 *The dappled world*, p. 81.

atome dans un état d'excitation. Sa nature est « de produire de la lumière», en émettant des photons[159]. Quelle différence précise Cartwright a-t-elle en vue? On peut penser qu'elle s'accorde avec le premier Wittgenstein (comme le fait David Armstrong), pour penser que notre monde est un monde des *états de choses*, plutôt qu'un monde des choses.

Ensuite, les natures modernes «sont cachées derrière les phénomènes et ce qui remonte à la surface est le résultat de l'interaction complexe entre les natures[160].» Les natures aristotéliciennes étaient, pour l'essentiel, celles de l'expérience préscientifique; leur étude ne demanda pas les idéalisations élaborées auxquelles nous sommes habitués en science moderne. Enfin, Cartwright souligne comme troisième différence entre conceptions aristotélicienne et moderne le fait que la pratique moderne rompt le lien entre nature et essence: «Il est dans la nature de l'atome excité d'émettre de la lumière, mais cela ne définit pas ce qu'*est* un atome dans un état excité. La science moderne distingue fondamentalement ce qu'est une chose – comment le définir et l'identifier – et ce qu'il est dans sa nature de faire[161].» Cartwright reprend à Gerd Buchdahl l'expression de «connexion qui se résume à un fait brut [*brute-fact connection*]», pour décrire cette caractéristique de la science moderne[162]. C'est pourquoi «même une théorie moderne parfaite et complète n'aurait jamais la structure déductive complète telle que l'ont envisagée les aristotéliciens[163].»

Indépendamment de la question de savoir si le label de «structure déductive complète» décrit au juste la méthodologie scientifique promue par Aristote ou correspond davantage à un développement ultérieur, Cartwright fait certainement ressortir ici une différence fondamentale qui sépare la science moderne de la science ancienne. Robin Collingwood décrit cette différence de la manière suivante:

> Les sciences d'antan avaient pour but un objectif illimité. Elles définissaient leur but en posant des questions telles que: «Qu'est-ce que la Nature?» «Qu'est-ce que l'Homme?» «Qu'est-ce que la vertu?» Il fallait répondre à une telle question par une

159 *Ibid.*
160 *Ibid.*
161 *Ibid.*
162 *Ibid.*, p. 83, en citant Gerd BUCHDAHL, *Metaphysics and the philosophy of science: the classical origins, Descartes to Kant*, 1969, sans indication de page.
163 *The dappled world*, p. 81.

définition de la chose. Il était possible de dériver des implications de cette définition, qui devait déclarer «l'essence» de la chose définie, chacune d'elles étant la déclaration d'une «propriété»[164].

On considérait une connaissance complète comme possible sur la base d'une compréhension vitaliste du rapport entre une chose et sa forme: la «vision des formes essentielles des choses comme les entéléchies de leur développement intrinsèque était conçue à l'image d'un organisme vivant se développant d'une semence[165].»

Est-il encore possible de parler de la «nature» d'un objet si on ne l'identifie plus à son essence? Il faut en tout cas garder à l'esprit cet important changement de perspective dans le compte rendu de Cartwright. Une telle nature redéfinie demande une approche *a posteriori* au même titre que les lois de la nature mises à l'honneur au dix-septième. Du coup, elle n'offre pas de base suffisante pour expliquer la nécessité physique: si une simple «connexion qui se résume à un fait brut» décide du comportement d'un objet, on n'est nullement assuré que celui-ci préserve les mêmes propriétés d'une situation expérimentale à une autre. Encore moins a-t-on offert une explication au fait qu'à l'intérieur de certaines classes, comme les électrons et les neutrons, tous les objets démontrent des propriétés identiques. Comme l'exprime le physicien John Wheeler: «On n'a jamais proposé d'explication acceptable de l'identité miraculeuse des particules d'un même type. On doit voir dans cette identité non une trivialité, mais un mystère central de la physique[166].» A cet égard, les capacités de Cartwright ne font pas mieux que les associations régulières humiennes, pour rendre compte d'une certaine nécessité qui semble accompagner l'ordre constaté dans la nature.

164 *The new Leviathan: or man, society, civilization and barbarism*, 1942, p. 253.

165 Herman DOOYEWEERD, «La base religieuse de la philosophie scolastique», *Revue Réformée* X, 3, 1959, p. 40.

166 «Beyond the end of time», 1971, dans M. REES, R. RUFFINI, J. A. WHEELER, *Black holes, gravitational waves and cosmology: an introduction*, 1974, p. 305.

10. La résistance de la matière

Il est d'autres aspects sous lesquels on pourrait comparer la théorie de Cartwright et la méthode aristotélicienne. Il y a, par exemple, son insistance sur la différence entre les expériences conduites en laboratoire et les situations hors de leurs murs: bien que certaines situations naturelles permettent une description scientifique exhaustive (comme c'est le cas pour le mouvement des planètes), la plupart résistent à une modélisation par les outils scientifiques[167]. Cet aspect de sa pensée n'est pas sans rappeler la distinction ancienne entre les choses «naturelles» et les artefacts, ces derniers n'ayant pas de substance[168]. En même temps – et paradoxalement – on peut observer chez elle la même tendance, connue d'Aristote, à argumenter à l'aide d'exemples pris parmi les artefacts, sans qu'elle se rende toujours compte qu'ils présentent la particularité d'admettre une définition exhaustive: la fonction pour laquelle ils ont été fabriqués en constitue l'essence. Ainsi elle discute la question de savoir comment la science emploie des abstractions, en prenant le laser comme exemple paradigmatique; mais la distinction entre la matière et la forme (dont elle se sert) se comprend beaucoup plus facilement pour des artefacts que pour des objets «naturels»[169].

Un dernier aspect qui rapproche la vision de Cartwright et l'univers aristotélicien mérite une attention particulière dans le cadre de notre étude: plusieurs passages suggèrent que le monde pommelé est motivé par un départage qui rappelle la distinction entre forme et matière, ou encore entre actualité et potentialité. Les capacités désignent un certain ordre, mais un ordre qui ne réussit pas à s'imposer entièrement face à la résistance des situations réelles – la forme n'«in-forme» que partiellement la matière. Ainsi, Cartwright cherche à établir «la distinction entre les équations mathématiques ordonnées et simples de la théorie abstraite et les descriptions entremêlées et embrouillées, en paroles ou en formules, qui expriment notre connaissance de ce qui se produit dans des systèmes réels faits de matériaux réels[170].» Elle considère qu'une telle distinction éclaire

167 *Cf.* pp. 198, 224 ci-dessus.

168 C'est pourquoi, si on enterre un lit, ce ne sera pas un autre lit, mais du bois qui germera (ARISTOTE, *Physique*, livre II, chap. 1, 193a, trad. P. PELLEGRIN, 2000, p. 118).

169 *Nature's capacities...*, pp. 207-212, 215-217, 221-226.

170 *How the laws of physics lie*, p. 128.

notre pratique expérimentale. Nous ne pouvons pas passer directement des concepts d'une théorie au *design* de nos expériences: «Il nous faut connaître, à propos des matériaux réels et de leurs propriétés, ce que les concepts abstraits *y* représentent, avant de pouvoir construire quoi que ce soit. Mais nous le dire ne relève pas de la théorie[171].»

Les concepts de la théorie n'existent qu'en théorie ou – pour parler en catégories scolastiques – qu'en puissance. Pour savoir ce qui existe *réellement* – en actualité –, il faut quitter la théorie et se tourner vers la matière. Le monde des Idées, pour employer un langage platonicien, n'a pas de place pour les «matériaux réels et leurs propriétés» qui intéressent le physicien[172].

Ces parallèles entre la vision de Cartwright et l'aristotélisme offrent un premier lieu pour s'interroger sur l'influence possible de convictions d'ordre religieux, dans la mesure où il est probable que des changements paradigmatiques en théologie ont joué un rôle dans le passage des formes aristotéliciennes aux lois de la nature au début de la science moderne. Certains auteurs situent le changement essentiel au bas Moyen Âge, avec l'introduction d'une vision volontariste[173], d'autres y voient davantage l'influence de la Réforme[174]. En particulier, la création *ex nihilo* empêche d'opposer à la forme un principe autonome, comme la matière qui, pour Platon et Aristote, est «la cause errante de toute résistance offerte à la réalisation parfaite de la forme dans le monde empirique[175].» Ainsi la voie est ouverte pour imaginer l'univers entièrement ordonné, aucun principe ne pouvant se soustraire à la souveraineté du Créateur. John Milton suggère alors un lien entre la notion de création *ex nihilo* et la naissance du

171 *The dappled world*, p. 58.

172 Ian MUELLER, «Mathematical method and philosophical truth», dans *The Cambridge companion to Plato*, 1992, pp. 192-194, souligne, en se basant sur *La république* 530b6-c1, que même l'astronomie concerne, chez Platon, non les cieux visibles, mais le domaine des formes.

173 *Cf.* Pierre DUHEM, *Le système du monde: histoire des doctrines cosmologiques de Platon à Copernic*, 1954, vol. 6: *Le reflux de l'aristotélisme, les condamnations de 1277, passim;* Edward GRANT, «The condemnation of 1277, God's absolute power, and physical thought in the late Middle Ages», *Viator* X, 1979, pp. 211-244.

174 *Cf.* Peter HARRISON, *The Bible, Protestantism, and the rise of natural science*, 1998, pp. 4, 161s; Reijer HOOYKAAS, *Religion and the rise of modern science*, 1972, pp. 13ss.

175 DOOYEWEERD, p. 41.

concept moderne de lois de la nature: «L'obstacle qui doit inévitablement empêcher toute tentative systématique de penser que les phénomènes naturels sont gouvernés par des lois est l'absence de croyance en une création *ex nihilo*. Si le monde ne doit pas son existence entière à Dieu, alors aucune loi divine ne peut fournir d'explication *fondamentale* sur la nature des choses[176].»

Certes, la notion de création à partir de rien n'établit pas *ipso facto* l'universalité du règne légal: Dieu pourrait décider de créer un monde pommelé. Mais le simple fait que notre monde soit *réel* ne constitue plus d'argument contre la possibilité d'une science mathématique.

La transition d'une vision du monde dominée par le motif antithétique matière-forme à la conception créationniste se dessine peut-être en arrière-plan du rôle changé qu'attribue Galilée aux expériences imaginaires. Dans le *Dialogue sur les deux grands systèmes du monde*, Salviati s'oppose à l'avis de Simplicio, selon lequel «il résulte de l'imperfection de la matière que les choses prises dans le concret ne correspondent pas aux choses considérées dans l'abstrait». Bien au contraire, «ce qui arrive dans le concret arrive de la même façon dans l'abstrait», de sorte que les calculs mathématiques s'appliquent parfaitement à notre monde matériel[177]. Dans le *Discours concernant deux sciences nouvelles*, le savant italien desserre le lien aristotélicien entre la réalisation matérielle des formes et l'approximation inhérente à toute description scientifique du monde: l'approximation fait partie intégrante des modèles *théoriques* employés en science, indépendamment du caractère matériel des objets étudiés. Ainsi, la description de la chute libre néglige la courbure du champ gravitationnel de la terre[178]. De la sorte,

> Galilée ne compare pas un état «idéal» à une réalité «déficiente», et la déviation du réel par rapport à l'idéal peut elle-même être expliquée et mesurée à l'aide d'un modèle encore plus complexe. Il compare moins la réalité à l'idéal que le complexe au simple.

176 «The origin and development of the concept of the ‹laws of nature›», *Archives européennes de sociologie* XXII, 1981, p. 187.

177 *Dialogue sur les deux grands systèmes du monde*, 1632, Deuxième journée, trad. R. FRÉREUX, 1992, p. 342 (*Le opere di Galileo Galilei*, 1968, vol. VII, pp. 332s).

178 *Discours et démonstrations mathématiques concernant deux sciences nouvelles*, 1638, Quatrième journée, trad. M. CLAVELIN, 1995, pp. 210-212 (*Opere*, vol. VIII, pp. 274s).

> C'est ainsi que la révolution scientifique du XVIIe siècle apprit à assigner l'impossible comme cas limite à la réalité[179].

Bien que Cartwright considère que les capacités permettent de comprendre le rôle des idéalisations en science[180], la distance qu'elle maintient entre description théorique et réalisation concrète ne correspond pas au procédé galiléen. En distinguant entre le complexe et le simple, on reconnaît les limites de toute prédiction scientifique. Mais celles-ci ne sont pas de principe: suivant le degré d'approximation que l'on souhaite, on affine le modèle théorique. Ce qu'il y a d'écart entre théorie et pratique ne provient pas de ce que nos expériences se déroulent dans ce «bas» monde matériel. Le régime universel de l'ordre concerne justement celui-ci.

On peut spéculer que le changement de perspective chez Cartwright soit en lien avec ses convictions religieuses, ou plus précisément athées[181]. Avant de pouvoir affirmer un tel lien, il faudra pourtant trouver des indices plus directs. Car le contexte théologique dans lequel la notion moderne des lois de la nature est certainement née s'est, par la suite, fossilisé: il est largement entré dans le soubassement tacite de notre univers conceptuel – soubassement qu'un travail d'archéologue du savoir peut exhumer, mais qui n'assume plus guère de rôle actif dans l'élaboration de la vision du monde.

11. Absence de Dieu et monde pommelé

Dans les écrits de Cartwright, se trouve un premier indice – celui-ci indirect – qui suggère une dépendance de son compte rendu de l'ordre naturel par rapport aux conceptions théologiques: elle emploie à plusieurs reprises

179 FUNKENSTEIN, p. 202, en s'appuyant sur Hans BLUMENBERG, *Die Genesis der kopernikanischen Welt*, Francfort-sur-le-Main, Suhrkamp, 1975, pp. 470-488 (surtout pp. 482ss). Une telle évaluation de la pratique scientifique moderne contredit l'image qu'en dessine Ronald N. GIERE, *Explaining science: a cognitive approach*, 1988, pp. 80s. Ce dernier considère que la notion de similitude entre les modèles scientifiques et la réalité suffit pour rendre compte de la pratique des savants; il reproche à van Fraassen de faire intervenir la relation d'isomorphisme (*cf.* pp. 262s ci-dessous).

180 *Cf.* p. 232 ci-dessus.

181 Elle se compte parmi les «antithéistes» dans «Comments on Wesley Salmon's ‹Science and Religion›», *Philosophical Studies* XXXIII, 1978, p. 183.

des métaphores théologiques pour parler des lois de la nature. En plus de la citation rapportée ci-dessus, dans laquelle elle exprime, en deux histoires de création, la différence entre la foi «fondamentaliste» et une conception de régimes légaux pluriels[182], elle évoque, par l'expression «la théorie complétée dont dispose Dieu[183]», la théorie englobante en laquelle croit le «fondamentaliste» malgré l'état fragmentaire de notre science actuelle. De même, elle emploie l'image de l'origine divine pour exprimer la conviction que l'ordre (ou désordre) naturel est un donné, de sorte que nous devons constater, par la démarche expérimentale, le degré d'ordre effectif, plutôt que de le postuler *a priori* (comme il nous serait permis de le faire si nous en étions les créateurs)[184]. En empruntant à Gerard M. Hopkins, elle revêt sa préférence pour le monde pommelé d'une forme doxologique: «A Dieu soit la gloire pour les choses pommelées [...] Tout ce qui est à contre-courant, original, bizarre ou farfelu; Tout [*sic*] ce qui est imprévisible, et qui sort de l'ordinaire[185].» Quand elle renvoie à la distinction que faisait Pierre Duhem entre la mentalité française – fascinée par la description élégante en termes mathématiques unifiés – et la mentalité anglaise – davantage préoccupée par l'ingénierie –, elle affirme qu'elle se distingue, par une «différence [...] presque théologique», de ceux qui postulent le règne universel des lois. Dans un cas, on «pense que le créateur de l'univers a travaillé comme un mathématicien français»; dans l'autre (que Cartwright privilégie), «Dieu a l'esprit désordonné des Anglais[186].»

La fréquence des métaphores théologiques en rapport avec les lois de la nature peut laisser penser qu'il ne s'agit pas d'une simple manière de parler chez Cartwright. De fait, l'indice linguistique ne nous trompe pas:

182 «Fundamentalism vs the patchwork of laws», p. 324, et *The dappled world*, p. 33; cité p. 204 ci-dessus.

183 «Fundamentalism vs the patchwork of laws», p. 318.

184 «Is natural science ‹natural› enough?: a reply to Philip Allport», *Synthese* XCIV, 1993, p. 298.

185 *Ibid.*, p. 300, en citant Gerard M. HOPKINS, «Pied Beauty», 1990.

186 *How the laws of physics lie*, p. 19. Elle s'exprima ici en termes d'opposition aux réalistes; mais la distinction se transpose facilement à sa lutte contre le «fondamentalisme» qu'elle identifia par la suite comme son véritable ennemi (*The dappled world*, p. 23; *cf.* p. 202 ci-dessus). Pour la différence entre esprit anglais et esprit français: par exemple Pierre DUHEM, *La théorie physique: son objet – sa structure*, 1914[2], pp. 77-97.

Cartwright affirme clairement que le concept de loi de la nature doit obligatoirement s'inscrire dans un contexte théologique. Le rapprochement explicite est rare dans ses écrits: je n'en ai trouvé qu'un seul cas, dans la réponse qu'elle a écrite à Philipp Allport qui s'était plaint de l'anthropomorphisme du concept de cause. Cartwright défend sa préférence des causes par rapport aux lois, en soulignant la charge théologique des dernières: «Pour ma part, je pense qu'il y a un peu trop de Dieu dans le concept de loi. Nous essayons d'affiner le sujet à l'aide de mondes possibles, de régularités fictives et de clauses *ceteris paribus*. Mais en fin de compte, le concept de loi ne fait pas sens sans que l'on suppose un législateur[187].»

Que la remarque citée sur le lien entre lois de la nature et législateur (divin) soit isolée dans ses écrits, ne doit pas nous induire à penser qu'il s'agirait ici d'une pensée marginale. La régularité des images théologiques en rapport avec les lois suggère le contraire. De plus, on peut penser qu'il existe, chez Cartwright, un lien entre son athéisme, d'un côté, et l'adoption des capacités, de l'autre. Car si on refuse de fonder l'ordre naturel sur une base transcendante, il est tentant d'invoquer les natures stables des objets qui peuplent l'univers, pour expliquer le degré d'ordre par rapport auquel les sciences s'élaborent. Une telle démarche se laisse deviner derrière l'introduction des capacités chez Cartwright, quand elle écrit: «L'aspirine – parce qu'elle est de l'aspirine – peut guérir le mal de tête. [...] [L]a propriété qui consiste à être de l'aspirine véhicule avec elle la capacité de guérir le mal de tête[188].»

Dans des entretiens privés, Cartwright a confirmé la motivation que l'on devine derrière l'introduction des capacités: pour elle, les lois de la nature sont incompréhensibles sans Dieu. La difficulté de rendre compte des lois de la nature dans un cadre de pensée athée constitue une motivation majeure de son opposition à leur égard: «C'est la raison pour laquelle j'ai combattu les lois de la nature toutes ces années[189]», reconnaît-elle. Face à cette difficulté, elle voit deux issues pour l'athée: postuler des natures aristotéliciennes, de sorte que les principes actifs deviennent imma-

187 «Is natural science ‹natural› enough?: a reply to Philip Allport», p. 299.

188 *Nature's capacities...*, p. 141.

189 Communication privée, 20 septembre 2002 à l'Ecole normale supérieure, Paris. Elle a répété l'affirmation que le concept de loi est inintelligible sans un législateur, au cours d'une randonnée dans les Chiltern Hills, près d'Oxford, le 16 août 2003.

nents au monde, ou adopter un empirisme strict, qui rejette toute demande d'explication de l'ordre naturel. Cartwright considère que sa position retient des aspects des deux solutions, puisqu'elle accepte le besoin d'explication dans certains contextes (comme dans ses arguments en faveur des pouvoirs causaux). Non sans une pointe d'humour, elle m'a confié: «Comme tout un chacun, je pense avoir le bon empirisme, qui accepte seulement les justes entités[190].»

Par la suite, Cartwright a défendu publiquement, dans une conférence à Varenna (Italie) en octobre 2004, sa thèse selon laquelle on ne peut pas comprendre la légalité naturelle, sans recours à Dieu. Bien entendu, elle n'en conclut pas que Dieu existe, mais qu'il faut chercher à rendre compte de la science moderne, sans faire intervenir l'idée de loi. Cartwright examine quatre types d'approches de l'ordre naturel, qu'elle nomme «empirisme» (dont la théorie de Lewis fait partie), «platonisme» (qu'Armstrong représente), «instrumentalisme» et «aristotélisme» (qui correspond à sa propre approche). Sur ces quatre manières de comprendre l'ordre naturel, seul le platonisme affirme posséder une notion forte des lois, suffisante pour les dire «gouverner des événements dans la nature»[191]. Cartwright récuse pourtant pareille prétention: «Des relations abstraites [sur lesquelles le platonisme s'appuie] ne sont pas le genre de choses qui peuvent faire en sorte que d'autres choses se produisent; elles ne sont pas le genre de choses qui ont des pouvoirs[192].» Elle en conclut: «Aucun des quatre comptes rendus contemporains [...] peut faire sens des lois de la nature sans Dieu. Le dernier, l'aristotélisme, peut offrir un substitut pour les lois – les pouvoirs naturels – qui satisfait les conditions majeures pour les lois sans le besoin de faire appel à Dieu[193].» Certes, on est en droit de remettre en cause cette dernière affirmation: les capacités de Cartwright sont *a posteriori*, elles relèvent d'une «connexion qui se résume à un fait brut». Du coup, elles n'expliquent pas véritablement la nécessité physique. Si l'on ne veut pas

190 Communication privée, 20 septembre 2002 à l'Ecole normale supérieure, Paris.

191 Manuscrit de la conférence «No God, no laws», lors du colloque «God and the laws of nature», organisé par la John Templeton Foundation, du 11 au 13 octobre 2004. Cartwright a donné une conférence sous le même titre le 25 novembre 2004 au Ian Ramsey Centre for Science and Religion, à l'Université d'Oxford.

192 *Ibid.*

193 *Ibid.*

accepter, comme un fait brut, que tous les électrons suivent une loi, on ne devrait pas non plus se contenter de constater que chacun incarne les mêmes capacités[194]. Il n'empêche que l'athéisme a manifestement guidé Cartwright dans son rejet des lois de la nature, étant donné que les métaphores légales font plus ouvertement référence au divin que le langage des capacités.

D'après les renseignements autobiographiques que Nancy Cartwright a bien voulu me communiquer, une influence religieuse s'est également fait sentir – et de manière cruciale – dans l'adoption d'un autre aspect de sa vision: son image du monde pommelé. Après une période au cours de laquelle elle était une «fervente croyante», elle a perdu la foi au début de ses études universitaires. Encore croyante, elle était déjà arrivée à la conclusion que la vérité ne nous était pas accessible au cours de la vie sur terre; mais elle trouvait consolation dans l'assurance que Dieu nous ferait la connaître après notre mort. Quand elle cessa de croire en Dieu, elle remit en question la notion même de vérité: pourquoi continuer à croire en la possibilité d'unifier la diversité chaotique de notre expérience s'il n'existe personne (même pas Dieu) pour connaître cette vérité? C'est ici qu'elle pointe la racine religieuse de sa conviction selon laquelle «nous ne pouvons connaître vraiment que le particulier concret, non l'universel abstrait[195].»

Une évolution similaire eut lieu dans sa pensée éthique. Elle avait déjà été insatisfaite de principes moraux généraux; car elle se demandait comment les faire porter sur des situations concrètes. Cette inquiétude était parallèle à la question qu'elle allait poser plus tard dans *Comment les lois de la physique mentent:* Comment appliquer des lois générales à des expériences concrètes? Après avoir abandonné la foi en Dieu, elle ne vit aucune raison de continuer à postuler des principes généraux en éthique. A leur place, elle s'appuie maintenant sur des particuliers moraux qui

194 John FOSTER, *The divine lawmaker: lectures on induction, laws of nature, and the existence of God*, 2004, p. 115; Max KISTLER, «Laws of nature, exceptions and tropes», *Philosophia scientiae* VII, 2003, p. 199, n. 18. *Cf.* p. 248 ci-dessus.

195 La formule caractérise la position de Duns Scot dans N. CARTWRIGHT, Marco DEL SETA, «The myth of universalism: theories of science and theories of justice», leçon à l'International School, Genève, 22 nov. 1996. Dans une discussion du 16 août 2003, au cours d'une randonnée dans les Chiltern Hills (d'où proviennent toutes les informations biographiques), Cartwright a parlé de son approche du «tout particulier».

s'appliquent à telle ou telle action et que les humains peuvent connaître (je suppose, par une sorte d'expérience directe). Comme en science, il faut se frayer, en éthique, un chemin de bas en haut, des particuliers moraux à des généralisations à portée limitée; mais il n'existe pas de théorie homogène, entièrement générale[196].

Les références religieuses éparses dans les écrits de Cartwright pourraient d'abord conduire à penser que les influences religieuses ont joué un rôle négligeable dans l'élaboration de sa conception de l'ordre naturel. Quand on complète ces quelques indices par des renseignements biographiques, on constate pourtant l'importance cruciale de l'absence de foi en Dieu, non seulement pour son rejet des lois, mais encore pour son adoption des capacités et pour sa préférence du monde pommelé. Bien entendu, il n'est pas question de proposer une explication monocausale et de nier que les arguments épistémologiques que Cartwright avance à l'encontre des lois aient une force de conviction pour elle et influencent de cette façon son adoption d'une conception rivale, qui s'appuie sur les capacités. Pourtant nous avons pu nous rendre compte que la force d'un nombre important entre eux dépend de façon cruciale de sa vision plus large du monde pommelé, qui n'est pas sans lien avec son athéisme. De cette façon, son orientation antithéiste intervient doublement dans son approche de la légalité naturelle: non seulement ses convictions athées l'obligent à chercher une autre manière de fonder la pratique scientifique que le recours aux lois, mais encore elles exercent une influence indirecte par le biais de sa conception du monde pommelé. Ainsi, Cartwright nous fournit un exemple significatif de ce qui pourrait bien être la situation paradoxale d'un certain nombre d'épistémologues écrivant dans la tradition analytique: la (relative) rareté des renvois à ses convictions religieuses en cache l'influence à proprement parler fondamentale.

196 «The myth of universalism».

Chapitre 5

Bas van Fraassen: les lois comme structures des modèles scientifiques

> Fonder le témoignage de ces preuves, le justifier, cela connaît un terme; mais le terme, ce n'est pas que certaines propositions nous apparaissent à l'évidence comme vraies immédiatement[,] donc ce n'est pas, de notre part, une sorte de *voir;* le terme, c'est notre *action* qui se trouve à la base du jeu de langage.
>
> Quand j'ai épuisé les justifications, je suis alors arrivé sur le roc dur, et ma bêche se courbe en arrière. J'ai à ce moment tendance à dire: «C'est comme cela que j'agis.»
>
> Ludwig WITTGENSTEIN, *De la certitude*, et *Recherches philosophiques.*

1. L'empirisme constructif

Considéré par certains comme le meilleur épistémologue vivant, Bas van Fraassen (né en 1941) a contribué, d'une manière cruciale, à redessiner la carte intellectuelle de sa discipline: alors que le réalisme scientifique semblait triompher après l'échec cinglant du positivisme logique au milieu du vingtième siècle, il a réintroduit dans la discussion une version de l'empirisme qui évite un grand nombre des problèmes qui avaient conduit à l'abandon du programme réductionniste issu du cercle de Vienne[1]. Il reste, jusqu'à ce jour, le défenseur le plus en vue de cet empirisme «constructif», qui combine des traits caractéristiques de la tradition empiriste avec des aspects (néo-)kantiens. En ce qui concerne l'ordre naturel, il s'efforce de montrer comment il est possible de pratiquer la

1 Gideon ROSEN, «What is constructive empiricism?», *Philosophical Studies* LXXIV, 1994, p. 143.

science sans présupposer de lois dans la nature. Son approche constitue de nos jours une des approches sceptiques les plus élaborées de la notion de loi. On pourrait la qualifier de nihilisme constructif, puisqu'elle combine un scepticisme quant à l'existence effective des lois avec un compte rendu élaboré de la pratique scientifique. Nous verrons en quoi la position de van Fraassen se distingue de l'image du monde pommelé chez Cartwright; car même si l'un et l'autre affichent une posture sceptique face aux lois de la nature, leurs motivations sont sensiblement différentes, ce qui les amène chacun à élaborer une conception aux contours caractéristiques.

Van Fraassen constitue un auteur important pour notre enquête, non seulement du fait qu'il propose une approche significative et originale de la notion de loi, mais encore parce qu'il a – contrairement aux trois épistémologues précédents – une conviction religieuse qui s'inscrit dans une tradition établie. Etant catholique (de conversion), il fait preuve, dans ses écrits, d'une conscience aiguë des philosophes chrétiens; il s'engage en particulier dans un dialogue critique avec le thomisme. Son livre *La posture empirique*[2] aborde explicitement le thème de la religion (par le biais de son pendant, l'attitude laïque) et pose la question des rapports entre épistémologie empiriste et posture religieuse. Ainsi, la pensée de van Fraassen occupe autant un endroit stratégique dans l'ensemble des positions envisageables quant aux lois de la nature, qu'elle nous fournit un exemple d'un épistémologue qui a consciemment établi des ponts entre son travail philosophique et ses convictions religieuses.

Dans son livre *L'image scientifique*, publié en 1980, van Fraassen proposa pour la première fois une présentation élaborée de son empirisme constructif. Il y définit sa vision de la science de la manière suivante: «La science vise à nous donner des théories empiriquement adéquates; et l'acceptation d'une théorie n'implique comme croyance que le fait qu'elle est empiriquement adéquate[3].» Van Fraassen s'oppose ainsi au réalisme, qu'il comprend également comme une certaine vision de la pratique scien-

2 *The empirical stance*, 2002. (Dans les renvois ultérieurs dans ce chapitre, les écrits de van Fraassen sont uniquement cités par leur titre, parfois abrégé.)

3 *The scientific image*, 1980, p. 12.

tifique et de ses buts: «La science vise à nous donner, dans ses théories, une histoire littéralement véridique sur ce à quoi ressemble le monde; et l'acceptation d'une théorie scientifique implique la croyance qu'elle est vraie[4].»

Cette définition de l'empirisme constructif a l'avantage d'être brève; il est néanmoins nécessaire de l'expliquer davantage, pour que le contenu et l'originalité de cette proposition ressortent mieux. Van Fraassen apporte lui-même des précisions, dans le contexte original de sa définition. Ainsi il insiste sur la compréhension littérale des théories scientifiques, en analogie avec une lecture «fondamentaliste» de la Bible, qui s'oppose aux interprétations libérales quand celles-ci comprennent le texte d'une manière analogique, métaphorique ou allégorique. Van Fraassen s'accorde alors avec les réalistes, contre le positivisme et l'instrumentalisme,

> pour écarter la compréhension de la théorie en tant que métaphore, comparaison, ou comme étant intelligible seulement après avoir été [...] soumise à une [...] sorte de traduction qui ne préserve pas la forme logique[5]. Si la formulation de la théorie inclut «Il y a des électrons», alors la théorie dit qu'il y a des électrons. Si, en plus, elle inclut, «Les électrons ne sont pas des planètes», alors la théorie dit pour une part qu'il y a d'autres entités que les planètes[6].

Par conséquent, van Fraassen maintient la compréhension de la vérité en termes de correspondance au réel; il considère que les affirmations scientifiques sont vraies ou fausses, sur la base de conditions «entièrement indépendantes de l'activité ou de la connaissance humaines[7].» Un tel conservatisme se justifie principalement parce qu'il permet de «conserver l'analyse sémantique de l'implication, de l'inférence et de la structure logique[8].» Bien qu'il soit faux de réifier cette compréhension

4 *Ibid.*, p. 8.

5 Comme le fait le positivisme quand il postule que deux théories, qui se contredisent dans leur forme, disent la *même* chose si seulement leurs conséquences observables s'accordent.

6 *The scientific image*, p. 11.

7 *Ibid.*, p. 38; *cf.* p. 197.

8 *Lois et symétrie*, 1994, p. 305.

de la vérité et d'en faire une *théorie* de la vérité comme correspondance[9], «il est un fait» que les affirmations de la théorie sont vraies ou fausses[10].

Van Fraassen s'écarte pourtant de l'accord réaliste quand il limite la visée de la science à la formulation de théories empiriquement adéquates et non de théories vraies. Le savant n'est tenu de croire qu'aux affirmations de la théorie qui concernent des entités observables et factuelles: «Etre un empiriste, c'est refuser toute croyance au-delà du phénomène actuel, observable, et ne reconnaître aucune modalité objective dans la nature[11].» On attend des théories scientifiques uniquement qu'elles «sauvent les phénomènes». Il est, certes, possible que tel ou tel savant (à inclination réaliste) ne se contente pas d'une telle ascèse épistémologique; mais seul le minimum prescrit par l'empirisme constructif est nécessaire pour participer à la forme de vie qu'est la science moderne[12].

Pour préciser le contenu du slogan empiriste «La théorie doit sauver les phénomènes», van Fraassen s'appuie sur l'approche sémantique des théories scientifiques, qu'il préfère à l'approche syntactique du positivisme logique[13]. Dans l'approche sémantique, adoptée également par des auteurs

9 B. VAN FRAASSEN, communication privée, 13 février 2004. Contre Guillaume GARRETA, «D'un empirisme sans entraves à une science sans lois: l'agnosticisme épistémologique de Bas van Fraassen», *Critique* LVIII, 2002, p. 506, qui attribue «une version correspondatiste de la vérité» à van Fraassen.

10 B. VAN FRAASSEN, discussion suite à sa conférence au colloque «The empirical stance», CRÉA, Paris, 26 mai 2003.

11 *The scientific image*, pp. 202s.

12 B. VAN FRAASSEN, «Gideon Rosen on constructive empiricism», *Philosophical Studies* LXXIV, 1994, p. 187, considère que tout épistémologue a besoin de distinguer entre le comportement public et le comportement privé des chercheurs. L'empiriste n'a pas à s'en priver; car un test empirique existe pour asseoir l'assertion que l'adéquation empirique est suffisante pour la pratique de la science: il suffit, d'après van Fraassen, de demander aux savants s'ils peuvent accepter un empiriste constructif comme membre de la communauté scientifique. On peut pourtant remettre en cause la pertinence d'une telle investigation empirique; je soupçonne les chercheurs en sciences de la nature d'être suffisamment indifférents aux convictions épistémologiques de leurs confrères, pour accepter en leur sein même des instrumentalistes ou des positivistes.

13 *The scientific image*, pp. 12, 41ss.

comme Frederick Suppe et Richard Giere[14], une théorie est «une spécification d'une famille particulière de modèles, chacun avec une famille désignée de sous-structures qui sont censées correspondre à des phénomènes possibles (sous-structures empiriques)[15].» Une théorie est empiriquement adéquate si et seulement si «tous les phénomènes observables effectifs s'accordent avec les sous-structures empiriques dans un certain de ces modèles[16].»

La proposition de van Fraassen s'inscrit donc bel et bien dans la tradition empiriste, dans la mesure où elle implique des attitudes épistémologiques clairement distinctes pour le domaine de l'observable et de l'inobservable: seul le premier domaine est objet de la connaissance scientifique; l'empiriste se tient à un agnosticisme, jugé plus prudent, quant à tout ce qui se soustrait à l'observation. Van Fraassen reconnaît sans gêne que sa définition de l'adéquation empirique est relative aux organes de sens *humains* – car après tout, ce sont des humains qui pratiquent la science[17]. De même, van Fraassen sait que la limite entre ce qui est observable et ce qui ne l'est pas est imprécise, mais «on peut utiliser un prédicat vague, pourvu qu'il en existe des exemples clairs et des contre-exemples clairs[18].» Il cite comme cas évident d'observation la vision des lunes de Jupiter à l'aide du télescope; l'«observation» d'électrons dans une chambre à bulles constitue le paradigme d'un contre-exemple[19].

14 F. SUPPE, «Introduction», dans *The structure of scientific theories*, sous dir. F. SUPPE, 1974, pp. 221-230, et *The semantic conception of theories and scientific realism*, 1989; R. N. GIERE, *Explaining science: a cognitive approach*, 1988, chap. 3.

15 *The scientific image*, p. 84.

16 *Ibid.* Bien que van Fraassen utilise l'approche sémantique dans le cadre de son antiréalisme, d'autres adeptes de cette approche en proposent une compréhension réaliste (*Lois et symétrie*, p. 300). Anjan CHAKRAVARTTY, «The semantic or model-theoretic view of theories and scientific realism», *Synthese* CXXVII, 2001, pp. 325-345, discute la viabilité d'une perspective réaliste dans le cadre de l'approche sémantique.

17 *The scientific image*, pp. 17-19.

18 *Ibid.*, p. 16.

19 *Ibid.*, pp. 16s. Van Fraassen a continué à développer son traitement de l'observation tout en maintenant la distinction fondamentale entre l'observable et l'inobservable; *cf.* ses réflexions au sujet du microscope dans «Constructive empiricism now», *Philosophical Studies* CVI, 2001, pp. 154-163.

Bien que la recherche scientifique vise la seule adéquation empirique des théories scientifiques, van Fraassen rompt avec le positivisme logique, en ce qu'il ne commet pas l'erreur de définir les conséquences empiriques d'une théorie comme la part qui s'en laisse exprimer dans un langage observationnel. On a besoin de termes théoriques, pour formuler ce qu'une théorie dit concernant les faits empiriques. Pour le dire à l'aide d'une métaphore théologique: tout effort de «démythifier» le langage scientifique est voué à l'échec[20]. Ainsi, l'empiriste constructif peut affirmer, sans être incohérent, qu'un grand nombre d'atomes constituent cette table, ou qu'un atome d'or a un diamètre de *x* cm, sans croire à l'existence d'atomes. Car dans les deux cas, il ne tient pour vraies que les conséquences *observationnelles* de ces propositions, dans le cadre de la théorie générale – l'adéquation empirique étant une propriété globale, que l'on ne peut définir que dans ce contexte plus large[21].

Pour décrire l'attitude de l'empiriste constructif face aux théories scientifiques, van Fraassen introduit le terme d'acceptation. Celle-ci a deux faces: épistémologique et pragmatique. En ce qui concerne la dimension épistémologique, l'acceptation équivaut à la croyance que la théorie est empiriquement adéquate: l'empiriste constructif croit *moins* que son confrère réaliste. La dimension pragmatique s'en trouve renforcée; elle doit compenser la perte épistémologique qu'entraîne l'acceptation, en comparaison avec la croyance à la vérité d'une théorie dans son ensemble. Ainsi «la science est davantage *praxis* que *theoria*[22].» Sans présumer de la vérité d'une théorie en ce qui concerne les entités inobservables, l'empiriste constructif accepte de s'immerger dans l'image du monde que présente la théorie. L'acceptation constitue donc un engagement certain de la part du chercheur; il cherche à «faire face à tout phénomène futur au moyen des ressources conceptuelles de cette théorie. Elle détermine les termes dans lesquels nous chercherons des explications. Si l'acceptation est, tant soit peu, forte, celle-ci se manifeste dans la volonté […] de répondre aux questions *ex cathedra* que manifeste la personne[23].»

20 *The scientific image*, pp. 11, 53-56.

21 *Ibid.*, p. 84.

22 Michel GHINS, «Bas van Fraassen: les lois et la symétrie», *Revue Philosophique de Louvain* XCV, 1997, p. 747.

23 *The scientific image*, p. 12; *cf. ibid.*, p. 202, et «The world of empiricism», dans *Physics and our view of the world*, sous dir. J. HILGEVOORD, 1994, p. 130.

L'acceptation (comme la croyance) connaît des degrés. Il est même possible, temporairement, de se placer sur le terrain d'une théorie à laquelle on n'adhère pas, par exemple pour converser avec un opposant. De tels jeux de langage nous préparent à des situations dans lesquelles nous serons appelés à refondre entièrement les théories acceptées jusqu'alors[24].

Le scepticisme de l'empiriste constructif ne se limite pas aux objets matériels inaccessibles à l'observation humaine; il s'étend à l'ensemble des entités traditionnellement remises en cause par le nominalisme, comme les essences, les classes naturelles, les mondes possibles et les faits modaux (irréductibles à des phénomènes effectifs). Pour la notion de loi, le refus des nécessités objectives est central; nous y reviendrons. Notons seulement pour l'instant que la teneur exacte du nominalisme de van Fraassen reste quelque peu ambiguë. Certaines de ses remarques s'inscrivent dans la stratégie nominaliste habituelle, qui fait porter le langage modal sur des connexions entre idées et non sur des faits modaux objectifs. Le titre d'un article écrit en 1977 suggère clairement cette ligne de pensée: «La seule nécessité est la nécessité verbale[25].» De même, il écrit en 1981: «Les prétendues distinctions modales objectives ne sont que des réifications projetées de traits qui dépendent radicalement du contexte de notre langage[26].» Il va jusqu'à défendre l'idée que la *direction* du lien causal est conventionnelle et dépend du contexte dans lequel on propose une explication causale. Il illustre l'inversion possible du lien causal par la nouvelle suggestive de la tour et de l'ombre: dans un certain contexte, il est juste de dire que la tour a une hauteur donnée parce que son ombre couvre un certain endroit[27].

A d'autres moments, van Fraassen ne se contente pas de justifier le discours modal sans recourir à des faits modaux; il affirme plutôt directement que des faits modaux *réels* n'existent pas:

24 *Cf.* pp. 301-303 ci-dessous.

25 «The only necessity is verbal necessity», *Journal of Philosophy* LXXIV, 1977, pp. 71-85.

26 «Essences and laws of nature», dans *Reduction, time and reality*, sous dir. R. HEALEY, 1981, p. 190.

27 *The scientific image*, pp. 132-134; *cf. Lois et symétrie*, pp. 296ss.

> Il n'y a pas de connexions nécessaires dans la nature, pas de lois de la nature, pas de limites naturelles réelles au possible. Ces idées sont le résultat de la projection par les philosophes de modèles familiers sur le monde naturel. Réellement, rien n'est nécessaire et tout est possible.
> Je veux dire ceci. Tout ce qui précède est vrai[28].

Une telle compréhension de la modalité correspond davantage à la compréhension littérale des théories scientifiques, que maintient van Fraassen. Car dans une telle perspective – comme «la possibilité se trouve dans le modèle[29]» –, les propositions modales doivent avoir des conditions de vérité objectives, et leur vérité (ou fausseté) dépend de ce qu'est le monde. Si l'on ne veut pas appuyer le discours modal sur des faits modaux existant dans le monde, il est naturel de considérer toute proposition modale comme fausse, car affirmant des faits modaux inexistants.

Mais un tel «athéisme» modal ne s'harmonise pas facilement avec d'autres aspects de la pensée de van Fraassen. Comment justifier le rejet des lois de la nature et des modalités, alors qu'il reste prudemment agnostique quant à l'existence d'objets matériels inobservables? Cette question devient particulièrement pressante dans le contexte de certaines théories modernes dans le cadre desquelles il n'est pas aisé de distinguer entre objets et structures légales; dans la théorie quantique des champs, les «particules» élémentaires émergent des structures de la théorie[30]. Certains textes suggèrent alors une même posture qui englobe les objets inobservables et les faits modaux[31]. La fable sur les mondes Oz et Id va dans ce sens:

> Il était une fois deux mondes possibles, Oz et Id. Ces mondes se ressemblaient énormément et, en effet, ils ressemblaient énormément à notre monde. En particulier, leurs habitants développaient exactement les mathématiques et la logique mathématique qui sont les nôtres actuellement. Il y avait deux différences principales: (a) Sur Oz, les ensembles existaient réellement, et sur Id, il n'existait aucune entité abstraite; mais (b) sur Id, les mathématiciens et les philosophes étaient presque universellement platoni-

28 «The world of empiricism», p. 124. La traduction du premier paragraphe provient de GARRETA, pp. 512s, n. 15.

29 *The scientific image*, p. 202.

30 VAN FRAASSEN reconnaît cette difficulté (communication privée, 26 mai 2003).

31 VAN FRAASSEN établit explicitement une analogie entre le «réalisme modal» et le «réalisme en ce qui concerne des entités théoriques» (*The scientific image*, p. 197).

ciens, tandis que sur Oz ils refusaient, sauf exception, de croire qu'il existait des entités abstraites.

Ils vécurent heureux jusqu'à la fin de leurs jours[32].

D'après cette fable, la question de savoir si des entités théoriques existent est sans intérêt. La tâche de l'épistémologue est de comprendre les mathématiques et la science; pour ce faire, il n'a pas besoin de telles entités, «de sorte que, sur le plan philosophique, il est aussi inintéressant de savoir s'il y a des ensembles que de savoir s'il y a des licornes. En tant que philosophe, il ne m'intéresse que de savoir si notre monde est intelligible si nous admettons qu'il n'y a pas d'ensembles, et s'il reste intelligible de la même manière si nous ne l'admettons pas[33].» L'agnosticisme modal correspond bien à la posture de l'acceptation prônée par l'empirisme constructif; dans ce cas, des propositions modales sont certes objectivement vraies ou fausses, mais nous en ignorons la valeur de vérité.

Ce qui est commun aux trois lectures possibles du nominalisme de van Fraassen, c'est le fait qu'il n'affirme pas de faits modaux objectifs, tout en maintenant le langage modal. Car si «le fantôme de la modalité [...] hante notre langage, c'est à de bonnes fins[34].» Dans la première lecture, le discours modal a des conditions de vérité non objectives. Dans les deux suivantes, les conditions de vérité sont objectives; dans la deuxième, nous savons qu'elles ne sont pas remplies, dans la troisième, nous restons prudemment agnostiques. La difficulté de préciser la teneur exacte du nominalisme de van Fraassen ressurgira à différents endroits de notre réflexion; elle est un signe précurseur de tensions inhérentes à l'empirisme constructif que nous aurons à mettre au jour[35].

32 B. VAN FRAASSEN, «Platonism's pyrrhic victory», dans *The logical enterprise*, sous dir. A. R. ANDERSON, R. B. MARCUS, R. M. MARTIN, 1975, p. 39.

33 *Ibid.*, p. 50.

34 *Lois et symétrie*, p. 299; *cf.* «The world of empiricism», p. 119.

35 James LADYMAN, «What's really wrong with constructive empiricism?: van Fraassen and the metaphysics of modality», *British Journal for the Philosophy of Science* LI, 2000, pp. 846-849, examine en détail les différentes interprétations auxquelles se prêtent les propos de van Fraassen, quant aux propositions modales; l'auteur ne réussit pas à en dégager une qui rendrait compte de l'ensemble des écrits de van Fraassen. Ce dernier a répondu à Ladyman dans un article écrit ensemble avec Bradley MONTON, «Constructive empiricism and modal nominalism», *British Journal for the Philosophy of Science* LIV, 2003, pp. 416-419.

2. Après l'échec du fondationnalisme

Si on cherche à cerner l'empirisme constructif non seulement dans sa définition, mais encore dans sa motivation sous-jacente, on ne peut que mettre en valeur un thème qui occupe une place croissante dans les écrits de van Fraassen: la prise de conscience de l'échec du positivisme logique et la nécessité de rendre compte de la pratique scientifique sans succomber aux illusions de ce que l'on appelle parfois le «projet des Lumières». L'approche de van Fraassen s'inscrit dans un mouvement plus large qui s'efforce de proposer une vision qui ne commette pas l'erreur de prétendre à une connaissance infaillible, non située historiquement. Aussi variées que soient ces évolutions philosophiques récentes, elles s'unissent autour du rejet de thèmes tenus pour caractéristiques du siècle des Lumières: la connaissance, représentant le monde, doit être certaine, on peut l'évaluer à partir d'un point de vue neutre, elle se construit sur un fondement invariable de vérités indubitables[36]. Le rejet du «fondationnalisme» s'accompagne le plus souvent d'une remise en cause de la place privilégiée que les philosophes des Lumières avaient accordée à la science, en l'opposant à d'autres pratiques humaines, comme par exemple l'art ou la religion – n'en rappelons que le traitement de l'art dans *La critique de la faculté de juger:* pour Kant, l'art ne fait que «jouer à la science», sans pouvoir rivaliser avec celle-ci comme moyen d'accès à la connaissance[37].

De nombreux auteurs contemporains sont convaincus qu'un tel idéal de connaissance ne peut être atteint, pire encore qu'il est inhumain: la perspective de nulle part n'est pas seulement impossible pour nous, êtres finis, mais le fait que notre connaissance est lestée de théories et de valeurs, sa dépendance à l'égard du contexte historique sont constitutives de son caractère véritablement humain. En suivant l'existentialisme de Heidegger, Hans-Georg Gadamer (1900-2002) célèbre la tradition en opposition

36 Merold WESTPHAL, «Hermeunetics as epistemology», dans *The Blackwell guide to epistemology*, sous dir. J. GRECO, E. SOSA, 1999, p. 416, en suivant Richard RORTY, *Philosophy and the mirror of nature,* Princeton (NJ), Princeton U.P., 1961, p. 315.

37 *Cf.* Marc SHERRINGHAM, *Introduction à la philosophie esthétique*, 1992, p. 172.

consciente à l'idéal fondationnaliste des Lumières dont le «préjugé fondamental [...] est le préjugé contre les préjugés en général[38].» Car, comme le souligne Gadamer,

> le dépassement de tous les préjugés, cette exigence globale de l'*Aufklärung*, s'avérera être lui-même un préjugé, dont seule la révision frayera la voie à une compréhension appropriée de la finitude qui domine non seulement notre être, mais également notre conscience historique.
> [... *L*]*es préjugés de l'individu, bien plus que ses jugements, constituent la réalité historique de son être*[39].

Pour citer un autre héritier d'Heidegger, on peut comprendre l'affirmation la plus célèbre de Jacques Derrida (1930-2004): «*Il n'y a pas de hors-texte*[40]», comme une radicalisation du cercle herméneutique de Heidegger, où l'absence de fondation prend une tournure tragique. Puisque l'auteur se retire et laisse le texte seul, l'écriture devient le symbole de l'aliénation; l'homme chassé du paradis ne rencontre plus la réalité sans médiation:

> L'écriture est le moment du désert comme moment de la Séparation. [...] Dieu ne nous parle plus, il s'est interrompu: il faut prendre les mots sur soi. [...] L'écriture se déplace sur une ligne brisée entre la parole perdue et la parole promise. La *différence* entre la parole et l'écriture, c'est la faute, la colère de Dieu qui sort de soi, l'immédiateté perdue et le travail hors du jardin. «*Le jardin est parole, le désert écriture. Dans chaque grain de sable, un signe surprend*[41].»

Le rejet du fondationnalisme n'est pas réservé aux philosophes qui s'inscrivent dans la filière existentialiste. On pourrait donner de nombreux exemples dans la seconde moitié du vingtième siècle[42]. N'en citons qu'une école philosophique récente, aux contours particuliers: la «signification fondamentale» de la théorie de la connaissance «réformée», dont Alvin Plantinga et Nicholas Wolterstorff sont les partisans les mieux connus, consiste, au dire de ces philosophes eux-mêmes, dans le rejet du

38 *Vérité et méthode: les grandes lignes d'une herméneutique philosophique*, trad. P. FRUCHON, J. GRONDIN, G. MERLIO, 1996, p. 291.

39 *Ibid.*, pp. 297s.

40 *De la grammatologie*, 1967, p. 227.

41 «Edmond Jabès et la question du livre», *L'écriture et la différence*, 1979, p. 104.

42 Des précurseurs sont plus rares, mais pas absents. Michael Polanyi en offre un bel exemple. Le titre de son *magnum opus*, *Personal knowledge: towards a post-critical philosophy*, 1958, exprime son refus de la vision anhistorique de la connaissance humaine.

«*fondationnalisme classiquement moderne*», ou encore de «l'idéal de la *doxa*», qui remonte jusqu'à la compréhension platonicienne de la connaissance fondée sur le contact direct[43].

Ainsi l'insistance de van Fraassen sur l'échec du fondationnalisme l'inscrit dans la grande famille d'approches post-positivistes en philosophie contemporaine. Ce qui confère à sa philosophie sa saveur caractéristique, c'est la combinaison de thèmes que certains appelleraient «postmodernes», avec une grande estime de la science empirique: anti-fondationnalisme et empirisme semblent, de prime abord, des compagnons de route mal assortis!

En reprenant le terme d'empirisme à son compte, van Fraassen assume la filiation des philosophes nominalistes médiévaux[44] et des empiristes britanniques du siècle des Lumières[45]. Pourtant, il cherche justement à tenir compte de la critique kantienne qui accusa l'empirisme classique des temps modernes d'être autant la victime des illusions de la raison que l'est le rationalisme; les deux se rendent coupables de métaphysique dogmatique:

> Si l'empirisme devient lui-même dogmatique par rapport aux idées (comme il arrive ordinairement), et s'il nie avec assurance ce qui est au-dessus de la sphère de ses connaissances intuitives, il tombe alors à son tour dans une intempérance d'esprit qui est d'autant plus blâmable que l'intérêt pratique de la raison en reçoit un irréparable dommage[46].

C'est pourquoi van Fraassen cherche à adopter une expression de l'empirisme qui évite le fondationnalisme, de sorte qu'il abandonne le projet des Lumières d'ériger le savoir humain sur une base incontestable[47].

43 N. WOLTERSTORFF, «Epistemology of Religion», dans GRECO, SOSA, p. 312; *cf.* N. WOLTERSTORFF, *Reason within the bounds of religion*, 1976.

44 P. ex. «The world of empiricism», p. 120.

45 Il retrace l'histoire du terme «empirisme» dans *The empirical stance*, app. B, pp. 201-225.

46 Emmanuel KANT, *Critique de la raison pure*, 1787², «Dialectique transcendantale», chap. II, 3e section, trad. J. BARNI, revue P. ARCHAMBAULT, 1987, p. 403; cité (en anglais) dans *The empirical stance*, p. 31 (*cf.* pp. 205s). *Cf.* B. VAN FRAASSEN, «Against transcendental empiricism», dans *The question of hermeneutics: essays in honor of Joseph J. KOCKELMANS*, sous dir. T. J. STAPLETON, 1994, p. 311.

47 «La fin de l'empirisme?», *Revue Philosophique de Louvain* XCVIII, 2000, p. 462, et *The empirical stance*, pp. 39-46, et chap. 4.

La tâche de la philosophie ne consiste pas à trouver le fondement inébranlable sur lequel ériger notre connaissance; elle doit «plutôt [...] montrer clairement [...] comment nous pouvons vivre et fonctionner parfaitement bien épistémologiquement (comme nous le faisons parfois!)» sans un tel fondement[48]. Seule une philosophie qui reconnaît pleinement l'absence de fondement permet de faire face à la multiplicité de fondements possibles qu'entre autres, les révolutions scientifiques du vingtième siècle, nous ont fait découvrir: «Tout ce en quoi nous avons confiance [...] admet manifestement d'autres possibilités. Il ne peut donc absolument rien y avoir qui soit susceptible de jouer le rôle que les fondationnalistes et les fondamentalistes voulaient faire jouer au fondement[49].»

En particulier, van Fraassen n'a aucune sympathie pour ceux qui veulent élever la connaissance humaine sur le sol fondateur des «données sensibles» [*sense-data*]:

> Des événements tels que les expériences et des entités telles que les données sensibles, quand on ne les a pas déjà compris dans le cadre des phénomènes observables reconnus d'ordinaire, sont des entités théoriques. Ce sont, ce qui est pire, les entités théoriques d'une psychologie de salon qui ne peut même pas prétendre à juste titre qu'elle est scientifique. Je souhaite simplement être agnostique à l'égard de l'existence des aspects non observables du monde, que décrit la science – mais les données sensibles, j'en suis certain, n'existent pas[50].

Cette attaque virulente est, en fait, indispensable au maintien de la différence épistémologique entre les objets observables et ceux qui ne le sont pas, postulat important de l'empirisme constructif, sans lequel son scepticisme quant à l'inobservable finirait par engloutir l'ensemble du savoir humain. Dans le seul cas où les objets observables – comme des tables et des arbres – ne sont pas le résultat d'une construction théorique, similaire à celle qui est nécessaire pour dériver l'existence, par exemple, des atomes ou des champs magnétiques, il fait sens de croire aux uns, sans s'engager à croire aux autres.

48 «La fin de l'empirisme?», p. 465.
49 *The empirical stance*, p. 133.
50 *The scientific image*, p. 72; *cf. The empirical stance*, p. 185.

3. La posture de l'empirisme

Pratiquer la philosophie après l'échec du fondationnalisme implique, selon van Fraassen, de reconnaître les éléments non factuels impliqués dans toute position philosophique:

> Une position philosophique peut consister en une posture (attitude, engagement, approche, ou les trois à la fois – ce qui inclut peut-être aussi des attitudes propositionnelles telles que les croyances). Une telle posture peut, bien entendu, s'exprimer et elle peut aussi impliquer ou présupposer des croyances, mais on ne peut absolument pas l'identifier au fait d'avoir des croyances ou de faire des affirmations sur ce qui existe[51].

Van Fraassen s'appuie sur le double sens du terme «posture» (en anglais «stance») – une position stable ainsi qu'une attitude particulière du corps –, pour affirmer qu'il comprend par ce terme une certaine position que l'on adopte en vue d'agir[52]. Dans une telle perspective, la pratique philosophique comporte une dimension existentielle marquée[53]; le philosophe ne se limite pas à affirmer des convictions propositionnelles, corroborées par des arguments rationnellement irrécusables. Adopter l'empirisme, le matérialisme ou n'importe quelle autre position philosophique «sera alors similaire ou analogue à la conversion à une cause, une religion, une idéologie, au capitalisme ou au socialisme, à une Weltanschauung telle que la vision du gène égoïste de Dawkins ou la vision que Russell exprime dans ‹Pourquoi je ne suis pas chrétien›[54].»

En ce qui concerne plus particulièrement l'empirisme, il ne doit pas se résumer à la *croyance* au dogme *sola experientia* – l'expérience comme source unique de tout savoir. L'empiriste qui souhaite résumer sa position dans l'affirmation d'un dogme empiriste (de quelques contours précis qu'il soit) a de fait introduit subrepticement un élément non empirique –

51 *The empirical stance*, pp. 47s.

52 B. VAN FRAASSEN, conférence au colloque «The empirical stance», CRÉA, Paris, 26 mai 2003.

53 *The empirical stance*, p. xviii.

54 *Ibid.*, p. 61. Van Fraassen renvoie à la logique et aux métamathématiques, où «l'on peut rendre précises les notions de théories et de langages plus forts et plus riches, de sorte qu'on peut obtenir des exemples très clairs» de cadres conceptuels incommensurables, demandant quelque chose d'équivalent à une conversion, pour passer de l'un à l'autre (*ibid.*, p. 239, n. 7).

car comment prouver par l'expérience le *sola experientia* dans la mesure où toute vérification expérimentale présuppose déjà, dans sa mise en pratique, le principe que l'on est censé prouver[55]? De plus, affirmer une proposition factuelle comme fondement de l'empirisme entraîne l'empiriste dans une contradiction insurmontable: son admiration pour la science, avec son ouverture de principe à examiner toute hypothèse et son contraire, l'obligerait alors à accepter comme candidat à la vérification expérimentale l'opposé du *sola experientia* – l'idée que la connaissance ait d'autres sources que l'expérience; mais cela reviendrait, de fait, à renoncer à l'empirisme. Il n'y a alors pas de conception stable de l'empirisme qui mettrait à la base de son système le *sola experientia*, peu importe quelle formulation précise on en adopte, pourvu qu'elle soit comprise comme une affirmation factuelle[56].

Au lieu de comprendre l'empirisme comme un système de convictions, que l'on pourrait formuler sous forme de dogmes, il faut y voir essentiellement une *posture*, une attitude, un engagement existentiel. Comme une posture ne se résume pas à un certain nombre de croyances, il n'est pas possible d'en formuler d'une manière exhaustive le contenu[57]. En fait, «avoir une théorie sur une posture, ce n'est pas remplacer celle-ci, et la rejeter ne consiste pas à ne pas croire une théorie[58].» Il faut habiter son point de vue, et aucune description ne traduira, pour l'observateur neutre, cette dimension existentielle de toute posture; seule l'expérience le pourra. Néanmoins, il reste possible de faire ressortir des traits saillants qui aident

55 B. VAN FRAASSEN, «Against naturalized epistemology», dans *On Quine: new essays*, sous dir. P. LEONARDI, M. SANTAMBROGIO, 1995, pp. 72-82.

56 *The empirical stance*, pp. 41-46.

57 Paul TELLER, «What is a stance?», dans «Symposium on *The empirical stance*», *Philosophical Studies* CXXI, 2004, pp. 162-166, distingue entre des postures explicites et implicites; les premières sont formulées d'une manière explicite, les secondes adoptées tacitement (il considère que le chap. 2 de *The empirical stance* utilise la notion de posture explicite et le chap. 4 la notion de posture implicite). Pourtant, on doit noter que toutes les postures résistent à une formulation explicite englobante; de même, il paraît probable que toute posture permet une description explicite partielle. De cette manière, la distinction entre postures explicites et implicites est au plus une question de degré.

58 *The empirical stance*, p. 194.

à distinguer différentes postures et permettent de dépister des traditions perpétuelles dans l'histoire de la philosophie, bien que le contenu propositionnel puisse varier d'après le temps et le lieu.

En ce qui concerne l'empirisme, van Fraassen souligne la haute estime dans laquelle cette posture tient la science empirique: les empiristes considèrent que «la science est un paradigme de recherche rationnelle[59].» Pourtant il ne faut pas confondre l'attitude caractéristique du matérialisme et l'empirisme, bien que les deux mettent les sciences empiriques à l'honneur. La première attitude s'incline devant le contenu des théories scientifiques, avec une tendance marquée à les tenir comme une description exhaustive de la réalité. L'empirisme, en revanche, exalte la méthodologie et la pratique scientifiques, avec une grande ouverture envers de nouvelles données mettant en cause l'image du monde acceptée jusqu'alors. Van Fraassen voit l'empirisme répondre à la question:

> Comment vivons-nous dans un monde dans lequel, au mieux de notre connaissance et de notre croyance, les meilleures de nos théories scientifiques fondamentales sont fausses[60]? Nous y vivons grâce aux lumières de la science en tant que pratique, recherche, forme rationnelle d'investigation par excellence.
> Pour le matérialiste, la science est ce qui nous enseigne ce que nous devons croire. Pour l'empiriste, la science est plutôt ce qui nous enseigne la façon d'abandonner nos croyances[61].

Van Fraassen suit en cela l'«empirisme radical» de William James, qui considère que «les conclusions les plus certaines touchant les matières de fait ne sauraient être considérées autrement que comme des hypothèses sujettes à être modifiées au cours de l'expérience future[62].» De plus, les empiristes (comme van Fraassen les représente) n'absolutisent pas la méthodologie scientifique. Contrairement à la personne «sécularisée», qui

59 *Ibid.*, p. 63; *cf.* pp. 41-49. Van Fraassen avait d'abord développé le thème dans les articles jumeaux «Against naturalized epistemology», pp. 68-88, et «Against transcendental empiricism», pp. 309-335.

60 Van Fraassen souligne que telle est bien notre situation en ce qui concerne les théories fondamentales de la physique actuelle; car il n'est pas possible de combiner d'une manière non contradictoire la mécanique quantique et la relativité générale (*The empirical stance*, p. 238, n. 33).

61 *Ibid.*, p. 63; *cf.* «The world of empiricism», pp. 132s.

62 William JAMES, *La volonté de croire*, trad. L. MOULIN, 1918, p. 13, cité (en anglais) dans *The empirical stance*, p. 213.

considère que la science constitue *le* paradigme de l'enquête rationnelle, l'empiriste reconnaît d'autres approches de la réalité que la méthode objectivante; celle-ci est particulièrement réductrice quand on va à la rencontre d'autres personnes[63].

Une telle interprétation de l'empirisme permet de comprendre comment paradoxalement, «tous les philosophes que nous estimons empiristes ont rejeté les propositions de leurs prédécesseurs, même quand ils les reconnaissaient comme leurs héros philosophiques[64].» L'ouverture au changement, l'empressement d'abandonner des points de vue classiques, face à de nouvelles données expérimentales, se trouvent au cœur même de la «tradition» empiriste. C'est la fluidité héraclitienne qui confère à l'empirisme sa consistance. On ne devrait pas attendre autre chose d'une posture philosophique qui est prête à risquer «toutes nos croyances factuelles [...] devant les résultats empiriques à venir[65].»

A part cette affirmation centrale de l'empirisme, on peut mentionner d'autres traits. Pris ensemble, ils fournissent cet air de famille qui permet de rattacher une certaine position à la tradition perpétuelle de l'empirisme. Van Fraassen place un accent particulier sur l'aversion empiriste à l'encontre de la métaphysique, ou plus exactement à l'encontre d'«un style dix-septième siècle de métaphysique[66]», qui succombe à l'illusion rationaliste selon laquelle la raison déciderait de la réalité, sans écouter d'abord le verdict de l'expérience. Le rejet de la métaphysique pré-kantienne s'accompagne alors du refus d'idées innées, comme source indépendante de la connaissance[67]. De même, il implique la rébellion contre l'impérialisme de l'explication: l'empiriste mène la guerre contre «les formes de la métaphysique qui (a) donnent la primauté absolue aux exigences d'explication et qui (b) se satisfont d'explications-par-postulat, c'est-à-dire d'explications qui postulent la réalité de certaines entités ou de certains aspects du monde que l'expérience n'a pas déjà rendus évidents[68].»

63 *The empirical stance*, pp. 173, 191-193. *Cf.* ci-dessous p. 312.
64 *The empirical stance*, p. xiii.
65 *Ibid.*, p. 63.
66 *Ibid.*, p. xviii; *cf.* p. xiii.
67 *Ibid.*, p. 209.
68 *Ibid.*, p. 37.

Mais l'empirisme, tel que van Fraassen le promeut, a également intégré une autre conviction kantienne: il n'existe pas d'accès direct à la réalité qui ne fasse intervenir le rôle structurant de l'être humain. L'*a priori* kantien est pourtant relativisé: le rôle du sujet connaissant est conçu d'une manière relative à la situation historique. Ainsi l'empirisme moderne a abandonné la quête de la certitude absolue. Seule cette version révisée de l'empirisme permet d'échapper au dogmatisme dont Kant avait accusé les empiristes de son temps[69]. Van Fraassen renvoie en particulier à la critique de l'empirisme que formula Hans Reichenbach: sa «troisième voie» montre la bonne direction à prendre, pour sortir de l'impasse dans laquelle les empiristes se sont égarés à cause de leur acceptation, sans sens critique, de l'idéal rationaliste de la connaissance certaine[70].

Enfin et surtout, il convient de mentionner l'affirmation qui est à l'origine du nom de l'empirisme: seule l'expérience est la source de la connaissance. Développer une interprétation défendable de cette affirmation est une préoccupation dominant une grande partie des écrits plus récents de van Fraassen, et en particulier de *La posture empirique;* la tâche se révèle plus difficile que l'on croirait de prime abord. Même sans regarder de près la ligne d'argumentation qu'adopte van Fraassen, il devrait maintenant être clair que sa compréhension de l'empirisme comme posture lui interdit de faire du *sola experientia* une affirmation factuelle, de le lire dans le sens d'un dogme, à la base de l'empirisme. Il s'agit plutôt d'un cri de guerre orientant nos regards vers la science empirique, pour que nous y trouvions un paradigme d'enquête rationnelle.

69 *Ibid.*, pp. 31, 37; *cf.* p. 248, n. 13.

70 Hans REICHENBACH, «Empiricism and rationalism: an inquiry into the roots of philosophical error», 1947, *Modern philosophy of science: selected essays*, 1959, pp. 135-150; commenté dans B. VAN FRAASSEN, «False hopes of traditional epistemology», *Philosophy and Phenomenological Research* LX, 2000, pp. 253-261, et *The empirical stance*, pp. 39s, 220-224.

4. L'expérience personnelle sans fondation

Certains commentateurs se sont demandé si le dilemme qu'avance van Fraassen contre une version fondationnaliste de l'empirisme ne menace pas de la même manière l'empirisme compris comme posture. Ainsi Marc Alspector-Kelly écrit:

> Le problème de l'empiriste doctrinal est le résultat: (a) de son respect pour la science en tant que paradigme de l'investigation rationnelle [...], (b) de son désir de ce que ce respect ne paraisse pas frivole et sans fondement, (c) du fait qu'une justification scientifique de son respect pour la science serait triviale ou éluderait la question, et (d) du fait qu'une justification extra-scientifique de son respect de la science en tant que paradigme de rationalité relèverait de l'auto-réfutation. Rien de cela n'exige que son attitude respectueuse s'exprime en tant que croyance; il faut seulement qu'il ait envie de dire quelque chose de cohérent et de significatif en faveur [de] cette attitude et contre ceux qui ne la partagent pas[71].

En fait, Alspector-Kelly considère que ce type de dilemme ne concerne pas seulement l'empiriste, mais tous ceux qui souhaitent défendre la pratique scientifique: soit un tel argument est circulaire, soit il fait dépendre la science de raisons extérieures à elle. La première stratégie ne parvient pas à convaincre l'opposant, la seconde est auto-destructrice pour celui qui cherche à maintenir l'indépendance de la science.

Comment réagir à une telle critique? Van Fraassen s'est-il trompé dans sa défense de l'empirisme comme posture, au moins en ce qui concerne un des ses arguments centraux? Ou l'empiriste existentialiste échappe-t-il quand même au dilemme qui menace son confrère dogmatique? La réponse à ces questions dépend du radicalisme avec lequel on est prêt à suivre la direction dans laquelle avance van Fraassen. Aussi longtemps que l'on maintient la demande de justification (comme le fait Alspector-Kelly), l'empiriste est prisonnier du dilemme. Seul le rejet radical et entier du fondationnalisme peut l'en libérer. L'empiriste ne doit même pas se souvenir avec nostalgie du bon vieux temps de l'empirisme dogmatique; il est nécessaire d'opérer une réforme épistémologique drastique, de rompre complètement avec les normes rationalistes de justification universelle.

71 «Should the empiricist be a constructive empiricist?», *Philosophy of Science* LXVIII, 2001, p. 421.

Ainsi se dessine un rapprochement entre le thème de l'empirisme comme posture et les écrits antérieurs de van Fraassen, consacrés plus particulièrement à l'empirisme constructif. Un de ses arguments centraux contre le réalisme consiste à refuser l'exigence de tout expliquer. La guerre qu'il mène contre l'inférence à la meilleure explication cherche à montrer que bien des choses qui, à première vue, semblent nécessiter une explication, n'ont pas vraiment besoin d'être expliquées. En particulier, on ne devrait pas croire à l'existence d'entités inventées simplement pour satisfaire le désir de trouver une explication, sans que l'expérience y donne directement accès[72]. Le paradoxe d'Einstein, Podolsky et Rosen fournit un exemple fameux de corrélations qui n'admettent pas d'explication causale[73]. Nous n'avons qu'à accepter le fait que les choses sont ce qu'elles sont, et à essayer, avec les meilleurs outils conceptuels à notre disposition, d'en élaborer une description théorique, sans succomber à l'illusion que les structures théoriques que nous inventons correspondent à la nature et expliquent de la sorte le phénomène observé.

On peut lire *La posture empirique* comme une radicalisation d'une telle conception de l'expérience, qui la voit comme le donné qui ne demande pas à être expliqué à l'aide de nos constructions rationnelles. Ce ne sont pas seulement les structures dans les phénomènes observés, ou plus précisément observables, que nous ne devrions pas essayer de réduire à un niveau prétendument plus fondamental; mais l'expérience dans son ensemble acquiert l'autonomie et n'a plus besoin de fondement théorique. L'empirisme de van Fraassen échappe à l'accusation kantienne de dogmatisme en interprétant l'expérience dans un sens existentialiste caractéristique. Loin de se résumer à des entités isolées, comme des idées simples, des données sensibles, ou encore des positions d'une aiguille sur un instrument de mesure, «l'expérience est d'abord *mon* expérience»; dans l'empirisme constructif s'opère, écrit Michel Ghins, «un retour en force» «du

72 *The scientific image*, pp. 19-34; *Lois et symétrie*, pp. 243-254. *Cf.* ci-dessus p. 275.

73 B. VAN FRAASSEN, «The Charybdis of realism: epistemological implications of Bell's inequality», dans *Philosophical consequences of quantum theory: reflections on Bell's theorem*, sous dir. J. T. CUSHING, E. MCMULLIN, 1989, pp. 97-113. Il renvoie également au refus qu'opposait Guillaume d'Occam à la demande aristotélicienne d'expliquer le mouvement inertiel; ce refus nominaliste préfigurait le premier axiome de Newton (OCCAM, *Summulae in Libros Physicorum* III, 7, cité dans «The world of empiricism», pp. 121s).

sujet, ou, plus exactement, du ‹Je› en première personne, toujours-déjà [...] jeté dans le monde avec son langage, ses engagements, ses croyances, et plongé dans une tradition portée par une communauté[74].»

En tenant compte de l'enracinement de toute expérience dans une histoire personnelle, van Fraassen répond à la critique kantienne de l'erreur fondationnaliste des empiristes classiques. Mais en même temps, il maintient la distinction entre deux faces de toute expérience: «ce qui m'arrive réellement et le jugement spontané que je forme en réponse[75]». Une telle distinction est nécessaire pour éviter certains paradoxes: comment comprendre, sans elle, par exemple, qu'un homme de l'Âge de pierre, puisse voir une balle de tennis, sans savoir ce qu'est le tennis[76]? Il faut pourtant se demander si, paradoxalement, cette distinction ne reste pas tributaire de la conception des «faits bruts de l'expérience» qu'elle cherche à rejeter pour ne pas subir le même sort que le positivisme logique et d'autres variantes de l'empirisme naïf. En reconnaissant que l'expérience est «à la fois événement et jugement[77]», n'ai-je pas déjà cédé à la tentation d'isoler, ne serait-ce que dans ma pensée, un noyau entièrement pré-théorique de l'expérience? Certes, il pourrait simplement s'agir d'une métaphore quelque peu ambiguë. Nous avons pourtant vu que l'empirisme constructif a besoin d'une disponibilité essentiellement pré-théorique des objets observables, pour défendre la différence épistémologique entre l'observable et l'inobservable. Nous voici alors de nouveau devant un indice suggérant que des éléments de «métaphysique pré-kantienne» subsistent dans l'empirisme constructif.

Sans poursuivre, pour l'instant, cette ligne de critique, revenons au refus de chercher un fondement à la pratique scientifique. Comment van Fraassen peut-il répondre au reproche que cette stratégie influente dans ses textes les plus récents soit une pétition de principe? Pour bien comprendre sa démarche, il faut se rendre compte qu'il traite la science comme une forme de vie; sa pratique est la seule «justification» dont on a besoin. Ce regard sur la science constitue le cœur de sa réponse à l'examen que

74 «Présentation de Bas van Fraassen», *Revue Philosophique de Louvain* XCVIII, 2000, p. 446.

75 «Constructive empiricism now», p. 158.

76 *The scientific image*, p. 15.

77 GHINS, «Présentation de Bas van Fraassen», p. 447.

Paul Feyerabend a consacré à l'empirisme. Pour montrer que l'empirisme, dans sa forme habituelle, est incohérent, Feyerabend a adapté l'argument que le jésuite François Veron avait avancé, au dix-septième siècle, contre le principe herméneutique protestant du *sola scriptura*. Le jésuite soulève trois problèmes pour le biblicisme protestant: celui-ci doit identifier les contours exacts des Ecritures qu'il accepte, les textes scripturaires ont besoin d'interprétation, et des règles sont nécessaires pour dégager les conséquences pratiques de la Bible. La règle de foi «l'Ecriture seule» ne permet d'exécuter aucune de ces trois tâches: tant que l'on ne connaît ni le canon de la Bible, ni l'interprétation et les conséquences pratiques des textes, le dogme *sola scriptura* n'est d'aucun recours, car il manque de contenu matériel[78].

Il n'est pas difficile de deviner comment le jésuite compte accomplir ces tâches: il est convaincu que l'invocation de la tradition ecclésiastique résout les problèmes. Mais van Fraassen fait remarquer que les problèmes reviennent, sous une forme strictement analogue, une fois que l'on a ajouté la tradition aux Ecritures. En fait, la Bible plus les textes du magistère forment un nouveau canon d'écritures saintes, et on retrouve la difficulté d'en définir les limites, d'en décider l'interprétation et d'en saisir les implications concrètes. L'argument se laisse formuler d'une manière très générale et menace alors toutes les positions fondationnalistes épistémiques – qu'il s'agisse du fondamentalisme protestant, de la soumission catholique à l'Eglise ou de la défense du *sola experientia* dans l'empirisme classique[79].

Cette argumentation revient-elle à n'admettre que le scepticisme radical comme seule position rationnellement acceptable en théorie de la connaissance? Van Fraassen résiste à une telle conclusion, en faisant res-

78 La discussion de l'argument de Feyerabend constitue l'essentiel de la quatrième leçon «Experience: (epistemic) life without foundations», dans *The empirical stance*, surtout pp. 119-125. Ce texte avait déjà été publié, sous une forme légèrement abrégée et en français, comme «La fin de l'empirisme?», *Revue Philosophique de Louvain* XCVIII, 2000, pp. 449-479. Van Fraassen répond à Paul K. FEYERABEND, «Classical empiricism», *Problems of empiricism: philosophical papers*, vol. II, Cambridge, C.U.P., 1981, pp. 34-51. On trouve une réfutation similaire du fondationnalisme bibliciste chez WOLTERSTORFF, *Reason within the bounds of religion*, chap. 8.

79 *The empirical stance*, pp. 126s.

sortir que l'argument jésuite dépend d'un trait spécifique de la fondation: l'argument ne marche que si l'on traite celle-ci comme un *texte* – «un texte dans un langage dans lequel le sens et la référence de ce texte ne sont pas déjà complètement déterminés.» C'est pour cette raison que l'invocation de la tradition ecclésiastique paraît, de prime abord, une solution plausible: «La réponse de la ‹tradition› [...] peut être prise pour une manœuvre anti-fondationnaliste»; en fait, «se fier à la tradition ne signifie pas seulement croire en un texte supplémentaire qui nous informe de la signification de tous les autres textes, mais cela implique aussi que nous nous confions nécessairement à notre [propre] compréhension de notre propre langage[80].» On peut résumer la stratégie de van Fraassen, pour échapper à l'argument jésuite, comme le rejet du slogan de Derrida, «*Il n'y a pas de hors-texte*[81]»: la lecture doit s'arrêter quelque part, *mon* expérience fournit le fondement où tout questionnement prend fin.

Dans un esprit wittgensteinien, je peux échapper au scepticisme quand je résiste aux scrupules de philosophes qui veulent me faire douter de la compréhension de mon propre langage[82]. Protestants et empiristes sont engagés dans une forme de vie. Leur implication dans une telle activité communautaire n'a pas besoin de fondement théorique; non seulement une telle base n'est pas possible, mais encore elle serait inutile même si on pouvait en trouver. Bien que la stratégie wittgensteinienne soit en principe ouverte à tous, peu importe la position que l'on cherche à défendre, il devient maintenant clair que cette stratégie transforme inévitablement la position qu'elle est censée protéger. Personne ne peut adopter cette manœuvre d'une manière cohérente, sans devenir lui-même anti-

80 *Ibid.*, pp. 131s. *Cf.* p. 136, pour la solution des trois problèmes mentionnés dans le cas de l'expérience.

81 *Cf.* p. 269 ci-dessus. Cette remarque ne se veut pas une interprétation de la philosophie de Derrida. Un examen plus attentif de ses textes serait nécessaire, avant que l'on puisse dire dans quelle mesure l'approche de van Fraassen s'oppose à la vision que propose Derrida.

82 «La philosophie ne doit d'aucune manière attenter à l'usage effectif du langage, donc en fin du compte, elle ne peut que le décrire. // Car elle ne peut pas non plus le justifier. // Elle laisse tout en l'état» (Ludwig WITTGENSTEIN, *Philosophische Untersuchungen: eine kritisch-genetische Edition*, «Spätfassung (TS 227)», § 124, éd. J. SCHULTE, 2001, p. 814). *Cf.* «The world of empiricism», p. 133.

fondationnaliste; aucun fondamentaliste ne doit compter sur ce recours, au risque de se saboter lui-même. En fait, on se demande si le protestant conscient n'est pas devenu subrepticement une sorte d'empiriste existentialiste. C'est une «illusion que l'opinion correcte soit uniquement déterminée par la source» – qu'il s'agisse des Ecritures pour le protestant ou des résultats de mesure pour l'empiriste. C'est l'expérience, acquise dans une forme de vie communautaire, qui constitue la clé; sans elle, la règle est vide de sens[83].

L'appel à l'expérience – dans le sens de l'immersion dans une forme de vie – est une stratégie générale, à l'aide de laquelle van Fraassen entend résister à une variété d'arguments fondationnalistes. Cette stratégie ne lui permet pas seulement d'être un empiriste cohérent, car non dogmatique, mais elle l'aide aussi à démystifier l'anti-nominalisme, quand celui-ci cherche à tirer profit des difficultés que la notion de référence pose en philosophie du langage. Au lieu de faire appel aux universaux ou à une quelconque correspondance entre notre langage et la réalité, nous ferions mieux de reconnaître «ce problème: ‹comment la référence est-elle établie?› [...comme] un faux problème. Evidemment, nous n'établissons rien du tout, et si la nature fait un quelconque collage, cela n'a rien à voir. Comprendre notre propre langage ne réside pas dans le fait d'en avoir une interprétation. En nous servant d'une partie de notre langage, nous pouvons en interpréter une autre[84].» Cette énigme, à savoir comment les termes généraux ont un sens, est un des problèmes perpétuels en philosophie que l'on ne peut résoudre, ou plus exactement dissoudre, que par voie de «thérapie philosophique[85]». L'acquisition du langage ne présente pas de problème philosophique, mais s'examine à l'aide des sciences empiriques. C'est un fait de notre expérience que nous soyons capables d'apprendre des langages véritablement plus riches: chaque enfant accomplit cet

83 «La fin de l'empirisme?», p. 474; *cf. The empirical stance*, pp. 141, 132.

84 B. van Fraassen, «Putnam's paradox: metaphysical realism revamped and evaded», *Philosophical Perspectives* XI, 1997, pp. 37s. L'article réfute la conclusion anti-nominaliste que David Lewis fait, contre l'intention de Hilary Putnam, de son argument fondé sur la théorie des modèles.

85 *Ibid.*, p. 39.

exploit. Même si ce processus peut paraître mystérieux, le philosophe doit se garder de construire une théorie métaphysique, pour «expliquer» le mystère[86].

5. Le caractère pré-théorique de l'observabilité

De nombreux critiques se sont attaqués à la distinction entre les domaines observable et inobservable, sur laquelle repose l'empirisme constructif. Déjà *L'image scientifique* fait état de cette polémique[87]. Et jusque dans ses publications récentes, van Fraassen se défend contre l'accusation d'avoir établi une distinction arbitraire[88]. Il n'est guère nécessaire de répéter ici les arguments échangés à ce propos, car ils ont reçu un large traitement dans la littérature[89]. Qu'il soit pourtant permis de mentionner une ligne d'attaque qui mette en valeur la difficulté qu'a l'empiriste constructif de rendre compte de la notion d'observation.

L'empirisme constructif contient, comme un de ses piliers, la différence épistémologique entre l'observable et l'inobservable. On prend pourtant conscience de la précarité de la distinction, dès que l'on se rend compte que la notion d'entité observable est elle-même une notion modale

86 *Ibid.*, pp. 31s. De même, van Fraassen défend l'origine naturaliste du langage: «A l'écart des mythes, l'humanité doit avoir façonné elle-même son langage, comme ses autres outils» (*ibid.*, p. 32). Néanmoins sa position n'est pas réductionniste, à cause du rôle qu'il confère à l'expérience humaine (*cf.* en particulier *The empirical stance*, p. 244, n. 42, contre le matérialisme éliminatoire). J'ai quelques doutes sur la compatibilité d'une telle vision non réductionniste du sujet connaissant avec une origine évolutionniste de l'humanité (*cf.* A. PLANTINGA, *Warrant and proper function*, 1993, chap. 12).

87 P. ex. pp. 13-19, 72.

88 *Cf.* sa réponse aux arguments d'Arthur Fine et de Paul Teller dans «Constructive empiricism now», 2001, pp. 151-160.

89 En plus des autres travaux cités dans cette section, on peut p. ex. se reporter à B. VAN FRAASSEN, «Empiricism in the philosophy of science», dans *Images of science: essays on realism and empiricism with a reply from Bas C. VAN FRAASSEN*, sous dir. P. M. CHURCHLAND, C. A. HOOKER, 1985, pp. 256-258, et Sara VOLLMER, «Two kinds of observation: why van Fraassen was right to make a distinction, but made the wrong one», *Philosophy of Science* LXVII, 2000, pp. 355-365.

et qu'elle fait ainsi partie de ce en quoi l'empiriste constructif ne croit pas. La dimension modale de la différence épistémologique est essentielle au compte rendu que van Fraassen propose de la pratique scientifique; il serait peu satisfaisant de vouloir limiter l'adéquation empirique d'une théorie à la vérité de ses conséquences *observées*. Comment comprendre, par exemple, que le scientifique utilise sa théorie pour prédire les résultats d'expériences futures, si sa croyance ne dépasse pas le domaine de l'*observé*, pour s'élargir au domaine de l'*observable?*

En accord avec la reconstruction du discours modal qu'offre van Fraassen, ce doit alors être la théorie qui nous dit ce qui est observable. En même temps, la restriction de la croyance aux seules conséquences observables *et* réelles de la théorie[90] nous interdit d'ajouter foi à la délimitation du domaine observable par la théorie[91]. James Ladyman formule ainsi le dilemme devant lequel se trouve l'empiriste constructif: «S'il ne prend pas des faits modaux tels que ceux exprimés dans la phrase ‹Si un dinosaure se présentait devant moi, je l'observerais› pour objectifs et indépendants de la théorie, son attitude épistémique dépendra d'une distinction qui est complètement arbitraire[92].»

Gideon Rosen essaie de pousser cette ligne d'attaque plus loin et de mettre en évidence une dimension modale dans la notion d'observation même. Ce ne serait pas seulement le fait que nous n'observerons jamais toutes les conséquences observables de nos théories, qui mette à mal la différence épistémologique. Même dans le cas idéal de scientifiques omniscients, qui auraient observé tout ce qui se laisse observer, l'empirisme constructif nous obligerait à ajouter foi à certaines conséquences modales de nos théories – en dépit de son nominalisme avoué.

Pour aboutir à cette conclusion, Rosen souligne qu'il faut postuler un certain lien (soit causal soit contrefactuel) entre l'objet observé et l'observateur, pour distinguer un cas réel de perception d'une hallucination. «Dans un sens large, alors, ‹observé› est un prédicat modal. Le fait que x a

90 Van Fraassen souligne que les deux restrictions ne se confondent pas: «La chevauchée du cavalier sans tête est un événement observable mais pas actuel» (*The scientific image*, p. 197).

91 ROSEN, p. 171.

92 LADYMAN, p. 851. Van Fraassen répond à Ladyman dans VAN FRAASSEN, MONTON, pp. 409-414.

été observé dépend des faits causaux ou contrefactuels.» Cette conclusion pose problème à van Fraassen qui se veut agnostique quant aux jugements causaux et contrefactuels. Car «si l'observation est une notion causale et la causalité un concept du même type que la nécessité nomologique, alors quiconque suspend son jugement sur cette sorte de modalité ne jugera jamais – c'est-à-dire, croira – que quoi que ce soit ait jamais été observé[93].» Les empiristes traditionnels évitaient ce problème en optant pour une définition non modale de l'observation: ils identifiaient l'observation à la «série des données sensorielles dans la conscience, indépendamment de sa provenance[94].»

Van Fraassen connaît trop bien les différentes formes que peut prendre la critique d'une telle reconstruction de l'observation, pour accepter le compte rendu empiriste traditionnel[95]. Pourtant, en se débarrassant d'un élément de la métaphysique pré-kantienne, l'empiriste constructif voit ressurgir celle-ci ailleurs, sous la forme d'un fait modal objectif, c'est-à-dire indépendant de la construction théorique. Certes, il serait possible de rendre la position de van Fraassen cohérente si on interprétait «observable» comme «observable suivant la théorie *T*», sans tenir la différence épistémologique pour un trait du monde. Bien que cohérente, une telle option n'est pas attrayante dans le cadre d'une pensée empiriste qui cherche à maintenir la correspondance entre la description scientifique et les phénomènes observables; car comment motiver la restriction de la croyance aux seules conséquences observables si la délimitation même du domaine observable dépend de la théorie que l'on adopte[96]? Ainsi van Fraassen parie bel et bien que «la distinction entre observable et inobservable n'est pas, de façon significative, relative à ou dépendante de la théorie[97].» Pour

93 ROSEN, pp. 172s; pour l'agnosticisme de van Fraassen, Rosen renvoie à *Lois et symétrie*, pp. 331s (p. 214 dans l'édition anglaise).

94 ROSEN, p. 174.

95 *Cf.* le passage de *The scientific image*, p. 72 cité ci-dessus (p. 271). Dans la même ligne, p. ex. Hilary PUTNAM, *The many faces of realism*, 1987, p. 8: «Chacune des parties de l'histoire des données sensibles est une supposition – une théorie – et une théorie d'un genre très particulier.»

96 ROSEN, pp. 174s.

97 «From vicious circle to infinite regress, and back again», dans *Proceedings of the 1992 biennial meeting of the Philosophy of Science Association*, sous dir. D. HULL, M. FORBES, K. OKRUHLIK, 1993, vol. II, p. 19.

éviter une reconstruction causale ou contrefactuelle de l'observation, van Fraassen a recours à l'idée de conditionnement: grâce à un tel processus, «on établit une corrélation qui fait effectivement de la personne un instrument de mesure fiable ou un détecteur des conditions auxquelles elle est conditionnée de réagir de cette façon», et ainsi on évite d'établir un «lien nécessaire entre le *contenu* du rapport de l'observation et les *conditions* auxquelles il constitue une réponse[98].»

Certes, van Fraassen est conscient du fait que de tels arguments ne sont guère plus que des pétitions de principe – mais pourrait-on réellement s'attendre à mieux quand la discussion porte sur des convictions qui concernent la base même d'une posture? Finalement, l'argument décisif consistera dans le refus obstiné du scepticisme lui-même. Il faut maintenir la possibilité de la connaissance (d'une partie) de la réalité, et avec elle la différence épistémologique entre l'observable et ce qui ne l'est pas; car autrement nous sombrerions dans un scepticisme débilitant. De toute manière, seul le fondationnalisme cartésien pourrait nous immuniser contre toute inquiétude épistémologique; et nous savons qu'il nous place devant «une norme [de rationalité] qu'aucun homme ne peut accomplir[99].»

6. L'inconfortable position à mi-chemin entre deux extrêmes

Les tensions que nous avons découvertes dans le programme épistémologique de van Fraassen nous amènent à nous interroger sur la tenabilité de sa position. L'empirisme constructif cherche un juste milieu entre «scepticisme extrême» et «sauts de foi libres et en masse[100]». Mais au juste, pourquoi choisir l'empirisme constructif, si on ne veut ni l'un ni l'autre de ces extrêmes? Une première supposition consisterait à penser que la distinction entre l'observable et l'inobservable s'imposerait directement à tout penseur aux inclinations empiristes. Le moins que l'on puisse dire, c'est

98 *Ibid.*, p. 15.
99 *Ibid.*, p. 21.
100 «Empiricism in the philosophy of science», dans CHURCHLAND, HOOKER, p. 254.

que la critique de cette distinction, très répandue dans la littérature, laisse penser que pareil choix ne se fait pas si spontanément. Il y a de surcroît des auteurs que l'on qualifie volontiers d'empiristes et qui ne sont pourtant pas sceptiques quant à l'existence d'entités inobservables; Reichenbach et Quine en fournissent des exemples[101].

Il ne suffit pas non plus de faire l'éloge de l'agnosticisme, qui – et cela est un simple point de logique – prend toujours moins de risques que la foi (ou l'athéisme). La position la plus «prudente» est certainement le scepticisme radical, qui se refuse à toute affirmation (ou négation) d'un quelconque trait du monde. Sans aller jusqu'à cet extrême, il faut reconnaître que, même en comparaison avec un empiriste conséquent (qui chercherait à se limiter à l'observé), l'empiriste constructif mène une vie dangereuse. Van Fraassen lui-même souligne qu'un «authentique *engagement* épistémique a sa propre valeur, et [qu']il faut le préférer à une vie de calculs utilitaires et de prudence – ce que Bradley appelait une vie de petit commerçant, celle du toujours un peu plus, un peu moins[102].» D'ailleurs, il y a d'autres restrictions de la croyance que celle dont van Fraassen se fait l'avocat: on pourrait, par exemple, ne croire que ce que dit une théorie sur des objets en dessous de 500 kilos. Si on rejette une telle restriction comme arbitraire, tout en voulant se limiter à la seule adéquation empirique, il faut montrer en quoi la distinction entre les domaines observable et inobservable est plus fondamentale[103]. En dépit de tous ses efforts, van Fraassen a-t-il vraiment réussi à le faire?

On s'approche certainement d'une motivation fondamentale de l'empirisme constructif, quand on y voit la position minimaliste qui renonce, en même temps, à toute prétention révisionniste vis-à-vis de la pratique scientifique courante – l'admiration pour la démarche scientifique étant une caractéristique importante de l'empirisme, selon van Fraassen. N'oublions pas que l'empirisme conséquent ne permet justement pas de

101 Willard Van Orman QUINE, «Posits and reality», 1955, *The ways of paradox and other essays*, 1976, pp. 246-254; Hans REICHENBACH, *Atome et cosmos: le monde de la physique moderne*, 1934, chap. 12.

102 «The peculiar effects of love and desire», dans *Perspectives on self-deception*, sous dir. B. P. MCLAUGHLIN, A. OKSENBERG RORTY, 1988, p. 152.

103 Paul M. CHURCHLAND, «The ontological status of observables: in praise of the superempirical virtues», dans CHURCHLAND, HOOKER, pp. 40s.

rendre compte d'aspects importants de la démarche scientifique, comme par exemple de l'usage prédictif des théories. Une difficulté similaire rend également peu attractif ce que l'on appelle parfois le «manifestationalisme», qui élargirait l'adéquation d'une théorie à toutes les données que l'on observe effectivement au cours de l'histoire. Une telle position peut rendre compte de l'usage prédictif des théories scientifiques (car le manifestationaliste croit ce que la théorie dit sur des observations même futures); mais pourquoi devrait-on s'obstiner à faire de nouvelles expériences et à prendre le risque d'invalider la théorie par des observations qui n'auraient pas été faites autrement[104]?

On pourrait alors penser que l'empirisme constructif fournit la position qui s'écarte le moins possible de l'empirisme conséquent, sans s'engager dans une réécriture du projet scientifique, peu compatible avec l'admiration qu'éprouve l'empiriste pour la science. Une telle désignation du lieu épistémologique qu'occupe l'empirisme constructif pourrait le recommander, au moins à celui qui éprouve des sympathies pour l'empirisme. Pourtant, il est permis de douter du bien-fondé d'une telle caractérisation. Car d'un côté, il existe des positions épistémologiques moins fortes que l'empirisme constructif et qui permettent de rendre compte de l'activité scientifique (ou au moins, aussi bien que le fait l'empirisme constructif). Marc Alspector-Kelly en propose une candidate: l'attitude qui consiste à croire en l'adéquation empirique de la théorie, limitée au temps de l'existence de l'humanité. Contrairement au manifestationalisme, cette attitude permet de faire justice à la volonté des scientifiques de trouver toujours de nouvelles expériences. En même temps, elle implique un degré de croyance moindre que l'empirisme constructif, et constitue donc une position épistémologique moins risquée[105].

De l'autre côté, on peut se demander si le projet de van Fraassen ne nécessite pas, malgré ses intentions, une correction de la science telle qu'elle est pratiquée couramment. De fait, il est difficile de voir comment l'empiriste constructif peut expliquer l'obstination des scientifiques à repousser toujours plus loin les limites de leur pratique expérimentale, et de mettre ainsi en œuvre des conditions qui n'auraient jamais été réalisées autrement. Au mieux, il peut en fournir une justification instrumentale *ad*

104 ROSEN, pp. 161s.
105 ALSPECTOR-KELLY, pp. 416s.

hoc: cette manière de faire semble être «une bonne méthode pour produire des théories qui couvrent les phénomènes observables qui se produisent[106]». Mais l'empiriste ne possède guère de ressources conceptuelles pour faire davantage que de constater simplement l'efficacité d'une telle démarche expérimentale.

Rosen constate alors, dans un article de 1994 qui comporte quelques-unes des critiques les plus lucides de l'empirisme constructif: «Je ne sais pas ce que van Fraassen pourrait répondre à la question: ‹Pourquoi être un empiriste?›, ou ‹Pourquoi s'engager envers la rationalité de la science?›» Et il suggère que l'instabilité des vues de van Fraassen trouve son origine dans le «vague soupçon qu'il n'existe pas de point de vue, à partir duquel les deux questions ensemble reçoivent une bonne réponse[107].» Il est alors d'autant plus frappant que van Fraassen s'abstienne de commenter les critiques qu'avance Rosen contre l'empirisme constructif[108], «puisque, écrit-il, je suis encore en train d'examiner la question dans son ensemble[109].»

106 ROSEN, p. 162, n. 13 (à la pp. 177s). Certains auteurs s'inquiètent également d'une trop grande proximité de l'empirisme constructif avec le scepticisme, au moins en ce qui concerne la prise de position de van Fraassen dans l'article, écrit en commun avec James LADYMAN, Igor DOUVEN et Leon HORTSEN, «A defence of van Fraassen's critique of abductive inference: reply to Psillos», *Philosophical Quarterly* XLVII, 1997, pp. 311-313, qui conteste toute valeur rationnelle à l'inférence à la meilleure explication (certains passages de *The scientific image*, en particulier l'exemple de la souris, pp. 19s, avaient laissé penser qu'il accepte l'inférence à la meilleure explication dans le domaine observable). Pourtant, Stathis PSILLOS, «How not to defend constructive empiricism», *Philosophical Quarterly* XLVII, 1997, p. 371, fait remarquer que, si l'on abandonne complètement cette règle de raisonnement, on ne sait que très peu de choses. C'est pourquoi Alasdair RICHMOND, «Between abduction and the deep blue sea», *Philosophical Quarterly* IL, 1999, p. 86, considère que cette «défense de van Fraassen est potentiellement plus dévastatrice que toute critique réaliste de sa position.»

107 ROSEN, p. 164.

108 C'est-à-dire toute la seconde partie de l'article de ROSEN, pp. 157ss.

109 «Gideon Rosen on constructive empiricism», p. 179. Je n'ai pas trouvé d'éléments dans les articles plus récents de van Fraassen, qui laisseraient transparaître un progrès significatif de sa pensée à ce propos.

Déjà en 1986, van Fraassen avait donné de sa position une description essentiellement négative; elle consiste dans le refus des réponses trop simples que veulent donner le scepticisme et le réalisme, chacun à sa façon, aux interrogations de l'homme:

> Je ne suis pas venu ici pour offrir une doctrine métaphysique. Je n'ai que des problèmes, des paradoxes, des réductions à l'absurde. A côté de cela, je peux juste placer le refus résolu d'éviter ces problèmes en niant votre réalité et la mienne, ce que nous touchons ou voyons, frappons ou embrassons – ou d'affirmer la réalité de ces légions d'entités et de puissances par lesquelles les réalistes essaient en vain d'ordonner le Chaos. Notre langage, notre monde, notre moi sont le domaine de l'incomplétude radicale, de l'imprécision, des ténèbres. Ainsi soit-il; ce ne sera pas une solution que de le nier[110].

Pourtant, la posture du héros tragique est-elle la seule possible en ces temps post-fondationnalistes? Revenons au point de départ: la difficulté ne proviendrait-elle pas justement du fait de vouloir se positionner entre réalisme métaphysique et scepticisme extrême? N'y a-t-il pas d'options qui échappent à la polarisation introduite par ces deux postures extrêmes? Vue sous cet angle, la critique du réalisme venue de Princeton pourrait manquer d'audace; car elle continue à lui accorder (limité maintenant au domaine observable), le rôle du sauveur face à la menace du scepticisme. L'empirisme constructif ne peut alors que ressembler étrangement à un réalisme partiel. Mais cette parcelle concédée au réaliste suffit pour que celui-ci puisse lancer sa contre-attaque; car elle introduit des zones de conflit dans l'empirisme constructif.

7. Les lois comme structures des modèles théoriques

Après avoir dessiné le cadre épistémologique plus large développé par van Fraassen, tournons-nous vers sa conception des lois de la nature. Nous verrons que le traitement qu'il leur réserve peut servir, à plus d'un titre, d'illustration des traits saillants de sa compréhension des sciences, voire de la situation humaine dans le monde. Van Fraassen a consacré une monographie de taille conséquente (près de 400 pages), publiée en 1989, à

110 «The world we speak of, and the language we live in», dans *Philosophie et culture*, 1986, pp. 220s.

la question des lois. Pendant longtemps, *Lois et symétrie* a été le seul de ses livres traduit en français[111], ce qui souligne l'attention que ce texte a rencontrée bien au-delà des cercles de philosophes analytiques anglophones.

On peut lire *Lois et symétrie* comme un «manifeste pour le cas où il n'y aurait pas de lois[112].» Van Fraassen y démontre avec force les difficultés inhérentes aux comptes rendus existants de cette notion (chap. II à VI), élabore «un programme pour la théorie de la connaissance et pour la philosophie des sciences susceptible de leur permettre de prospérer en l'absence de la notion de loi de la nature ou de la croyance dont elle fait l'objet[113]» (chap. VII à VIII), et propose une étude de plusieurs cas concrets, pour mettre en évidence la plus grande fertilité de sa nouvelle approche (chap. IX à XIII). Certes, son langage est parfois hésitant; mais de telles précautions de langage sont monnaie courante dans les écrits de philosophie analytique, de sorte qu'il ne fait pas de doute que van Fraassen compte bel et bien «plaider ouvertement en faveur de la thèse philosophique selon laquelle il n'existe pas de lois de la nature[114].» La notion de loi se révèle ainsi être un élément de la métaphysique pré-kantienne, si dédaignée par l'épistémologue d'origine néerlandaise; «les avantages dont [... celle-ci] nous faisait l'illusoire promesse et qu'elle n'a pas su nous apporter peuvent être obtenus sans son secours[115].»

Il convient pourtant de nuancer ce propos: si van Fraassen se fait l'avocat de la non-existence des lois[116], il s'agit des lois *de la nature*, conçues comme des traits objectifs du monde. Dans la mesure où il ne récuse pas la

111 Une traduction de *The scientific image* est programmée, sous la direction de Guillaume Garreta, pour 2007. En ce qui concerne ses articles, à part «La fin de l'empirisme?» et «Probabilité conditionnelle et certitude», *Dialogue* XXXVI, 1997, pp. 69-90, une traduction, par G. GARRETA, de «To save the phenomena», 1976, a paru dans *Philosophie des sciences*, vol. II, *Naturalismes et réalismes*, éd. S. LAUGIER, P. WAGNER, 2004, pp. 147-163.

112 Titre du chap. VIII, *Lois et symétrie*, p. 293.

113 *Ibid.*, p. 228.

114 *Ibid.*, p. 293.

115 *Ibid.*, p. 301.

116 Comme nous l'avons vu, on peut hésiter sur le sens exact à donner à cette affirmation: athéisme, agnosticisme ou conception non objective quant aux lois (*cf.* pp. 265-267 ci-dessus)?

méthodologie des sciences actuelles, il doit réussir à élucider le rôle que les lois jouent dans la pratique scientifique. Cela ne l'empêche pas d'être critique de plusieurs aspects des comptes rendus courants de ce rôle; il se garde en particulier d'accorder une place privilégiée aux lois dans l'explication scientifique[117]. Pour proposer une conception rivale des lois, il sollicite la conception sémantique des théories scientifiques; «cette conception fait bien apparaître des lois – mais seulement sous la forme de lois d'un modèle, de principes de base d'une théorie, d'équations fondamentales[118].» Dans la mesure où la pratique scientifique, d'après van Fraassen, ne demande que l'acceptation des théories, on échappe à la tentation de voir dans les lois d'un modèle des traits du monde extérieur. Par exemple, les symétries des modèles, étroitement liées aux lois de conservation d'après le théorème de Noether, occupent une place prépondérante dans le travail des scientifiques. Mais

> nous ne pensons *pas* que les parties les plus fondamentales d'une théorie soient celles qui reflètent un aspect particulier spécifique de la réalité, par exemple les lois de la nature! Ce n'est que le contenu de la théorie, l'information qu'elle contient [sur les conséquences observables] (et non sa structure), qui sont censés posséder une *adequatio ad rem* correcte ou pertinente[119].

En véritable empiriste, van Fraassen résiste aux demandes d'explication des réalistes et refuse de problématiser la présence de régularités. L'ordre que la science constate est un fait brut, simplement là; il est illusoire d'invoquer des lois de la nature, des vérifacteurs ou toute autre entité théorique, pour en rendre compte[120]. Une telle interprétation des structures du modèle peut se comparer à la lecture (néo-)kantienne des lois, pour laquelle «les lois en question ne sont en première instance rien d'autre que des lois *du modèle qui contribue à constituer les ‹données› en même temps qu'il en rend compte*[121].» Fidèle à la double visée de la critique kantienne

117 *Lois et symétrie*, pp. 67, 296s.

118 *Ibid.*, p. 300.

119 *Ibid.*, pp. 300s.

120 Communication privée, 13 février 2004.

121 Michel BITBOL, *L'aveuglante proximité du réel: anti-réalisme et quasi-réalisme en physique*, 1998, p. 47. Bien entendu, l'exigence d'«une *adequatio ad rem*», même partielle, s'inscrit en porte-à-faux avec un cadre de pensée (néo-)kantien.

de toute métaphysique, van Fraassen s'écarte à la fois des réalistes, qui postulent des lois comme entités réellement existantes, et des empiristes plus traditionnels, qui cherchent à réduire les lois à des faits actuels.

Ce dernier point nécessite peut-être quelques explications, d'autant plus qu'il ne se dégage pas toujours facilement des écrits de van Fraassen à ce propos. Gideon Rosen souligne que certains comptes rendus dans la tradition humienne impliquent que les lois de la nature sont observables[122]. Tel est certainement le cas de l'approche humienne naïve qui ne voit dans les lois que des régularités observées dans les phénomènes expérimentaux. Et même l'analyse plus raffinée de David Lewis va dans la même direction; car elle s'inscrit dans le projet plus large de la «survenance humienne», par lequel Lewis cherche à déduire toute affirmation scientifique de propriétés spatio-temporelles effectives. C'est pourquoi les lois du «meilleur système», si l'ambition réductionniste de Lewis réussit, surviennent sur des faits non modaux et constituent ainsi, bel et bien, une caractéristique catégorielle du monde. Certes, Lewis ne partage pas les scrupules de van Fraassen quant à l'existence d'entités «théoriques», comme la couleur des quarks ou les champs. Dans le contexte de la philosophie de Lewis, il ne serait pourtant pas juste de les appeler «inobservables». On a plutôt l'impression qu'il ne problématise pas l'accès épistémologique à de telles entités, de sorte que son empirisme n'est pas diminué du fait qu'il élargit la base des propriétés admises comme fondamentales[123].

Van Fraassen ne s'engage pas dans un tel projet réductionniste. Il cherche plutôt à montrer que de telles approches ne peuvent pas rendre compte de la force modale de la notion de loi[124]. «Selon le point de vue de van Fraassen, si tant est que le concept de nécessité nomologique fasse sens, c'est une notion métaphysique. Kant affirme que l'expérience nous dit ce qui est et non ce qui doit ou pourrait être. Et van Fraassen est apparemment d'accord[125].» C'est pourquoi, van Fraassen ne cherche pas à investir un

122 Rosen, p. 170.

123 Van Fraassen relève la concession à l'anti-nominalisme que Lewis doit faire, pour se protéger contre le choix d'un langage arbitrairement simple (*Lois et symétrie*, pp. 130-135); mais le noyau de sa critique ne concerne pas la pureté de l'empirisme de Lewis.

124 Par rapport à Lewis, *cf. Lois et symétrie*, pp. 123-126.

125 Rosen, p. 170.

quelconque trait du monde de force nomologique. Les lois interviennent comme produits «artificiels» de la pratique scientifique; elles décrivent des traits du modèle. Leur utilité repose, certes, sur une adéquation aux choses; mais celle-ci ne concerne pas chaque élément pris à part. L'adéquation se rapporte plutôt au modèle dans son ensemble, et l'acceptation s'en limite aux conséquences observables.

De cette manière, van Fraassen reprend à son compte la prise de conscience que subit l'auteur fictif de *La nausée*, Antoine Roquentin:

> J'allai jeter un coup d'œil par la fenêtre [...] Je murmurai: *Tout* peut se produire, *tout* peut arriver. [...]
> Je regardai avec effroi ces êtres instables qui, dans une heure, dans une minute allaient peut-être crouler: eh bien, oui; j'étais là, je vivais au milieu de ces livres tout pleins de connaissances, dont les uns décrivaient les formes immuables des espèces animales, dont les autres expliquaient que la quantité d'énergie se conserve intégralement dans l'univers; j'étais là, debout devant une fenêtre dont les carreaux avaient un indice de réfraction déterminé. Mais quelles faibles barrières! C'est par paresse, je suppose, que le monde se ressemble d'un jour à l'autre. Aujourd'hui, il avait l'air de vouloir changer. Et alors *tout*, *tout* pouvait arriver[126].

Ainsi, van Fraassen nous encourage à abandonner l'idée d'existence «réelle» des lois de la nature; la nécessité n'est pas un trait donné de l'univers, mais elle intervient dans la construction scientifique de l'image du monde. Une telle vision est peut-être moins rassurante au premier abord que le réalisme; mais elle permet, selon van Fraassen, de rendre compte de la pratique scientifique. Et c'est ici que se trouve la pierre de touche pour toute épistémologie – au moins si on se laisse guider par les intuitions fondamentales de l'empirisme[127].

8. L'acceptation de théories probabilistes

A cause de l'importance que revêtent les lois probabilistes dans la physique contemporaine, ajoutons quelques remarques sur le traitement que van Fraassen leur réserve. Ce complément apporte un éclairage supplémen-

126 Jean-Paul SARTRE, *La nausée*, 1938[1], Gallimard, 2001, p. 115. Van Fraassen cite le passage (en anglais) dans «The world of empiricism», p. 123.

127 «The world of empiricism», pp. 124, 133.

taire quant à son attitude envers la nécessité physique, dans la mesure où la probabilité est elle-même une notion modale. En fait, la notion de probabilité constitue souvent une pierre d'achoppement pour les empiristes. Déjà Hume avait relevé le problème que l'on ne peut déduire les probabilités à partir des faits réels qui ne comportent pas d'aspect probabiliste. Par exemple, on ne peut pas identifier la probabilité d'un événement à sa fréquence relative, même s'il y a un nombre infini d'essais: rien n'interdit des séries au cours desquelles une pièce de monnaie même non biaisée montre toujours le côté face, bien que la probabilité de telles séries soit nulle[128].

Van Fraassen résiste à l'introduction de faits probabilistes non dérivés pour sortir du problème souligné par Hume. Si des faits non probabilistes ne suffisent pas à déduire les données probabilistes, il vaut mieux y renoncer complètement et ne plus chercher à fonder le langage modal des sciences (et de la vie courante) dans des traits objectifs du monde: «C'est notre conscience qui est l'endroit ontologique de la modalité, et non le monde que nous décrivons[129].» De nouveau, la conception sémantique des théories scientifiques, intégrée à l'anti-réalisme, fournit la clé. Elle permet «l'interprétation modale-fréquentiste des probabilités physiques[130]», qui tient compte du fait que la reconstruction la plus économique doit nécessairement contenir des éléments non actuels. Ce constat n'est pourtant pas un problème pour l'empiriste, tant qu'on ne tient pas de tels éléments pour quelque chose de «réellement» existant. Van Fraassen propose plutôt de considérer une théorie probabiliste comme une famille de modèles qui comportent chacun «des éléments qui, à leur tour, correspondent à des séquences possibles d'événements[131].»

Dans *Lois et symétrie*, van Fraassen propose de comprendre l'adéquation empirique d'une théorie probabiliste à l'aide de catégories pragmatiques. Ce compte rendu remplace l'approche plus ancienne, développée dans *L'image scientifique*, et que van Fraassen considère aujourd'hui

128 Ce problème amena, par exemple, Bertrand Russell à enrichir son ontologie de faits probabilistes. Le même problème amène des auteurs plus récents, comme Karl Popper, Ian Hacking, Hugh Mellor et Ronald Giere à admettre des propensions (B. VAN FRAASSEN, «Russell's philosophical account of probability», dans *Bertrand Russell memorial volume*, sous dir. G. W. ROBERTS, 1979, p. 401).

129 *Ibid.*, p. 411.

130 *Lois et symétrie*, p. 312.

131 *The scientific image*, p. 196.

comme défectueuse[132]. Car il n'est pas satisfaisant de quantifier «la notion d'adéquation empirique de manière analogue aux concepts d'estimation ou de bon ajustement [*goodness or fit*] en statistique orthodoxe.» Au contraire, «il faut remplacer la croyance par les nuances d'une opinion graduée, modélisée comme la probabilité personnelle[133].» Accepter une théorie irréductiblement probabiliste implique de «considérer que cette théorie me fournit une fonction experte» en ce qui concerne «les probabilités des événements observables[134]». «Le *concept* de probabilité objective demeure donc le concept d'un caractère objectif du monde, décrit par la science, mais pour accepter cette science, il n'y a pas besoin de faire intervenir la croyance dans la réalité de ce caractère» – comme je pourrais considérer Pierre comme un expert en tabatières, sans accorder foi à son affirmation de fonder ses avis sur des révélations reçues en rêve[135]. L'appellation «probabilité objective» ne doit pas nous tromper: il ne s'agit justement pas d'une objectivité qui trouverait sa base dans la réalité «objective», c'est-à-dire indépendante de notre description scientifique. Ce terme «n'est que l'épithète honorifique dont nous gratifions les probabilités dans les théories que nous acceptons[136].»

9. L'ordre légal et la prédominance de l'observable

Ce qui précède montre clairement que le traitement que réserve van Fraassen aux lois de la nature et aux concepts modaux en général, s'inscrit harmonieusement dans l'ensemble de son programme empiriste. Pour lui, les lois dans le domaine inobservable (c'est-à-dire au niveau de la microstruc-

132 VAN FRAASSEN, MONTON, p. 416; B. VAN FRAASSEN, *La imagen científica*, trad. S. MARTÍNEZ, 1996, préface.

133 *Lois et symétrie*, pp. 307s.

134 *Ibid.*, p. 314. Pour la définition d'une «fonction experte», *cf. ibid.*, p. 313; l'idée de base concerne le fait de régler nos attentes sur les affirmations probabilistes de la théorie, c'est-à-dire «d'identifier les valeurs de nos probabilités subjectives aux valeurs des probabilités objectives fournies par la théorie» (GHINS, «Bas van Fraassen: les lois et la symétrie», p. 748).

135 *Lois et symétrie*, p. 314.

136 *Ibid.*, p. 308.

ture, selon la conception réaliste la plus courante) correspondent aux structures des modèles théoriques et ne décrivent pas de traits du monde. Malgré son insistance sur la centralité des «phénomènes», il n'est donc nullement obligé de limiter la recherche de régularités à la région observable. Il fait place à l'effort caractéristique des scientifiques (ou au moins des physiciens) de résumer les apparences sous des règles unifiées, faisant intervenir un hypothétique domaine inobservable. En fait, van Fraassen se montre même sceptique quant à l'existence de lois empiriques; car la plupart du temps les régularités constatées sur ce plan ne valent que *ceteris paribus* et ne peuvent donc pas prétendre à une quelconque universalité[137].

Il est d'autant plus surprenant de constater qu'il accorde parfois une place de choix aux régularités *observables*. Dans cette veine, il écrit: «Les scientifiques visent à découvrir des faits à propos du monde – sur les régularités dans la partie observable du monde[138].» Certes, van Fraassen n'est pas sans savoir que le monde se présente à notre observation sous une forme compliquée. Les régularités que nous pouvons voir «sont extrêmement subtiles et complexes[139]», bien loin de soutenir la comparaison avec les régularités simples et universelles que postulent les théories scientifiques fondamentales. Van Fraassen peut reconnaître ce fait, sans abandonner sa restriction de la croyance à ce qui est observable. S'il se laisse néanmoins emporter à décrire un but de la science comme la découverte des «régularités dans la partie observable du monde», c'est peut-être parce qu'il ne peut pas ne pas sentir la difficulté de rendre raison de la fascination des scientifiques pour des structures ordonnatrices, si celles-ci ne se situent que dans la région de l'image scientifique du monde qu'il nous invite à traiter comme une fiction utile.

Le réalisme explique cette attitude par la volonté des chercheurs de découvrir l'ordre légal, conçu comme un trait de la nature. La philosophie transcendantale, sans adopter la lecture réaliste des lois, leur confère néanmoins un rôle constitutif dans l'expérience, et justifie ainsi leur importance. Mais sans renoncer à l'empirisme, van Fraassen ne peut emprunter ni l'une ni l'autre de ces voies. Le plus loin que van Fraassen peut aller pour rendre compte du rôle des théories dans la pratique scientifique, c'est

137 *The scientific image*, p. 32.
138 *Ibid.*, p. 73.
139 *Ibid.*

de renvoyer à la *psychè* humaine: leur rôle se comprend par «cette satisfaction caractéristique que trouve l'esprit humain à embrasser une théorie élégante, construite de façon rigoureuse et cohérente, dans le but de gagner à ce jeu.» Si «le nom de ce jeu est de sauver les phénomènes[140]», la préférence des scientifiques pour les lois générales, par rapport aux lois empiriques, ne serait qu'une inclination psychologique qui se valide par son succès dans la pratique. Ainsi, non seulement les régularités complexes observables sont un «fait brut», auquel l'empiriste refuse de chercher un fondement explicatif, mais encore l'utilité des lois fondamentales que les théories scientifiques postulent pour rendre compte des phénomènes, ne se trouve guère éclairée.

10. La nouvelle théorie de la connaissance

Même si nous avons été amenés à nous demander si la révision de l'empirisme qu'entreprend van Fraassen est suffisamment radicale, il reste vrai qu'il cherche à rompre définitivement avec les erreurs positivistes du passé. C'est pourquoi il accompagne son approche des lois, des éléments d'«une nouvelle théorie de la connaissance et de l'opinion[141]». Sa conception des lois, et de la science en général, ne peut pas s'accommoder aux approches traditionnelles de la connaissance, trop objectivistes à son goût. C'est en particulier la mise en valeur de la dimension existentelle de l'expérience qui le pousse à abandonner toute reconstruction prétendument neutre de la connaissance humaine. L'idéal du robot qui simule la vie intellectuelle humaine, proposé par Rudolf Carnap, est aussi trompeur que le matérialisme éliminatoire de Paul Churchland, qui traite les catégories personnelles comme relevant de la psychologie «populaire» dont il faut se débarrasser. Van Fraassen écarte la première approche comme typique de l'«esprit du temps[142]»; la seconde est si éloignée de sa propre perspective qu'il peut écrire: «Il ne restera de ces conférences presque rien de pertinent ou même d'intelligible, une fois que l'idée que nous avons de nous-

140 *Ibid.*, p. 93.
141 Titre du chap. VII de *Lois et symétrie*, p. 255.
142 *The empirical stance*, p. 79.

mêmes en tant qu'agents et sujets doués d'intention et de volonté a mordu la poussière. La cohérence possible de ce doute sceptique, je suis satisfait de le laisser de côté[143].» Mais même des formes plus modérées du (néo-)positivisme n'accordent pas tous ses droits au sujet humain. En fait, on peut se demander si la théorie de la connaissance occidentale, prise dans son ensemble, a su, jusqu'à assez récemment, prendre en considération la dimension personnelle de tout savoir humain.

Pour remédier à cette situation, van Fraassen s'est proposé de développer «un prolégomène pour toute épistémologie empiriste à venir[144]», qu'il caractérise, dans son intention principale, par l'appellation «volontariste[145]». Son travail dans ce domaine a donné suite à son livre *L'image scientifique*, qui servait de programme à l'empirisme constructif, «dans le but de lui fournir un cadre épistémologique accueillant[146]». En philosophie de la connaissance, il s'efforce de trouver une voie moyenne «entre la raison stricte (déduction, induction, abduction, etc.) et l'irrationnel *credo quia absurdum*[147].» Il résume lui-même les affirmations de sa conception volontariste de la connaissance en trois points:

1. «Quand je porte un jugement [...] je ne fais pas une déclaration (autobiographique) mais j'exprime une attitude.»

2. «Il est impossible de trouver des propositions que l'expérience ‹donne› comme des évidences»; à chaque fois, «je formule une nouvelle croyance *en réponse à* mon expérience.»

3. Il faut reconnaître «la rationalité d'en arriver à croire en de nouvelles hypothèses et d'autres changements d'opinion qui ne peuvent se justifier comme de simples réponses

143 *Ibid.*, p. 244, n. 42.

144 *Ibid.*, p. 65.

145 Pour éviter des malentendus, il souligne que le terme n'a pas, pour lui, certaines connotations que l'on y associe parfois, «comme la suprématie de la volonté et du pouvoir et l'absence de toutes valeurs plus élevées que l'intérêt personnel pour guider nos choix» (*ibid.*, p. 241, n. 17).

146 «Constructive empiricism now», p. 167. Van Fraassen a présenté les idées principales de sa nouvelle théorie de la connaissance dans «Belief and the will», *Journal of Philosophy* LXXXI, 1984, pp. 235-256, repris et approfondi dans «Belief and the problem of Ulysses and the sirens», *Philosophical Studies* LXXVII, 1995, pp. 7-37. Elle fait l'objet du chap. VII de *Lois et symétrie*.

147 *The empirical stance*, p. 109.

aux contraintes que nous acceptons comme directement imposées par notre expérience[148].»

Une telle conception cherche à s'évader du carcan dans lequel les normes traditionnelles de la justification rationnelle enferment la connaissance, pour prendre en compte des usages plus créatifs de l'intelligence humaine, qui se manifestent plus spécifiquement dans les moments de grandes révolutions conceptuelles, tout autant en science qu'en art ou en religion[149]. Pour reprendre le stéréotype de l'opposition entre caractères anglais et prussien, on peut dire que le volontarisme de van Fraassen suit la conception anglaise de la raison: «Ce qui est rationnel ne doit pas être identifié à ce qui est rationnellement imposé mais à son double: *ce qui est rationnellement autorisé*, ce qui n'a pas de contraire qui est rationnellement imposé. [...] *La rationalité n'est que l'irrationalité tenue en bride*[150].»

Van Fraassen n'ignore pas que la dernière phrase peut choquer; mais la provocation n'est pas gratuite: seule la rupture radicale avec les normes épistémologiques traditionnelles peut permettre la construction d'un cadre conceptuel cohérent pour l'empirisme, après l'échec du fondationnalisme. Van Fraassen se réfère à quelques précurseurs, qui avaient reconnu le rôle de la volonté et de la croyance, même s'ils sont restés minoritaires dans la philosophie occidentale. Le plus connu est sans doute le *nisi credideritis, non intelligetis* augustinien[151] – «Si vous ne croyez pas d'abord, vous ne pourrez pas comprendre» – et le pari de Pascal, qui fait appel à des raisons

148 «Empiricism in the philosophy of science», dans CHURCHLAND, HOOKER, p. 251.

149 *The empirical stance*, pp. 172s.

150 «Against naturalized epistemology», p. 71. Van Fraassen répète souvent le dernier slogan (p. ex. *Lois et symétrie*, p. 280; *The empirical stance*, p. 92). Dans «The manifest image and the scientific image», dans *Einstein meets Magritte: an interdisciplinary reflection. The white book of «Einstein meets Magritte»*, sous dir. D. AERTS, J. BROEKHAERT, E. MATHIJS, 1999, p. 45, il le met en parallèle avec l'affirmation: «La science est la superstition tenue en bride.» Il a avancé l'idée, pour la première fois, à une conférence à Florence («Sulla realtà degli enti matematici», dans *Livelli di Realtà*, Proceedings of the conference on levels of reality, Florence 1978, sous dir. M. PIATELLI-PALMERINI, Milan, Feltrinelli, 1984, pp. 90-110; B. VAN FRAASSEN, courriel, 3 juin 2004).

151 «Belief and the will», p. 250.

pragmatiques dans la prise de décision[152]. Le pragmatisme américain, et surtout «La volonté de croire» de William James[153], constituent une autre tradition anticipant la direction dans laquelle avance van Fraassen.

11. Révolutions conceptuelles et liberté du sujet connaissant[154]

La conception volontariste devient particulièrement importante dans l'étude des moments historiques de révolution conceptuelle. Alors que les écrits religieux avaient depuis longtemps parlé du besoin de conversion, d'un changement complet dans la manière d'appréhender le monde, l'épistémologie n'a que récemment et, souvent assez timidement, reconnu l'existence de vraies révolutions en science. *La structure des révolutions scientifiques* de Thomas Kuhn, publié en 1962, est devenu l'emblème de cette prise de conscience (elle aussi révolutionnaire) dans l'historiographie des sciences. La description adéquate de révolutions scientifiques, en particulier quant aux implications pour notre compréhension de la rationalité,

152 *Lois et symétrie*, pp. 255-257; *The empirical stance*, pp. 94-101. Le texte original se trouve dans *Pensées*, 1670, éd. L. BRUNSCHVICG, n° 233, 1976, pp. 114-116. Van Fraassen suit l'interprétation de Catherine CHEVALLEY, *Pascal: contingence et probabilité*, 1995, qui, à mon sens, en majore les tendances volontaristes (*The empirical stance*, p. 245, n. 45). Dans ma lecture, Pascal offre une raison contraignante, bien que pragmatique, pour la foi en Dieu, alors que van Fraassen considère qu'il reste toujours à l'adversaire de Pascal, de décider pour lui-même (*ibid.*, p. 100). En ce qui concerne la possibilité d'invalider l'argument par l'introduction d'«un Achmed Pascal musulman» (*ibid.*, p. 98), il convient de noter que Pascal propose ailleurs des arguments en faveur de la foi chrétienne, comparée à l'islam; il s'appuie en particulier sur l'accomplissement des prophéties bibliques, les miracles du Christ et la clarté morale et spirituelle uniques de l'enseignement biblique (*Pensées*, n° 599-601, 606, 619s, pp. 218s, 225-228).

153 «La volonté de croire», 1896, JAMES, pp. 21-52. *Cf.* le commentaire de van Fraassen dans *The empirical stance*, pp. 86-90, 213-217.

154 Certains éléments de ce qui suit, jusqu'à la fin du chapitre, sont repris (dans un ordre assez différent) dans L. JAEGER, «Bas van Fraassen on religion and knowledge: is there a third way beyond foundationalist illusion and bridled irrationality?», *American Catholic Philosophy Quarterly* LXXX, 2006, pp. 581-602.

est une préoccupation fréquente dans les écrits de van Fraassen[155]. Pour lui, ces moments authentiques d'innovation ne sont pas des anomalies que l'on peut ignorer sans risques; ils offrent plutôt à l'empiriste, comme van Fraassen le comprend, l'occasion unique de mettre en pratique ce qui est le cœur même de sa posture: abandonner ses croyances chéries, pour gagner de nouvelles connaissances[156].

Des révolutions – en science ou dans d'autres pratiques humaines, sont précisément des moments où les normes habituelles de la rationalité ne s'appliquent plus. Pour emprunter le langage des bayesiens: quand je (ou la communauté à laquelle j'appartiens) expérimente une conversion, je ne peux plus simplement mettre à jour mes croyances sur la base de nouvelles données; rien de moins que l'«abandon du préalable» (c'est-à-dire des probabilités attribuées antérieurement à des croyances) ne pourra faire l'affaire[157]. Cela ne veut pas dire que n'importe quoi peut marcher; nous voulons toujours distinguer entre des sauts de foi qui sont irrationnels (même si par un coup de chance ils nous orientent dans la bonne direction), et des révolutions conceptuelles qui nous permettent d'acquérir de réelles connaissances, par la mise en œuvre des pouvoirs créatifs de la raison humaine. Une théorie empiriste de la connaissance doit, en particulier, s'efforcer de proposer une reconstruction rationnelle des changements conceptuels radicaux qui se sont produits dans les sciences, comme par exemple l'introduction de la mécanique classique, de la théorie darwinienne de l'évolution ou encore des théories restreinte et générale de la relativité[158].

155 P. ex. «How is scientific revolution/conversion possible?», *Proceedings of the American Catholic Association* LXXIII, 2000, pp. 63-80, et *The empirical stance*, chap. 3.

156 Certains critiques pensent que van Fraassen est devenu moins exigeant en ce qui concerne les normes de la pensée rationnelle puisqu'il s'était rendu compte que les arguments pour et contre le réalisme ne sont pas rationnellement indiscutables (André KUKLA, «The two antirealisms of Bas van Fraassen», *Studies in History and Philosophy of Science* XXVI, 1995, pp. 431ss; *cf.* ROSEN, pp. 157-159). A mon avis, les motivations de son volontarisme sont bien plus profondes et rejoignent le noyau de son empirisme.

157 *The empirical stance*, p. 92.

158 *Ibid.*, pp. 111s.

De tels changements nous placent devant une énigme fascinante: «En partant du point de vue postérieur, on peut rendre intelligible le point de vue antérieur et ratifier le changement. A partir de la position antérieure, cependant, le point de vue postérieur était absurde et la transition dans sa direction possible mais injustifiable[159].» Si nous ne voulons pas simplement classer ces transitions parmi les écarts lunatiques du comportement rationnel, nous aurons besoin d'en développer une description qui puisse faire sens des usages innovateurs de la raison. Van Fraassen résiste fortement à une stratégie d'explication, qui consiste à nier le caractère authentiquement neuf des paradigmes émergents. De fait, beaucoup ne sont pas heureux de suivre la conviction kuhnienne de l'incommensurabilité de paradigmes différents, même si l'épistémologie contemporaine traite en général *La structure des révolutions scientifiques* comme représentant l'orthodoxie[160]. Dans une conception plus traditionnelle, les «révolutions» scientifiques réalisent des développements importants dans notre connaissance scientifique, mais elles ne se caractérisent pas par une rupture radicale avec des images du monde plus anciennes. En opposition à des compréhensions plus linéaires de l'histoire des sciences, van Fraassen insiste sur l'asymétrie temporelle des révolutions conceptuelles: «Quand nous en arrivons aux sortes de décisions qui y sont impliquées, les aboutissements envisagés n'ont aucun sens à partir du point de vue antérieur [... N]ous avons besoin d'évaluer un aboutissement qui, d'après nos catégories actuelles, revient à ce que nous parlerons et penserons des absurdités[161].»

Ce n'est pas ici le lieu de décider si la vision radicale des révolutions scientifiques qu'adopte van Fraassen est correcte. Il n'est pas exclu qu'il y ait une possibilité de maintenir une certaine forme de terrain commun entre les paradigmes pré- et post-révolutionnaire, sans minimiser le rôle que l'ensemble de la vision du monde joue dans l'appréhension de la

159 *Ibid.*, p. 65.

160 Les contours exacts de la position de Kuhn ont donné lieu à des débats. J'utilise ici le terme d'incommensurabilité au sens fort, sans pour autant préjuger de l'interprétation correcte (et de l'évolution éventuelle) de la pensée de Kuhn à cet égard.

161 *The empirical stance*, p. 101; *cf.* pp. 139s: «Les transitions que nous devons admettre comme rationnellement endossables comprennent des transitions à des façons de penser qui sont littéralement absurdes et dépourvues de sens, à partir du point de vue antérieur.»

réalité[162]. Laissons également de côté les contributions positives qu'offre van Fraassen, en vue de la compréhension de transitions révolutionnaires: les émotions (ou leur équivalent fonctionnel) jouent un rôle-clé dans la transformation du regard que l'on pose sur un problème[163]; le procédé qui consiste à désambiguïser les imprécisions cachées, toujours présentes dans les langages naturels, est un moyen de réaliser des révolutions conceptuelles[164]. Dans le contexte de notre recherche, il est plus prometteur d'approfondir l'implication et la responsabilité personnelles qu'implique la reconstruction volontariste de la connaissance; car nous verrons ici se dessiner des ponts pertinents vers les convictions religieuses et le rôle qu'elles jouent dans la pensée philosophique de van Fraassen.

Un trait de la conception volontariste de la connaissance mérite particulièrement notre attention: la responsabilité personnelle y fait son entrée exactement quand les contraintes rationnelles qui s'exercent sur la connaissance arrivent à leur terme. En traitant, par exemple, des deux aspirations épistémiques que William James a discutées dans son «La volonté de croire» – croire la vérité et éviter l'erreur –, van Fraassen souligne que «quoique la vérité et l'erreur soient des catégories objectives, qui nous

162 Cornelius van Til offre une élaboration stimulante de cette suggestion; *cf.* L. JAEGER, «Dieu comme seule source de la connaissance – l'apologétique de Cornelius van Til», *Théologie Evangélique* I, 3, 2003, pp. 38-41. Van Fraassen lui-même place à la tête de la quatrième leçon la citation provocatrice de Donald DAVIDSON, «The very idea of a conceptual scheme», *Proceedings and Adresses of the American Philosophical Association* XLVII, 1974, pp. 5-20: «Whorf, qui veut démontrer que Hopi incorpore une métaphysique si étrangère à la nôtre que Hopi et l'anglais ne peuvent pas, comme il dit, ‹être calibrés›, utilise l'anglais pour exprimer le contenu de phrases d'exemples Hopi» (*The empirical stance,* p. 111).

163 *The empirical stance*, pp. 103-109. Il est tentant d'établir un parallèle entre la place que Martin HEIDEGGER accorde à l'«état d'âme» [*Stimmung*] dans la cognition (*Sein und Zeit*, 1953^7, pp. 134s), et le rôle que van Fraassen voit les émotions (ou leurs équivalents fonctionnels) jouer dans les révolutions épistémologiques (*The empirical stance*, pp. 103-109).

164 *The empirical stance*, pp. 113-117; *cf.* p. 140 pour la combinaison des deux facteurs. Van Fraassen insiste sur les possibilités sans fin de déconstruire tous les textes: «Les textes scientifiques sont eux aussi des textes ouverts» (*ibid.*, p. 151). Est-ce pourtant compatible avec sa manœuvre wittgensteinienne de bloquer les questions que pose l'interprétation de notre pratique, en disant qu'évidemment nous «comprenons» notre propre langage (*cf.* pp. 281-283 ci-dessus)?

sont données par la nature, pour ainsi dire, cette mesure d'équilibre [croire la vérité opposé à éviter l'erreur] ne l'est pas!» Pour utiliser un terme forgé par Isaac Levi, c'est «notre quotient de risque individuel», «un important facteur personnel, qui est différent pour le valeureux et pour Thomas l'incrédule ou Hamlet l'hésitant.» C'est exactement à cet endroit qu'il voit intervenir la responsabilité personnelle: «Tout à coup, la responsabilité d'un jugement de valeur crucial nous est tombée dessus[165].»

Cette même conviction revient fréquemment dans les écrits de van Fraassen. Pour lui, les théories de la connaissance plus traditionnelles, pour lesquelles certaines règles épistémiques (l'induction, l'inférence à la meilleure explication, etc.) «déterminent une seule croyance correcte (ni trop forte ni trop fragile) sur la base des preuves acquises», sont «une fuite de la responsabilité personnelle[166]». En commentant le pari de Pascal, il exprime la conviction qu'«une direction unique de la rationalité ne s'accorde pas avec la conception de l'irrationalité bridée[167].» Celle-ci découle de l'impuissance de la raison de choisir pour elle-même la direction à prendre: «Il se joue un jeu, à l'extrémité de cette distance infinie, où il arrivera croix ou pile. Que gagerez-vous? Par raison, vous ne pouvez faire ni l'un ni l'autre; par raison, vous ne pouvez défendre nul des deux[168].» Comme van Fraassen considère que le pari de Pascal n'exclut aucune des deux actions contemplées comme rationnelle, il y trouve un exemple de décision responsable sans contraintes rationnelles. De cette sorte, «le choix et sa responsabilité ne glissent jamais de nos épaules; aucune recette de comportement rationnel ne peut les enlever[169].»

Il n'est pas surprenant que van Fraassen soit attiré par le théologien Rudolf Bultmann qui interprète le Nouveau Testament dans le sens d'un appel à la décision existentielle[170]. Dans son commentaire de la théorie de la connaissance de van Fraassen, Michel Ghins travaille avec la même notion de liberté, liée au choix indéterminé: «Rien ne nous *oblige* à

165 *The empirical stance*, p. 87.

166 «Constructive empiricism now», p. 162.

167 *The empirical stance*, p. 98.

168 PASCAL, n° 233, p. 114, cité (en anglais) dans «False hopes of traditional epistemology», p. 273.

169 *The empirical stance*, p. 100.

170 *Ibid.*, pp. 188s.

l'accepter [le principe dit de Miller, qui guide l'acceptation d'une théorie probabiliste] pas plus que nous [ne] sommes *forcés* d'accepter une théorie ou de prendre une décision quelconque. Nous sommes fondamentalement libres[171].» La liberté authentique ne fleurit pas sous le régime des contraintes rationnelles. Sans suivre Feyerabend dans son sarcasme, van Fraassen accepte alors l'idée que «si la règle de foi est en fait vide mais disponible pour un usage polémique, nous gagnons une nouvelle liberté terrifiante[172].» Ni la Bible pour le protestant, ni les données expérimentales pour l'empiriste ne déterminent à elles seules la reconstruction théorique de la réalité. La liberté de manœuvre gagnée par la sous-détermination nous appelle à la décision et implique ainsi notre responsabilité morale dans l'entreprise épistémique.

12. La rationalité anglaise et le spectre du relativisme

Il est évident que le spectre du relativisme menace l'idéal «anglais» de la rationalité. Si les faits sous-déterminent les théories scientifiques, si les exigences rationnelles sous-déterminent les choix épistémiques, que reste-t-il à part des sauts (irrationnels) de foi? Comment voir alors dans notre responsabilité morale autre chose que le pouvoir de prendre des décisions arbitraires? En l'absence de fondements, comment le raisonnement philosophique peut-il être plus que l'effort de se convaincre soi-même (pour utiliser la formulation de Michael Polanyi[173]), sans force de conviction pour quelqu'un qui n'a pas déjà adopté la même vision des choses?

Van Fraassen se montre conscient de la difficulté, quand il écrit: «J'ai tenté d'élaborer une épistémologie libérale. Eh bien, aux yeux de certains, elle peut sembler non pas tant libérale que libertine…[174]» Mais il ne sert à rien de fermer les yeux devant le conditionnement historique de

171 «Bas van Fraassen: les lois et la symétrie», p. 748.

172 *The empirical stance*, p. 249, n. 27, en s'appuyant sur FEYERABEND, «Classical empiricism», p. 51.

173 *Personal knowledge*, p. 265. Pour éviter un malentendu fréquent à propos de sa pensée, remarquons que Polanyi ne cède pas au relativisme.

174 «Constructive empiricism now», p. 167.

la connaissance humaine, de nier notre immersion dans un cadre fiduciaire. «La tâche de la philosophie ne peut consister en un sauvetage impossible[175].» La conception volontariste de van Fraassen est un appel à faire courageusement face à notre finitude, à ne pas chercher refuge, devant le spectre du relativisme, dans la recherche d'une perspective de nulle part.

Van Fraassen s'attaque au défi du scepticisme dans un article au titre parlant «Du cercle vicieux à la régression infinie, et retour». Le type de relativisme qu'il essaie d'y contrecarrer se réclame plus précisément des noms de Kuhn et Feyerabend: comme toute expérience dépend d'opinions théoriques préconçues, le spectre de la «perte de l'expérience» fait son apparition, et menace toute distinction claire entre l'observable et le théorique[176]. Il est possible de discerner deux stratégies principales que van Fraassen déploie pour chasser le spectre du relativisme[177]. D'un côté, il rappelle que seule une vision qui accepte le caractère situé de la connaissance permet de prendre en compte notre immersion dans l'histoire; la perspective de nulle part n'est simplement pas accessible aux êtres humains. Le spectre veut nous souffler que nos normes sont arbitraires quand on les regarde de l'extérieur: «Ne serait-il pas totalement *arbitraire* de souscrire à notre propre [perspective], celle que nous avons en fait, et de dire que *nous vivons ici*, que ces buts sont ceux qui ont *de la valeur*, que c'est ce à quoi le monde ressemble?» Mais nous devons résister à cette suggestion, car «c'est l'hypothèse que nous y souscrivons! L'adhésion reflète notre propre perspective, et il n'y a pas d'adhésion sans cela.

175 *The empirical stance*, p. 133.

176 «From vicious circle to infinite regress, and back again», p. 13. Bien qu'utilisant la «désignation [...] courante» du relativisme de type Kuhn-Feyerabend, van Fraassen ne tranche pas la question de savoir si les deux philosophes défendaient effectivement ce point de vue.

177 On trouve une autre stratégie sur laquelle je ne m'attarderai pas ici: van Fraassen fait ressortir que nous savons comment nous positionner sur des cartes inexactes (*ibid.*, pp. 13s). C'est une direction intéressante à explorer quand il s'agit de décrire comment l'acquisition du savoir marche concrètement. Mais elle n'aide pas à parer au relativisme de type Kuhn-Feyerabend à un niveau plus fondamental; car pour savoir qu'une carte représente le monde, même d'une manière imprécise, nous devons déjà être assurés que nous avons un accès épistémique à la réalité.

Dire que nous sommes arbitraires tant que notre adhésion n'est pas libre de toute perspective, c'est nous faire tenir à une norme logiquement impossible, qui nous demande de juger sans juger[178].»

Cette première stratégie correspond à la volonté de van Fraassen de comprendre les positions philosophiques comme des *postures;* néanmoins, elle revient, en fin de compte, à réaffirmer *mon* attachement à *ma* vision du monde – ce qui normalement ne compte pas comme une réponse légitime au relativisme. Même s'il était vrai qu'une telle réponse soit la seule juste, il ne faudrait pas y voir une réfutation du relativisme; car celui-ci revient justement à affirmer que chacun assume une perspective particulière et qu'aucune perspective ne peut revendiquer une quelconque supériorité. Pour résister à la relativisation de la connaissance, on doit offrir quelques indices sur la façon de relier les différentes perspectives entre elles. Reconnaître que toute connaissance est située ne constitue pas en soi un argument contre le relativisme. Si nous n'avions aucune idée sur la manière de connecter les contextes épistémiques particuliers entre eux, notre devoir rationnel serait plutôt de devenir des relativistes conscients de leur situation.

Bien entendu, ce n'est pas la direction dans laquelle van Fraassen souhaite s'engager. La seconde stratégie fait alors intervenir son empirisme: «Comme j'espère être un empiriste et que j'essaie de l'être, je veux résister de toutes mes forces au relativisme de Kuhn-Feyerabend[179].» C'est l'expérience qui vient à notre secours face à la menace du relativisme. Déjà dans *L'image scientifique*, van Fraassen avait distingué «*observer*» de «*observer que*»: par exemple, un homme de l'Âge de pierre peut voir une balle de tennis, sans voir qu'il s'agit d'une balle de tennis, puisqu'il ne sait rien sur le tennis[180]. Bien que van Fraassen reconnaisse les liens inextricables entre les faces passives et actives de l'expérience (ce qui m'arrive et mon jugement qui y répond)[181], il semble disposé à maintenir un noyau expérimental qui ne dépende en aucune manière de l'arrière-plan de connaissance théorique ou des normes acceptées par le sujet. Rappelons à

178 *Ibid.,* p. 27.
179 *Ibid.*, p. 14.
180 *The scientific image*, p. 15.
181 GHINS, «Présentation de Bas van Fraassen», p. 447, parle de la face double de toute expérience, analogue au dieu romain Janus.

cet égard son allégation (essentielle à l'empirisme *constructif*) sur le fait que la distinction entre l'observable et l'inobservable n'est pas lestée de théorie[182].

On voit ainsi comment les deux stratégies de défense fusionnent en une seule: l'appel à l'expérience constitue le sol où toute question prend fin. Comme pour le post-positiviste van Fraassen, toute expérience dépend du contexte historique et social, elle se présente sous des formes multiples: l'expérience est nécessairement *mon* expérience – ou peut-être mieux, l'expérience de la communauté à laquelle je m'identifie. L'expérience, comprise dans cette dimension existentielle, est donc la seule garantie que la posture empiriste offre contre le relativisme – le pari qu'une telle garantie suffit fait partie intégrante de cette approche.

13. Le fondationnalisme déguisé en modernité «post»?

L'appel à l'expérience est sans aucun doute essentiel à la posture empiriste. Mais pourrait-il être la petite porte par laquelle revient le fondationnalisme? Même après avoir écouté Kuhn et Feyerabend, l'empiriste se cramponne à un noyau d'expérience non médiée, pour se protéger contre le scepticisme extrême (et pour s'aligner ainsi sur la pratique scientifique établie). Contre Derrida, ce n'est pas du texte jusqu'au bout; quelque part, l'interprétation ouverte prend fin et l'expérience fournit, sinon un fondement au sens des Lumières, au moins un point fixe[183]. Certes, Kant nous a dit qu'il n'existe pas d'expérience non médiée, et van Fraassen sait tout à fait qu'il n'y a pas de faits bruts, que l'expérience implique toujours une part de jugement. Néanmoins, il devient maintenant manifeste que l'empiriste ne peut pas en tirer toutes les conclusions, sans abandonner ce qui constitue le centre même de son attitude.

Nous découvrons ainsi une tension considérable dans le programme de van Fraassen. Il s'est fixé la tâche de rendre compte de la connaissance humaine après l'échec du fondationnalisme; il rejette le projet des Lumières et son exigence d'un fondement théorique et de normes universelles de

182 «From vicious circle to infinite regress, and back again», p. 19 (cité p. 285 ci-dessus).
183 *Cf.* p. 281 ci-dessus.

justification. En même temps, il a toujours le projet de construire (au moins les prolégomènes d')une théorie de la connaissance empiriste, avec sa référence à l'expérience humaine comme la pierre de touche de toute conviction. De cette manière, il établit l'expérience comme une sorte de fondement, en dépit de son rejet explicite du fondationnalisme. A la décharge de van Fraassen, il faut souligner que ce fondement nouvellement trouvé n'est ni théorique ni universel; il a ainsi rompu définitivement avec l'idéal épistémologique des Lumières. Néanmoins, il n'a pas abandonné (et ne peut pas le faire s'il souhaite résister au relativisme) la recherche d'un point fixe sur lequel notre connaissance pourra prendre appui.

Il convient de noter que le «fondement» empiriste est immanent. Malgré ses protestations, van Fraassen est donc peut-être plus proche du fondationnalisme cartésien[184] qu'il ne le souhaite lui-même. En plaçant le sujet humain au centre de son projet épistémologique, il se montre profondément moderne, dans le sens que d'aucuns désignent la publication du *Discours de la méthode* en 1637 comme le signal de départ décisif de la modernité: «Le coup de force cartésien consiste à installer le sujet humain de la pensée en point de départ obligé de la réflexion philosophique[185].» Dans un certain sens, Descartes invente le sujet connaissant moderne, et la posture empiriste ne rompt pas avec cet aspect du courant dominant de la philosophie occidentale. En fait, on peut se demander si le paradigme moderne ne s'accommode pas parfaitement de l'accent que van Fraassen met sur le changement et l'ouverture à la révision, ce qui confère à sa position sa saveur post-positiviste – certains diraient post-moderne. La vénération du nouveau se remarque comme un trait frappant de la modernité occidentale, quand on la compare à d'autres civilisations. Le rejet de l'autorité de la tradition, la célébration du progrès, le nom même de «modernité», indiquent un changement significatif, à partir du siècle des Lumières, dans le regard posé sur le passé et sur le rôle que celui-ci doit jouer dans la compréhension de nous-mêmes.

184 En utilisant cette désignation courante, je n'entends pas me prononcer sur la question de savoir si Descartes était cartésien dans ce sens. Sa pensée est sans doute plus subtile que les idées reçues ne le suggèrent. En particulier, Dieu y occupe probablement une place plus capitale que certains interprètes modernes ne sont disposés à le reconnaître (*cf.* p. 316 ci-dessous).

185 Marc SHERRINGHAM, *Introduction à la philosophie esthétique*, 1992, p. 122.

Contrairement à la modernité «classique» (quel oxymoron!), la relativisation des paradigmes épistémiques qu'opère van Fraassen présente l'avantage de rendre son approche cohérente. Il échappe au dogmatisme à l'égard de sa propre position: l'empirisme post-positiviste admet que l'épithète honorifique «nouveau» dépend de la perspective que j'adopte – ce qui est moderne aujourd'hui relèvera de la tradition demain. Mais malgré son rejet explicite du projet des Lumières, van Fraassen partage sa résolution d'établir le sujet humain autonome. Il participe à «l'extase de la liberté dans un monde qui n'est gouverné que par les lois que nous créons nous-mêmes[186].» Son approche s'inscrit ainsi dans l'effort de l'empirisme moderne (depuis Locke et Hume), que Marc Sherringham décrit comme la tentative d'atteindre

> l'émancipation radicale du sujet humain de la connaissance, aussi bien à l'égard du soutien divin que des lois de l'être. [...] Dans le combat mené par Locke contre l'innéité des idées cartésiennes, il s'agit moins de faire valoir les droits de la sensation que de refuser l'origine divine de certaines de nos idées. Ce que l'empirisme moderne rejette, c'est le lien constitutif de la subjectivité humaine à Dieu; ce qu'il cherche à établir, c'est l'indépendance radicale du sujet humain, fût-ce au prix de l'incertitude sur l'existence et l'essence du monde extérieur[187].

Comme van Fraassen le dit lui-même, «l'empirisme est [...] un manifeste d'autonomie et d'auto-suffisance de la raison naturelle[188].» On doit alors conclure que sa pensée manifeste plus d'affinité avec le projet prométhéen du fondationnalisme classique qu'il ne l'aimerait peut-être lui-même[189].

186 «The world of empiricism», p. 123.

187 SHERRINGHAM, pp. 125s.

188 *The empirical stance*, p. 205; la phrase commente un texte tiré de la discussion des antinomies de la raison pure, dans la *Critique de la raison pure* (A468; B496); mais il est assez évident que van Fraassen s'identifie à l'inclination attribuée à l'empirisme.

189 Il est un autre aspect par lequel van Fraassen est étrangement moderne: le témoignage ne semble pas jouer de rôle significatif dans sa théorie de la connaissance. Il fait place au caractère communautaire de l'activité scientifique; mais celui-ci fournit essentiellement le cadre dans lequel a lieu l'expérience individuelle. En fin de compte, *mon* expérience est le juge ultime; la foi basée sur le témoignage d'autrui n'intervient pas comme un facteur distinct. *Cf.* «The peculiar effects of love and desire», p. 145, où van Fraassen refuse de faire place en philosophie à un élément analogue à l'illumination en religion.

14. Le caractère antithétique de la nouvelle théorie de la connaissance

On peut se demander dans quelle mesure les tensions que nous avons décelées dans la posture empiriste proviennent de ce que le programme de van Fraassen doit au paradigme moderne. Rappelons-nous, par exemple, sa présentation antithétique de la responsabilité morale, qu'il voit avant tout s'exercer là où les contraintes rationnelles n'ont pas de prise[190]. En fait, sa théorie volontariste de la connaissance se révèle dépendante de l'antithèse entre nature et liberté, par laquelle le penseur néo-calviniste Herman Dooyeweerd caractérise la pensée moderne: celle-ci comprend la liberté comme indépendance par rapport à l'ordre pré-établi[191]. Dans un certain sens, cette antithèse est au cœur même de ce que van Fraassen appelle la nouvelle théorie de la connaissance: liberté et responsabilité morale se trouvent situées aux antipodes des contraintes rationnelles. Notre volonté intervient quand la raison seule ne peut plus nous guider, la créativité humaine entretient un lien étroit avec les aspects du travail épistémique qui ne sont pas régimentés par des règles.

Cette vue de la rationalité influence également ce que van Fraassen dit de la rencontre entre deux personnes. Pour lui, la compréhension empathique d'une autre personne relève du mystère; elle se produit quand l'enquête objectivante s'effondre:

> Les développements qui provoquent une crise de l'enquête objectivante normale [...] sont précisément le meilleur aboutissement que peut avoir une telle enquête. Quand autrui apparaît comme un mystère, quand on appréhende la rencontre comme un contact avec un autre monde qui ne recouvre que partiellement le mien, quand l'expérience ne correspond plus aux catégories ordinaires, c'est là l'aurore d'une véritable compréhension[192].

Notons le caractère clairement antithétique de ces propos: la rencontre personnelle est mise en opposition avec l'exploration scientifique. Il s'agit là sans aucun doute d'une avancée par rapport aux comptes rendus réduc-

190 *Cf.* pp. 304-306 ci-dessus.

191 «La base religieuse de la philosophie scolastique et humaniste», *Revue Réformée* X, 3, 1959, pp. 45-51.

192 *The empirical stance*, pp. 171s; *cf.* p. 175.

tionnistes de la personne humaine, qui continuent à prédominer dans de nombreux milieux scientifiques et philosophiques. Van Fraassen a raison quand il se plaint que «pour une grande partie de la philosophie contemporaine, ce domaine de la connaissance et de l'interaction interpersonnelles n'est que *terra incognita*. Il est plus facile de trouver refuge dans des questions de fait sur les ‹états mentaux›, qui sonnent comme si elles étaient théoriques, mais qui sont quasi- (pour ne pas dire manifestement pseudo-)scientifiques[193].» Mais la saveur paradoxale de sa propre conception est-elle vraiment utile pour décrire ce que comporte la connaissance d'une personne?

Il existe des propositions prometteuses qui évitent la tournure antithétique des propos de van Fraassen, sans pour autant céder au réductionnisme. Par exemple, Michael Polanyi établit une hiérarchie de connaissance. La dimension personnelle du savoir est déjà présente dans les sciences dites dures. Mais «quand nous nous élevons vers de plus hautes manifestations de la vie, nous devons exercer des facultés de plus en plus personnelles – ce qui implique une participation progressive du sujet connaissant[194].» Le théologien jésuite Hans Urs von Balthasar choisit la rencontre d'une autre personne comme paradigme de la connaissance. L'enquête scientifique, bien que légitime, ne peut pas servir de modèle, mais est une forme inférieure de l'ouverture à autrui, qui n'atteint pas la même profondeur de sens que la connaissance interpersonnelle[195]. Ce sont ici des insinuations intéressantes à explorer, pour élaborer une approche non réductionniste de la personne, que van Fraassen réclame avec raison. En opposition aux propos de ce dernier, elles ont l'avantage

193 *Ibid.*, p. 192.

194 *Personal knowledge*, p. 347. Il est peut-être possible de mettre en parallèle quelques aspects de la pensée de van Fraassen avec la théorie de la connaissance polanyienne. En fait, van Fraassen décrit la relation entre l'enquête objectivante de l'expérience religieuse et la véritable expérience elle-même, en termes proches de la distinction que Polanyi établit entre l'attention portée au niveau subsidiaire et la conscience focale (*The empirical stance*, pp. 184s). Pour ce dernier, l'intégration tacite des indices subsidiaires dans une structure focale cohérente est un élément clé pour comprendre la connaissance et la rencontre personnelle (*cf.* p. ex. M. POLANYI, Harry PROSCH, *Meaning*, 1975, pp. 34s, 48).

195 *Dieu et l'homme aujourd'hui,* 1966, pp. 71s.

d'éviter l'antinomie entre les modes de connaissance scientifique et personnelle – antinomie qui pourrait bien finir par saper ses efforts bien intentionnés.

On peut relever d'autres antithèses dans le programme épistémologique de van Fraassen. Sa méfiance à l'égard des descriptions théoriques de la nature, typique de l'empirisme, s'accompagne de l'idée que la réalité pourrait, en fin de compte, être sans structures, chaotique. La raison humaine n'est pas chez elle dans la nature; on n'a aucune garantie que les constructions rationnelles se révéleront fondées:

> Vous ne pouvez théoriser sur l'univers sans prendre des décisions et faire des choix sur la façon de théoriser. Vos décisions et vos choix peuvent se révéler bien- ou mal-fondés, que vous soyez ou non méticuleux, raisonnable et prudent, que vous soyez ou non justifié sur le plan humain. Dire cela, ce n'est pas diminuer la raison mais déplacer notre centre d'intérêt de la sécurité limitée de la raison vers les *caprices illimités de la nature et de l'histoire*[196].

Van Fraassen tient les sciences empiriques en honneur comme «un paradigme de rationalité»; mais il s'agit d'«un paradigme de rationalité dans un monde largement irrationnel et souvent anti-rationnel[197].» Il cite la nouvelle de Robert Silverberg *L'homme stochastique*, pour décrire ce qu'«est le monde de l'empirisme»: «Les concepts de cause et d'effet sont illusion. Il n'existe que des causes apparentes qui conduisent vers des effets apparents. Puisque rien ne provient vraiment de quoi que ce soit d'autre, nous nageons chaque jour dans des mers de chaos[198].»

Bien entendu, la science est, comme toute entreprise humaine, faillible. L'histoire des sciences n'est pas seulement l'histoire des réussites du passé, mais également l'histoire de ses échecs (aujourd'hui largement oubliés). Une évaluation réaliste des pouvoirs de la raison scientifique doit se garder de surestimer la connaissance obtenue; nous devons rester humbles, ouverts pour changer nos opinions quand de nouvelles données se présentent. Mais le pessimisme empiriste est-il vraiment la seule attitude raisonnable? Malgré toute son estime pour les sciences de la nature, la posture empiriste revient à douter, à un niveau fondamental, de la capacité humaine de saisir les structures de la nature, puisque, après tout, il n'en

196 *The empirical stance*, p. 224; c'est moi qui souligne.

197 *Ibid.*, p. 195.

198 *The stochastic man*, Londres, Victor Gollanez, 1976, cité dans «The world of empiricism», p. 123.

existe peut-être pas. Avec un brin de mépris, van Fraassen reconnaît «que l'empirisme nous prive de tant de choses que nous trouverions du réconfort dans un univers hostile[199].» Il reste à voir si une telle vision peut servir, dans la durée, de soubassement à l'activité scientifique. Au moins, on peut constater que l'empirisme déploie une relation étrangement antithétique entre la raison et la nature.

15. Le salut radical

Quelle stratégie convient-il d'adopter face aux antithèses que nous avons découvertes dans la pensée de van Fraassen? Il n'est certainement pas indiqué de revenir au modernisme «classique». Une fois réveillés de notre sommeil dogmatique (dans sa version moderne), nous ne devons pas (et probablement ne pouvons pas) oublier la remise en cause radicale du projet des Lumières. Ce serait un réconfort trompeur que de chercher à nier la dimension personnelle de toute connaissance et de minimiser le caractère révolutionnaire d'au moins certaines théories scientifiques nouvelles. On ne doit pas oublier l'importance cruciale et la multiplicité des cadres de pensée pour se cramponner à un réalisme naïf, qui s'appuierait sur un accès, supposé direct, aux structures de la nature.

La posture empiriste de van Fraassen nous montre très certainement la bonne direction; nous ne devrions pas nous souvenir avec nostalgie du mauvais vieux temps du fondationnalisme cartésien et du positivisme logique. Les antithèses qui se sont infiltrées dans sa pensée sont pourtant des indices qu'il n'a pas encore réussi à élaborer une vision intégrée. Reichenbach avait fait ressortir que l'empirisme classique était condamné à échouer puisqu'il avait accepté, en dépit de toute sa rhétorique contre le rationalisme, les termes dans lesquels son adversaire avait formulé le problème de la connaissance. Si l'empirisme voulait réussir, il devrait être plus qu'une réaction au rationalisme et remettre en cause les présupposés même du débat. Nous devons encore une fois entendre l'appel de Reichenbach pour une troisième voie, que van Fraassen reprend[200]. La théorie de la

199 «The world of empiricism», p. 123.
200 *Cf.* p. 276 ci-dessus.

connaissance volontariste a sans doute trop en commun avec son rival, pour nous aider à échapper aux illusions du fondationnalisme. Nous devons chercher une autre troisième voie: seule une rupture encore plus radicale avec le paradigme moderne nous permettra d'échapper à l'alternative entre rationalité et créativité, qui handicape la nouvelle théorie de la connaissance.

Face à la difficulté qu'éprouve l'empirisme à aller jusqu'au bout dans sa rupture avec le projet des Lumières, il est éclairant de relever un aspect de la pensée de Descartes, par lequel il s'écarte de la recherche moderne d'autonomie: la pensée divine fournit, pour Descartes, le cadre dans lequel la connaissance humaine doit s'inscrire. Sa preuve de l'existence de Dieu, à partir de l'idée que l'esprit humain contient de Lui, repose de façon cruciale sur la conviction que l'on n'obtient pas l'infini par la négation du fini:

> Je ne me dois pas imaginer que je ne conçois pas l'infini par une véritable idée, mais seulement par la négation de ce qui est fini [...]: puisqu'au contraire je vois manifestement qu'il se rencontre plus de réalité dans la substance infinie que dans la substance finie, et partant que j'ai en quelque façon premièrement en moi la notion de l'infini que du fini, c'est-à-dire de Dieu, que de moi-même. Car comment serait-il possible que je pusse connaître que je doute et que je désire, c'est-à-dire qu'il me manque quelque chose et que je ne suis pas tout parfait, si je n'avais en moi aucune idée d'un être plus parfait que le mien, par la comparaison duquel je connaîtrais les défauts de ma nature[201]?

Ainsi, comme le souligne Jean-Luc Marion, «l'infini apparaît [...] comme premier. [... C]e renversement signifie que l'infini précède le fini – la pensée humaine, celle qui organise et déploie ses sciences – comme un horizon toujours déjà ouvert pour accueillir par avance ses progrès et ses désirs[202].»

Comme la raison humaine finie ne peut pas contenir l'infini, l'infini est nécessairement incompréhensible; «car il est de la nature de l'infini, que ma nature, qui est finie et bornée, ne le puisse comprendre[203].» Pourtant,

201 *Méditations métaphysiques*, 1641 (version française 1647), Méditation troisième, éd. J.-M. et M. BEYSSADE, 1979, p. 117.

202 «La raison formelle de l'infini», dans *Christianisme: héritages et destins*, sous dir. C. MICHON, 2002, p. 112. Wolfhart PANNENBERG, *Systematic theology*, 1991, vol. I, p. 351, adopte une lecture similaire de Descartes.

203 *Méditations métaphysiques*, Méditation troisième, p. 119.

cette incompréhensibilité ne mène pas à l'ignorance. Bien au contraire, pour Descartes, Dieu est présent à l'esprit humain comme l'idée la plus claire qui, de fait, inclut toutes les autres: «Toutes les choses que je conçois clairement, et dans lesquelles je sais qu'il y a quelque perfection, et peut-être aussi une infinité d'autres que j'ignore, sont en Dieu formellement ou éminemment, afin que l'idée que j'en ai soit la plus vraie, la plus claire et la plus distincte de toutes celles qui sont en mon esprit[204].»

On peut même dire que c'est l'incompréhensibilité divine qui préserve à l'homme l'accès à la vérité, en dépit du caractère limité de tout son savoir: il peut renoncer à poursuivre l'omniscience, pour toujours au-delà de son atteinte, sans céder à l'irrationalisme, dans la mesure où Dieu connaît parfaitement la partie de la réalité qui est inaccessible à l'homme et en garantit le caractère rationnel[205].

Quand on compare une telle perspective avec le traitement de la connaissance que propose van Fraassen, on se rend compte qu'elle constitue une rupture bien plus prononcée avec le paradigme moderne que ce n'est le cas de son volontarisme. En maintenant une certaine forme de fondation immanente, la posture empiriste n'échappe finalement pas à la tentation de *poser* un fondement – même si celui est situé et pratique – au lieu d'*accueillir* la base transcendante de toute entreprise épistémique[206].

Il convient de mettre ce constat en parallèle avec l'analyse qu'opère Herman Dooyeweerd. Il considère que toute pensée autonome est par nécessité antithétique: comme les humains ne peuvent penser qu'en référence au divin, ils sacralisent toujours un aspect de la réalité créée, tant qu'ils n'acceptent pas le fondement transcendant de toute connaissance. Mais «l'absolutisation religieuse de certains aspects relatifs fait nécessairement surgir des corrélatifs négligés de ces aspects qui se mettent à revendiquer à leur tour, dans la conscience religieuse, une absoluité analogue, mais opposée à celle des aspects déifiés[207].»

204 *Ibid.*

205 Pensée développée par Cornelius VAN TIL, *In defense of the biblical Christianity*, vol. II, *A survey of Christian epistemology*, 1969, p. 200, et *A Christian theory of knowledge*, 1969, pp. 17, 26, 135.

206 L'expression s'inspire d'une formulation de Daniel HILLION qui a employé, dans une discussion privée, la métaphore de *poser* un fondement, plutôt que d'en *découvrir* une, pour caractériser l'attitude épistémique moderne (27 avril 2003).

207 «La base religieuse de la philosophie grecque», *Revue Réformée* X, 3, 1959, p. 21.

Si l'analyse de Dooyeweerd est correcte, une attention portée à l'attitude religieuse pourra éclairer le caractère antithétique d'aspects importants de la pensée de van Fraassen. Alors qu'une bonne partie de la tradition empiriste manifeste de la suspicion, voire de l'aversion envers la religion, van Fraassen permet à celle-ci de retrouver une place dans l'expérience humaine, et il s'est prononcé ouvertement sur son approche de la religion. Jusqu'à la publication de *La posture empirique*, on devait reconstituer son attitude religieuse à partir de remarques faites en passant dans des articles, dont certains ne sont pas facilement accessibles. Son récent livre nous présente de la religion une vision cohérente et détaillée qui se situe dans la même ligne que ses commentaires antérieurs. Ainsi nous sommes dans l'heureuse situation de pouvoir confronter ce que van Fraassen dit à ce propos avec notre compréhension de son épistémologie, plutôt que d'être réduits à extrapoler ses affirmations dans d'autres domaines, pour en déduire son attitude religieuse. Comme van Fraassen est loin de l'attitude purement négative à laquelle revient l'athéisme (ou encore la forme la plus habituelle de l'agnosticisme), nous pouvons nous attendre, chez lui, à des interactions particulièrement fécondes entre approche de la religion et pensée épistémologique. De fait, nous découvrirons des parallèles frappants entre sa posture religieuse, sa théorie de la connaissance et son épistémologie. Notre étude nous montrera en van Fraassen un philosophe dans la pensée duquel les différentes facettes de l'expérience humaine renvoient les unes aux autres. Non seulement nous sommes ainsi mis devant l'exemple personnel d'un penseur menant une réflexion globale; mais encore nous pouvons espérer, selon la proposition dooyeweerdienne, trouver, dans l'étude de son approche de la religion, la clé qui nous permettra de dépasser les éléments antithétiques dans la compréhension que propose van Fraassen de la rationalité, sans devenir victimes des illusions du fondationnalisme.

16. La religion d'un empiriste

En accord avec l'empirisme de van Fraassen, la conception de la religion que nous trouvons dans ses écrits s'enracine fermement dans l'expérience. Par exemple, il considère que la question de l'existence de Dieu est équivalente à celle de savoir s'«il arrive vraiment jamais que quelqu'un rencontre Dieu quelque part[208].» La rébellion empiriste contre tout ce qui est métaphysique guide très largement la façon dont van Fraassen envisage Dieu. Ainsi il distingue clairement entre la construction philosophique d'un Etre omniscient, omnipotent, «omnibienveillant» (qu'il appelle avec mépris le «Dieu O-O-O[209]») et le Dieu qui est le sujet de l'adoration religieuse: «Dieu d'Abraham, Dieu d'Isaac, Dieu de Jacob, non des philosophes[210].» L'expérience, et non sa reconstruction théorique, se trouve au centre de la vraie religion. Van Fraassen échappe pourtant au réductionnisme, qui caractérise un certain nombre, sinon la majorité, des formes de l'empirisme, parce qu'il refuse de laisser des méthodes d'enquête objectivante décider du contenu de l'expérience[211]. Il souligne que «nous arriverions en effet à un matérialisme à peine déguisé, si nous ajoutions que l'enquête objectivante, parachevée par les sciences, suffit à comprendre tout ce qu'il y a à comprendre à propos des personnes. Si, en outre, nous appliquions cela à Dieu, cela aurait pour résultat un panthéisme embelli sur le plan rhétorique[212].»

Le privilège accordé à l'expérience religieuse, par rapport à sa reconstruction théorique, constitue un parallèle exact à ce que l'empirisme constructif dit en science: dans les deux cas, l'implication dans la forme de vie ne nécessite pas de tenir pour «vraies» les formulations conceptuelles qui y correspondent. S'il était nécessaire de montrer que l'attitude religieuse de van Fraassen n'est pas une simple affaire d'opinion privée, sans lien avec sa posture philosophique[213], on pourrait signaler qu'il établit lui-même le parallèle entre l'anti-réalisme en science et en religion:

208 *The empirical stance*, p. 255, n. 32.

209 *Ibid.*, p. 29.

210 D'après van Fraassen, «le Dieu qui apparaît dans les *Méditations métaphysiques* de Descartes était le Dieu paradigmatique des philosophes», et il faut lire le célèbre manifeste de Pascal sur cet arrière-plan (*ibid.*, p. 1).

211 *Ibid.*, p. 255, n. 32.

212 *Ibid.*, p. 193.

213 J'ai rencontré plusieurs philosophes qui ont exprimé, en discussion privée, leur surprise de ce que van Fraassen soit catholique, alors qu'il a un esprit philosophique si incisif. Ce type de réaction constitue, à mon avis, un cas révélateur du matérialisme comme «fausse conscience» en philosophie (*cf.* le titre de l'article de B. VAN FRAASSEN, «Science, materialism, and false consciousness», dans *Warrant in contemporary epistemology: essays in honor of Plantinga's theory of knowledge*, sous dir. J. L. KVANGIG, 1996, pp. 149-181).

> Supposez que, en matière philosophique, je ne comprenne pas [...] la science ou la religion. Ce pourrait être l'occasion de me prendre par la main pour me conduire dans une expérience significative. Cela pourrait me permettre d'acquérir un sens plus profond de la compréhension de ces aspects de l'existence humaine. Ce serait bien différent – et de peu de valeur ou nul aux yeux des empiristes – de postuler qu'il existe certaines entités ou certains domaines de l'être à propos desquels [...] la science ou la religion [...] nous racontent une histoire vraie. C'est pourtant ce que les philosophes ont souvent eu tendance à faire: [ils prétendent que...] les théories scientifiques [sont] la véritable récapitulation putative des Lois de la nature, et les doctrines religieuses la véritable description putative d'une réalité divine, extra-terrestre[214].

Van Fraassen va jusqu'à mettre en parallèle, d'un côté, le réalisme scientifique et le laïcisme, et de l'autre côté, l'anti-réalisme et une «sensation continuelle d'émerveillement», qui reste ouvert à la rencontre du Tout-Autre[215]. De cette manière, le combat contre les lois de la nature rejoint le rejet des simulacres métaphysiques de Dieu – les deux ne sont que des faces différentes de la même rébellion empiriste contre toutes les tentatives de remplacer la richesse de l'expérience humaine authentique par la pâle imitation faite de descriptions théoriques.

Les écrits de van Fraassen suggèrent que l'on peut pousser encore plus loin le parallèle entre son anti-réalisme en science et son attitude religieuse. Non seulement le scientifique et le croyant font preuve du même détachement à l'égard des formulations théoriques de leurs expériences (au moins s'ils sont des empiristes fidèles), mais encore les anti-réalismes en science et en religion s'alimentent mutuellement. D'un côté, l'empirisme constructif maintient volontairement l'incertitude face à la question de savoir comment *est* le monde; un tel agnosticisme sur le caractère réel du monde laisse la porte ouverte à d'autres approches de la réalité que la démarche scientifique. Pour van Fraassen, exclure la dimension religieuse «ne convient parfaitement qu'à une personne absolument certaine de connaître vraiment bien ce qu'il y a dans l'univers et ce qu'est l'univers. Je n'ai pas une telle certitude[216].» Bien entendu, il ne considère pas que

214 «Against transcendental empiricism», p. 312.

215 *The empirical stance*, pp. 177s. B. van Fraassen, «The theory of tragedy and of science: does nature have narrative structure?», dans *Aristotle and contemporary science*, sous dir. D. Sfendoni-Mentzou, 2000, vol. I, p. 56, compare le réaliste à l'idolâtre.

216 *The empirical stance*, p. 251, n. 1.

l'empirisme implique nécessairement l'ouverture à l'expérience religieuse. Il indique la vision de la nature qu'exemplifie Antoine Roquentin dans *La nausée*, comme une posture empiriste «qui n'est pas sans lien logique avec la forme athée de l'existentialisme que Sartre nous a donnée.» Dans une telle conception, «c'est juste une chose fichue [*damn*] après l'autre.» Mais il est tout aussi possible de dire – et van Fraassen y adhère –: «C'est juste une chose bénie après l'autre[217].» La distance critique qu'implique l'empirisme, vis-à-vis des cadres théoriques préconçus, permet d'aller au-delà de projets réductionnistes et d'admettre d'autres approches de la réalité que l'enquête scientifique.

De l'autre côté, la foi nous enseigne de ne pas nous attacher aux «trésors terrestres». Quoi qu'il nous faille pour orienter notre vie en tant que sujets rationnels vivant dans ce monde – des théories scientifiques, une image cohérente de nous-mêmes et du monde –, la rencontre du Tout-Autre nous permet de les tenir pour des «avantages temporaires, commercialisables, de notre étape de vie actuelle, comme autant d'outils et de ressources pour notre pèlerinage à travers ce monde.» L'homme religieux sait comment trouver du réconfort quand il contemple la perspective déconcertante qu'offre l'anti-réalisme: «Seul le profane [...] a raison de craindre qu'une vie sans image du monde soit une vie dépourvue de signification et de valeur[218].»

17. L'engagement mystique

En plus du refus du métaphysique, l'approche religieuse de van Fraassen partage avec l'empirisme constructif des affirmations positives. On dénature parfois l'empirisme constructif en insistant unilatéralement sur son

217 «Replies to discussion on *The empirical stance*», dans «Symposium on *The empirical stance*», *Philosophical Studies* CXXI, 2004, p. 189.

218 B. VAN FRAASSEN, «Response: Haldane on the future of philosophy», *New Blackfriars* LXXX, 1999, pp. 180s. Il reconnaît que tous (à part peut-être un maître zen) entretiennent une image de ce qu'*est* le monde («Constructive empiricism now», pp. 165s), mais préconise le recul critique devant de telles représentations («The manifest image and the scientific image», pp. 29-52).

aspect négatif. Il est évidemment une forme d'anti-réalisme, qui refuse de s'attacher à la vérité des théories scientifiques (en tant qu'elles concernent le domaine inobservable). Néanmoins, il serait faux d'y voir un scepticisme sans réserve, ou encore «une vie de calculs utilitaires et de prudence – ce que Bradley appelait une vie de petit commerçant, celle du toujours un peu plus, un peu moins[219].» Le scientifique doit s'immerger dans l'image du monde que lui offre la théorie. Pour être en mesure de participer d'une manière productive à la pratique scientifique, il doit «habiter» la reconstruction de la réalité que la science contemporaine lui propose. L'anti-réaliste s'interdit d'aller au-delà du «comme si» des affirmations théoriques; néanmoins, son agnosticisme est de type engagé. Il est, pour ainsi dire, un non-croyant pratiquant[220].

La même analyse s'applique au compte rendu que van Fraassen propose de la religion. Il participe à la même saveur anti-réaliste, en ce qu'il refuse de se soumettre à la métaphysique et à la doctrine. Néanmoins, il serait faux d'en conclure que tout ce qui importe serait l'expérience (personnelle ou communautaire). En fait, la religion «a déjà perdu sa signification si nous pensons que l'*expérience* de la présence de Dieu, et non Dieu lui-même, est immédiate pour nous[221].» L'expérience religieuse perd sa signification dès que l'on n'y voit plus le niveau subsidiaire qui renvoie à une réalité au-delà de lui-même. En des termes très personnels, van Fraassen parle de son propre attachement à Dieu, même au-delà de la faillite éventuelle de tout ce qui parle aujourd'hui en faveur de la foi chrétienne. A une conférence, à l'Université de Notre Dame (Indiana), en mars 1990, sur la théologie philosophique et l'exégèse biblique, il place ses auditeurs devant le défi d'«imaginer [… leur] pire scénario possible» – l'archéologie découvre de nouveaux documents parfaitement dignes de confiance, qui prouvent que même les événements les plus fondamentaux de la foi chrétienne n'ont pas eu lieu. Sa propre réponse à ce défi ne s'est pas formée sans une lutte intérieure traumatisante:

> Lors d'une longue nuit d'insomnie, la semaine dernière, je suis resté aux prises avec cette question: que penserais-je alors? comment réagirais-je? comment en sortirais-je?

219 «The peculiar effects of love and desire», p. 152.

220 *The scientific image*, p. 12, *cf.* p. 202; «The world of empiricism», p. 130.

221 *The empirical stance*, pp. 184s, en s'inspirant de Martin BUBER, *The eclipse of God*, Atlantic Highlands (N.J.), Humanities, 1988[rev].

> Il n'était pas du tout facile de dire ce que je crois vraiment, ou à quel degré – comme disait saint Augustin à propos du temps, je le connais tant que vous ne me le demandez pas. Mais c'est évident qu'un scénario de ce type détruirait une image de la réalité que je chéris, à savoir qu'il était une fois un charpentier sur les pas de Qui nous marchons d'un pas chancelant. Un millier de détails pourraient s'effondrer individuellement sans aucun dommage; s'ils s'effondraient tous à la fois, cependant, pour être remplacés par un cauchemar moqueur, cela détruirait ce que j'ai. Mais au bout du compte, au moment où l'aube allait poindre, je trouvai ma réponse. Je dis: Mon Dieu, je ne te le reprocherais pas...[222]

La religion implique un engagement profondément existentiel, au-delà de toute preuve historique ou formulation doctrinale. La confiance en Dieu survivra finalement à la destruction du centre même de la foi chrétienne, c'est-à-dire la révélation de Dieu en Jésus-Christ. En cela, la foi se révèle être une posture qui n'est pas liée, en fin de compte, à sa formulation actuelle – ce qui correspond bien à l'attitude empiriste qui ne s'attache pas non plus aux théories qui orientent la pratique scientifique. Ainsi, la religion authentique et l'empirisme ont le potentiel nécessaire pour surmonter les traumatismes qu'engendrent des révolutions conceptuelles importantes; comme *postures*, ils persistent dans un monde qui n'offre pas de garantie de stabilité factuelle.

Malgré les parallèles frappants entre les attitudes épistémologique et religieuse chez van Fraassen, des différences subsistent. Le rôle que les constructions théoriques jouent, en science et en religion, n'est pas identique, en dépit de toutes les similitudes relevées[223]. Alors que van Fraassen n'a rien à faire des efforts désespérés que fait le positivisme logique pour éliminer les entités théoriques de la science, il considère que les théories métaphysiques et la théologie naturelle n'accomplissent aucun travail productif en religion. Si on cherche à isoler, dans la pratique religieuse, un élément comparable aux théories en science, on doit plutôt se tourner vers les formulations doctrinales des symboles œcuméniques. Contrairement aux travaux de la plupart des philosophes actuels de la religion, ces confessions

222 «Three-sided scholarship: comments on the paper of John R. Donahue, S.J.», dans *Hermes and Athena: biblical exegesis and philosophical theology*, sous dir. E. Stump, T. P. Flint, 1993, p. 323.

223 C'est Peter Lipton qui, dans un courriel du 4 septembre 2003, me plaça devant le défi de montrer quelle place les constructions théoriques ont dans le compte rendu que van Fraassen propose de la religion.

de foi anciennes reconnaissent la part de mystère inhérente à toute formulation de l'expérience religieuse[224]. Le fait que van Fraassen s'inscrit dans une tradition religieuse particulière (c'est-à-dire le catholicisme romain), avec ses affirmations doctrinales, suggère qu'il fait place à certains types d'expressions linguistiques de l'expérience religieuse. Que de telles formulations historiques de la foi soient, dans la conception de van Fraassen, ultimement révisables, ne les distingue pas des théories scientifiques, qui participent elles aussi à la fluidité du monde empiriste.

Le caractère provisoire de toutes les formulations religieuses s'accorde avec la conviction de van Fraassen que «la seule religion véritable est une religion mystique[225].» Il oppose l'expérience mystique à la conception moderne qui, depuis la Renaissance, représente les agents divins et humains dans le même espace, non sans lien avec la nouvelle technique de la perspective en art pictural. Même

> quand le cosmos fini, sphérique [de l'astronomie ptoléméeenne] fut remplacé, à l'époque de Galilée, par un espace infini, invariant par translation, l'interprétation médiévale plus symbolique ne revint pas […] Au contraire, on dépeignit par la suite le divin simplement au travers des effets terrestres observés scrupuleusement et interprétés de façon complexe. Le sentiment du Tout-Autre, des présences mystiques senties mais incomprises qui attirent l'attention, au-delà d'elles-mêmes, sur un monde qui n'est pas de ce monde, et qui n'est pas localisé par rapport à notre monde, manquait dans une telle perspective séculière[226].

Un trait de l'expérience mystique mérite particulièrement notre attention: elle est ineffable. Ici, nous faisons (ou du moins nous recherchons) la rencontre avec le divin, sans médiation par la parole. Bien qu'en général, le mystique adhère aussi à une forme d'expression doctrinale de sa foi, son expérience transcende toute formulation théorique. La doctrine n'est jamais plus qu'avant-dernière dans une telle perspective. Elle peut jouer un rôle indispensable dans le processus de préparation, et même nécessairement accompagner l'expérience mystique; mais elle n'a jamais plus qu'une fonction auxiliaire et reste inadaptée pour exprimer la réalité rencontrée.

224 B. van Fraassen, communication privée, 13 février 2004, confirmée dans un courriel du 11 mai 2004, dans lequel il exprime son accord de voir ses remarques publiées.

225 *The empirical stance*, p. 251, n. 1.

226 *Ibid.*, p. 177.

A cet égard, la compréhension mystique de la religion manifeste des similitudes frappantes avec l'empirisme constructif en science. La religion mystique s'édifie sur l'expérience directe, la seule source de connaissance qu'accepte l'empiriste. C'est pourquoi il convient parfaitement à l'attitude qu'adopte van Fraassen envers la science *et* la religion, quand il conclut *La posture empirique* par la réponse de Socrate à Cratylus: «Si nous pouvons apprendre sur les choses à la fois à partir des mots qui les décrivent et de ces choses elles-mêmes, qu'est-ce qui semble être la manière la plus claire et la plus noble[227]?»

A bas les paroles, et pour la réalité; à bas les concepts, et pour l'expérience – tel est le cri de guerre de l'empiriste. Les formulations linguistiques, qu'elles soient religieuses ou scientifiques, peuvent être des outils utiles, voire un élément constitutif des formes de vie correspondantes; mais elles restent pour toujours en-deçà des réalités avec lesquelles le croyant ou le scientifique est en contact.

La distance critique envers l'expression verbale n'est pas un aspect marginal de la religion mystique; dans un tel contexte, l'expérience religieuse doit être ineffable si l'on veut sauvegarder la transcendance du divin. Si la religion est basée sur l'expérience humaine et si les seules paroles dites sont celles du croyant qui médite sur son expérience, le contenu de l'expérience doit, en fin de compte, se situer au-delà de toute formulation; autrement, on aboutirait à une approche réductionniste, qui limiterait Dieu à ce que des humains peuvent dire de Lui. Van Fraassen souligne à juste titre qu'une religion qui cherche à réduire le divin à ce que l'enquête scientifique peut en découvrir n'est pas autre chose qu'un «panthéisme embelli sur le plan rhétorique[228].» De même, une expérience religieuse parfaitement transparente aux facultés humaines ne pourra jamais atteindre le Dieu transcendant. En fait, on est en droit de se demander si on peut vraiment l'appeler religieuse.

On doit néanmoins constater que l'accent que met le mystique sur l'expérience ineffable ne s'harmonise pas facilement avec le rôle central que joue la parole dans la tradition judéo-chrétienne: non sans raison, les religions qui s'y rattachent sont connues comme les «religions du Livre». La conviction leur est inhérente que le contact avec le divin passe, de façon

227 *Ibid.*, p. 196, qui reformule *Cratylus* 438s (*cf. The empirical stance*, p. 256, n. 35).
228 *The empirical stance*, p. 193 (cité p. 319 ci-dessus).

essentielle, par la parole (écrite). Dans la compréhension traditionnelle, les Ecritures saintes ne sont pas simple témoignage humain à l'expérience religieuse vécue, mais elles proviennent de l'inspiration de Dieu, qui se révèle de la sorte à l'humanité. La forme linguistique de la révélation biblique n'est alors pas un défaut que l'expérience religieuse authentique dépasserait, mais constitue la manière même que Dieu a choisie pour communiquer avec l'humanité. Dans une telle perspective, le divin ne se rencontre pas au-delà de la Parole, mais toujours dans, par et à travers elle. Comme Martin Luther le formula: «Il faut tenir fermement ceci: que Dieu ne donne à personne son Esprit ou la grâce que par ou avec la Parole externe préalable[229].»

La médiation de la Parole permet de ne pas conclure de la transcendance divine à l'inadéquation du langage humain pour parler de Dieu; car le point de départ n'est pas l'expérience humaine du Tout-Autre, mais l'acte divin libre de se faire connaître. De cette sorte, il n'y a nul besoin de protéger la transcendance de Dieu, comme le mystique cherche à le faire, en alléguant le caractère ineffable de l'expérience religieuse. Bien au contraire, la transcendance est garantie par le fait que l'initiative de la communication revient à Dieu. En particulier, la forme linguistique convient à une révélation qui communique une connaissance vraie, sans rogner sur l'incompréhensibilité. Car une personne se donne à connaître dans ses paroles, sans jamais s'y réduire: elle préserve une intégrité personnelle et une consistance propre, qui empêche toute prétention de maîtrise totale, de la part du récepteur de la communication. La forme verbale que prend le contact établi permet justement de penser ensemble excès de réalité, de la part de celui qui se donne à connaître, et communication véritable. D'une manière analogue, la médiation par la Parole nous permet de surmonter l'antithèse entre expérience religieuse et formulations conceptuelles. Le croyant *connaît* Dieu quand il se met à l'écoute de Sa Parole: en réponse, il peut formuler un discours véridique sur Dieu, sans succomber à l'illusion que la réalité divine se laisserait enfermer dans des catégories humaines.

229 *Les Articles de Smalkade*, § «De la confession», *Œuvres*, vol. VII, trad. P. JUNDT, 1962, pp. 251s.

Serait-il possible de faire un pas de plus et de suggérer non seulement que l'incompréhensibilité de Dieu n'exclut pas la parole intelligible sur Lui, mais encore que le caractère ineffable de l'expérience mystique même menace la transcendance? Le théologien princetonien Benjamin Warfield écrit, en tout cas, que «le mysticisme est [...] simplement le panthéisme exprimé en termes d'aspiration religieuse[230].» Se pourrait-il que, paradoxalement, la religion mystique détruise le trésor même qu'elle est censée sauvegarder, qu'elle ne permette pas de faire une place suffisante à l'excès de réalité, qu'elle cherche pourtant à attribuer au divin? Le mysticisme a, dans la plupart de ses expressions historiques, parlé de la fusion du croyant avec la réalité divine. Malgré les voix mystiques au sein des traditions monothéistes, un tel langage, au moins compris littéralement, crée une tension avec une distinction ferme entre le Créateur et la créature. Il est certain que les efforts pour achever l'union mystique ne servent pas bien la transcendance divine, et le panthéisme pourrait n'être pas très loin.

18. Une troisième voie au-delà du fondationnalisme et de la posture empirique?

Les quelques remarques qui précèdent veulent ouvrir une piste qui indique comment dépasser les antinomies qui entravent la solution proposée par van Fraassen pour sortir du fondationnalisme. L'harmonie que nous avons constatée entre ses attitudes épistémologique et religieuse vient renforcer l'indice fourni par l'analyse dooyeweerdienne[231], et suggère que l'examen de sa posture religieuse peut effectivement aider à élaborer la réponse. C'est évident à propos de la saveur paradoxale qu'il donne à sa description de la rencontre entre personnes[232], dans la mesure où l'expérience religieuse est, pour van Fraassen (en accord avec la révélation biblique), une forme de rencontre personnelle[233]. La réflexion précédente sur le rôle

230 «Mysticism and Christianity», *Biblical and theological studies*, éd. S. Craig, 1968, pp. 451s.

231 *Cf.* p. 317 ci-dessus.

232 *Cf.* p. 312 ci-dessus.

233 *The empirical stance*, pp. 190, 192.

médiateur de la parole suggère justement comment articuler communication verbale véridique et compréhension non réductionniste de la personne – dans la rencontre entre deux êtres humains et dans l'expérience de la Transcendance.

La perspective esquissée ici permet également de dissoudre d'autres antithèses caractéristiques de la nouvelle théorie de la connaissance. Inscrire la connaissance humaine dans le contexte plus large de l'incompréhensibilité divine fournit, en particulier, une voie pour échapper à la dimension irrationnaliste de l'empirisme[234], sans poursuivre le vain idéal de l'omniscience. Nous pouvons accepter qu'il y a plus de choses dans le ciel et sur la terre que n'en rêve la science, tout en maintenant le caractère fondamentalement rationnel de la réalité, garanti par le Créateur transcendant. Ainsi, la relation antithétique entre raison et nature, dans le programme de van Fraassen (et dans l'empirisme en général), perd de son attrait, sans que nous versions dans la prétention illusoire d'une maîtrise exhaustive de la réalité par les seules ressources humaines. Si la connaissance humaine est celle d'une créature, nous pouvons la dire fragmentaire et liée à une situation historique particulière, tout en lui reconnaissant la capacité de saisir, au moins partiellement, la réalité; car la parfaite compréhension qu'a Dieu de la réalité garantit la cohérence de l'ensemble. L'homme peut alors s'adonner à sa vocation: explorer le réel, sans succomber à l'illusion d'une connaissance totale, qui confondrait description rationnelle et saisie exhaustive de la réalité. Dans une telle perspective, la pratique scientifique se trouve pleinement reconnue. En même temps, on échappe aux projets réductionnistes et scientistes qui voudraient limiter le réel à ce que la science nous en donne à voir. Il convient bien plutôt de mettre en œuvre toute la panoplie des diverses activités humaines, pour partir à la rencontre de la richesse époustouflante du monde dans lequel nous vivons. Nous rejoignons ici une conviction cruciale de van Fraassen, quant aux rapports entre religion, science et épistémologie: la religion authentique nous confère les ressources nécessaires pour n'investir ni la réflexion philosophique, ni la pratique scientifique, d'une mission religieuse. Nous échappons ainsi à la fois au scientisme,

234 *Cf.* p. 314 ci-dessus.

avec sa divinisation de la science[235], et aux illusions de la métaphysique traditionnelle, qui érige l'intelligence humaine en juge sur les réalités dernières.

De façon analogue, une telle vision contribue à dépasser l'antithèse que van Fraassen établit entre contraintes rationnelles et responsabilité personnelle, sans adhérer à une conception simpliste de la rationalité qui la réduit à la mise en œuvre d'un certain nombre de règles explicites. Oui, notre responsabilité morale est engagée dans l'entreprise épistémique. En tant que sujets connaissants, nous exerçons notre volonté et nous sommes responsables de nos choix. Mais dans une compréhension augustinienne de la liberté, celle-ci consiste dans l'adhésion libre à la vérité que la Parole divine place devant nous[236]. Appliquée à la pratique de la science, une telle perspective implique que l'exercice de la liberté ne présuppose pas une réalité dépourvue de structures, avant que la raison humaine lui en impose; car la liberté de la créature s'épanouit justement quand elle épouse la forme de la réalité que la création lui donne à découvrir. Ainsi, il n'y pas lieu d'opposer principes guidant la rationalité et liberté responsable. En fait, la liberté de l'acte de connaissance ne découle pas d'un prétendu vide rationnel, face auquel elle s'exercerait; mais elle s'enracine dans le caractère *personnel* de la création. La conception chrétienne du Christ, *Logos* personnel, soutenant l'univers, permet d'harmoniser l'idée d'un monde structuré et l'engagement personnel dans l'acte de connaître[237]. Le nominalisme n'est pas la seule option ouverte après l'échec du fondationnalisme.

Les quelques remarques qui précèdent ne sont guère plus que quelques coups de pinceau qui veulent suggérer la voie à emprunter après la fin du rêve fondationnaliste –, à la suite de van Fraassen, mais en dépassant courageusement les antinomies qui continuent à hanter sa pensée. Ici n'est pas le lieu de poursuivre l'élaboration d'une vision nouvelle de la connaissance, encore plus radicalement rénovée que la théorie volontariste de van Fraassen[238]. Car le sujet de notre étude concerne les rapports à établir

235 «The world of empiricism», dans *Physics and our view of the world*, p. 133; *cf.* «The manifest image and the scientific image», p. 41.

236 *Enchiridion* IX, 30, *Œuvres de saint Augustin*, vol. IX, trad. J. RIVIÈRE, 1988, p. 159; *cf. ibid.*, XXVI, 101s, p. 287, et XXVIII, 105, p. 295.

237 L. JAEGER, «Cosmic order and divine word», *Churchman*, 2004, pp. 47-51.

238 Tâche à laquelle je m'attelle dans *Lois de la nature et création: essai sur la science dans un monde créé.*

entre science, philosophie et religion, à l'intérieur même de la pensée de van Fraassen. Ce qui frappe, à ce niveau, ce sont les parallèles dégagés, entre le compte rendu sceptique que propose van Fraassen de la légalité physique, et son approche de la religion. Bien entendu, ces rapprochements entre épistémologie et religion ne se situent pas au niveau du *contenu:* en mettant l'accent sur les postures, van Fraassen interdit que l'on s'attarde aux formulations conceptuelles. Il s'oppose en particulier à Alvin Plantinga quand celui-ci admet que les convictions théologiques puissent, dans certains cas, légitimement imposer des contraintes aux théories scientifiques[239].

En revanche, nous avons constaté des parallèles significatifs entre les attitudes qu'engendre la posture empirique et la conception mystique de la religion. Bien entendu, il n'est pas utile, en l'absence de renseignements biographiques, de se livrer à des spéculations sur la généalogie entre conceptions épistémologiques et religieuses chez van Fraassen. Mais au fond, la question de la priorité est secondaire par rapport au constat de la facilité avec laquelle ces deux domaines s'intègrent dans sa pensée. En van Fraassen, nous avons fait connaissance avec un épistémologue pour qui posture empiriste et religion mystique renvoient l'une à l'autre. Non seulement son exemple dément la compartimentation que la tradition positiviste et analytique a cherché à imposer à la pensée humaine, mais encore nous avons vu comment la prise en compte de l'attitude religieuse d'un philosophe peut aider à approfondir notre compréhension de ses analyses épistémologiques. Loin d'être un élément isolé, son approche sceptique des lois se révèle être un exemple d'une posture bien plus générale, qui englobe à la fois épistémologie et religion. Seule la prise en compte des différentes facettes de son approche de l'expérience humaine permet d'en rendre compte. Comme nous avons pu le constater, une telle approche multidimensionnelle recèle même la promesse de faire des progrès nota-

239 A. PLANTINGA, «Science: Augustian or Duhemian?», *Faith and Philosophy* XIII, 1996, pp. 368-394, et «Methodological naturalism?», dans *Facets of faith and science*, sous dir. J. VAN DER MEER, 1996, vol. I, pp. 206-208. Pour la réponse de van Fraassen, qui s'accorde sur ce point avec Pierre Duhem: «Science, materialism, and false consciousness», p. 181; *The empirical stance*, p. 255, n. 27. Van Fraassen accepte le «rôle émotif» que les conceptions du monde et les valeurs jouent en science («Science, materialism, and false consciousness», p. 181; *The empirical stance*, p. 17).

bles, dans le domaine de la réflexion épistémologique elle-même: l'analyse de sa posture religieuse nous a indiqué le chemin à emprunter, pour aller au-delà des antithèses de sa théorie de la connaissance volontariste. L'examen de l'empirisme constructif apporte ainsi une preuve supplémentaire, pour montrer qu'il est fécond et pertinent de ne pas faire abstraction des catégories religieuses en épistémologie.

Conclusion

Quelles conclusions tirer de notre tour d'horizon des auteurs les plus influents dans le débat épistémologique contemporain autour de la notion de loi de la nature? Bien entendu, il ne peut pas s'agir de déduire des affirmations générales sur les rapports entre science, épistémologie et religion, tant les interactions constatées sont complexes et le nombre d'auteurs étudiés limité. Ainsi, les conclusions auxquelles chaque étude de cas a abouti, prises individuellement, restent les plus significatives, et il n'est pas nécessaire de les répéter ici.

Il est pourtant possible d'indiquer certaines tendances suggérées par notre étude. S'il est *une* idée reçue qu'elle remet en cause, c'est bien celle de la neutralité religieuse de la philosophie, qu'elle soit analytique ou non. Tous les auteurs examinés démontrent sans exception, des interactions multiples entre la sphère du religieux et la réflexion sur l'entreprise scientifique. Le cas de Nancy Cartwright est certainement le plus frappant à cet égard: en ce qui concerne son approche des lois, elle conjugue, dans ses écrits, la rareté des références théologiques avec, dans son parcours personnel, le rôle fondamental des convictions religieuses.

Les interactions entre religion et conception de l'ordre légal peuvent prendre des formes variées. Parfois, les convictions religieuses interviennent quand il s'agit de décider quelles théories épistémologiques sont acceptables – par exemple quand le naturalisme de David Armstrong l'empêche de faire place aux universaux sans instances ou aux dispositions non dérivées. En retour, la science peut assumer un rôle d'*ersatz* de la religion – tant en ce qui concerne les convictions générées qu'eu égard à l'attitude adoptée. Dans les cas où la science, ou la réflexion à son propos, vient à remplir des fonctions religieuses, nous avons dû constater que son contenu s'en trouve déformé. Les écrits d'Armstrong et de David Lewis en fournissent des exemples parlants – en tension évidente avec l'admiration pour la science, qu'ils confessent. Ce fait indique que la science n'est pas destinée à faire office de religion et qu'elle souffre quand on veut lui imposer ce rôle.

Un autre point mérite mention: l'athéisme a favorisé, chez plusieurs des auteurs étudiés, une conception impérialiste de la physique, car il s'accompagne souvent d'un projet réductionniste qui cherche à éliminer de la vision du monde tout aspect qui dépasserait la saisie scientifique, et même plus étroitement physique. En revanche, la «religion d'un empiriste» que déploie Bas van Fraassen, montre clairement comment l'ouverture au transcendant protège du scientisme, et de l'erreur d'ériger en articles de *credo* les résultats de la recherche scientifique, toujours provisoires. Néanmoins athéisme ne rime pas nécessairement avec réductionnisme. Dans le cas de Cartwright, sa conception éclatée de la réalité, qui s'enracine justement dans ses convictions antithéistes, l'amène à s'opposer au physicalisme. Ce fait n'est qu'un indice de la complexité des interactions possibles, qui interdit tout raccourci. Il serait pourtant faux d'y lire le symptôme d'un rapprochement arbitraire, comme si ces divers domaines ne se touchaient que tangentiellement et que leurs rapports restaient alors accidentels, échappant à la systématisation, car en fin de compte conceptuellement non pertinents. Bien au contraire, la complexité renvoie à la richesse de leurs échanges potentiels; elle provient de la multiplicité des croisements féconds. La recherche scientifique et la religion sont des modes si fondamentaux de vivre dans le monde, que l'on doit s'attendre à un paysage diversifié. La complexité de leurs rapports met en lumière les ressources stupéfiantes dont dispose l'homme pour établir des relations avec le monde, ses semblables et le divin.

Dans tous les cas, notre étude a mis en lumière la pertinence du recours aux catégories religieuses, dans l'analyse des comptes rendus des différents auteurs. A certains moments, elles ont permis d'approfondir notre compréhension des propos tenus – comme par exemple, quand nous avons saisi le caractère proprement divin (nécessaire et incompréhensible) de l'ensemble des mondes possibles chez Lewis. A d'autres moments, le recours à la sphère du religieux a éclairé des tensions au sein du programme poursuivi par un auteur, en ce que les motivations religieuses ont fourni une explication plausible des contradictions internes, parfois flagrantes. Rappelons à ce propos la négligence des résultats scientifiques effectifs, dans les constructions qu'adoptent Armstrong et Lewis respectivement. Van Fraassen a, enfin, fourni l'exemple probant de la fécondité d'une réflexion religieuse, pour faire progresser la recherche épistémologique elle-même: l'analyse de sa posture religieuse nous a fourni la clé pour dégager la voie qui permet de dissoudre plusieurs des antithèses qui caractérisent sa théorie de la connaissance: entre parole et rencontre personnelle, entre contraintes rationnelles et liberté, entre raison et nature.

Il est alors certain que l'exclusion du religieux du discours philosophique (officiel) ne peut aboutir qu'à une compréhension réduite des postures qu'adoptent les épistémologues devant la science. On peut même se demander si le déni de la dimension religieuse n'empêche pas justement de déceler les instances où la science est investie d'une mission religieuse, de sorte que scientifiques et épistémologues deviennent plus vulnérables aux prétentions totalitaires d'une certaine compréhension de la science. Ainsi, la prise en compte de toutes les facettes que prend la réponse de l'être humain à ce qui l'entoure est indispensable, non seulement pour dégager la fascinante richesse des modes d'interaction dont nous sommes capables, mais encore pour protéger la science elle-même de l'abus idéologique. La réflexion sur la religion peut, de la sorte, remplir une fonction critique essentielle en épistémologie.

Bibliographie

ALSPECTOR-KELLY Marc, «Should the empiricist be a constructive empiricist?», *Philosophy of Science* LXVIII, 2001, pp. 413-431.

ANSELME DE CANTORBÉRY, *Proslogion: suivi de sa réfutation par Gaunilon et de la réponse d'Anselme*, trad., préface, notes Bernard PAUTRAT, Paris, Flammarion, 1993, 155 p. (éd. originale 1077/78).

ARISTOTE, *Physique*, trad., prés., notes, bibliographie et index Pierre PELLEGRIN, Paris, Flammarion, 2000, 476 p.

ARMSTRONG David M., *Perception and the physical world*, Londres, Routledge & Kegan, 1961, 196 p.

—, «Headless woman illusion and defence of materialism», *Analysis* XXIX, 1968, pp. 48-49.

—, *A materialist theory of the mind*, Londres, Routledge & Kegan, 1968, 372 p.

—, *Belief, truth and knowledge*, Cambridge, C.U.P., 1973, 228 p.

—, «On metaphysics», *Quadrant* XXI, 7, juillet 1977, pp. 65-69.

—, *Universals and scientific realism*, Cambridge, C.U.P., 1978, 2 vol.

—, «Against ‹Ostrich› nominalism: a reply to Michael Devitt», *Pacific Philosophical Quarterly* LXI, 1980, pp. 440-449.

—, *The nature of mind*, Brighton, Harvester Press, 1980, XII-175 p.

—, «Metaphysics and supervenience», *Crítica* (Mexique) XLII, 1982, pp. 3-18 (trad. all. «Naturalistische Metaphysik», dans *Moderne Naturphilosophie*, sous dir. Bernulf KANITSCHNEIDER, Würzburg, Königshausen & Neumann, 1984, pp. 83-93).

—, *What is a law of nature?*, Cambridge, C.U.P., 1983, x-180 p.

—, «Discussion: in defence of structural universals», *Australasian Journal of Philosophy* LXIV, 1986, pp. 85-88.

—, «The nature of possibility», *Canadian Journal of Philosophy* XVI, 1986, pp. 575-594.

—, «Can a naturalist believe in universals?», dans *Science in reflection*, sous dir. Edna ULLMANN-MARGALIT, *Boston Studies in the Philosophy of Science* CX, Dordrecht, Kluwer, 1988, pp. 103-122.

—, «Discussion: reply to van Fraassen», *Australasian Journal of Philosophy* LXVI, 1988, pp. 224-229.

—, «C. B. Martin, counterfactuals, causality, and conditionals», dans *Cause, mind, and reality: essays honoring C.B. Martin*, sous dir. John HEIL, Dordrecht, Kluwer, 1989, pp. 7-15.

—, *A combinatorial theory of possibility*, Cambridge, C.U.P., 1989, 156 p.

—, «The identification problem and the inference problem», *Philosophy and Phenomenological Research* LIII, 1993, pp. 421-422.

—, *A world of states of affairs*, Cambridge, C.U.P., 1997, 285 p.

—, *The mind-body-problem: an opinionated introduction*, Boulder (CO), Westview, 1999, 170 p.

—, «A naturalist program: epistemology and ontology», Eleventh annual Romanell lecture on philosophical naturalism, *Proceedings and Addresses of The American Philosophical Association* LXXIII, 2, novembre 1999, pp. 77-89.
—, «Difficult cases in the theory of truthmaking», *The Monist* LXXXIII, 2000, pp. 150-160.
—, «Black swans: the formative influences in Australian philosophy», dans *Rationality and irrationality*, Proceedings of the 23rd International Wittgenstein-Symposium, Kirchberg am Wechsel (Autriche), 2000, sous dir. Berit BROGAARD, Barry SMITH, Wien, Öbv & Hölder-Pichler-Tempsky, 2001, pp. 11-17.
—, «Why are we here? Review of *Just six numbers: the deep forces that shape the universe,* by Martin REES», *Quadrant* XLV, 4, avril 2001, pp. 77-78.
—, «Vérités et vérifacteurs», trad. Stéphane DUNAND, Jean-Maurice MONNOYER, dans *La structure du monde – objets, propriétés, états de choses: renouveau de la métaphysique dans l'école australienne*, sous dir. Jean-Maurice MONNOYER, Paris, Vrin, 2004, pp. 101-114 (éd. originale: «Truths and truthmakers», dans *What is Truth?*, sous dir. Richard SCHANTZ, Berlin, de Gruyter, 2002, pp. 27-37).
—, «Vérifacteurs pour des vérités modales», trad. Jean-Maurice MONNOYER, *Revue de métaphysique et de morale* IV, 2002, pp. 491-507 (éd. originale: «Truthmakers for modal truths», dans *Real metaphysics: essays in honour of D.H. MELLOR*, sous dir. Hallvard LILLEHAMMER, Gonzalo RODRIGUEZ-PEREYRA, Londres, Routledge, 2003, pp. 12-24).
—, «How do particulars stand to universals?», dans *Oxford Studies in Metaphysics*, vol. I, sous dir. Dean W. ZIMMERMAN, Oxford, Clarendon Press, 2004, pp. 139-154.
—, *Truth and truthmakers*, Cambridge, C.U.P., 2004, 170 p.
—, HEATHCOTE Adrian, «Causes and laws», *Noûs* XXV, 1991, pp. 63-73.
—, MALCOLM Norman, *Consciousness and causality: a debate on the nature of mind*, Oxford, Blackwell, 1984, 222 p.
—, MARTIN C. B., PLACE Ullin T., «A debate on dispositions, their nature and role in causation», *Conceptus* XXV, 66, 1991, pp. 3-44, et XXVI, 67, 1992, pp. 3-58.
—, MARTIN C. B., PLACE Ullin T., *Dispositions: a debate*, éd. Tim CRANE, Londres, Routledge, 1996, 197 p.
AUGUSTIN D'HIPPONE, *Confessions*, trad. du latin Louis de MONDADON, prés. André MANDOUZE, Paris, Seuil, 1982, 404 p.
—, *Œuvres de saint Augustin*, vol. IX, *Exposés généraux de la foi: De fide et symbolo – Enchiridion*, trad. du latin J. RIVIÈRE, Paris, Etudes augustiniennes, 1988, 479 p. (éd. originale de l'*Enchiridion* vers 421).
AYER Albert J., *The concept of a person: and other essays*, Londres, MacMillan, 1963, 272 p.
BACON John, CAMPBELL Keith, REINHARDT Lloyd (dir.), *Ontology, causality and mind: essays in honour of D.M. Armstrong*, Cambridge, C.U.P., 1993, XI-297 p.
BALASHOV Yuri, «What is a law of nature?: the broken-symmetry-story», *Southern Journal of Philosophy* XL, 2002, pp. 459-473.
BARBOUR Ian, *Religion in an age of science*, Gifford lectures, 1989-1991, vol. I, Londres, SCM Press, 1990, 299 p.
BAVINCK Herman, *The philosophy of revelation*, Stone lectures, Princeton Theological Seminary, 1908-1909, Grand Rapids (MI), Eerdmans, 1963, 349 p.

BIGELOW John C., ELLIS Brian D., LIERSE Caroline, «The world as one of a kind: natural necessity and laws of nature», *British Journal for the Philosophy of Science* XLIII, 1992, pp. 371-388.

BITBOL Michel, *L'aveuglante proximité du réel: anti-réalisme et quasi-réalisme en physique*, Paris, Flammarion, 1998, 379 p.

—, «Some steps towards a transcendental deduction of quantum mechanics», *Philosophia Naturalis* XXXV, 1998, pp. 253-273.

—, «La compréhension de la nature et le sacré», dans *Science, mythes et religions en Europe*, Colloque de Royaumont 14-15 octobre 1997, sous dir. Dominique LECOURT, Luxembourg, Ed. de la commission européenne, 2000, pp. 131-145.

—, «Les lois de la nature: contingence ou nécessité», *Cahiers de Philosophie du Langage* IV, 2000, pp. 101-149.

—, *Physique et philosophie de l'esprit*, Paris, Flammarion, 2000, 404 p.

—, «A cure for metaphysical illusions: Kant, quantum mechanics and the Madhyamaka», dans *Buddhism and science*, sous dir. B. A. WALLACE, New York, Columbia University Press, 2003, pp. 325-361.

—, «L'unité organique des opérateurs de connaissance: la mécanique quantique, Kant, et le Madhyamaka», dans *De la science à la philosophie: y a-t-il une unité de la connaissance?*, sous dir. Michel CAZENAVE, Paris, Albin Michel, 2005, pp. 470-501.

BLOCHER Henri, *Prolégomènes: introduction à la théologie évangélique*, Vaux-sur-Seine, Edifac, 1976, 75 p.

BOGDAN Radu J. (dir.), *D.M. Armstrong*, Profiles 4, Dordrecht, Reidel, 1984, 304 p.

BOYD Richard N., «Observation, explanatory power, and simplicity: toward a non-Humean account», dans *Observation, experiment and hypothesis in modern physical science*, sous dir. Peter ACHINSTEIN, Owen HANNAWAY, Cambridge (MA), MIT Press, 1985, pp. 45-94.

BOYLE Robert, *Selected philosophical papers of Robert Boyle*, éd. et intro. Michael A. STEWART, Indianapolis (IN), Hackett, 1991, XXXI-256 p.

BRAITHWAITE Richard B., «An empiricist's view of the nature of religious belief», Eddington lecture, 1955, Cambridge, C.U.P., 1955, 35 p.

BROOKE John Hedley, «The natural theology of the geologists: some theological strata», dans *Images of the earth*, sous dir. L. J. JORDANOVA, Roy S. PORTER, Chalfont St Giles, British Society for the History of Science, 1979, pp. 39-64.

—, *Science and religion: some historical perspectives*, Cambridge, C.U.P., 1991, 422 p.

—, OSLER Margaret J., VAN DER MEER Jitse M. (dir.), *Science in theistic contexts: cognitive dimensions*, *Osiris* XVI, Chicago (IL), Univ. of Chicago Press, 2001, 376 p.

BRUAIRE Claude, «Au procès de Dieu», *Revue de Théologie et de Philosophie* IV, 1973, pp. 289-295.

BUCHDAHL Gerd, *Metaphysics and the philosophy of science: the classical origins, Descartes to Kant*, Oxford, Blackwell, 1969, 714 p.

CARELLA Michael J., «Heisenberg's concept of matter as potency», *Diogenes* XCVI, 1976, pp. 25-37.

CARROLL John, «The Humean Tradition», *Philosophical Review* XCIX, 1990, p. 185-219.

—, *Laws of nature*, Cambridge, C.U.P., 1994, 200 p.

— (dir.), *Readings on laws of nature*, Pittsburgh (PA), Univ. of Pittsburgh Press, 2004, 284 p.

CARTWRIGHT Nancy, «Comments on Wesley Salmon's ‹Science and Religion›», *Philosophical Studies* XXXIII, 1978, pp. 177-183.

—, *How the laws of physics lie*, Oxford, Clarendon, 1983, 221 p.

—, «Two kinds of teleological explanation», dans *Human nature and natural knowledge: essays presented to Marjorie Grene on the occasion of her seventy-fifth birthday*, sous dir. Alan DONAGAN, Anthony N. PEROVICH, Michael V. WEDIN, *Boston Studies in the Philosophy of Science* LXXXIX, Dordrecht, Reidel, 1986, pp. 201-210.

—, *Nature's capacities and their measurement*, Oxford, Clarendon, 1989, 268 p.

—, «Can wholism reconcile the inaccuracy of theory with the accuracy of prediction?», *Synthese* LXXXIX, 1991, pp. 3-13.

—, «In defense of ‹this worldly› causality: comments on van Fraassen's *Laws and symmetry*», *Philosophy and Phenomenological Research* LIII, 1993, pp. 423-429.

—, «Is natural science ‹natural› enough?: a reply to Philip Allport», *Synthese* XCIV, 1993, pp. 291-301.

—, «The metaphysics of the disunified world», *Proceedings of the 1994 biennial meeting of the Philosophy of Science Association*, sous dir. David HULL, Micky FORBES, Richard M. BURIAN, East Lansing (MI), Philosophy of Science Association, 1994, vol. II, pp. 357-364.

—, «Fundamentalism vs the patchwork of laws», dans *The philosophy of science*, sous dir. David PAPINEAU, Oxford, Oxford U.P., 1996, pp. 314-326.

—, «D'où viennent les lois de la nature?», dans *La Régularité: habitude, disposition et savoir-faire dans l'explication de l'action*, sous dir. Christiane CHAUVIRÉ, Albert OGIEN, Paris, EHESS, 2002, pp. 77-93 (éd. originale: «Where do laws of nature come from?», *Dialectica* LI, 1997, pp. 65-78).

—, «Capacities», dans *The handbook of economic methodology*, sous dir. John B. DAVIS, D. Wade HANDS, Uskali MÄKI, Cheltenham, Edward Elgar, 1998, pp. 45-48.

—, «Why physics?», dans *The large, the small and the human mind*, sous dir. Roger PENROSE, avec Abner SHIMONY, Nancy CARTWRIGHT, Stephen HAWKING, Cambridge, C.U.P., 2000, pp. 161-168 (éd. originale 1997).

—, *The dappled world: a study of the boundaries of science*, Cambridge, C.U.P., 1999, 247 p.

—, «Against the completability of science», dans *The proper ambition of science*, sous dir. M. W. F. STONE, Jonathan WOLFF, Londres, Routledge, 2000, pp. 209-222.

—, «Reply to Anderson», *Studies in History and Philosophy of Modern Physics* XXXII, 2001, pp. 495-497.

—, «In favor of laws that are not *ceteris paribus* after all», *Erkenntnis* LVII, 2002, pp. 425-439.

—, CAT Jordi, «Neurath against method», dans *Origins of logical empiricism*, sous dir. Ronald N. GIERE, Alan W. RICHARDSON, *Minnesota Studies in the Philosophy of Science* XVI, Minneapolis, Univ. of Minnesota Press, 1996, pp. 80-90.

—, DEL SETA Marco, «The myth of universalism: theories of science and theories of justice», leçon à l'International School, Genève, 22 novembre 1996, *Discussion Paper Series*, Centre for the Philosophy of Natural and Social Science, 17 p.

—, KITCHER Philip, «Science and ethics: reclaiming some neglected questions», *Perspectives on Science* IV, 1996, pp. 145-153.

—, LIPTON Peter, PAUL L. A., MENZIES Peter, «Symposium on *The dappled world*», *Philosophical Books* XLIII, 2002, pp. 241-278.

CASSIRER Ernst, *Individu et cosmos dans la philosophie de la renaissance*, trad. de l'all. Pierre QUILLET, suivi de NICOLAS DE CUES, *De la pensée*, et CHARLES DE BOVELLES, *Le sage*, Paris, Minuit, 1983, 489 p. (éd. originale 1927).

CHAKRAVARTTY Anjan, «The semantic or model-theoretic view of theories and scientific realism», *Synthese* CXXVII, 2001, pp. 325-345.

CHALMERS Alan F., «So the laws of physics needn't lie», *Australasian Journal of Philosophy* LXXI, 1993, pp. 196-205.

—, *Qu'est-ce que la science? Récents développements en philosophie des sciences: Popper, Kuhn, Lakatos, Feyerabend*, trad. de l'anglais Michel BIEZUNSKI, Paris, La Découverte, 1987, 286 p. (éd. anglaise: *What is this thing called Science?*, Buckingham, Open U.P., 1999[3], XXII-266 p.; première éd. originale 1978).

CHEVALLEY Catherine, *Pascal: contingence et probabilité*, Paris, PUF, 1995.

CHRISTIE Maureen, «Philosophers versus chemists concerning ‹laws of nature›», *Studies in History and Philosophy of Science* XXV, 1994, pp. 613-629.

CHURCHLAND Paul M., HOOKER Clifford A. (dir.), *Images of science: essays on realism and empiricism with a reply from Bas C. VAN FRAASSEN*, Chicago (IL), Univ. of Chicago Press, 1985, 309 p.

CLAVIER Paul, *Dieu sans barbe: vingt et une conversations instructives et amusantes sur la question très disputée de l'existence de Dieu*, Paris, Table Ronde, 2002, 158 p.

CLOUSER Roy, *Knowing with the heart: religious experience and belief in God*, Downers Grove (IL), IVP, 1999, 204 p.

COLLINGWOOD Robin G., *The new Leviathan: or man, society, civilization and barbarism*, Oxford, Clarendon, 1942, 387 p.

CRAIG Edward (dir.), *Routledge encyclopedia of philosophy*, Londres/New York, Routledge, 1998, 10 vol.

CRAIG William Lane, MORELAND J. P. (dir.), *Naturalism: a critical appraisal*, Londres, Routledge, 2000, XV-286 p.

DAVIS Edward B., «Newton's rejection of the ‹Newtonian world view›: the role of divine will in Newton's natural philosophy», *Science and Christian Belief* III, 1991, pp. 103-117.

DERRIDA Jacques, *De la grammatologie*, Paris, Minuit, 1967, 445 p.

—, *L'écriture et la différence*, Paris, Seuil, 1979, 436 p.

DESCARTES René, *Discours de la méthode: suivi d'extraits de la Dioptrique, des Météores, de la Vie de Descartes par Baillet, du Monde, de l'Homme et de Lettres*, éd. Geneviève RODIS-LEWIS, Paris, Flammarion, 1992, 280 p. (éd. originale du *Discours de la méthode* 1637).

—, *Méditations métaphysiques: objections et réponses suivies de quatre lettres*, éd. Jean-Marie et Michelle BEYSSADE, Paris, Flammarion, 1979, 280 p. (éd. originale latine 1641; éd. originale française 1647).

—, *Œuvres de Descartes*, éd. Charles ADAM, Paul TANNERY, Paris, Cerf/Vrin, 1909, 1956-1957, 12 vol.

DICK Steven J., *Plurality of worlds: the origins of the extraterrestrial life debate from Democritus to Kant*, Cambridge, C.U.P., 1982, 246 p.

DIJKSTERHUIS E. J., *The mechanisation of the world picture*, trad. du néerlandais C. DIKSHOORN, Oxford, Oxford U.P., 1969, 537 p. (éd. originale 1950).

DIXON Thomas, «Theology, anti-theology and atheology», *Modern Theology* XV, 1999, pp. 297-330.

DOOYEWEERD Herman, *A new critique of theoretical thought*, Philipsburg (NJ), Presbyterian & Reformed, 1953-1958, 4 vol. (éd. originale: *Die wijsbegeerte der wetsidee*, 1935-1936).

—, «La prétendue autonomie de la pensée philosophique. La base religieuse de la philosophie grecque, scolastique et humaniste. La nouvelle tâche d'une philosophie chrétienne», *Revue Réformée* X, 3, 1959, pp. 3-76.

—, *In the twilight of Western thought: studies in the pretended autonomy of philosophical thought*, Nutley (NJ), Craig Press, 1975, 195 p. (première éd. 1960).

DRETSKE Fred I., «Laws of Nature», *Philosophy of Science* XLIV, 1977, pp. 248-268.

DUHEM Pierre, *La théorie physique: son objet – sa structure*, Paris, Rivière, 1914², 514 p.

—, *Le système du monde: histoire des doctrines cosmologiques de Platon à Copernic*, Paris, Hermann, 1913-59, 10 vol.

EARMAN John, «The universality of laws», *Philosophy of Science* XLV, 1978, pp. 173-181.

—, *A primer on determinism*, Dordrecht, Reidel, 1986, XIV-273.

—, «In defense of laws: reflections on Bas van Fraassen's *Laws and symmetry*», *Philosophy and Phenomenological Research* LIII, 1993, pp. 413-419.

EDWARDS Paul (dir.), *The encyclopedia of philosophy*, Londres, Collier Macmillan, 1967, 8 vol.

EINSTEIN Albert, *Comment je vois le monde*, trad. de l'all. Maurice SOLOVINE, Régis HANRION, Paris, Flammarion, 1979, 189 p. (éd. allemande: *Mein Weltbild*, Zurich, Europa Verlag, 1953, 275 p., éd. originale 1934).

—, *Œuvres choisies*, éd. sous dir. Françoise BALIBAR, Paris, Seuil, 1989-1993, 6 vol.

ELIADE Mircea, *Traité d'histoire des religions*, Paris, Payot, 1990, 395 p. (éd. originale 1949).

—, *Le sacré et le profane*, Paris, Gallimard, 1994, 185 p. (éd. originale: *Das Heilige und das Profane*, 1957).

ENGEL Pascal, *La dispute: une introduction à la philosophie analytique*, Paris, Minuit, 1997, 250 p.

— (dir.), *Philosophie analytique, Cahiers de Philosophie de l'Université de Caen* XXXI-XXXII, 1997-1998, 98 p.

— (dir.), *Précis de philosophie analytique*, Paris, PUF, 2000, 359 p.

ESFELD Michael, *Einführung in die Naturphilosophie*, Darmstadt, WBG, 2002, 159 p.

ESPAGNAT Bernard d', *Une incertaine réalité: le monde quantique, la connaissance et la durée*, Paris, Bordas, 1985, 310 p.

EUVÉ François, «Les images de Dieu chez les savants», *Christus* 185, 2000, pp. 46-54.

FORCE James E., «The nature of Netwon's ‹holy alliance› between science and religion», dans *Rethinking the scientific revolution*, sous dir. Margaret OSLER, Cambridge, C.U.P., 2000, pp. 247-70.

FORREST Peter, «What reasons do we have for believing there are laws of nature?», *Philosophical Inquiry* VII, 1985, pp. 1-17.

—, ARMSTRONG David M., «An argument against David Lewis' theory of possible worlds», *Australasian Journal of Philosophy* LXII, 1984, pp. 164-168.

FOSTER John, «Regularities, laws of nature and the existence of God», *Proceedings of the Aristotelian Society* CI, 2001, pp. 145-161.

—, *The divine lawmaker: lectures on induction, laws of nature, and the existence of God*, Oxford, Clarendon, 2004, 191 p.

FUNKENSTEIN Amos, *Théologie et imagination scientifique: du Moyen Âge au XVIIe siècle*, trad. de l'anglais Jean-Pierre ROTHSCHILD, Paris, PUF, 1995 (éd. originale 1986), 478 p.

GADAMER Hans-Georg, *Vérité et méthode: les grandes lignes d'une herméneutique philosophique*, trad. de l'all. Pierre FRUCHON, Jean GRONDIN, Gilbert MERLIO, Paris, Seuil, 1996, 533 p. (première éd. originale 1960)

GALILÉE, *Dialogue sur les deux grands systèmes du monde*, trad. de l'italien René FRÉREUX, avec le concours de François DE GANDT, Paris, Seuil, 1992, 656 p. (éd. originale 1632).

—, *Discours et démonstrations mathématiques concernant deux sciences nouvelles*, intro., trad. Maurice CLAVELIN, Paris, PUF, 1995, 285 p. (éd. originale 1638).

—, *Le opere di Galileo Galilei*, nuova ristampa della edizione nazionale, Florence, G. Barbèra, 1968, 20 vol.

GARBER Daniel, AYERS Michael (dir.), *The Cambridge history of seventeenth-century philosophy*, Cambridge, C.U.P., 1998, vol. I, 949 p.

GARFIELD Jay L., *The fundamental wisdom of the middle way: Nâgârjuna's Mûlamadhyamakakârikâ: translation and commentary*, Oxford, Oxford U.P., 1995, 372 p.

GARRETA Guillaume, «D'un empirisme sans entraves à une science sans lois: l'agnosticisme épistémologique de Bas van Fraassen», *Critique* LVIII, 2002, pp. 501-516.

GENDLER Tamar S., HAWTHORNE John P. (dir.), *Conceivability and possibility*, Oxford, Oxford U.P., 2002, 507 p.

GESCHE Adolphe, «Le christianisme comme athéisme suspensif: réflexions sur le *Etsi Deus non daretur*», *Revue Théologique de Louvain* XXXIII, 2002, pp. 187-210.

GHINS Michel, «Bas van Fraassen: les lois et la symétrie», *Revue Philosophique de Louvain* XCV, 1997, pp. 738-754.

—, «Présentation de Bas van Fraassen», *Revue Philosophique de Louvain* XCVIII, 2000, pp. 445-448.

GIERE Ronald N., *Explaining science: a cognitive approach*, Chicago (IL), Univ. of Chicago Press, 1988, XXI-321 p.

GLYMOUR Clark, «A mind is a terrible thing to waste – critical notice: Jaegwon Kim, *Mind in a physical world*», *Philosophy of Science* LXVI, 1999, pp. 455-471.

GNASSOUNOU Bruno, «Ces pouvoirs qu'on appelle ‹causaux›», *Critique* LVIII, 2002, pp. 489-500.

—, KISTLER Max (dir.), *Causes, pouvoirs, dispositions en philosophie: le retour des vertus dormitives*, coll. «Les rencontres de Normale sup'», Paris, PUF, 2005, 182 p.

GOODMAN Nelson, *Faits, fictions et prédictions*, trad. de l'américain M. ABRAN, Paris, Minuit, 1984, 132 p. (éd. originale 1983[3], première éd. originale 1954).

GRANT Edward, «The condemnation of 1277, God's absolute power, and physical thought in the late Middle Ages», *Viator* X, 1979, pp. 211-244.

GRECO John, SOSA Ernest (dir.), *The Blackwell guide to epistemology*, Malden (MA), Blackwell, 1999, IX-464 p.

GUNTON Colin, *The triune Creator: a historical and systematic study*, Edimbourg, Edinburgh U.P., 1998, 246 p.

HALPIN John F., «Legitimizing chance: the best-system approach to probabilistic laws in physical theory», *Australasian Journal of Philosophy* LXXII, 1994, pp. 317-338.

—, «Lewis, Thau and Hall on chance and the best-system account of law», *Philosophy of Science* LXV, 1998, p. 349-360.

—, «Nomic necessity and empiricism», *Noûs* XXXIII, 1999, pp. 630-643.
HARRÉ Rom, *Laws of nature*, Londres, Duckworth, 1993, 128 p.
—, *Varieties of realism*, Oxford, Blackwell, 1997, 375 p.
HARRIS R. Laird, ARCHER Gleason L., WALTKE Bruce (dir.), *Theological wordbook of the Old Testament*, Chicago (IL), Moody Press, 1980, 2 vol.
HARRISON Peter, *‹Religion› and the religions in the English Enlightenment*, Cambridge, C.U.P., 1990, 277 p.
—, *The Bible, Protestantism, and the rise of natural science*, Cambridge, C.U.P., 1998, 313 p.
HASLANGER Sally, «Humean supervenience and enduring things», *Australasian Journal of Philosophy* LXXII, 1994, pp. 339-359.
HAWTHORNE John P., «Blocking definitions of materialism», *Philosophical Studies* CX, 2002, pp. 103-113.
HEIDEGGER Martin, *Sein und Zeit*, Tubingue, Niemeyer, 1953^7, 437 p. (éd. originale 1927).
HEIDEMANN Dietmar H., ENGELHARD Kristina (dir.), *Warum Kant heute?: systematische Bedeutung und Rezeption seiner Philosophie in der Gegenwart*, Berlin, de Gruyter, 2004, 428 p.
HEISENBERG Werner, *Le manuscrit de 1942*, trad. de l'all. Catherine CHEVALLEY, Paris, Seuil, 1998, 484 p.
—, *Physique et philosophie: la science moderne en révolution*, trad. de l'anglais Jacqueline HADAMARD, Paris, Albin Michel, 1971, 285 p. (éd. originale: *Physics and philosophy*, Gifford lectures, 1955/56, New York, Harper & Row, 1958).
HESLAM Peter, *Creating a Christian worldview: Abraham's Kuyper's lectures on Calvinism*, Grand Rapids (MI), Eerdmans, 1998, X-300 p.
HESSE Mary, «The explanatory function of metaphor», dans *Logic, methodology and philosophy of science*, sous dir. Yehoshoua BAR-HILLEL, Amsterdam, North-Holland, 1965, pp. 249-259.
—, «Reductionism in the sciences: some reflections on part 1», dans *Reductionism in academic disciplines*, sous dir. Arthur R. PEACOCKE, Guilford, Society for Research into Higher Education, 1985, pp. 105-112.
—, «The cognitive claims of metaphor», *Journal of Speculative Philosophy* II, 1988, pp. 1-16.
HOCHBERG Herbert, «Natural necessity and laws of nature», *Philosophy of Science* XLVIII, 1981, pp. 386-399.
HOOYKAAS Reijer, *Religion and the rise of modern science*, Edimbourg, Scottish Academic Press, 1972, xiii-162 p.
HORGAN Terence, «From supervenience to superdupervenience: meeting the demands of a material world», *Mind* CII, 1993, pp. 555-586.
HUME David, *Dialogues sur la religion naturelle*, intro., trad. et notes Michel MALHERBE, Paris, Vrin, 1997^2, 254 p. (éd. originale: *Dialogues concerning natural religion*, 1779).
HUTCHISON Keith, «Dormitive virtues, scholastic qualities, and the new philosophies», *History of science* XXIX, 1991, pp. 245-278.
HÜTTEMANN Andreas, «Laws and dispositions», *Philosophy of Science* LXV, 1998, pp. 121-135.

JACKSON Frank, «What Mary didn't know», *Journal of Philosophy* LXXXIII, 1986, pp. 291-295.

—, «David Kellogg Lewis: philosopher and philosopher of mind», *Mind and Language* XVIII, 2003, pp. 281-285.

JAEGER Lydia, *Croire et connaître: Einstein, Polanyi et les lois de la nature*, Nogent-sur-Marne/Charols, Éditions de l'Institut Biblique/Excelsis, 2005², 334 p.

—, *Pour une philosophie chrétienne des sciences*, Nogent-sur-Marne/Cléon d'Andran, Éditions de l'Institut Biblique/Excelsis, 2000, 120 p.

—, «Dieu comme seule source de la connaissance – l'apologétique de Cornelius van Til», *Théologie Evangélique* I, 3, 2002, pp. 27-46.

—, «Humean supervenience and best-system laws», *International Studies in the Philosophy of Science* XVI, 2002, pp. 141-155.

—, «Cosmic order and divine word», *Churchman*, 2004, pp. 47-51 (publié également dans *Spiritual information: 100 perspectives*, sous dir. Charles L. HARPER Jr., Philadelphie (PA), Templeton Foundation Press, 2005).

—, «Bas van Fraassen on religion and knowledge: is there a third way beyond foundationalist illusion and bridled irrationality?», *American Catholic Philosophy Quarterly* LXXX, 2006, pp. 581-602.

—, *Lois de la nature et création: essai sur la science dans un monde créé*, Nogent-sur-Marne/Charols, Éditions de l'Institut Biblique/Excelsis, à paraître.

JAMES William, *La volonté de croire*, trad. de l'américain Loÿs MOULIN, Paris, Flammarion, 1918, 345 p.

JONES Roger, «Realism about what?», *Philosophy of Science* LVIII, 1991, pp. 185-202.

KANT Emmanuel, *Critique de la raison pure*, trad. Jules BARNI, revue P. ARCHAMBAULT, Paris, Flammarion, 1987, 725 p. (première éd. originale 1781; deuxième éd. originale 1787).

—, *Premiers principes métaphysiques de la science de la nature*, trad. J. GIBELIN, Paris, Vrin, 1990, 165 p. (éd. originale 1786).

—, *Critique de la faculté de juger*, trad. et prés. Alain RENAUT, Paris, Flammarion, 1995, 540 p. (première éd. originale 1790).

KIM Jaegwon, *Supervenience and mind: selected philosophical essays*, Cambridge, C.U.P., 1993, XVIII-377 p.

—, SOSA Ernest (dir.), *A companion to metaphysics*, Oxford, Blackwell, 1995, 540 p.

KISTLER Max, *Causalité et lois de la nature*, Paris, Vrin, 1999, 311 p.

—, «Laws of nature, exceptions and tropes», *Philosophia Scientiae* VII, 2003, pp. 189-219.

KNUUTTILA Simo (dir.), *Reforging the great chain of being: studies of the history of modal theories*, Dordrecht, Reidel, 1981, XIV-320 p.

KRIPKE Saul A., *La logique des noms propres*, trad. de l'américain P. JACOB, F. RÉCANATI, Paris, Minuit, 1982, 173 p. (éd. originale: *Naming and necessity*, Oxford, Blackwell, 1980^{rev}, 172 p.; première éd. originale 1972).

—, «Russell's notion of scope», *Mind* CXIV, 2005, pp. 1005-1037.

KUHN Thomas S., *La révolution copernicienne*, trad. de l'américain Avram HAYLI, Paris, Fayard, 1973, 379 p. (éd. originale 1957).

—, *La structure des révolutions scientifiques*, trad. de l'américain Laure MEYER, Paris, Flammarion, 1983, 284 p. (éd. originale 1962).

KUKLA André, «The two antirealisms of Bas van Fraassen», *Studies in History and Philosophy of Science* XXVI, 1995, pp. 431-454.

KVANVIG Jonathan L., «A critique of van Fraassen's voluntaristic epistemology», *Synthese* XCVIII, 1994, pp. 325-348.

LADYMAN James, «What's really wrong with constructive empiricism?: van Fraassen and the metaphysics of modality», *British Journal for the Philosophy of Science* LI, 2000, pp. 837-856.

—, DOUVEN Igor, HORTSEN Leon, VAN FRAASSEN Bas C., «A defence of van Fraassen's critique of abductive inference: reply to Psillos», *Philosophical Quarterly* XLVII, 1997, pp. 305-321.

LAMBERT Karel, BRITTAN Gordon G., *Eine Einführung in die Wissenschaftsphilosophie*, trad. de l'américain Joachim SCHULTE, Berlin, de Gruyter, 1991, 263 p.

LANGE Marc, «Natural laws and the problem of provisos», *Erkenntnis* XXXVIII, 1993, pp. 233-248.

—, *Natural laws in scientific practice*, Oxford, Oxford U.P., 2000, 348 p.

—, *The philosophy of physics: locality, fields, energy and mass*, Blackwell, Oxford, 2002, xvii-320 p.

LAUDAN Larry, *La dynamique de la science*, Bruxelles, Mardaga, 1977, 262 p.

—, *Science and values: the aims of science and their role in scientific debate*, Berkeley (CA), Univ. of California Press, 1984, 149 p.

LAUGHLIN Robert B., «Nobel lecture: fractional quantization», *Reviews of Modern Physics* LXXI, 1999, pp. 863-874.

LAUGIER Sandra, *Du réel à l'ordinaire: quelle philosophie du langage aujourd'hui?*, Paris, Vrin, 1999, 173 p.

—, *Recommencer la philosophie: la philosophie américaine aujourd'hui*, Paris, PUF, 1999, 221 p.

—, WAGNER Pierre (éd.), *Philosophie des sciences*, vol. II, *Naturalismes et réalismes*, Paris, Vrin, 2004, 424 p.

LECERF Auguste, *Introduction à la dogmatique réformée*, Paris, Je sers, 1931, 2 vol.

LEIBNIZ Gottfried Wilhelm, *Discours de métaphysique et autres textes 1663-1689*, prés. et notes Christiane FRÉMONT, trad. Christiane FRÉMONT, revue Catherine EUGÈNE, Paris, Flammarion, 2001, 351 p.

LEWIS David K., *Counterfactuals*, Oxford, Blackwell, 1973, 150 p.

—, *Philosophical papers*, New York, Oxford U.P., 1983-1986, 2 vol.

—, *On the plurality of worlds*, Oxford, Blackwell, 1986, 276 p.

—, «Humean supervenience debugged», *Mind* CIII, 1994, pp. 473-490 (publié également dans David K. LEWIS, *Papers in metaphysics and epistemology*, Cambridge, C.U.P., 1999, pp. 224-247).

—, *Papers in metaphysics and epistemology*, Cambridge, C.U.P., 1999, 453 p.

—, «Causation as influence», *Journal of Philosophy* XCII, 2000, pp. 182-197.

—, *Papers in ethics and social philosophy*, Cambridge, C.U.P., 2000, 255 p.

—, «Forget about the ‹correspondence theory of truth›», *Analysis* LXI, 2001, pp. 275-280.

—, «Redefining ‹intrinsic›», *Philosophy and Phenomenological Research* LXIII, 2001, pp. 381-398.

—, «How many lives has Schrödinger's cat?», *Australasian Journal of Philosophy* LXXXII, 2004, p. 3-22 (publié également dans *Lewisian themes: the philosophy of David K. Lewis*, sous dir. Frank JACKSON, Graham PRIEST, Oxford, Clarendon, pp. 4-23).

—, «Void and object», dans *Causation and counterfactuals*, sous dir. John D. COLLINS, Ned HALL, Laura A. PAUL, Cambridge (MA), MIT Press, 2004, pp. 277-290.
—, LANGTON Rae, «Comment définir ‹intrinsèque›», 1998, trad. F. FERRO, *Revue de métaphysique et de morale* IV, 2002, pp. 541-557.
LILLEHAMMER Hallvard, RODRIGUEZ-PEREYRA Gonzalo (dir.), *Real metaphysics: essays in honour of D.H. MELLOR*, Londres, Routledge, 2003, 248 p.
LINDBERG David C., «Conceptions of the scientific revolution from Bacon to Butterfield: a preliminary sketch», dans *Reappraisals of the scientific revolution*, sous dir. David C. LINDBERG, Robert S. WESTMAN, Cambridge, C.U.P., 1990, pp. 1-26.
LIPTON Peter, «All else being equal», *Philosophy* LXXIV, 1999, pp. 155-168.
—, «Science, religion and truth», Eddington memorial lecture, Cambridge, 20 février 2001, tiré à part, 9 p.
—, *Inference to the best explanation*, Londres, Routledge, 2004², XII-219 p.
LUTHER Martin, *Œuvres*, Genève, Labor et Fides, 1957-2001, 18 vol.
MAIER Anneliese, *Die Mechanisierung des Weltbilds im 17. Jahrhundert*, Leipzig, Meiner, 1938, 64 p.
MCMULLIN Ernan, *Newton on matter and activity*, Notre Dame (IN), Univ. of N.D. Press, 1978, 160 p.
—, «Galilean idealization», *Studies in History and Philosophy of Science* XVI, 1985, pp. 247-273.
—, «Evolution and special creation», *Zygon* XXVIII, 1993, pp. 299-335.
—, «Van Fraassen's unappreciated realism», *Philosophy of Science* LXX, 2003, pp. 455-478.
MCTAGGART ELLIS MCTAGGART John Ellis, *Some dogmas of religion*, Londres, Arnold, 1930, LII-299 p. (éd. originale 1909).
MELLOR D. Hugh, *Matters of metaphysics*, Cambridge, C.U.P., 1991, XX-295 p.
MICHON Cyrille (dir.), *Christianisme: héritages et destins*, Paris, Livre de Poche, 2002, 414 p.
MIDGLEY Mary, *Evolution as a religion: strange hopes and stranger fears*, Londres, Methuen, 1985, 180 p.
—, *Science as salvation: a modern myth and its meaning*, Gifford lectures, 1990, Londres, Routledge, 1992, 239 p.
MILL John Stuart, *Système de logique déductive et inductive: exposé des principes de la preuve et des méthodes de recherche scientifique*, trad. sur la 6e éd. anglaise Louis PEISSE, Paris, Librairie philosophique de Ladrange, 1866, 574 p. (première éd. originale 1843).
MILTON John R., «The origin and development of the concept of the ‹laws of nature›», *Archives européennes de sociologie* XXII, 1981, pp. 173-195.
MITTELSTAEDT Peter, *Philosophische Probleme der modernen Physik*, Mannheim, Bibliographisches Institut, 1989, 227 p.
—, *The interpretation of quantum mechanics and the measurement process*, Cambridge, C.U.P., 1998, IX-140 p.
—, VOLLMER Gerhard (dir.), *Was sind und warum gelten Naturgesetze?*, *Philosophia Naturalis* XXXVII, 2000, pp. 189-475.
—, «Interpreting quantum mechanics – in the light of quantum logic», dans *Time, quantum and information*, sous dir. Lutz CASTELL, Otfried ISCHEBECK, Heidelberg, Springer, 2003, p. 281-290.

MORRIS Thomas V. (dir.), *Divine and human action: essays in the metaphysics of theism*, Ithaca (NY), Cornell U.P., 1988, 366 p.

MUELLER Ian, «Mathematical method and philosophical truth», dans *The Cambridge companion to Plato*, Cambridge, C.U.P., 1992, pp. 170-199.

NAGARJUNA, *Traité du milieu: avec un commentaire d'après TSONGKHAPA LOSANGDRAKPA et CHONÉ DRAKPA CHÉDRUB*, trad. du tibétain Georges DRIESSENS, Paris, Seuil, 1995, 323 p.

NAUGLE David K., *Worldview: the history of a concept*, Grand Rapids (MI), Eerdmans, 2002, XXII-408 p.

NEURATH Otto, *Gesammelte philosophische und methodologische Schriften*, éd. Rudolf HALLER, Heiner RUTTE, Wien, Hölder-Pichler-Tempsky, 1981, 2 vol.

NEWTON Isaac, *Philosophiae naturalis principia mathematica*, 1726[3], éd. Alexandre KOYRÉ, I. Bernard COHEN, Cambridge (MA), Harvard U. P, 1972, 2 vol. (première éd. originale 1687; trad. française partielle: *Les principes mathématiques de la philosophie naturelle,* trad., postface et bibliogr. Marie-Françoise BIARNAIS, préface Stephen HAWKING, Paris, Chr. Bourgois, 1985, 376 p.).

—, *Traité d'optique*, Paris, Gauthier-Villars, 1955, XXX-495 p. (reproduction fac-similé de l'éd. de 1722, basée sur la deuxième éd. anglaise de 1717).

NOLAN Daniel, «Recombination unbound», *Philosophical Studies* LXXXIV, 1996, pp. 239-262.

OAKLEY Francis, *Omnipotence, covenant, and order: an excursion in the history of ideas from Abelard to Leibniz*, Ithaca (NY), Cornell U.P., 1984, 165 p.

OLTHUIS James, «On worldviews», *Christian Scholar's Review* XIV, 1985, pp. 153-164.

OMNÈS Roland, *The interpretation of quantum mechanics*, Princeton series in physics, Princeton (NJ), Princeton U.P., 1994, XIV-550 p.

OPPY Graham, «Modal theistic arguments», *Sophia* XXXII, 2, 1993, pp. 17-24.

OSLER Margaret, «Mixing metaphors: science and religion or natural philosophy and theology in early modern Europe», *History of Science* XXXVI, 1998, pp. 91-113.

PAGÈS Jean, «The Dretske-Tooley-Armstrong theory of natural laws and the inference problem», *International Studies in the Philosophy of Science* XVI, 2002, pp. 227-243.

PANNENBERG Wolfhart, *Toward a theology of nature: essays on science and faith*, éd. Ted PETERS, Louisville (KY), Westminster/John Knox Press, 1993, 166 p.

—, *Systematic theology*, trad. Geoffrey W. BROMILEY, Grand Rapids (MI), Eerdmans, 1994, 2 vol.

PASCAL Blaise, *Pensées*, éd. Léon BRUNSCHVICG, chronologie, intro., notes Dominique DESCOTES, Paris, Flammarion, 1976, 376 p. (première éd. 1670).

PICHÉ David (éd.), *La condemnation parisienne de 1277: nouvelle édition du texte latin, traduction, introduction et commentaire*, coll. «Sic et Non», Paris, Vrin, 1999, 351 p.

PLANTINGA Alvin, *The nature of necessity*, Oxford, Clarendon, 1974, 255 p.

—, *Warrant and proper function*, Oxford, Oxford U.P., 1993, 243 p.

—, «Science: Augustinian or Duhemian?», *Faith and Philosophy* XIII, 1996, pp. 368-394.

PLATON, *Parménide*, prés. et trad. Luc BRISSON, Paris, Flammarion, 1992, 333 p.

POLANYI Michael, *Personal knowledge: towards a post-critical philosophy*, Chicago (IL), Univ. of Chicago Press, 1958, XIV-428 p.

—, «Faith and reason», *Journal of Religion* XLI, 4, 1961, pp. 237-247.

—, PROSCH Harry, *Meaning*, Chicago (IL), Univ. of Chicago Press, 1975, 246 p.

POOL Michael, «How liberating is van Fraassen's voluntarism?», *Dialogue* (Ass. canadienne de philosophie) XXXIX, 2000, pp. 475-490.
POPPER Karl R., *L'Univers irrésolu: plaidoyer pour l'indéterminisme*, éd. W. W. BARTLEY III, trad. René BOUVERESSE, Paris, Hermann, 1984, xvi-159 p.
—, *A world of propensities*, Bristol, Thoemmes, 1990, 51 p.
POYTHRESS Vern S., «Why scientists must believe in God: divine attributes of scientific law», *Journal of the Evangelical Theological Society* XLVI, 2003, pp. 111-123.
PREYER Gerhard, SIEBELT Frank (dir.), *Reality and Humean supervenience: essays on the philosophy of David Lewis*, Lanham (MD), Rowman & Littlefield, 2001, XIII-243 p.
PSILLOS Stathis, «On van Fraassen's critique of abductive reasoning», *Philosophical Quarterly* XLVI, 1996, pp. 31-47.
—, «How not to defend constructive empiricism», *Philosophical Quarterly* XLVII, 1997, pp. 369-372.
—, *Scientific realism: how science tracks truth*, Londres, Routledge, 1999, XXV-341 p.
PUTNAM Hilary, *Philosophical papers*, vol. III, *Realism and reason*, Cambridge, C.U.P., 1983, XVIII-312 p.
—, *The many faces of realism*, Paul Carus lectures, 1985, La Salle (IL), Open Court, 1987, 98 p.
PYYSIÄINEN Ilkka, «‹God› as ultimate reality in religion and in science», *Ultimate Reality and Meaning* XXII, 1999, pp. 106-123.
QUINE Willard Van Orman, *The ways of paradox and other essays*, Cambridge (MA), Harvard U.P., 1976^{rev}, 335 p.
—, *Du point de vue logique: neuf essais logico-philosophiques*, Paris, Vrin, 2003, 254 p. (première éd. originale 1953).
RAMSEY Frank P., *Logique, philosophie et probabilités*, trad. de l'anglais, Paris, Vrin, 2003, 352 p.
REDHEAD Michael, *From physics to metaphysics*, Tarner lectures, Cambridge 1993, Cambridge, C.U.P., 1995, 92 p.
REICHENBACH Hans, *Atome et cosmos: le monde de la physique moderne*, trad. de l'all. Maurice LECAT, Paris, Flammarion, 1934, 284 p. (éd. originale 1930).
—, *Modern philosophy of science: selected essays*, trad. et éd. Marie REICHENBACH, Londres, Routledge & Kegan Paul, 1959, IX-214 p.
RICHMOND Alasdair, «Between abduction and the deep blue sea», *Philosophical Quarterly* IL, 1999, p. 86-91.
ROSEN Gideon, «What is constructive empiricism?», *Philosophical Studies* LXXIV, 1994, pp. 143-178.
RUBY Jane E., «The origins of scientific law», *Journal of the History of Ideas* XLVII, 1986, pp. 341-359.
RUSSELL Bertrand, COPLESTON Frederick C., «A debate on the existence of God», 1948, dans *The existence of God: a reader*, éd. John HICK, Londres, Collier MacMillan, 1964, pp. 167-191.
RUSSELL Colin A., «The conflict metaphor and its social origins», *Science and Christian Belief* I, 1989, pp. 3-26.
RUSSELL Robert J., MURPHY Nancey, ISHAM C. J., *Quantum cosmology and the laws of nature: scientific perspectives on divine action*, Notre Dame (IN), Univ. of N.D. Press, 1996^{2}, 460 p.

SANKEY Howard (dir.), *Causation and laws of nature*, Dordrecht, Kluwer, 1999, XVI-358 p.
SARTRE Jean-Paul, *La nausée*, Paris, Gallimard, 2001, 249 p. (première éd. 1938).
SAUNDERS Nicolas, *Divine action and modern science*, Cambridge, C.U.P., 2002, XVIII-234 p.
SCHIFFER Stephen, *Remnants of meaning*, Cambridge (MA), MIT Press, 1987, 303 p.
SEXTUS EMPIRICUS, *Esquisses pyrrhoniennes*, intro., trad. et comm. Pierre PELLEGRIN, Paris, Seuil, 1997, 570 p. (éd. bilingue).
SHERRINGHAM Marc, *Introduction à la philosophie esthétique*, Paris, Payot, 1992, 310 p.
SOBER Elliot, *From a biological point of view: essays in evolutionary philosophy*, Cambridge, C.U.P., 1994, 255 p.
SOSKICE Janet M., *Metaphors and theological language*, Oxford, Clarendon, 1985, 191 p.
SPADE Paul V., «Anselm and ambiguity», *International Journal for the Philosophy of Religion* VII, 1976, pp. 433-445.
STRAWSON Peter F., *Les individus: essai de métaphysique descriptive,* Paris, Seuil, 1973, 287 p.
STURGEON Scott, «Humean chance: five questions for David Lewis», *Erkenntnis* IL, 1998, pp. 321-335.
SUPPE Frederick (dir.), *The structure of scientific theories*, Chicago (IL), Univ. of Illinois Press, 1974, 682 p.
—, *The semantic conception of theories and scientific realism*, Chicago (IL), Univ. of Illinois Press, 1989, 475 p.
SWARTZ Norman, *The concept of physical law*, Cambridge, C.U.P., 1985, 220 p.
SWINBURNE Richard, *The existence of God*, Oxford, Clarendon, 2004[2], 363 p. (première éd. 1979).
TELLER Paul, «A poor man's guide to supervenience and determination», *Southern Journal of Philosophy* XXII, suppl., 1984, pp. 137-162.
—, «Relativity, relational holism, and the Bell inequalities», dans *Philosophical lessons from quantum theory*, sous dir. James T. CUSHING, Ernan MCMULLIN, Notre Dame (IN), Univ. of N.D. Press, 1989, pp. 208-223.
—, «Whither constructive empiricism», *Philosophical Studies* CVI, 2001, pp. 123-150.
—, «Review of *The Dappled World*», *Noûs* XXXVI, 2002, pp. 699-725.
THAU Michael, «Undermining and admissibility», *Mind* CIII, 1994, pp. 491-503.
THOMAS D'AQUIN, *Somme théologique*, édition dite de la Revue des Jeunes, *Dieu*, t. I, trad. A.D. SERTILLANGES, Paris, Desclée, 1925, 372 p. (texte original 1267/68?).
TOOLEY Michael, «The nature of laws», *Canadian Journal of Philosophy* VII, 1977, pp. 667-698.
—, «Causation: reductionism versus realism», dans *Causation*, sous dir. Ernest SOSA, Michael TOOLEY, coll. «Oxford Readings in Philosophy», Oxford, Oxford U.P., 1993, pp. 172-192.
TURNER Denys, *How to be an atheist*, Inaugural lecture, University of Cambridge, 12 October 2001, Cambridge, C.U.P., 2002, 39 p.
TURNER Frank M., *Between science and religion: the reaction to scientific naturalism in late Victorian England*, New Haven (CT), Yale U.P., 1974, 273 p.
—, *Contesting cultural authority: essays in Victorian intellectual life*, Cambridge, C.U.P., 1993, 368 p.

VAN DER MEER Jitse M. (dir.), *Facets of faith and science*, Lanham (MD), U.P. of America, 1996, 4 vol.

—, «The actor in the interaction of science and religion: an application of Dooyeweerd's anthropology to the study of religion and science», dans *Contemporary reflections on the philosophy of Herman Dooyeweerd: a supplement to the collected works of Herman Dooyeweerd*, sous dir. D. F. M. STRAUSS, Michelle BOTTING, Lewiston (NY), Edwin Mellen, 2000, pp. 185-196.

—, «The engagement of religion and biology: a case study in the mediating role of metaphor in the sociobiology of Lumsden and Wilson», *Biology and Philosophy* XV, 2000, pp. 669-698.

VAN FRAASSEN Bas C., «Platonism's pyrrhic victory», dans *The logical enterprise*, sous dir. Alan Ross ANDERSON, Ruth Barcan MARCUS, R. M. MARTIN, Londres, Yale U.P., 1975, pp. 39-50.

—, «The only necessity is verbal necessity», *Journal of Philosophy* LXXIV, 1977, pp. 71-85.

—, «Russell's philosophical account of probability», dans *Bertrand Russell memorial volume*, sous dir. George W. ROBERTS, Londres, Allen & Unwin, 1979, pp. 384-413.

—, «A re-examination of Aristotle's philosophy of science», *Dialogue* XIX, 1980, pp. 20-45.

—, *The scientific image*, Oxford, Clarendon, 1980, VIII-235 p. (trad. espagnole: *La imagen científica*, trad. Sergio MARTÍNEZ, Barcelone, Paidós, 1996, 270 p.).

—, «Essences and laws of nature», dans *Reduction, time and reality*, sous dir. Richard HEALEY, Cambridge, C.U.P., 1981, pp. 189-200.

—, «Belief and the will», *Journal of Philosophy* LXXXI, 1984, pp. 235-256.

—, «The world we speak of, and the language we live in», dans *Philosophie et culture*, Actes du XVIIe Congrès mondial de philosophie, 1983, Montréal, Ed. du Beffroi/Ed. Montmorency, 1986, pp. 213-221.

—, «The peculiar effects of love and desire», dans *Perspectives on self-deception*, sous dir. Brian P. MCLAUGHLIN, Amélie OKSENBERG RORTY, Berkeley (CA), Univ. of California Press, 1988, pp. 123-156.

—, «The Charybdis of realism: epistemological implications of Bell's inequality», dans *Philosophical consequences of quantum theory: reflections on Bell's theorem*, sous dir. James T. CUSHING, Ernan MCMULLIN, Notre Dame (IN), Univ. of N.D. Press, 1989, pp. 97-113.

—, *Lois et symétrie*, prés. et trad. Catherine CHEVALLEY, Paris, Vrin, 1994, 520 p. (éd originale: *Laws and symmetry*, Oxford, Clarendon, 1989, XV-395 p.).

—, «Armstrong, Cartwright, and Earman on *Laws and symmetry*», *Philosophy and Phenomenological Research* LIII, 1993, pp. 431-444.

—, *Quantum mechanics: an empiricist view*, Oxford, Oxford U.P., 1991.

—, «Three-sided scholarship: comments on the paper of John R. Donahue, S.J.», dans *Hermes and Athena: biblical exegesis and philosophical theology*, sous dir. Eleonore STUMP, Thomas P. FLINT, Notre Dame (IN), Univ. of N.D. Press, 1993, pp. 315-325.

—, «From vicious circle to infinite regress, and back again», dans *Proceedings of the 1992 biennial meeting of the Philosophy of Science Association*, sous dir. David HULL, Micky FORBES, Kathleen OKRUHLIK, East Lansing (MI), Philosophy of Science Association, 1993, vol. II, pp. 6-29.

—, «Against transcendental empiricism», dans *The question of hermeneutics: essays in honor of Joseph J. Kockelmans*, sous dir. Timothy J. Stapleton, Dordrecht, Kluwer, 1994, pp. 309-335.
—, «Gideon Rosen on constructive empiricism», *Philosophical Studies* LXXIV, 1994, pp. 179-192.
—, «The world of empiricism», dans *Physics and our view of the world*, sous dir. Jan Hilgevoord, Cambridge, C.U.P., 1994, pp. 114-134.
—, «Against naturalized epistemology», dans *On Quine: new essays*, sous dir. Paolo Leonardi, Marco Santambrogio, Cambridge, C.U.P., 1995, pp. 68-88.
—, «Belief and the problem of Ulysses and the sirens», *Philosophical Studies* LXXVII, 1995, pp. 7-37.
—, «World is not a count noun», *Noûs* XXIX, 1995, pp. 139-157.
—, «Science, materialism, and false consciousness», dans *Warrant in contemporary epistemology: essays in honor of Plantinga's theory of knowledge*, sous dir. Jonathan L. Kvangig, Lanham (MD), Rowman & Littlefield, 1996, pp. 149-181.
—, «Putnam's paradox: metaphysical realism revamped and evaded», *Philosophical Perspectives* XI, 1997, pp. 17-42.
—, «Probabilité conditionnelle et certitude», *Dialogue* XXXVI, 1997, pp. 69-90.
—, «Response: Haldane on the future of philosophy», *New Blackfriars* LXXX, 1999, pp. 177-181.
—, «The manifest image and the scientific image», dans *Einstein meets Magritte: an interdisciplinary reflection. The white book of «Einstein meets Magritte»*, sous dir. Diederik Aerts, Jan Broekhaert, Ernest Mathijs, Dordrecht, Kluwer, 1999, pp. 29-52.
—, «False hopes of traditional epistemology», *Philosophy and Phenomenological Research* LX, 2000, pp. 253-280.
—, «La fin de l'empirisme?», *Revue Philosophique de Louvain* XCVIII, 2000, pp. 449-479.
—, «How is scientific revolution/conversion possible?», *Proceedings of the American Catholic Association* LXXIII, 2000, pp. 63-80.
—, «Literate experience: the (de-, re-)interpretation of nature», *Versus* 85/86/87, 2000, pp. 331-358 (publié en 2002).
—, «The theory of tragedy and of science: does nature have narrative structure?», dans *Aristotle and contemporary science*, sous dir. Demetra Sfendoni-Mentzou, New York, Peter Lang, 2000, vol. I, pp. 31-59.
—, «Constructive empiricism now», *Philosophical Studies* CVI, 2001, pp. 151-170.
—, *The empirical stance*, New Haven (CT), Yale U.P., 2002, 282 p.
—, «On McMullin's appreciation of realism concerning the sciences», *Philosophy of Science* LXX, 2003, pp. 479-492.
—, «Transcendence of the ego (The non-existent knight)», *Ratio (new series)* XVII, 2004, pp. 453-477.
—, Ladyman James, Lipton Peter, Teller Paul, «Symposium on *The empirical stance*», *Philosophical Studies* CXXI, 2004, pp. 127-192.
—, Monton Bradley, «Constructive empiricism and modal nominalism», *British Journal for the Philosophy of Science* LIV, 2003, pp. 405-422.
van Inwagen Peter, «Indexicality and actuality», *Philosophical Review* LXXXIX, 1980, pp. 403-426.

—, «Two concepts of possible worlds», *Mid-West Studies in Philosophy* XI, 1996, pp. 185-213.
VAN TIL Cornelius, *A Christian theory of knowledge*, Nutley (NJ), Presbyterian & Reformed, 1969, 390 p.
—, *In defense of the biblical Christianity*, vol. II, *A survey of Christian epistemology*, Ripon, Den Dulk Christian Foundation, 1969, XV-228 p.
VAN TILL Howard J., SNOW Robert E., STEK John H., YOUNG Davis A., *Portraits of creation: biblical and scientific perspectives on the world's formation*, Grand Rapids (MI), Eerdmans, 1990, X-285 p.
VOLLMER Sara, «Two kinds of observation: why van Fraassen was right to make a distinction, but made the wrong one», *Philosophy of Science* LXVII, 2000, pp. 355-365.
WAGNER Steven J., WARNER Richard (dir.), *Naturalism: a critical appraisal*, Notre Dame (IN), Univ. of N.D. Press, 1993, 342 p.
WEINERT Friedel (dir.), *Laws of nature: essays on the philosophical, scientific and historical dimensions*, Berlin/New York, de Gruyter, 1995, 422 p.
WHEELER John A., «Beyond the end of time», 1971, dans Martin REES, Remo RUFFINI, J. A. WHEELER, *Black holes, gravitational waves and cosmology: an introduction*, New York, Gordon & Breach, 1974, pp. 286-307.
—, «From relativity to mutability», dans *The physicist's conception of nature*, sous dir. Jagdish MEHRA, Dordrecht, Reidel, 1973, pp. 202-247.
—, FORD Kenneth, *Geons, black holes and quantum foam: a life in physics*, New York, Norton, 2000, 380 p. (éd. originale 1998).
WHITE Andrew D., *A history of the warfare of science with theology in Christendom*, New York, Dover, 1960, 2 vol. (première éd. 1896).
WILLAIME Jean-Paul, «La religion: un lien social articulé au don», *Revue du MAUSS* XXII, 2003, pp. 247-268.
WITTGENSTEIN Ludwig, *Tractatus logico-philosophicus:* suivi de *Investigations philosophiques*, trad. de l'all. Pierre KLOSSOWSKI, intro. Bertrand RUSSELL, Paris, Gallimard, 1988, 364 p. (éd. originale du *Tractatus* 1922).
—, *De la certitude*, éd. G. Elizabeth M. ANSCOMBE, Georg H. von WRIGHT, trad. de l'all. Jacques FAUVE, notice biographique G. H. von WRIGHT, trad. de l'anglais Guy DURAND, Paris, Gallimard, 1976, 151 p. (éd. originale: *Über Gewissheit*, Oxford, Blackwell, 1969).
—, *Les cours de Cambridge 1932-1935*, établis par Alice AMBROSE, à partir des notes d'Alice AMBROSE et de Margaret MACDONALD, trad. de l'anglais Elisabeth RIGAL, Mauvezin, TER, 1992, 267 p. (éd. originale 1979).
—, *Philosophische Untersuchungen: eine kritisch-genetische Edition*, éd. Joachim SCHULTE, Francfort-sur-le-Main, Suhrkamp, 2001, 1164 p.
WOLTERSTORFF Nicholas, *Reason within the bounds of religion*, Grand Rapids (MI), Eerdmans, 1976, 115 p.
WOOD Paul, «Methodology and apologetics: Thomas Sprat's *History of the Royal Society*», *British Journal for the History of Science* XIII, 1980, pp. 1-26.
WOODWARD James, «Realism about laws», *Erkenntnis* XXXVI, 1992, pp. 181-218.

Index des noms

Printed by
CPI books GmbH, Leck

FSC
www.fsc.org
MIX
Papier | Fördert gute Waldnutzung
FSC® C083411

Kolibri 360 GmbH
Ferdinand-Jühlke-Straße 7
99095 Erfurt, Deutschland
produktsicherheit@kolibri360.de